中国古生代地层及标志化石图集
Paleozoic Stratigraphy and Index Fossils of China

国家出版基金项目
NATIONAL PUBLICATION FOUNDATION

U0221588

中国二叠纪

地层及标志化石图集

Permian

Stratigraphy and Index Fossils of China

沈树忠　徐海鹏　袁东勋　王　玥　王　军
张以春　王小娟　牟　林　吴　琼 ◎ 著

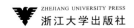

ZHEJIANG UNIVERSITY PRESS
浙江大学出版社

图书在版编目（CIP）数据

中国二叠纪地层及标志化石图集 / 沈树忠等著. --
杭州：浙江大学出版社，2020.7
ISBN 978-7-308-19837-0

Ⅰ. ①中… Ⅱ. ①沈… Ⅲ. ①二叠纪－区域地层－中国
－图集 ②二叠纪－标准化石－中国－图集 Ⅳ. ①P535.2-64
②Q911.26-64

中国版本图书馆CIP数据核字（2020）第196870号

Permian Stratigraphy and Index Fossils of China

SHEN Shuzhong　　XU Haipeng　　YUAN Dongxun　　WANG Yue
WANG Jun　　ZHANG Yichun　　WANG Xiaojuan　　MU Lin　　WU Qiong

中国二叠纪地层及标志化石图集

沈树忠　徐海鹏　袁东勋　王　玥　王　军　张以春
王小娟　牟　林　吴　琼　著

策划编辑	徐有智　许佳颖	
责任编辑	许佳颖	
责任校对	潘晶晶　蔡晓欢	
封面设计	程　晨	
出版发行	浙江大学出版社	

（杭州天目山路148号　邮政编码：310007）
（网址：http://www.zjupress.com）

排　　版	浙江时代出版服务有限公司
印　　刷	浙江海虹彩色印务有限公司
开　　本	889mm×1194mm　1/16
印　　张	24.5
字　　数	580千
版 印 次	2020年7月第1版　2020年7月第1次印刷
书　　号	ISBN 978-7-308-19837-0
定　　价	168.00元

审图号：GS（2020）4373号

浙江大学出版社市场运营中心联系方式：（0571）88925591；http://zjdxcbs.tmall.com

著者名单

沈树忠　南京大学地球科学与工程学院内生金属矿床成矿机制研究国家重点实验室；中国科学院生物演化与环境卓越创新中心；南京市仙林大道163号。szshen@nju.edu.cn

徐海鹏　南京大学地球科学与工程学院内生金属矿床成矿机制研究国家重点实验室。南京市仙林大道163号。hpxu@smail.nju.edu.cn

袁东勋　中国矿业大学资源与地球科学学院；中国科学院生物演化与环境卓越创新中心。江苏省徐州市大学路1号。dxyuan@cumt.edu.cn

王　玥　中国科学院南京地质古生物研究所现代古生物学和地层学国家重点实验室；中国科学院生物演化与环境卓越创新中心；中国科学院大学。南京市北京东路39号。yuewang@nigpas.ac.cn

王　军　中国科学院南京地质古生物研究所现代古生物学和地层学国家重点实验室；中国科学院生物演化与环境卓越创新中心；中国科学院大学。南京市北京东路39号。jun.wang@nigpas.ac.cn

张以春　中国科学院南京地质古生物研究所现代古生物学和地层学国家重点实验室；中国科学院生物演化与环境卓越创新中心。南京市北京东路39号。yczhang@nigpas.ac.cn

王小娟　中国科学院南京地质古生物研究所。南京市北京东路39号。xjwang@nigpas.ac.cn

牟　林　中国科学院南京地质古生物研究所。南京市北京东路39号。mulin@nigpas.ac.cn

吴　琼　南京大学地球科学与工程学院内生金属矿床成矿机制研究国家重点实验室。南京市仙林大道163号。qiongwu@nju.edu.cn

前　言

　　二叠纪是古生代的最后一个纪，发生了一系列全球性的重大生物演化与环境剧变事件，见证了古生代向中生代的转变。南方冈瓦纳大陆与北方劳亚大陆之间拼合形成泛大陆，伴随有大规模火山喷发活动，包括峨眉山和西伯利亚玄武岩喷发以及华南的大规模火山喷发活动等。晚古生代大冰期在乌拉尔世达到高峰，在冈瓦纳大陆及其周边形成大规模的冰川沉积。全球发生大规模海退，海平面在二叠纪中期降到了地质历史时期的最低点，海水退出泛大陆，导致大部分地区和全球范围内的地层缺失。与这些地质和环境巨变相伴随的是两次重大生物灭绝事件，其中二叠纪末的生物大灭绝是地质历史时期最大的一次生物灭绝事件。

　　建立高精度的年代地层框架是阐明这些重大生物与环境演变事件时空关系及其原因的关键。国际二叠纪年代地层系统分为3统（乌拉尔统、瓜德鲁普统和乐平统）9阶。牙形类化石是二叠纪高分辨率生物地层的划分基础，是目前所有已经建立和计划建立的二叠纪全球界线层型剖面和点位（俗称"金钉子"）的标志。

　　中国华南地区的乐平统和瓜德鲁普统是二叠纪研究程度最高的年代地层单位，是全球对比的标准。相比之下，基于俄罗斯乌拉尔地区地层建立的乌拉尔统和基于美国德克萨斯地区建立的瓜德鲁普统的研究还明显不足，问题较多。前者还有两个"金钉子"需要建立；后者虽建立了"金钉子"，但由于后期研究不足，尚不能确定精确的演化序列，需要重新定义和研究。中国华南地区二叠纪地层序列出露完整，化石丰富，其高精度综合地层和时间框架的建立和完善将会使得国内外同行越来越多地将华南的二叠系作为国际对比的标准。

　　本书系统介绍了二叠纪国际年代地层划分现状和我国二叠纪年代地层划分的历史及研究进展，总结了华南、华北和西藏等二叠纪主要沉积区域的地层，对各个区域典型剖面的详细描述进行了系统的整理、修订和补充，并基于最新的国际地层划分标准进行简捷的综合对比。以国际及我国传统的二叠纪标志化石门类牙形类、蜓类和菊石为基础，结合腕足类、珊瑚和植物，以阶和化石带为基本地层单位，编制了标志化石图集。图集中，每个属种均注有主要的鉴定特征、产地与层位，能够给读者提供直观的信息，用于识别和划分我国的二叠纪地层时代。

　　各化石门类主要编写人员有：牙形类（袁东勋、沈树忠）、蜓类（王玥、张以春）、菊石（牟林）、腕足类（沈树忠、徐海鹏）、珊瑚类（王小娟）、植物（王军）。在本书编写过程中，还得到了王向东、黄兴、梁荣嘉、李丹丹等人的大力帮助。本书中的剖面描述和化石图片等资料除本团队研究成果外，还参考借鉴了许多前人的研究成果，已在后文中一一引用，在此一并表示感谢。

本书可作为我国地学领域从事古生物学和地层学教学及研究的大专院校和科研机构的师生的参考资料，也可作为生产单位的实用化石鉴定手册。同时，本书也适合放于博物馆或供业余古生物爱好者阅读。

本书的编写受到科技基础性工作专项项目（2013FY111000）、第二次青藏高原综合科学考察研究（2019QZKK0706）、国家自然科学基金重大研究计划重点项目（91855205）和中科院战略性先导科技专项B类（XDB26000000）的资助和支持。

目　录

1　国际二叠纪年代地层划分

二叠系的研究源于18世纪欧洲对铜矿开采的需求，德国地层学家最早开始研究。当时，将其中含铜矿的黑灰色层位称为镁灰统（Zechstein），以蒸发岩沉积为主；将镁灰统之下不含铜矿的红色地层称为赤底统（Rotliegende）。两套地层颜色浑然不同，二分性非常明显。二叠纪（Permian）根据俄罗斯南乌拉尔地区Perm小镇附近的地层命名（Murchison and de Verneuil，1845），并没有"二叠或二分"的含义。Murchison和de Verneuil（1845）认为乌拉尔Perm地区的地层与欧洲的镁灰统大致相当。实际上，Perm地区的地层与目前国际通用的二叠系有很大不同，它只包含了乌拉尔地区二叠系方案中的空谷阶（Kungurian）、乌菲阶（Ufimian）、卡赞阶（Kazanian）和鞑靼阶（Tatarian）。此后，Murchison的进一步研究认为欧洲的赤底统和英国的新红砂岩下部应与乌拉尔的二叠系的部分地层相当。与此同时，俄罗斯菊石专家Karpinsky将原先被认为属于石炭系的亚丁斯克阶（Artinskian）的地层也归于二叠系，这样，亚丁斯克阶以及后来从它进一步分出的阿瑟尔阶（Asselian）和萨克马尔阶（Sakmarian）也划归于二叠系（Lucas and Shen，2018）。乌拉尔的二叠系划分方案沿用了近150年，分为2统7阶，上、下二叠统的界线放在卡赞阶（大致相当于华南的茅口组下部）的底。由于卡赞阶以上地层基本为非正常海相或陆相沉积，无法用于国际对比，因此，国际地层委员会二叠纪地层分会从20世纪70年代开始寻找可用于洲际对比的海相划分方案，如Furnish（1973）、Sheng和Jin（1994）等。

二叠纪的海相地层在中国华南最为完整，但相关研究起步较晚。Huang（1932a）首先提出中国二叠系的三分方案，自下而上分别为船山统、阳新统和乐平统。后来，孙云铸主张将船山统划归石炭系（Sun，1939），二叠系分为阳新统和乐平统。这个二分方案一直被中国学者沿用至20世纪90年代，一些生产部门甚至现在还在使用。值得注意的是，虽然中国的二叠系也是二分，但其含义与乌拉尔二分方案有很大不同，下二叠统中相当于阿瑟尔阶、萨克马尔阶和亚丁斯克阶的地层基本归于石炭系，上、下统的界线位于乐平统的底，明显高于卡赞阶的底界，相当于华南"下二叠统"茅口组的地层在乌拉尔地区是归于"上二叠统"的，所以"上二叠统"和"下二叠统"在国际上不同地区的含义不同。本书将中国的地方性二叠系划分方案完全与国际标准方案接轨。

二叠系的国际标准方案于20世纪90年代初建立，由中、美、俄三国科学家主导，国际地层委员会二叠纪地层分会于1997年正式发表（Jin et al.，1997）。二叠纪分为3统9阶，各统以地区命名，自下往上分别为乌拉尔统（Cisuralian）、瓜德鲁普统（Guadalupian）和乐平统（Lopingian）（Jin et al.，1997）。乌拉尔统以俄罗斯乌拉尔南部的地层为标准，自下而上分为阿瑟尔阶（Asselian）、萨克马尔阶（Sakmarian）、亚丁斯克阶（Artinskian）和空谷阶（Kungurian）4个阶；瓜德鲁普统以美国德克萨斯州西部的瓜德鲁普山国家地质公园的地层为标准，自下而上分为罗德阶（Roadian）、沃德阶（Wordian）和卡匹敦阶（Capitanian）3个阶；乐平统以中国华南的地层为标准，自下而上分为吴家坪阶（Wuchiapingian）和长兴阶（Changhsingian）（Sheng and Jin，1994；Henderson et al.，2012a；Shen et al.，2013a；沈树忠等，2019）。

　　二叠系底界（阿瑟尔阶底界）的全球界线层型剖面和点位 [Global boundary Stratotype Section and Point（GSSP）, 俗称"金钉子"] 位于哈萨克斯坦北部的Aidaralash剖面, 以牙形类*Streptognathodus isolatus*的首现为标志（Davydov et al., 1998）。萨克马尔阶的GSSP位于俄罗斯乌拉尔南部的Usolka剖面, 以牙形类*Mesogondolella monstra*的首现为标志（Chernykh et al., 2020a）。亚丁斯克阶和空谷阶底界的GSSP尚未确定（Henderson et al., 2012b; 沈树忠等, 2019）。瓜德鲁普统内的三个阶底界的GSSP均被确立于美国德克萨斯州西部的瓜德鲁普山国家地质公园内。其中, 瓜德鲁普统底界（罗德阶底界）的GSSP位于Stratotype Canyon剖面, 以牙形类*Jinogondolella nankingensis*（=*Jingondolella serrata*）的首现为标志（Mei and Henderson, 2002）; 沃德阶底界的GSSP位于Getaway Ledge剖面, 以牙形类*J. aserrata*的首现为标志; 卡匹敦阶底界的GSSP位于Nipple Hill剖面, 以牙形类*J. postserrata*的首现为标志（Glenister et al., 1999）。乐平统内两个阶底界的GSSP均被确立于中国华南。其中, 乐平统底界（吴家坪阶底界）的GSSP位于广西来宾蓬莱滩剖面, 以牙形类*Clarkina postbitteri postbitteri*的首现为标志（Jin et al., 2006a）; 长兴阶底界的GSSP位于浙江长兴煤山D剖面, 以牙形类*C. wangi*的首现为标志（Jin et al., 2006b）。二叠—三叠系界线的GSSP也位于浙江长兴煤山D剖面, 以牙形类*Hindeodus parvus*的首现为标志（Yin et al., 2001）。

2 中国二叠纪年代地层

中国的二叠系研究开始于19世纪80年代，至20世纪30年代才形成以华南岩石地层序列为基础的二叠系基本划分方案（Grabau，1931；Huang，1932a；Ting and Grabau，1934）。盛金章（1962）和李星学（1963a）分别总结了我国二叠纪海相地层和陆相地层序列的框架。20世纪六七十年代，中国科学院组织了系列科学考察，地质学家在西藏珠穆朗玛峰和希夏邦马峰等地区发现了二叠纪冈瓦纳生物群，在华北等地区发现了安加拉植物群和北方动物群。这些研究成果填补了我国二叠系在岩石地层和生物地层中的部分空白，大大提高了我国二叠系的划分和对比研究水平，我国的二叠系年代地层单位也以此为基础逐步建立起来。

2.1 年代地层

近30年，中国二叠纪地层划分和对比的精度迅速提高，华南的二叠系已经成为实质上的国际对比标准（沈树忠等，2019），但中国的传统地层划分方案将二叠系的下界置于栖霞组之底（Sun，1939），虽然这是中国二叠纪沉积和生物演化的重要界线，但比国际通用的界线高大半个统。为了更好地实现中国各地区之间二叠系的对比，Sheng和Jin（1994）、金玉玗等（2000）筛选和重新厘定了年代地层单位，将中国的二叠系划分为3统8阶，自下而上为船山统、阳新统和乐平统。其中，乐平统为国际标准，船山统和阳新统与国际标准的乌拉尔统和瓜德鲁普统含义不同（Jin et al.，1999），对比方案如图2-1-1所示。

目前，石炭—二叠系界线在华南同样以牙形类 *Streptognathodus isolatus* 的首现为界，蜓类 *Pseudoschwagerina uddeni* 带之底大致与此相当（Henderson and Mei，2003；Zhang and Wang，2018；沈树忠等，2019）。二叠系最下部的紫松阶大致相当于国际标准的阿瑟尔阶和萨克马尔阶，其对应的马平组/船山组都是一套厚层浅水相灰岩。在中国，这两个阶的界线难以区分。其上的隆林阶大致相当于国际标准的亚丁斯克阶，以蜓类 *Pamirina darvasica* 的首现作为下界（Sheng and Jin，1994）。

阳新统大体相当于栖霞期初的海侵到乐平世初的海侵之间的一个超级层序或生物地层框架中的蜓类 *Misellina* 带到 *Lantschichites* 顶峰带之间的层序。此统包括两个地方性阶，即栖霞阶和茅口阶，然而由于时限过长，栖霞阶和茅口阶曾被提升为亚统，其中栖霞亚统又被细分为罗甸阶和祥播阶，茅口亚统被细分为孤峰阶和冷坞阶（Jin et al.，1999）。罗甸阶相当于外陆棚相沉积中的 *Misellina* 属的延限范围，包括 *Misellina (Brevaxina) dyhrenfurthi* 带、*M. claudiae* 带和 *Shengella* 带；牙形类包括 *Neostreptognathodus penvi* 带、*Sweetognathus guizhouensis* 带或者 *Mesogondolella gujioensis−M. intermedia* 带，大致相当于空谷阶（Sheng and Jin，1994）。祥播阶由范嘉松等（1990）根据蜓类化石带提出，包含 *Cancellina elliptica*、*C. liuzhiensis* 和 *Neoschwagerina simplex* 带（Sheng and Jin，1994）；牙形类化石带包括 *Mesogondolella siciliensis* 或 *Sweetognathus subsymmetricus* 带和 *M. lamberti* 带。蜓类 *Neoschwagerina simplex* 带按照最初定义归于祥播阶，但该带上部已出现瓜德鲁普统标志化石

Sheng和Jin (1994)			Huang (1932a)	盛金章 (1962)	张祖圻 (1985)	张正华等 (1988)	全国地层委员会 (2002)		Lucas和Shen(2018) 本书	
二叠系	乐平统	长兴阶	乐平统 长兴灰岩	乐平统 长兴阶	乐平统 长兴阶	乐平统 长兴阶	上统 长兴阶	煤山亚阶 / 葆青亚阶	乐平统	长兴阶 Changhsingian
		吴家坪阶	竹矿系	龙潭阶	三阳阶	吴家坪阶	吴家坪阶	老山亚阶 / 来宾亚阶		吴家坪阶 Wuchiapingian
	阳新统 茅口亚统	冷坞阶	阳新统 茅口灰岩	阳新统 茅口阶	中二叠统 茅口阶	阳新统 茅口阶	二叠系 中统	冷坞阶	瓜德鲁普统	卡匹敦阶 Capitanian
		孤峰阶						茅口阶		沃德阶 Wordian
										罗德阶 Roadian
	栖霞亚统	祥播阶	栖霞灰岩	栖霞阶	栖霞阶	栖霞阶		祥播阶	乌拉尔统	空谷阶 Kungurian
		罗甸阶						栖霞阶		
	船山统	隆林阶	船山统	马平群	下二叠统 湘中阶	黔南统 羊场阶	下统	隆林阶		亚丁斯克阶 Artinskian
		紫松阶			马平阶	紫松阶		紫松阶		萨克马尔阶 Sakmarian
										阿瑟尔阶 Asselian
石炭系	上统	小独山阶	石炭系		上石炭统 过岩阶	石炭系	石炭系	逍遥阶	宾夕法尼亚亚系	格舍尔阶 Gzhelian

图 2-1-1　中国二叠系划分历史沿革及其与国际二叠系方案的对比（据沈树忠等，2019）

Jinogondolella nankingensis，这是因为祥播阶与孤峰阶采用不同门类化石定义造成了部分重叠。因此，本书对祥播阶进行重新限定，即以出现蜓类*Cancellina*的原始分子为底界，以牙形类*J. nankingensis*的首现为顶界，这样*Neoschwagerina simplex*带的一部分划归于孤峰阶（沈树忠等，2019）。孤峰阶以牙形类*J. nankingensis*的首现开始，以*J. postserrata*的首现结束，相当于国际标准的罗德阶和沃德阶之和。但这一定义与包含的蜓类化石带不完全一致，孤峰阶的蜓带划分为下部的*N. craticulifera*带和上部的*N. margaritae*带。*N. craticulifera*带的底要高于*J. nankingensis*的首现，因此，孤峰阶应该在下部还包含了*N. simplex*带的一部分地层。孤峰阶的菊石带自下而上可以归纳为*Altudoceras-Paraceltites*带、*Waagenoceras*带或*Guiyangoceras*带（Jin et al., 2003）。冷坞阶最初被用来代表与浙江桐庐冷坞组同期的地层（梁文平，1990）。经修改后其下界定在牙形类*Jinogondolella postserrata*带之底，该阶牙形类化石带自下而上为*Jinogondolella postserrata*带、*J. shannoni-J. altudaensis*带、*J. prexuanhanensis*带、*J. xuanhanensis*带、*J. granti*带和*Clarkina postbitteri hongshuiensis*亚带，但在冷坞组标准地区，化石带系列缺乏系统研究；蜓类包括*Yabeina*带上部、*Metadoliolina multivoluta*带，在顶部还有一个由小个体蜓类组成的*Lantschichites*带，*Codonofusiella*在这一带中也常见（Jin et al., 2006a）。冷坞阶相当于国际

年代地层的卡匹敦阶。

乐平统包括吴家坪阶和长兴阶，现皆已纳入国际年代地层表，为国际标准地层单位。吴家坪阶底界以牙形类*Clarkina postbitteri postbitteri*的首现为标志，GSSP位于广西来宾蓬莱滩剖面来宾灰岩的6k层之底（Jin et al.，2006a）。据Shen等（2007），来宾地区吴家坪阶包括6个牙形类化石带，由下而上依次为：*Clarkina postbitteri*带、*C. dukouensis*带、*C. asymmetrica*带、*C. guangyuanensis*带、*C. transcaucasica*带和*C. orientalis*带；蜓类包括一个化石带，即*Codonofusiella kueichowensis*带，以*Codonofusiella*和*Reichelina*组合为特征，从瓜德鲁普统最顶部开始出现，在铁桥剖面上与牙形类*Clarkina postbitteri*带共生。长兴阶底界GSSP为浙江长兴煤山D剖面，以牙形类*Clarkina longicuspidata*至*C. wangi*的演化序列中*C. wangi*的首现为标志，在煤山D剖面上位于第4—2a层之底（Jin et al.，2006b）。基于化石居群的研究，Yuan等（2014a）建立煤山剖面长兴阶牙形类化石带，由下而上包括*Clarkina wangi*带、*C. subcarinata*带、*C. changxingensis*带、*C. yini*带、*C. meishanensis*带和*C. zhejiangensis–Hindeodus changxingensis*带；蜓类包括*Palaeofusulina minima*带（下部）和的*P. sinensis*带（上部）2个化石带（盛金章，1955；芮琳，1979）。

2.2　二叠纪地质年代

二叠纪是晚古生代最后一个纪，延续时间约为47百万年（沈树忠等，2019）。近年来，随着单颗粒锆石U-Pb CA-ID-TIMS（化学磨蚀–同位素稀释–热电离质谱）测年技术的发展和新的火山灰的不断发现，二叠纪年代地层框架的精度研究有了很大进展。CA-ID-TIMS方法是目前获得单颗粒火山灰锆石U-Pb年龄精确度和准确度最高的方法，其单颗粒锆石分析误差可达0.1%，加权平均内部误差和外部误差可达0.03%（Schmitz and Kuiper，2013）。根据高精度同位素年龄研究成果，石炭—二叠系界线年龄为（298.92±0.19）Ma（Ramezani et al.，2007；Ramezani and Bowring，2018）；二叠—三叠系界线年龄为（251.902±0.024）Ma（Shen et al.，2011；Burgess et al.，2014）。

2.2.1　乌拉尔统

乌拉尔统的高精度同位素年龄研究以南乌拉尔地区的Usolka剖面和Dalny Tulkas剖面最为详细。我国华南和华北地区乌拉尔统迄今未见可靠的高精度锆石U-Pb CA-ID-TIMS年龄研究报道。新疆东部博格达山两侧吐鲁番盆地和准噶尔盆地的陆相乌拉尔世地层中火山灰高精度U-Pb锆石年龄的研究有重大进展，大大改变了以往海陆地层对比困难的状况（Yang et al.，2010）。华北和塔里木盆地周边大量的SHRIMP和SIMS测年数据表明，塔里木火成岩省形成的时间为300~280Ma（Li et al.，2011；Xu et al.，2014）。在华北和塔里木开展高精度锆石U-Pb CA-ID-TIMS测年对解决中国二叠纪陆相地质年代框架具有非常重要的意义。

Ramezani等（2007）报道了南乌拉尔地区Usolka剖面石炭—二叠系之交的4层火山灰的高精度锆石U-Pb CA-ID-TIMS年龄，并将石炭—二叠系界线年龄限定于（299.22±0.14）Ma~（298.05±0.44）Ma。

结合牙形类*Streptorgnathodus isolatus*的首现位置，计算出石炭—二叠系界线的年龄为（298.92±0.19）Ma（Ramezani and Bowring，2018）。

Schmitz和Davydov（2012）对南乌拉尔地区的石炭系上部和二叠系乌拉尔统下部的28层火山灰进行了系统的高精度测年，研究结果包括Usolka剖面和Dalny Tulkas剖面的6个二叠纪早期高精度锆石U-Pb年龄。萨克马尔阶底界位于（296.69±0.12）Ma~（291.10±0.12）Ma，结合牙形类*Mesogondolella monstra*的首现位置（Chernykh et al.，2020a），其年龄被限定为（293.52±0.17）Ma（沈树忠等，2019；Ramezani and Bowring，2018）。亚丁斯克阶底界位于（290.50±0.09）Ma~（288.36±0.1）Ma，结合牙形类*Sweetognathus* aff. *whitei*的首现位置（Chuvashov et al.，2013），其年龄被限定为（290.10±0.14）Ma（沈树忠等，2019；Ramezani and Bowring，2018）。

空谷阶底界附近尚未发现火山灰层，因此还没有可靠的高精度同位素年龄限定，但可以根据全球海水^{87}Sr/^{86}Sr值的变化趋势来估算地质年龄。海水^{87}Sr/^{86}Sr值从石炭系顶部格舍尔阶的0.7082持续降低，到瓜德鲁普统卡匹敦阶上部时，降至0.7068（Liu et al.，2013；McArthur et al.，2012）。空谷阶底界附近的牙形类化石的^{87}Sr/^{86}Sr值为0.70743~0.70739，对应到海水^{87}Sr/^{86}Sr值变化曲线上，其地质年龄约为283.5Ma。因此，空谷阶底界的地质年龄可能在283.5Ma左右（Henderson et al.，2012b）。

2.2.2 瓜德鲁普统

瓜德鲁普统是二叠纪高精度同位素年龄研究最薄弱的地质时代。从乌拉尔世晚期（空谷期）到整个瓜德鲁普世约30百万年间，可以用于建立高精度年代地层框架的可靠同位素年龄寥寥无几。其中最早报道的高精度锆石U-Pb年龄位于瓜德鲁普山国家地质公园的Nipple Hill剖面，该年龄来自卡匹敦阶GSSP之下约37.2m处的一层火山灰，为（263.5±0.2）Ma（Bowring et al.，1998）。Ramezani和Bowring（2018）对该层火山灰中的锆石用化学磨蚀方法（Mattinson，2005）和最新误差测定的U-Pb同位素EARTHTIME稀释剂（Condon et al.，2015；McLean et al.，2015）进行了重新测年，其年龄值更新为（265.46±0.27）Ma，限定了卡匹敦阶底界的最老年龄。

瓜德鲁普统底界的层型地区未发现适合高精度锆石U-Pb定年的火山灰层，但在中国华南地区孤峰组底界牙形类*Jinogondolella nankingensis*首现层位发现多层火山灰。锆石U-Pb CA-ID-TIMS测年表明，华南巢湖地区的孤峰组底界年龄为（272.95±0.11）Ma（Wu Q et al.，2017），自2018年版国际年代地层表起被采纳为瓜德鲁普统底界年龄（沈树忠等，2019）。最近，在华南南京正盘山剖面孤峰组底部获得了一个高精度火山灰锆石U-Pb年龄（273.01±0.14）Ma，该年龄位于该剖面牙形类*J. nankingensis*首现之下约10cm处，为华南瓜德鲁普统底界提供了直接的年龄约束（Shen et al.，2020）。但是，中国华南地区和美国德克萨斯州西北部地区被泛大洋相隔，因受地理区系的控制，尚不能肯定牙形类*J. nankingensis*在华南地区的首现与德克萨斯地区的首现是否完全等时。因此，要完全确定瓜德鲁普统底界的绝对年龄还需要做进一步的对比工作。俄罗斯东北部Okhotsk地区也有少量高精度火山灰年龄报道，Davydov等（2018）报道了一层位于菊石*Sverdrupites harkeri*之上的火山灰，其锆石U-Pb年龄为（274.0±0.12）Ma。菊石*Sverdrupites*和牙形类*J. nankingensis*在加拿大地区Assistance组均有出现，因此，可推断瓜德鲁普统底界的年龄可能更老（Davydov et al., 2018）。由于俄罗斯Okhotsk地区的剖面缺少任何牙形类化石的限定，且牙形类 *J. nankingensis* 在北部高纬度地区的首现与德克萨斯地区的首现是否完全等时也有待商榷，因此，这一推论仍存争议。在日本西南部Akiyoshi地区也有少量沃德阶的锆石高精度年龄报道（Davydov and Schmitz, 2019），但同样由于古生物地理区系原因，这些年龄无法应用到瓜德鲁普统高精度年代地层框架的建立中。

最近，美国瓜德鲁普统内部高精度同位素年代学研究取得了重要进展，Wu等（2020）报道了3个来自瓜德鲁普山国家地质公园的火山灰锆石U-Pb CA-ID-TIMS年龄。其中来自Nipple Hill附近的Frijole剖面Bell Canyon组Pinery灰岩段底界之上约7.4m的火山灰中的锆石年龄为（264.23±0.13）Ma。结合Ramezani和Bowring（2018）报道的年龄，以及Frijole剖面和Nipple Hill剖面牙形类 *Jinogondolella postserrata* 的首现层位，利用贝叶斯插值统计算法，将卡匹敦阶底界限定在（264.28±0.16）Ma。另外两个年龄分别为（262.127±0.097）Ma和（266.525±0.078）Ma，来自Nipple Hill附近的Monolith Canyon剖面Cherry Canyon组South Wells段底部和Patterson Hill附近的Back Ridge剖面Bell Canyon组Rader灰岩段中部。前者与Nicklen（2011）中South Wells段底部的年龄（266.50±0.24）Ma来自同一层火山灰，后者可能与Nicklen（2011）中Rader灰岩段底界之上约16.5m的年龄（262.58±0.45）Ma来自同一层火山灰。结合上述来自瓜德鲁普山的高精度锆石U-Pb年龄和该地区高频层序地层学研究（Frost et al., 2012；Kerans et al., 2014；Wu et al., 2020），估算沃德阶底界年龄约为（266.9±0.4）Ma。

2.2.3 乐平统

瓜德鲁普统和乐平统之交发生了峨眉山玄武岩大规模喷发事件，因此，中国华南许多地区在瓜德鲁普—乐平统界线附近均含有一到多层火山灰或黏土层（Jin et al., 2006a），但目前尚未获得可靠的高精度同位素年龄。其中，来宾蓬莱滩GSSP剖面乐平统底界的多层黏土层不是火山灰，不宜用于定年（Zhong et al., 2013）。来宾灰岩中含有大量火山碎屑物质，但经MIT同位素年代学实验室多次样品处理，均不含锆石（沈树忠等，2019）。Zhong等（2014）报道了滇西北宾川剖面峨眉山玄武岩顶部的长英质熔结凝灰岩中一个锆石U-Pb CA-ID-TIMS年龄（259.1±0.5）Ma，该年龄被国际年代地层表采纳为乐平统底界年龄。Yang等（2018）报道了峨眉山大火成岩省东部地区的普安火山沉积物序列的最顶部凝灰岩和龙潭组最底部的火山灰中的两个高精度锆石U-Pb年龄，分别为（259.51±0.21）Ma和（259.69±0.72）Ma，本书采用（259.51±0.21）Ma作为乐平统底界的年龄。虽然上述3个年龄在误差范围内是一致的，但Yang等（2018）报道的年龄所用锆石U-Pb分析流程（例如化学磨蚀步骤、所用U-Pb稀释剂、使用离子交换柱提取U和Pb和误差计算等）与Zhong等（2014）所采用的U-Pb年龄分析流程一致。此外，虽然（259.69±0.72）Ma所在黏土岩的层位较（259.51±0.21）Ma所在凝灰岩的层位可能更接近乐平统底界，但这两个年龄在误差范围内不能区分，且后者的数据质量更高、误差更小。

有关二叠纪末生物大灭绝事件的研究中有大量可靠的锆石U-Pb CA-ID-TIMS数据，乐平统和二叠—三叠系界线的年代地层框架有相对精确的时间限定。其中，四川广元上寺剖面、浙江长兴煤山剖面和南盘江盆地的剖面的研究程度最高（Baresel et al., 2017；Burgess et al., 2014；Shen et al., 2011，2019）。上寺剖面的火山灰在整个乐平统中较丰富，有8个高精度锆石U-Pb CA-ID-TIMS年龄（Shen et al., 2011），为吴家坪阶提供了较为可靠的高精度同位素年龄限定。由于这些研究当时所用的稀释剂并非目前最新标定的EARTHTIME U-Pb同位素稀释剂，并且实验室本底和计算参数有些不同，所以与最近使用CA-ID-TIMS技术测年获得的数据可能存在小于0.08%的偏差（Burgess et al., 2014；Ramezani and Bowring，2018）。在上寺剖面中，吴家坪—长兴阶界线以下3.3m和界线以上1m的火山灰年龄分别为（254.31±0.07）Ma和（253.60±0.08）Ma（Shen et al., 2011），计算获得吴家坪—长兴阶界线年龄为（254.14±0.12）Ma，该年龄与煤山剖面长兴阶下部的两个年龄（253.49±0.07）Ma和（253.45±0.08）Ma相符。它们分别来自牙形类*Clarkina wangi*首现之上4.9m和5.4m的火山灰（Shen et al., 2011）。Shen等（2011）在煤山剖面二叠—三叠系界线附近报道了一系列高精度锆石U-Pb同位素年龄，这些年龄与上寺剖面所有的年龄值和煤山剖面22层以下的所有年龄值使用的稀释剂和分析方法完全相同，与最新的CA-ID-TIMS测年数据计算参数相较略有不同。煤山剖面二叠—三叠系界线上下有两层火山灰，分别是25层和28层。Shen等（2011）报道的年龄分别为（252.28±0.08）Ma和（252.10±0.06）Ma，Burgess等（2014）用最新的稀释剂和分析方法对煤山25层和28层重新测定的年龄值分别是（251.941±0.037）Ma和（251.880±0.031）Ma。根据Burgess等（2014）的数据，二叠—三叠系界线的内插年龄为（251.902±0.024）Ma，二叠纪末的碳同位素开始逐渐降低的时间为（251.999±0.039）Ma，24e层顶碳同位素快速降低的年龄为（251.950±0.042）Ma，二叠纪末大灭绝开始的时间为（251.941±0.037）Ma，持续时间约为（61±48）kyr。Shen等（2019）在广西来宾蓬莱滩剖面二叠—三叠系界线附近报道了一系列高精度锆石U-Pb年龄，将二叠纪末大灭绝开始的时间限定为（251.939±0.031）Ma，持续时间缩短到（31±31）kyr。

3 中国二叠纪地层区划及综合地层对比

根据全球二叠纪海洋生物群的特点，二叠纪古生物地理区系划分为古赤道大区、北方大区和南半球的冈瓦纳大区。中国二叠纪各海盆大多属于特提斯大区，自南向北包括三个区，即南侧接近冈瓦纳大陆北缘和基默里过渡区，中部的特提斯大区和北侧接近北方大区的中蒙过渡区（Shi et al.，1995）。中国二叠纪地层按照大地构造格局以及各地区化石群的区系特征可划分为5个地层区，即华南地层区、华北地层区、东北地层区、塔里木地层区及邻区（包括塔里木盆地和吐哈盆地）和西藏−滇西地层区（包括云南保山、藏南、拉萨地块和南羌塘地块）[参见王玥等（2018）]（图3-1-1）。

3.1 华南区

华南区二叠系西侧和北侧受扬子、康滇和江南隆起，东侧受华夏隆起的构造控制，形成两大陆棚海相沉积区。从晚石炭世至乌拉尔世早期（紫松期）的沉积属于陆棚碳酸盐岩，在西南部称马平组，在东南部称船山组。这两个组颜色一浅一深，均为厚层灰岩，包含晚石炭世至乌拉尔世亚丁斯克期的沉积。亚丁斯克期晚期的全球性海退在华南造成强烈的岩相分异，在扬子古陆周缘形成梁山段的含煤碎屑沉积和华夏古陆边缘的滨海沉积。在贵州普安、晴隆、六枝等地，隆林期沉积了一套碎屑岩夹灰岩，称为龙吟组（周祖仁，1988）。

乌拉尔世亚丁斯克期的海侵形成了分布广泛的梁山段含煤岩系和富有机质的栖霞组。梁山段有两种岩性组合：由黏土岩、页岩和煤层构成的沉积，以及由石英砂岩、粉砂岩和煤层多个旋回构成的沉积。与之相当的地层有阳新灰岩底部煤系、栖霞底部煤系等。梁山段与上覆栖霞组的臭灰岩段整合接触，以假整合、不整合接触超覆于寒武系至石炭系不同层位之上。梁山段同义名有鄂西的马鞍山煤系（也称马鞍煤系）、鄂东南的麻土坡煤系、赣北的王家铺煤系、川黔的铜矿溪层、华蓥山的阎王沟煤系、湘西的黔阳煤系、黔西南的晴隆组、黔西的歪头山煤系等。时代主要为乌拉尔世隆林期（大致相当于亚丁斯克期）。

乌拉尔世空谷期的栖霞组的命名地点在南京栖霞山，该组在华南分布最为广泛。蜓类化石带自下而上分为：*Darvasites ordinatus*带、*Misellina claudiae*带、*Nankinella orbicularia*带、*Pseudochusenella chihsiaensis*带和*Parafusulina multiseptata*带，顶部有*Cancellina*带和*Neoschwagerina simplex*带（Jin et al.，2003；Zhang and Wang，2018）。

瓜德鲁普世在东南部出现碎屑岩沉积、盆地相和前三角洲相的孤峰组和文笔山组，在西南部形成厚度巨大的以碳酸盐岩为主的茅口组。孤峰组的岩性为硅质岩和页岩，底部经常有含有大量菱铁矿结核层，主要分布于华东地区宁镇山脉、安徽巢县、安徽安庆、安徽泾县、湖北恩施、四川旺苍等地。华东地区孤峰组之上为银屏组，孤峰组至银屏组的时代相当于孤峰阶至冷坞阶（Zhang et al.，2020）。瓜德鲁普世末，峨眉山玄武岩在华南区西缘喷溢形成新的高地，该套玄武岩在云南建始、贵州织金、贵州晴隆等地的时代始于冷坞期（瓜德鲁普世末期），延续时间在分布区的东部较短，西部稍长。

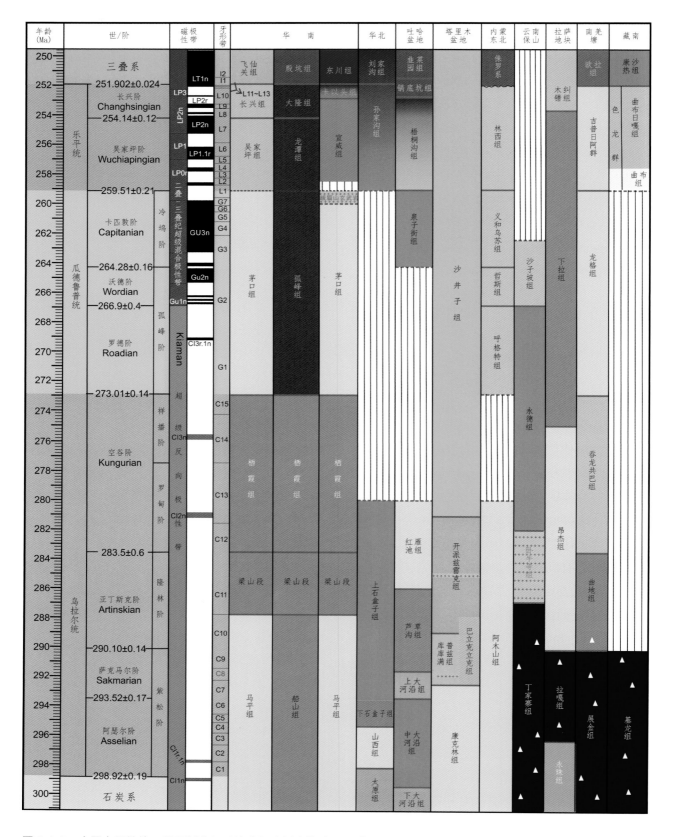

图 3-1-1   中国主要地块二叠系划分与对比 [据沈树忠等（2019）修改]

乐平统吴家坪组是茅口组之上、长兴组之下的一套以碳酸盐岩为主的地层，以含丰富的 *Codonofusiella* 蠖类动物群为代表，代表滨海—浅海相沉积，其底部为王坡页岩，与下伏茅口组整合或假整合接触。下扬子地区吴家坪期至长兴期的三角洲体系沉积为龙潭组，二者为同期异相。龙潭组分布于湖北南部和东南部、安徽南部、江苏南部和浙江北部，该组与下伏银屏组和上覆大隆组均为整合接触。

大隆组与长兴组在不同地区或为相变关系或上下关系。长兴组通常指华南龙潭组与下三叠统之间局限台地相和台地斜坡相的以碳酸盐岩为主的地层，广泛分布于扬子地区。大隆组是指华南台洼相含菊石硅质岩、蒙脱石化玻屑凝灰岩夹泥灰岩的岩层，其层位变化于吴家坪阶上部至长兴阶顶部之间。广西来宾蓬莱滩剖面发育了一套巨厚的由硅质岩、砂岩和火山凝灰岩组成的大隆组，其中火山碎屑岩比例相当高，说明当时这些地区离华南的火山喷发中心很近（Baresel et al., 2017；Shen et al., 2019）。

华南区陆相沉积分布有限，除了在华东地区分布较为广泛的吴家坪阶龙潭组含煤岩系以外，主要在康滇古陆的东侧以及华夏古陆一带形成小范围的陆相和海陆交替相的沉积。这套陆相或海陆交替相沉积覆盖在峨眉山玄武岩之上，统称宣威组或汪家寨组，富含高分异度的 *Gigantopteris* 热带雨林植物群和可采煤层，时代属于乐平统。其中的火山灰蚀变黏土岩夹矸中广泛发现锆石晶体的存在（周义平，1992；周义平等，1992；Shen et al., 2011；Wang et al., 2011；Wang J et al., 2018），可能具有重要的地质年代学研究价值（王娟，2015）。宣威组上覆煤层消失，发育一套黄绿色和红色相交替出现、红色砂岩逐渐增多的过渡相地层，称为卡以头组（姚兆奇等，1980；Yu et al., 2007；Chu et al., 2016），事实上这套过渡层在很多地方与下伏宣威组难于区分。卡以头组不含煤层，下部 *Gigantopteris* 植物群快速减少，中部开始出现某些小型的植物分子（Cai et al., 2019；Feng et al., 2020），古陆边缘地带的海陆过渡相沉积中经常含有大量的三叠纪型双壳类 *Pteria ussurica variabilis* 和大量腕足类 *Lingula* 等（方宗杰，2004；Chu et al., 2019）。根据最新的CA-ID-TIMS高精度测年和有机碳同位素的研究，与宣威组最顶部煤层一起保存的火山灰（卡以头组底部）与煤山剖面的25层火山灰大致等时。有机碳碳同位素的变化表明在卡以头组的中上部有一个3‰~5‰的降低（Shen et al., 2011；Zhang et al., 2016），该降低与煤山海相剖面26层的降低大致可以对比，在南非的Karoo盆地和澳大利亚的悉尼盆地中都存在（Birgenheier et al., 2010；Fielding et al., 2019；Gastaldo et al., 2019）。卡以头组是一个穿时的地层单元，大部分或者全部属于二叠系最顶部（王尚彦，2001；Shen et al., 2011；Chu et al., 2016；Zhang et al., 2016），陆相和过渡相的卡以头组时代对比需要进一步研究。卡以头组被纯红色的下三叠统东川组或者飞仙关组覆盖。

3.1.1 岩石地层对比

华南地区二叠纪的岩石地层单元自下而上依次为马平组、栖霞组、茅口组、吴家坪组和长兴组（图3-1-1）。《中国地层表（2014）说明书》对这些岩石地层单元做了详细描述，本书对各组特征的描述转引自王玥等（2018）。

1. 马平组

马平组广泛分布于贵州、滇东及滇东南、桂北等地，区域上与上覆栖霞组呈假整合接触。马平组通常也包括西南地区的斜坡或盆地相沉积，即所谓的"黑马平"，由灰黑、深灰色泥晶灰岩，含燧石团块粒泥灰岩组成，典型剖面在贵州南部罗甸、紫云等地。

船山组地层与马平组相当，命名地在江苏镇江石马庙西南的船山，主要为灰色厚层含核形石泥晶灰岩、生物碎屑灰岩夹深灰色中至厚层泥晶灰岩，含丰富的𥻗类、珊瑚等化石。船山组底部以薄层灰质砾岩的出现与下伏黄龙组浅灰色厚层灰岩相区分，大部分地区整合接触，在江苏船山、安徽铜陵、安徽宿松等地呈假整合接触。船山组与栖霞组的分界以栖霞组底部黄褐色砂页岩的出现为标志，两者为假整合或整合接触。船山组主要分布在华南的东南部地区。

马平组和船山组皆是跨石炭系、二叠系的岩石地层单位，其下部𥻗类*Triticites*带的地层应归于石炭系，中上部𥻗类*Sphaeroschwagerina*或*Pseudoschwagerina*开始出现的地层划归为二叠系，主要属于阿瑟尔阶和萨克马尔阶，顶部可能已经进入亚丁斯克阶（沈树忠等，2019）。在贵州盘县、六枝、普安、晴隆一带，马平组相变为龙吟组和包磨山组（廖卓庭，1979）。

龙吟组为黄褐色泥岩、中厚层石英砂岩、泥晶灰岩和泥灰岩互层，其底部深灰、黑色薄层泥岩夹泥晶灰岩与下伏沙子塘组顶部深灰、灰色中厚层泥晶灰岩整合接触，顶部与上覆包磨山组为整合接触。龙吟地区产*Sphaeroschwagerina glomerosa*和*Pseudofusulina moelleri*𥻗类动物群和以*Popanoceras*为代表的菊石动物群。时代大致相当于紫松期，属浅海相沉积。

包磨山组主要为灰色中厚层至厚层白云岩化生物碎屑泥晶灰岩、生物碎屑灰岩、灰黑色含炭泥质灰岩与灰色、黄褐色泥岩、页岩、细粒至粗粒石英砂岩互层，厚433m，时代为隆林期（廖卓庭，1979）。

2. 栖霞组

栖霞组的命名地点在江苏南京的栖霞山。宁镇山脉的栖霞组自下而上分为碎屑岩段、臭灰岩段、下硅质岩段、本部灰岩段、上硅质岩段和顶部灰岩段。

碎屑岩段为海侵初期滨海沉积，主要为钙质页岩和泥晶灰岩互层。在华南大部分地区，碎屑岩段层位相当于𥻗类*Brevaxina*带，但在上扬子区的黔北、鄂西和四川盆地，其层位相当于𥻗类*Misellina claudiae*带。臭灰岩段为沥青质灰岩，产𥻗类*Misellina claudiae*，珊瑚*Wentzellophyllum volzi*，向西至上扬子区相变为梁山组。

下硅质岩段为深灰色硅质岩、硅质页岩、钙质页岩及中薄层燧石团块灰岩。在浙江桐庐、湖北大冶、广西来宾、四川华蓥山等地，*Misellina claudiae*带之上也仍可识别出此富含燧石团块或条带的岩性段。

本部灰岩段为中厚层含燧石团块生物碎屑泥晶灰岩，富含𥻗类*Nankinella*和*Schwagerina*，珊瑚*Hayasakaia*和*Polythecalis*。

上硅质岩段由深灰色硅质岩和薄层灰岩组成，含珊瑚*Chusenophyllum*。顶部灰岩段由中厚层灰岩组成，富含䗴类*Parafusulina multiseptata*。

栖霞组碎屑岩段与下伏船山组、马平组整合或假整合接触，甚至直接超覆于寒武—泥盆系的不同地层之上，形成广泛的铝土矿沉积（Yu et al., 2019），与上覆孤峰组或茅口组整合接触。栖霞组主要产䗴类、珊瑚、腕足类、藻类和非䗴有孔虫。在标准剖面地区，䗴类自下而上分为*Misellina claudiae*带、*Nankinella orbicularia*带、*Schwagerina chihsiaensis*带和*Parafusulina multiseptata*带。其地层年代大致为罗甸期早期至祥播期末期。

在湖南新化马鞍山、桥头、斗笠山一线以南及攸县、衡山县等地，罗甸—孤峰期为较深水盆地相沉积，岩性上以钙质页岩、硅质页岩、锰质岩和含锰灰岩为特征，代表栖霞组上部的相变。由南向北当冲组的厚度增大，灰岩夹层增多，以至相变为茅口组灰岩。在广东曲仁地区的当冲组产放射虫化石，其时代相当于孤峰期。

3. 茅口组

茅口组的命名地在贵州郎岱地区，由浅灰色生物碎屑灰岩组成，化石以䗴类为主，分为*Cancellina*带、*Neoschwagerina simplex*带、*Afghanella schencki*带、*Yabeina gubleri*带和*Metadoliolina douvillei*带。茅口组分布于广西、贵州、云南东部、四川、湖北、湖南、江西北部等地区，与下伏栖霞组呈整合接触，与上覆龙潭组或吴家坪组呈整合或假整合接触。

在滇东、桂西、桂南及黔南的册亨和紫云一带，与茅口组相当的地层为一套浅灰色块状海绵礁相和生物滩相灰岩，这一台地边缘相灰岩在黔南被归入猴子关灰岩（肖伟民等，1986）。湖南郴县（今郴州）地区相当茅口组的地层为一套含煤地层沉积，称斗岭组，为茅口组的相变，但时代跨越瓜德鲁普统和乐平统界线（Shen and Zhang，2008）。相当茅口组下部的地层在扬子区的台盆相区相变为孤峰组，主要分布于江苏南京、安徽巢县、安徽安庆、安徽怀宁、安徽泾县、湖北恩施、湖北鹤峰和四川旺苍等地。孤峰组发育硅质岩、页岩，富含腕足类、双壳类、菊石和放射虫化石，底部产牙形类*Jinogondolella nankingensis*等、菊石*Altudoceras–Paraceltites*组合，时代为孤峰期。其下部与栖霞组灰岩呈假整合接触，顶部与上覆堰桥组整合接触。由于冷坞期的海退，苏浙皖地区出现海陆交互相沉积，称堰桥组或银屏组，其顶部与上覆龙潭组整合接触。

4. 吴家坪组

吴家坪组的命名剖面位于陕西汉中南郑县城西约12km的吴家坪村，为滨海—浅海相碳酸盐岩沉积。其底部为王坡页岩段，下部燧石灰岩段为中至厚层含燧石结核或条带的生物碎屑灰岩、燧石灰岩及燧石层，上部为灰色块状灰岩。王坡页岩段与下伏茅口组整合或假整合接触，顶部与上覆长兴组或大隆组整合接触。分布于扬子区乐平世碳酸盐岩台地，包括陕南、川东、湖北、赣西北、湘西北和贵州。

在下扬子区，吴家坪期至长兴期的三角洲体系沉积称为龙潭组，与吴家坪组层位相当，二者大致为同期异相。龙潭组主要为海陆交互相含煤沉积，该组分布于湖北南部和东南部、安徽南部、江苏南部和浙江北部。该组与下伏堰桥组和上覆大隆组皆为整合接触。在华南西部康滇古陆一带，即川滇东部及黔西地区茅口组之上，为峨眉山玄武岩假整合。该套玄武岩在云南建始、贵州织金和晴隆等地的时代始于阳新统冷坞期，在分布区的东部延续时间较短，仅至吴家坪期初，在西部的延续时间稍长。这一地区吴家坪期的河流冲积相和滨海沼泽相沉积为宣威组，该组与下伏峨眉山玄武岩假整合或整合接触，与上覆飞仙关组或凉风坡组整合接触。

5. 长兴组

长兴组的命名地点位于浙江长兴，通常指华南龙潭组与下三叠统之间局限台地相和斜坡相的以碳酸盐岩为主的地层。在命名地，长兴组分为下部葆青段和上部煤山段，为斜坡相碳酸盐沉积，超覆于龙潭组之上；顶界为一黑色黏土层，属海泛凝缩沉积，与上覆青龙组为整合接触。

长兴组广泛分布于扬子分区各地，在福建大田、广东曲江、湖南南部及陕西汉中零星分布。在川东和黔西为局限碳酸盐岩台地相，以中厚层泥晶灰岩为主，在与龙潭组过渡地区，其顶部常有数米厚的钙质黏土岩。在与大隆组过渡地区，顶部常为凝灰质黏土岩和泥灰岩。在江苏无锡、浙江湖州、湖南郴县等地，长兴组以浅灰色块状灰岩为主，属于浅海—潮坪、台地边缘生物滩或生物礁相。

大隆组与长兴组在不同地区为相变关系或上下关系，是指华南台洼相含菊石硅质岩、蒙脱石化玻屑凝灰岩夹泥灰岩的岩层，其层位变化于吴家坪阶上部至长兴阶顶部之间。贵州晴隆地区的长兴阶发育一套灰绿色泥岩、粉砂岩夹灰岩透镜体，称凉风坡组，与下伏宣威组与上覆下三叠统飞仙关组均为整合接触，该组仅见于命名地区。

3.1.2 生物地层对比

二叠纪华南地区的生物地层研究较为充分，可与国际标准对接，华北、新疆等地也主要参考华南地区标准进行对比研究。本节选取了牙形类、蟆类等主要化石种类进行介绍。华南地区二叠纪生物地层框架如图3-1-2所示。

3.1.2.1 牙形类化石带

牙形类化石在二叠系高分辨率地层的划分和对比中起到了至关重要的作用，国际地层委员会二叠纪地层分会目前已经建立的和计划建立的所有二叠系各阶GSSP的划分与定义均采用了牙形类化石。国际上牙形类的研究起源于19世纪中期，金玉玕（1960）首次报道了我国二叠纪的牙形类化石。我国二叠纪牙形类的系统研究和化石带建立开始于20世纪80年代，之后取得了突破性进展，尤其瓜德鲁普统上部和乐平统的国际牙形类生物地层框架就是在中国华南地区的研究基础上建立的（金玉玕，1960；Wang and Wang，1981；张克信，1987；李子舜等，1989；梅仕龙等，1994；Mei et al.，1994a，1994b，1998a，1998b，2004；王成源，1995；Mei，1996；Zhang et al.，2007；张克信等，2009；Jiang et al.，2007，2011；Yuan et al.，2014a，2017，2019）。华南地区在二叠纪时期普遍发育海相沉积，有利于牙形类的系统研究和化石谱系的建立，因此，华北、新疆和西藏等地区主要参考华南地区已经建立的标准进行对比研究。

图3-1-2中，牙形类化石带据陈军（2011）、Yuan等（2014a）的长兴阶和Yuan等（2017）的吴

年龄(Ma)	世/阶	磁极性带	牙形带	牙形类	蜓类	菊石	腕足类	珊瑚类
250–252	三叠系 251.902±0.024	LT1n		*Isarcicella isarcica* *Hindeodus parvus*		*Ophiceras/Otoceras*	*Paracrurithyris pigmaea-Lingula* **spp.**	
252–254	长兴阶 Changhsingian 254.14±0.12	LP3 / LP2r / LP2n	L11–L13 / L10 / L9 / L8	*Clarkina changxingensis* *Clarkina subcarinata* *Clarkina wangi*	*Palaeofusulina sinensis* *Palaeofusulina minima*	*Rotodiscoceras/Paratirolites* *Pseudotirolites* *Pseudostephanites*	*Peltichia zigzag-* *Paryphella sulcatifera*	*Huayunophyllum*
254–256	乐平统 吴家坪阶 Wuchiapingian	LP2r / LP2n / LP1 / LP1.1r / LP0r	L7 / L6 / L5 / L4 / L3 / L2 / L1	*Clarkina orientalis* (*C. longicuspidata*) *Clarkina transcaucasica* (*Clarkina liangshanensis*) *Clarkina guangyuanensis* *Clarkina leveni* *Clarkina asymmetrica* *Clarkina dukouensis* *Clarkina postbitteri hongshuiensis* *Clarkina postbitteri postbitteri*	*Gallowayinella meitiensis* *Nanlingella simplex-* *Codonofusiella kwangsiana*	*Sangyangites* *Araxoceras* *Anderssonoceras-* *Prototoceras*	*Permophricodothyris grandis-* *Orthothetina ruber*	*Liangshanophyllum*
258–260	259.51±0.21	G7 / G6 / G5		*Jinogondolella granti* *Jinogondolella xuanhanensis* *Jinogondolella prexuanhanensis*	*Lantschichites minima* *Metadoliolina multivoluta*	*Eoaraxoceras spinosai-* *Difuntites furnishi*	*Urushtenoidea crenulata-* *Neoplicatifera huangi*	*Ipciphyllum -* *Iranophyllum*
260–264	卡匹敦阶 Capitanian 冷坞阶 264.28±0.16	GU3n G4 / G3		*Jinogondolella altudaensis-* *Jinogondolella shannoni* *Jinogondolella postserrata*	*Yabeina gubleri*	*Roadoceras-Doulingoceras* *Timorites*	*Monticulifera sinensis*	
264–266	瓜德鲁普统 沃德阶 Wordian	Gu2 / Gu1n		*Afghanella schencki/* *Neoschwagerina margaritae*	*Guiyangoceras*		*Wentzelellites liuzhiensis*	
266–268	266.9±0.4 孤峰阶	Illawarra 反转 *Jinogondolella aserrata* CI3r.1n		*Neoschwagerina craticulifera*	*Waagenoceras*			
268–272	罗德阶 Roadian		G1	*Jinogondolella nankingensis*		*Altudoceras-Paraceltites*	*Permocryptospirifer-* *Vediproductus punctatiformis*	
272–274	273.01±0.14 祥播阶		C15	*Mesogondolella lamberti*	— *Neoschwagerina simplex* —	*Shaoyangoceras*		*Chusenophyllum* *Polythecalis*
274–276		CI3n	C14	*Sweetognathus subsymmetricus/* *Mesogondolella siciliensis*	*Cancellina liuzhiensis* *Maklaya elliptica*	*Pseudohalorites*		*Hayasakaia*
276–280	空谷阶 Kungurian 罗甸阶	CI2n	C13	*Sweetognathus guizhouensis*	*Shengella simplex* *Misellina claudiae* *Misellina termieri*	*Metaperrinites shaiwaensis*	*Tyloplecta nankingensis-* *Liraplecta richthofeni*	*Wentzellophyllum volzi*
280–284	283.5±0.6		C12 / C11	*Pamirina (Brevaxina) dyhrenfurthi* *Neostreptognathus pnevi* *Neostreptognathus exsculptus/* *N. pequopensis*		*Popanoceras ziyunense*	*Orthotichia chekiangensis*	
284–288	乌拉尔统 亚丁斯克阶 Artinskian 隆林阶	C10		*Sweetognathus* aff. *whitei*	*Pamirina darvasica/* *Laxifusulina/* *Chalaroschwagerina inflata*	*Propinacoceras simile* *Popanoceras kuei-* *chowense-P. nandanense*	*Mistproductus eucallus-* *Rugaria exquisita* *Liosotella*	*Lonsdaleiastraea*
290–292	290.10±0.14 萨克马尔阶 Sakmarian	C9 / C8 / C7		*Mesogondolella bisselli/* *Sweetognathus anceps* *Mesogondolella manifesta* *Mesogondolella monstra/* *Sweetognathus binodosus*	*Robustoschwagerina ziyunensis*	*Svetlanoceras uralocera-* *formis-Prothalassoceras*	*Orthotichia magnifica-* *Compressoproductus*	*Kepingophyllum*
293.52±0.17	阿瑟尔阶 Asselian 紫松阶	C6 / C5 / C4 / C2 / C1		*Sweetognathus* aff. *merrilli/* *Mesogondolella uralensis* *Streptognathodus barskovi* *Streptognathodus fusus* *Streptognathodus constrictus* *Streptognathodus sigmoidalis* *Streptognathodus isolatus*	*Sphaeroschwagerina moelleri* *Robustoschwagerina kahleri* *Pseudoschwagerina uddeni*	*Properrinites gigantus-* *Svetlanoceras serpentinum*	*Choristites-Eolyttonia* *Anidanthus aagardi-* *Buxtonia-* *Linoproductus*	
300	298.92±0.19 石炭系	CI1n		*Streptognathodus wabaunsensis*	*Triticites* spp.	*Shumardites* *Emilites*		*Nephelophyllum -* *Pseudotimania*

图 3-1-2　华南二叠纪生物地层框架［据沈树忠等（2019）修改］

家坪阶修改，图中灰色字体化石带和磁极性带在中国是否存在还有待研究。L11—L13分别是*Clarkina yini*带（L11）、*C. meishanensis*带（L12）和*Hindeodus changxingensis−C. zhejiangensis*带（L13）或者 *H. praeparvus*带（L13）。

1. 乌拉尔统

乌拉尔统的国际标准牙形类化石带主要依据乌拉尔地区的演化序列建立，当时这一地区处于泛大陆的北部，属于北方凉水生物大区。而组成中国的几个主要陆块在这一时期分散于古特提斯洋内，属于赤道暖水生物大区，西藏和云南等地包含的众多微板块分散于古特提斯洋南部及冈瓦纳大陆北缘，这使得不同地区乌拉尔统牙形类生物面貌有所差异。华南地区乌拉尔统的牙形类化石在多个剖面有研究和报道（王志浩等，1987；王志浩，2000；Mei et al.，2002；Henderson and Mei，2003），但很少能建立起较为完整的牙形类化石带序列（Wang，1994；梅仕龙等，1999）。沈树忠等（2019）根据前人资料将我国乌拉尔统地层大致划分为15个化石带，由下而上分别为*Streptognathodus isolatus*带、*St. sigmoidalis*带、*St. constrictus*带、*St. fusus*带、*St. barskovi*带、*Sweetognathus* aff. *merrilli−Mesogondolella uralensis*带、*Sw. binodosus−M. monstra*带、*M. manifesta*带、*Sw. anceps−M. bisselli*带、*Sw.* aff. *whitei*带、*Neostreptogonathodus exsculptus−N. pequopensis*带、*N. pnevi*带、*Sw. guizhouensis*带、*Sw. subsymmetricus−M. siciliensis*带和*M. lamberti*带。

*Streptognathodus isolatus*带是二叠系最底部的一个牙形类化石带（Chernykh et al., 1997），覆于石炭系顶部*St. wabaunensis*带之上。*St. isolatus*为二叠系底界的标志种，在贵州罗甸地区有报道，但该种建立较晚，早期多被归为*St. wabaunensis*，且缺乏后期的系统厘定。*Streptognathodus sigmoidalis*带、*St. constrictus*带、*St. fusus*带和*St. barskovi*带见于贵州罗甸纳庆剖面（梅仕龙等，1999；Mei et al., 2002；陈军，2011）。以*Streptognathodus*属占据优势的这些化石带代表了几乎整个阿瑟尔阶的地层（Henderson，2018；沈树忠等，2019）。需要注意的是，这些种多建立于乌拉尔地区，在其他大区报道较少，位于赤道附近的华南板块的这些种的形态和乌拉尔地区的标本可能存在一些差异，需要进一步系统研究确认。另外，属种的首现和延限也存在一定的差别。萨克马尔阶底界GSSP的正式确立以*Mesogondolella monstra*的首现为标准，而先前提议的标志种*M. uralensis*目前代表阿瑟尔阶最顶部的化石带，仅局限于乌拉尔地区。在乌拉尔地区，和*M. uralensis*延限大致相当的种还有*Sweetognathus* aff. *merrilli*，这些*Sw.* aff. *merrilli*最初被鉴定为*Sw. merrilli*，后期有学者提出其与美国命名地区的*Sw. merrilli*存在差异，且时间也完全不同（命名地区的*Sw. merrilli*的出现要早于乌拉尔地区），因此将其命名为*Sw.* aff. *merrilli*。中国华北和华南地区先前均有*Sw. merrilli*的报道，但是这些标本应该归为*Sw. merrilli*还是*Sw.* aff. *merrilli*，缺乏进一步的研究。陈军（2011）在华南报道了*Mesogondolella monstra*带，该带含有*Sweetognathus binodosus*，但没有发现其先驱种*Mesogondolella uralensis*，因此，该带在华南地区的底界难以和乌拉尔地区的首现精确对比。根据乌拉尔地区和北美地区的研究结果，*Streptognathodus*和*Adetognathus*两个属的灭绝层位大致位于萨克马尔阶的底部，所以也可以用这两个属的消失大致代表萨克马尔阶底界（Henderson, 2018）。*Mesogondolella manifesta*由*M. monstra*演化而来，但是前者的

首现层位略高于后者或者与后者延限相当（Chernykh et al., 2016；Henderson，2018）。*Sweetognathus anceps-Mesogondolella bisselli*带代表了萨克马尔阶最上部的地层，这两个种在华南地区均有报道，*M. bisselli*的报道更为广泛一些。

亚丁斯克阶的GSSP尚未确定，但标志种*Sweetognathus whitei*的首现被广泛接受用于代表亚丁斯克阶的开始。最近的研究发现，在乌拉尔地区用于界线定义的*Sw. whitei*和北美命名地区的*Sw. whitei*存在较大差异，且两者在时间上也截然不同（Henderson，2018）。北美地区的*Sw. whitei*仍然与*Streptognathodus*共生，所以其代表的地层可能在萨克马尔阶底界附近；乌拉尔地区定义亚丁斯克阶底界的*Sw. whitei*归于*Sw.* aff. *whitei*。华南和华北地区报道的大量*Sw. whitei*应该归为代表萨克马尔阶底界附近的*Sw. whitei*还是代表亚丁斯克阶底界的*Sw.* aff. *whitei*，仍然没有系统的研究，有研究者将广西来宾地区的这类标本命名成*Sw. asymmetrica*（Sun et al., 2017）。

空谷阶的底界目前采纳以*Neostreptogonathodus pequopensis-N. pnevi*演化序列中*N. pnevi*的首现作为界线定义，所以*N. pequopensis*带代表了亚丁斯克阶最上部的地层。我国目前还没有确切的关于*N. pequopensis*的报道。在北美地区，该种可以与*N. exsculptus*共生，而后者的类似标本在华南地区有过报道（Wang，1994；Mei et al.，2002；陈军，2011）。陈军（2011）在华南贵州紫云地区报道了少量类似于*N. pnevi*的标本，所以该种在华南地区也存在。由于客观地层条件的限制，乌拉尔地区空谷阶的牙形类研究主要集中于空谷阶的底界附近（Cherynkh et al.，2020b），北美地区空谷阶以*Neostreptogonathodus*为代表，*Sweetognathus*的种丰度较低，且与华南地区*Sweetognathus*的种差别较大。中国华南地区依据地方性丰度最高的*Sweetognathus*种建立化石带，*Sweetognathus guizhouensis*和*Sw. subsymmetricus*分别大致代表了华南地区空谷阶下部和上部的地层。*Mesogondolella siciliensis*在华南地区空谷阶的上部也有报道，因此建立了*Sw. subsymmetricus-Mesogondolella siciliensis*带。全球范围内，*M. lamberti*和*M. idahoensis*代表了空谷阶最上部的地层，但是这两个种的关系仍然存在争议。有人认为*M. lamberti*是由*M. idahoensis*演化而来，*M. lamberti*带位于*M. idahoensis*带之上，代表了空谷阶顶部的地层；也有人认为*M. lamberti*和*M. idahoensis*分别代表了空谷阶顶部暖水区和凉水区的地层。我国华南地区有*M. lamberti*的报道，但是缺少确切的*M. idahoensis*报道，在西藏、缅甸、澳大利亚等地的空谷阶，*M. idahoensis*广泛存在（Yuan et al.，2016，2020）。

2. 瓜德鲁普统

瓜德鲁普统的牙形类化石带主要依据*Jinogondolella*一属的演化序列建立，虽然该属已经被广泛接受，但仍有少量学者认为该属由于同样含有不带锯齿的标本而在鉴别上有疑问，继续将该属的所有种归为*Mesogondolella*属。本书采纳*Jinogondolella*属。

国际上瓜德鲁普统牙形类的系统性研究主要集中于美国和中国华南地区，这两个地区的属种均代表了赤道暖水区的牙形类动物群（Mei and Henderson，2001）。瓜德鲁普统含有的3个GSSP全部依据*Jinogondolella*属内3个种的首现确定，GSSP剖面均位于美国德克萨斯地区。另外，美国中北部仍然发育有代表瓜德鲁普统凉水区的*Mesogondolella*演化序列，中国很少有报道。当前代表瓜德鲁普统国际划分标准的8个牙形类化石带在华南地区均发育，由下至上分别是*Jinogondolella nankingensis*带、*J. aserrata*带、*J. postserrata*带、*J. shannoni*−*J. altudaensis*带、*J. prexuanhanensis*带、*J. xuanhanensis*带、*J. granti*带和*Clarkina postbitteri hongshuiensis*带，其中最顶部2～3个化石带在北美地区缺失。

  *Jinogondolella nankingensis*一种建立于江苏南京正盘山附近（金玉玕，1960），之后建立于美国的*J. serrata*被认为是该种的同义名，因此最终*J. nankingensis*取代*J. serrata*被确立为罗德阶底界的国际标志化石种。目前罗德阶仅含有*J. nankingensis*带这一个标准牙形类化石带，而我国仅在华南地区识别出该化石带。*J. aserrata*是根据较老地层中的原*J. postserrata*标本建立的种，目前沃德阶仅含有*J. aserrata*带这一个标准牙形类化石带。但是*J. aserrata*的定义在研究过程中出现了很大的不一致性，造成不同学者对该种的识别不一致，进而造成该带代表的地层差别很明显。*J. aserrata*带在全球和我国均是瓜德鲁普统识别最为广泛的化石带。卡匹敦阶有瓜德鲁普统最多的牙形类化石带，包含了上部所有6个化石带。在华南地区，*Jinogondolella postserrata*带普遍发育，*J. shannoni*的首现略早于*J. altudaensis*的首现，但在部分剖面，*J. shannoni*和*J. altudaensis*难以单独建立化石带，因此本书将它们组合为*J. shannoni*−*J. altudaensis*带。在北美地区，*J. shannoni*最早被作为*J. postserrata*向*J. altudaensis*演化的过渡形态，因此，也仅代表了很短的地层时限。由于受瓜德鲁普世末期全球大海退和峨眉山玄武岩省的影响，少量地区缺失*J. shannoni*−*J. altudaensis*带以及之上瓜德鲁普统所有的化石带，部分地区发育*J. prexuanhanensis*带和*J. xuanhanensis*带，只有很少量深水地区发育*J. granti*带和*Clarkina postbitteri hongshuiensis*带。

  3. 乐平统

  乐平世时期，牙形类动物群的分区与瓜德鲁普世的分区相似，暖水区以*Clarkina*属占优势，凉水区以*Mesogondolella*属占优势（Mei and Henderson，2001；Yuan et al., 2018）。凉水区的牙形类化石序列研究依旧不足，目前国际乐平统牙形类标志化石序列是基于赤道暖水区的研究建立的。乐平统的3个GSSP全部建立于中国华南地区，因此，华南地区当前的牙形类序列即代表了国际标准。最新的乐平统国际标准牙形类化石序列包含13个化石带，由下至上分别是*Clarkina postbitteri postbitteri*带、*C. dukouensis*带、*C. asymmetrica*带、*C. leveni*带、*C. guangyuanensis*带、*C. transcaucasica*带、*C. orientalis*带、*C. wangi*带、*C. subcarinata*带、*C. changxingensis*带、*C. yini*带、*C. meishanensis*带和*C. zhejiangensis*−*Hindeodus changxingensis*带（沈树忠等，2019）。另外，藏南等地区发育有凉水相长兴阶的牙形类化石带（Yuan et al., 2018）。

  *Clarkina postbitteri postbitteri*带是乐平统最下部的化石带，所代表的时限很短（Shen et al., 2010；沈树忠等，2019）。受瓜德鲁普世末期大海退造成全球普遍沉积缺失的影响，该带在全球绝大多数地区缺失，目前的研究显示仅广西来宾及周边深水区域存在确切的*C. postbitteri postbitteri*（Yuan et al., 2017；Hou et al., 2020）。华南大部分地区发育的乐平统的第一个化石带是*C. dukouensis*带，但是不同地区的*C. dukouensis*带的底界可能是穿时的，部分地区仅存在*C. dukouensis*较高级阶段的标本。*Clarkina asymmetrica*带和*C. dukouensis*带的界线在有些剖面不太容易识别。在吴家坪阶底界GSSP建立

之前，*C. leveni*曾被作为吴家坪阶下部的标志化石。*C. leveni*带在华南地区也普遍发育，但在部分剖面该带未能识别。*Clarkina liangshanensis*在华南的首现位置和*C. guangyuanensis*的首现位置大致相当，所以在有些*C. liangshanensis*繁盛的剖面，也会用*C. liangshanensis*带代替*C. guangyuanensis*带，但是*C. liangshanensis*的延限比较长，可以到*C. orientalis*带的中下部。在华南，*C. liangshanensis*曾一度被用做吴家坪阶下部的标志化石带（王成源，1987）。*Clarkina transcaucasica*最初是作为*C. orientalis*的一个亚种，之后被提升为种并作为吴家坪阶上部的标志化石带（Mei et al., 1994a；Yuan et al., 2017）。*C. orientalis*带是特提斯大区分布最广、最容易识别的代表吴家坪阶中上部的一个化石带，可以延续进入长兴阶。华南地区*C. orientalis*带上部与*C. longicuspidata*共生，在部分剖面用*C. longicuspidata*带代替*C. orientalis*带，但是*C. longicuspidata*的首现位置一直不清楚，目前仅能大致确认*C. longicuspidata*带相当于*C. orientalis*带的中上部（Yuan et al., 2014a）。在拉萨地块也发现了*C. liangshanensis*和*C. orientalis*，说明这两个种在特提斯区域广泛存在，可用于地层对比（Yuan et al., 2014b）。*Clarkina wangi*带是长兴阶最底部的化石带，该种是基于*C. subcarinata*的部分标本建立的，并作为后者的一个亚种，所以先前文献里的部分*C. subcarinata*应该被厘定为*C. wangi*。*Clarkina wangi*带最早代表*C. wangi–C. subcarinata*组合带的下部，之后才单独建带。华南部分地区发育龙潭组，且龙潭组的顶界可能是穿时的，因此部分剖面不能识别或者不能完整识别*C. wangi*带（Yuan et al., 2015）。*Clarkina subcarinata*带过去一直被用做长兴阶下部的标志化石带，但是传统的*C. subcarinata*带其实包含了现在的*C. subcarinata*带和*C. wangi*带，甚至部分*C. longicuspidata*带。*Clarkina changxingensis*带是长兴阶延限最长的化石带，最容易被识别。Yuan等（2014a）通过厘定华南地区*C. changxingensis*带内的大量标本，将该带大致划分为了3个阶段，用以提高地层分辨率。*Clarkina yini*建立时被作为*C. changxingensis*的一个亚种，并作为组合带的一部分位于*C. changxingensis*带之上。*Clarkina meishanensis*带代表的时限很短，但是长兴阶最重要的化石带，在华南地区广泛发育。二叠纪末期全球生物大灭绝的主要期就发生在该带内。*Clarkina zhejiangensis–Hindeodus changxingensis*带是二叠系最顶部的化石带。由于*H. changxingensis*的首现要高于*Clarkina zhejiangensis*的首现，所以也会将*C. zhejiangensis*带和*H. changxingensis*带作为2个独立的化石带，但缺点是*C. zhejiangensis*带代表的时限很短，很多剖面不易识别。有些剖面没有发现*C. zhejiangensis*和*H. changxingensis*，也会建立*H. praeparvus*带代替。

3.1.2.2 蜓类化石带

蜓类是二叠纪生物地层对比的重要化石门类之一。二叠纪的蜓类化石带由盛金章（1963）、陈旭和王建华（1983）根据贵州、广西地区的蜓类化石建立，并得到广泛应用（Sheng and Jin, 1994；金玉玕等，1999）。据此，二叠纪蜓类化石带综合如下（Zhang and Wang, 2018）（图3-1-2）。

*Sphaeroschwagerina fusiformis–Pseudoschwagerina*带。该带为二叠纪最底部的一个化石带，*Pseudoschwagerina*为主要分子，如*P. beedei*和*P. muoythensis*等，以*Sphaeroschwagerina fusiformis*和*S. vulgaris*的出现为特征。该带分布比较局限，仅在我国西南部地区能够识别，其他地区则多以*Schwagerina*为主。

*Sphaeroschwagerina moelleri*带。该带在华南大多数地区都可见，*Sphaeroschwagerina*分异度很高，并出现*Robustoschwagerina*的原始分子。

*Robustoschwagerina schellwieni–R. ziyunensis*带。该带以较进化的*Robustoschwagerina*的出现、*Pseudoschwagerina*和*Sphaeroschwagerina*的繁盛为特征。在华南地区，该化石带常见的有*S. sphaerica*和*S. karnica*，有时可见*Eoparafusulina*。

*Pamirina–Darvasites ordinatus*带。以出现*Pamirina*和原始的费伯克䗴类为特征，*Chalaroschwagerina*、*Darvasites*和各种形式的*Schwagerina*和*Pseudofusulina*全面繁盛，多出现在隆林期外陆棚和陆棚边缘相中。在内陆棚相区，相当的化石带在广西为*Staffella*带（陈旭和王建华，1983），在湖南为*Schwagerina cushmani*带（周祖仁，1982），在江苏为*Schwagerina tschernyschewi*带（Chen，1934）或*Darvasites ordinatus*带（张志存，1983），在塔里木地区为*Eoparafusulina shengi–E. instabilis*带。

*Brevaxina dyhrenfurthi*带。该带定义于贵州紫云猴场剖面，以*Brevaxina*及原始的*Misellina*（如*M. termieri*和*M. subelliptica*等）占主要地位（肖伟民等，1986）。在猴场剖面上，*Misellina*分子的出现较*Brevaxina*略高，被作为一个独立的化石带。

*Misellina claudiae*带。该带广泛分布于华南栖霞组底部，为罗甸阶最下部的一个化石带。根据贵州南部扁平剖面和邻近地区的䗴类化石资料，该化石带以*Misellina*的普遍发育、*Toriyama*和*Robustoschwagerina*的消失为特征。*Schwagerina cushbeekina*动物群出现在该带的下部，其上部出现了*Shengella*、*Verbeekina*和大量的*Misellina ovalis*（杨振东，1985；肖伟民等，1986）。该化石带的化石组成在整个华南地区基本一致。基于栖霞组的命名地和广西宜山地区宜山剖面的䗴类化石，Chen（1934）和盛金章（1963）提出*Misellina claudiae*带应介于*Schwagerina tschernyschewi*带和*Nankinella*带之间，肖伟民等（1986）则建立*Shengella*带作为*Misellina claudiae*带上部的一个化石带，但*Shengella*很少在贵州以外的华南其他地方出现。

*Cancellina elliptica*带。该带以*Cancellina*类群最早出现和繁盛为显著特征。与*Cancellina*带相当的地层曾被作为原茅口阶的下部，后来又改归原栖霞阶的上部（盛金章，1962）。盛金章（1963）根据贵州紫松剖面和邻区地层建立*Cancellina*亚带，作为*Parafusulina*带上部的一个化石带。在茅口组的命名剖面上，杨振东（1985）建立*Cancellina–Neoschwagerina simplex*带，包括*Cancellina liuzhenensis*亚带和*Praesumatrina schellwieni*亚带。*C. liuzhenensis*亚带可能相当于盛金章（1963）的*Cancellina*亚带，*Praesumatrina schellwieni*亚带相当于盛金章（1963）的*Neoschwagerina*带。与该化石带相对应的内陆棚的䗴类化石带为*Nankinella orbicularia*带，该带以*Chusenella*、*Nankinella*、*Schwagerina*和*Parafusulina*等为主要分子。该带在特提斯型二叠系中相当于Kubergandian阶，但是特提斯地区以䗴类作为划分依据的年代地层系统与美国瓜德鲁普地区以牙形类为依据的年代地层系统的对比仍然不明确。

*Neoschwagerina simplex–Praesumatrina neoschwagerinoides*带。该带相当于贵州茅口剖面定义的*Praesumatrina schellwieni*亚带，后者以*Praesumatrina*为主要分子，各类原始的*Neoschwagerina*开始出现，是特提斯标准中Murgabian阶下部的一个带。在局限海中，与该化石带相对应的是*Parafusulina* *multiseptata*带，包括大量的*Parafusulina*、*Schwagerina*、*Chusenella*和*Pseudodoliolina*。然而，在贵州罗甸剖面，发现该带的分子与空谷阶的牙形类共生（梅仕龙等，1999；Mei et al., 2002；Henderson and Mei，2003），这引起了很大的争论（Kozur，1998；Kozur et al., 2001），部分可能属于空谷阶顶部（沈树忠等，2019）。

*Neoschwagerina craticulifera*带。孤峰阶的底部以*Neoschwagerina craticulifera*的出现为标志，相当于Murgabian阶的上部。该化石带以较原始的*Neoschwagerina*的繁盛为特征，其中*N. craticulifera*占主要地位。该带相当于盛金章（1963）建立的*Neoschwagerina*带的下部，肖伟民等（1986）建立的*Neoschwagerina*带中的*Afghanella schencki*亚带的下部。

*Neoschwagerina margaritae*带。该带以高度进化的*Neoschwagerina*的大量繁盛为特征，主要分子为*N. margaritae*，相当于Midian阶的下部。该带相当于盛金章（1963）建立的*Neoschwagerina*带的上部，肖伟民等（1986）建立的*Neoschwagerina*带中的*Afghanella schencki*亚带的上部。

*Yabeina gubleri*带。该带由盛金章（1956）建立，代表介于*Chusenella douvillei*带和*Codonofusiella*带之间的䗴类化石群，以*Yabeina*的出现和快速分异及*Chusenella*的成种作用为特征。该带是冷坞阶下部的一个化石带，以*Yabeina gubleri*种数量最多，但根据最新的高精度年龄研究（Davydov and Schmitz，2019），该种可能从沃德阶就已经出现。

*Metadoliolina multivolta*带。该带含有大量高度分异的*Metadoliolina*，而*Yabeina*和*Sumatrina*极少出现，*Afghanella*、*Pseudodoliolina*和*Parafusulina*消失，*Lantschichites*和*Dunbarula*在该化石带首次出现。在局限海环境的相当地层中以*Schwagerina*、*Chusenella*和*Nankinella*为主，在大陆边缘碎屑岩沉积地带以*Eopolydiexodina*为主。该化石带是瓜德鲁普统最顶部的一个化石带。

*Nanlingella simplex–Codonofusiella kwangsiana*带。该带为乐平统底部的一个化石带。在经过前乐平统海洋生物灾变事件之后，大型希瓦格䗴类和费伯克䗴类化石全部消失，化石分异度显著降低。该带的主要分子有*Nanlingella*、*Codonofusiella*、*Nankinella*、*Staffella*和*Reichelina*等，值得一提的是，*Codonofusiella*的种可以在瓜德鲁普统的下部出现，在茅口期晚期已经相当普遍。

*Palaeofusulina minima*带。该带以*Palaeofusulina*的出现为标志，通常为较原始的类型，如*P. minima*和*P. simplex*等，*Palaeofusulina*的出现通常代表长兴期的开始。在开阔海域或外陆架地区，吴家坪阶顶部或长兴阶的下部常出现*Gallowayinella*和*Tewoella*组合，在广西合山地区，长兴阶的䗴类多数以*Nankinella*和*Staffella*为主。近年的研究表明，*Palaeofusulina*可以出现在吴家坪阶的下部（王玥和金玉玗，2006），由于这一发现仅存在于极个别的地区，所以本书仍然沿用在华南地区发育比较广泛的*P. minima*带。

*Palaeofusulina sinensis*带。该带由较为进化的*Palaeofusulina*的种所组成，如*P. sinensis*等，多出现于长兴阶的上部，也是二叠纪最顶部的带，但是，与该种亲近的一些分支也可以出现在吴家坪阶的顶部（Jenny et al., 2004；Nestell and Wardlaw，1987）。䗴类在二叠纪末期完全灭绝。

图3-1-2中，䗴带据Zhang和Wang（2018）修改。

3.1.2.3 菊石带

菊石在华南斜坡相和盆地相沉积中甚为发育，紫松期至罗甸期早期的菊石主要发育在滇黔桂盆地，以广布性类型为主（周祖仁，1985）。罗甸期以后，华南地区的菊石主要进入地方性发展阶段，周祖仁（1985）认为这些类群主要生活在华南局限海，只能在华南地区内对比，很难与世界其他地区对比。二叠纪菊石生物地层工作自20世纪50年代逐步开展，至今取得了重要进展（Leonova，2011，2018；Zhou，2017）。二叠系可划分约20个菊石带（见图3-1-2）。

在南乌拉尔地区哈萨克斯坦的Aidaralash剖面石炭—二叠系GSSP，二叠纪的菊石有一半从石炭纪延续上来，但*Neopronorites rotundus*、*Daixites antipovi*、*Artinskia kazakhstanica*和*Prothalassoceras serratum*等分子开始出现。阿瑟尔阶菊石生物带自下而上包括*Svetlanoceras*带、*Juresanites*带和*Sakmarites*带。萨克马尔阶菊石仍然以乌拉尔地区最具代表性，但分异度明显增加。萨克马尔阶下部为*Propopanoceras simense*−*Properrinites boesei*带，上部为*Crimites subcrotowi*−*Properrinites cumminsi*带（Leonova，2018）。该阶以*Properrinites*属的首现为特征，*Properrinites*常见于美国，在加拿大、帕米尔和帝汶岛的相当地层中也有发现。值得注意的是，最近该属在广西的紫松阶下部也有发现（Zhou，2017）。在华南，整个紫松阶只有*Properrinites plummeri*−*Eoasianites subhanieli*一个化石带（Jin et al., 2003），但最近在南盘江盆地相当于阿瑟尔阶的层位识别出*Properrinites gigantus*−*Svetlanoceras serpentinum*带，在相当于萨克马尔阶的层位识别出*Svetlanoceras uraloceraformis*−*Prothalassoceras*带（Zhou，2017）。

亚丁斯克阶菊石在乌拉尔地区最为丰富，*Uraloceras*可以从萨克马尔阶延到亚丁斯克阶，*Popanoceras*最早在亚丁斯克早期出现，且在全球范围内分布较广。下部以*Neoshumardites triceps*−*Metaperrinites vicinus*带为代表，上部以*Neocrimites fredericksi*−*Medlicottia orbignyana*带为代表（Leonova，2018）。华南与亚丁斯克阶相当的隆林阶以*Popanoceras*属最为常见，可分为下部的*Popanoceras kueichowense*−*P. nandanense*带和上部的*Propinacoceras simile*带（Jin et al., 2003；Zhou，2017）。

空谷阶菊石长期以来被认为与亚丁斯克阶有继承关系，自下而上包括*Propinacoceras busterense*带和*Pseudovidrioceras dunbari*带（Jin et al., 1997）。华南的罗甸阶以一些地方性分子为代表，自下而上识别出*Popanoceras ziyunense*、*Metaperrinites shaiwaensis*和*Pseudohalorites*带（Jin et al., 2003）。其中，下部的*Popanoceras ziyunense*、*Metaperrinites shaiwaensis*位于蜓类*Pamirina*带之上，与蜓类*Misellina claudiae*共生（Zhou，2017）。

瓜德鲁普统菊石最大的变化就是出现了齿菊石目的代表，并在乐平统发展成为优势类群。齿菊石目的*Paraceltites*属在北美瓜德鲁普山的GSSP出现要早于牙形类*Jinogondolella nankingensis*的首现，因此，该属从空谷阶上部就已经开始出现。罗德阶分为下部的*Demarezites*带和上部的*Paraceltites*带，在华南祥播阶以*Shaoyangoceras*带为代表，孤峰阶下部以*Altudoceras*−*Paraceltites*带为代表（周祖仁，1987b）。沃德阶在北美以*Waagenoceras*带为代表，典型分子包括*Neogeoceras*、*Sosioceras*、*Anatsabites*、*Adrianites*、*Mexicoeras*和*Waagenoceras*等（Lambert et al., 2000）。与罗德阶的*Paraceltites*

类似，*Waagenoceras*的首现与牙形类*Jinogondolella aserrata*的首现关系不清。在华南，与沃德阶大致相当的孤峰阶上部以*Guiyangoceras*带为代表，在南盘江盆地则以*Waagenoceras* sp.–*Propinacoceras beyrichi*带为代表。卡匹敦阶的菊石带在北美瓜德鲁普山比较发育，长期以来被认为以*Timorites*带为标准，该带在日本、中国西藏和云南以及俄罗斯远东地区均有发现，包含*Difuntites*、*Strigogoniatites*、*Timorites*和*Neostacheoceras*；在华南，以*Shouchangoceras*、*Doulingoceras*和*Roadoceras*等为代表，称为*Roadoceras–Doulingoceras*带（周祖仁，1987b），该带的分子可以延入乐平统最底部的牙形类*Clarkina postbitteri postbitteri*带（Ehiro and Shen，2008）。最近，在贵州紫云晒瓦组第三段识别出*Eoaraxoceras spinosai–Difuntites furnishi*菊石带，该带与墨西哥科阿伟拉地区瓜德鲁普统顶部的菊石带完全可以对比。由于贵州紫云晒瓦组第三段位于含有卡匹敦阶下部牙形类*Jinogondolella postserrata*和蜓类*Yabeina*的灰岩之上（Wang et al.，2016），以及含有长兴阶牙形类*Clarkina subcarinata*的灰岩之下，该套地层被认为归于华南地区的"乐平统"，从而得出华南的乐平统下部与北美的瓜德鲁普统上部重叠的观点（Zhou，2017）。然而，已有资料和近期的野外进一步工作均表明没有可靠的证据证明贵州紫云晒瓦组第三段应该属于乐平统，*Eoaraxoceras spinosai–Difuntites furnishi*菊石带在晒瓦组第三段的存在恰恰表明含菊石的层位属于与北美卡匹敦阶相当的地层，该带很可能与*Roadoceras–Doulingoceras*带存在重叠关系。至今仍没有可靠的证据表明华南的乐平统与北美的瓜德鲁普统存在相互重叠的关系；相反，有丰富的牙形类化石表明北美瓜德鲁普统顶部缺失了*Jinogondolella xuanhanensis*带以上的正常海相地层。

乐平统菊石发现于中国华南、克什米尔、中喜马拉雅及巴基斯坦等地区。最具代表性的分子产自外高加索、伊朗、中国华南及俄罗斯远东地区，另外在马达加斯加及东格陵兰也偶有发现。吴家坪阶以齿菊石为主，常见分子包括*Araxoceras*、*Anderssonoceras*、*Dzhulfoceras*、*Julfotoceras*、*Abadehceras*、*Prototoceras*和*Pseudotoceras*等，另外，也可见*Pseudogastrioceras*、*Metagastrioceras*和*Retiogastrioceras*等假腹菊石科的分子。吴家坪阶自下而上划分出三个菊石带：*Anderssonoceras*带、*Araxoceras*带及*Sanyangites*带（赵金科等，1978）。需要指出的是，*Anderssonoceras*局限于华南，共生的牙形类有*Clarkina orientalis*等。在包括中国西藏南部、巴基斯坦、克什米尔、西澳等冈瓦纳北缘地区以及北美、日本、北极区的东格陵兰等地的吴家坪阶地层中普遍含有菊石*Cyclolobus*，这是吴家坪阶的一个常见分子（Glenister et al.，2015）。

长兴阶具有代表性的分子是棱菊石类*Changhsingoceras*，其退化的缝合线在环叶菊石中极为有特点。齿菊石依然是优势类群，包括：*Phisonites*、*Iranites*、*Paratirolites*、*Pseudotirolites*、*Tapashanites*、*Pleuronodoceras*等。长兴阶的菊石带自下而上可分为：*Pseudostephanites*、*Pseudotirolites*和*Rotodiscceras–Paratirolites*带（赵金科等，1978）。这些化石带在伊朗中部、北部和外高加索地区均可以对比。伊朗和阿塞拜疆的Dorashamian阶*Paratirolites*带曾被认为可与华南长兴阶下部对比（赵金科等，1981），后经过对牙形类化石带的研究和对比，表明伊朗和外高加索地区的*Paratirolites*带代表了长兴阶最高层位的化石带（Shen and Mei，2010）。

3.1.2.4 腕足类化石带

华南地区二叠纪腕足类化石带发育最全，研究程度也最高，代表了特提斯大区暖水型类群。其中，相当于阿瑟尔阶和萨克马尔阶的地层中的腕足动物群的研究精度不够，难于区别，基本上是从石炭纪延续上来的分子。根据对广西隆林和贵州扁平地区马平组的腕足动物群研究，该时期可以识别出三个腕足动物组合，分别是 *Proanidanthus enaagardi–Buxtonia–Linoproductus* 组合（相当于䗴类 *Pseudoschwagerina* 带）、*Choristites–Eolyttonia* 组合和 *Orthotichia magnifica–Compressoproductus* 组合（李莉等，1987；Shen，2018），大量的 *Choristites* 存在是这个时期腕足类的主要特征。从栖霞组的梁山段开始，腕足类的面貌发生了明显变化，梁山段中含有较多的小型戟贝类组合，在广西宜山为 *Mistproductus eucallusus–Rugaria exquisita* 组合（杨德骊，1991），在四川邻水为 *Lingshuichonetes–Crurithyris* 组合（Campi and Shi，2007），这些小型戟贝类组合根据牙形类和䗴类化石带应该属于亚丁斯克阶上部。梁山段顶部和栖霞组底部在整个华南地区有一个可以识别的腕足动物组合，以含有大量大型的 *Orthotichia chekiangensis* 为代表，该组合带以下常见的 *Choristites* 和 *Rugoconcha* 等已经消失，并且与䗴类 *Misellina claudiae* 共生，很可能已经属于空谷阶的底部。整个栖霞组中下部以 *Tyloplecta nankingensis–Liraplecta richthofeni* 组合为特征，从栖霞组上部开始在特提斯区域出现一个以含有 *Permocryptospirifer*、*Monticulifera* 和 *Vediproductus* 等特征分子的组合，这一组合在中国保山地块、中国拉萨地块、缅甸、伊朗、日本等地均存在，是特提斯区域很好的对比标志（Jin and Zhan，2008；Shen，2018）。该组合带从空谷阶上部延至沃德阶。在沃德阶上部至卡匹敦阶的中下部均含有一个以 *Neoplicatifera–Urushtenoidea* 为代表的组合，卡匹敦阶顶部瓜德鲁普统常见的分子基本消失，开始出现大量的乐平统类型的腕足动物分子，包括 *Spinomarginifera lopingensis*、*Tyloplecta yangtzeensis*、*Transennatia gratiosa* 等（Shen and Shi，2009）。吴家坪阶开始，腕足类在华南地区极其丰富，以 *Permophricodothyris elegantula*、*Orthothetina ruber*、*Spinomarginifera lopingensis*、*Tyloplecta yangtzeensis*、*Transennatia gratiosa*、*Haydenella kiangsiensis* 和 *Edriosteges poyangensis* 等分子的大量繁盛为特征。这些分子在长兴阶仍然存在，但丰度明显降低，取而代之占主导地位的是浅水相较常见的 *Peltichia zigzag* 组合和深水相较常见的 *Paryphella sulcatifera–Fusichonetes* 组合（Zhang Y et al.，2013；Shen et al.，2017；Shen，2018；Wu H T et al.，2016；He et al.，2019）。至二叠—三叠纪过渡层，腕足类以小型薄壳的 *Paryphella–Fusichonetes* 组合和大量的 *Lingula* 为特征。这些过渡性腕足类组合在一些剖面上可以延入三叠系最底部（Chen et al.，2005；He et al.，2019）。

3.1.2.5 珊瑚化石带

华南是我国二叠纪四射珊瑚研究程度最高的地区，黄汲清首先对华南二叠纪珊瑚进行总结，建立了5个化石带（Huang，1932b），为二叠纪珊瑚生物地层划分打下了基础。其后，大量的补充性工作使二叠纪珊瑚生物地层序列不断完善（吴望始，1957，1963，1987），沈树忠等（2019）提出二叠系可划分为10个珊瑚带。本书基本采纳沈树忠等（2019）的观点，将二叠系划分为9个四射珊瑚带。总体上，柯坪珊瑚科（Kepingophyllidae）和卫根珊瑚科（Waagenophyllidae）是二叠纪分异度最高的2个科，前者出现于晚石炭世并延续到栖霞期末，后者虽然在晚石炭世就已出现，但直到二叠纪才开始分化和繁盛，且仅限于特提斯区广布（Fedorowski，1997；Wang X D et al.，2018）。

Kepingophyllidae的代表分子*Kepingophyllum*始现于紫松期（阿瑟尔期至萨克马尔期），繁盛至隆林期，在紫松期和隆林期的分异度显著高于其他珊瑚。吴望始和王志浩（1974）在贵州西部建立*Kepingophyllum*组合，被肖伟民等（1986）分为下部的*Streptophyllidium-Diversiphyllum*顶峰带和上部的*Wentzelastraea*延限带。沈树忠等（2019）沿用*Kepingophyllum*带一名，将其延限调整为与肖伟民等（1986）的*Streptophyllidium-Diversiphyllum*顶峰带相当。

隆林期的四射珊瑚分异度明显低于紫松期，且在组成上也体现出与后者的不同，如一些石炭纪延续到早二叠世的*Bothrophyllum*和*Caninia*等消失，卫根珊瑚Wentzelellinae的成员*Lonsdaleiastraea*和*Wentzellophyllum*分异度明显高于后者，*Wentzelella*和*Wentzelloides*首现，等等。沈树忠等（2019）采纳肖伟民等（1986）将隆林阶（亚丁斯克阶）对应*Wentzelastraea*延限带的观点。王洪第（1986）建立*Wentzelastraea*一属的依据是该属以相邻个体的互通状区别于*Lonsdaleiastraea*的部分互通部分互嵌。实际上所谓"互嵌"是由于泡沫板的发育阻断了隔壁，虽然整体上看*Wentzelastraea*已报道的2种泡沫板不如*Lonsdaleiastraea*那么发育，但并非不发育泡沫板，如*Wentzelastraea stellata*就发育有阻断隔壁的泡沫板，见王洪第（1986）图版50图2c。考虑到泡沫板发育程度在同一种内的不同个体之间、不同生长阶段有很大变化，*Wentzelastraea*宜归于*Lonsdaleiastraea*。此外，沈树忠等（2019）指出*Wentzelastraea*带除贵州南部外，其他地区未见报道。因此，本书建议以*Lonsdaleiastraea*带取代*Wentzelastraea*带。*Lonsdaleiastraea*首现于紫松期，分异度在隆林期明显增加，且在贵州、广西、湖南等地都有报道。

罗甸阶至祥播阶（空谷阶）包含4个珊瑚带，自下而上依次为*Wentzellophyllum volzi*带、*Hayasakaia*带、*Polythecalis*带和*Chusenophyllum*带（Huang，1932b；时言，1982；沈树忠等，2019）。其中，*Hayasakaia*是横板珊瑚，常见于栖霞组下部，在某些地区与*Polythecalis*共生，曾被合并为一个带（时言，1982）。*Wentzellophyllum*、*Polythecalis*和*Chusenophyllum*都是Wentzelellinae的块状复体成员，个体间壁依次以完全、部分发育和完全消失相区分。这3个属都是首现于阿瑟尔期至萨克马尔期，分异度在空谷期达到最高。其中，*Wentzellophyllum*的*W. volzi*更是广布于华南，在福建、贵州、四川、湖南、湖北、江苏、安徽等地都有报道。*Polythecalis*也有不少广布的种，如*Polythecalis huangi*、*P. yangtzeensis*和*P. huayunshanensis*等。*Chusenophyllum*以*Chusenophyllum asteroidea*的分布最广。

孤峰阶（罗德阶至沃德阶）相当于*Wentzelellites liuzhiensis*带，以大量Wentzelellinae分子的繁盛为特征。

孤峰—冷坞阶（罗德阶至卡匹敦阶）相当于*Ipciphyllum*带。*Ipciphyllum*是卫根珊瑚Waagenophyllinae最常见的块状复体类型，广泛分布于华南茅口组地层（吴望始和王志浩，1974；宋学良，1974；贾慧贞等，1977；王洪第，1978，1986；赵嘉明，1981；许寿永，1984；赵嘉明和李昌全，1988；王志根和赵嘉明，1998），尤以下部最为繁盛。常与*Ipciphyllum*伴生的*Iranophyllum*是Waagenophyllidae最常见的单体珊瑚。

吴家坪阶和长兴阶相当于*Waagenophyllum*带和*Huayunophyllum*带。沈树忠等（2019）曾提出吴家坪阶相当于*Liangshanophyllum*带，但最早作为*Waagenophyllum*的亚属建立的*Liangshanophyllum*仅以复中柱小和水平横板发育区别于*Waagenophyllum*，是否可以视为一独立属一直有争议（许寿永，1984；Shen et al., 1998；王小娟和林巍，2019）。*Waagenophyllum*是分布最广且延续时间最长的属，Fedorowski（1997）认为其是唯一的出现层位较高的丛状复体类型，因为*Huayunophyllum*也被视为*Waagenophyllum*的亚属（Hill，1981）。目前已报道的*Huayunophyllum*的种不多，且材料保存较差，常有倒伏现象（在薄片上表现为横纵切面同时出现），可能指示恶劣的生存环境。即便以后有进一步的研究可以表明*Huayunophyllum*不宜独立为属，但中国长兴期的珊瑚面貌也以缺乏三级及以上隔壁的复体珊瑚区别于吴家坪期。值得一提的是无论丛状还是块状复体珊瑚，在长兴阶的层型剖面都没有发现。

3.2 华北区

华北区位于阴山、大青山、阜新、铁岭以南，秦岭大别山以北，甘肃阿拉善盟以东，西起贺兰山、六盘山、东至辽东半岛、山东半岛以及黄淮平原的广大地区。二叠纪沉积大致呈北东东—南西西的条带状分布，其沉积序列的底部一般为滨海相至海相细粒碎屑岩夹灰岩层，中部为滨岸沉积，上部为冲积相和湖相沉积，目前还不能很好地与华南区海相二叠系对比。华北区的二叠系自下而上可以分为太原组、山西组、下石盒子组、上石盒子组和孙家沟组。

太原组以海陆交替相为主，不同地区的海相地层不同。华北地块中东部等地含有较多的海相灰岩，山西太原西山等地的研究相对比较详细：底部含有非常丰富的*Triticites*动物群，很可能属于石炭系顶部（张志存，1983）；下部含牙形类*Streptognathodus elegatus*–*S. wabaunsensis*–*S. fengchengensis*组合，但这一组合与䗴类化石*Pseudoschwagerina*共生（王志浩和李润兰，1984），因此，应该属于二叠系阿瑟尔阶；上部含䗴类*Sphaeroschwagerina*动物群和牙形类*Sweetognathus merrilli*，也属于阿瑟尔阶。太原组最高的牙形类化石带为*Sweetognathus whitei*带（高莲凤等，2005；贾映月等，1994），该带在美国典型地区属于阿瑟尔阶至萨克马尔阶。因此，太原组最高的含海相层位的地层根据牙形类化石为阿瑟尔阶或萨克马尔阶，但最新的高精度测年表明太原组上部应该属于阿瑟尔阶。

山西组开始，华北地区基本以陆相沉积为主。从山西组到上石盒子组的一套地层的时代存在严重的对比问题，始终没有解决根据植物化石与海相地层进行划分对比的问题。能与海相地层提供对比依据的唯一有用标志是发现于上石盒子组下部A段的多个正极性带，表明Illawarra反转开始于上石盒子组下部。因此，根据磁性地层，上石盒子组下部应该与海相剖面沃德阶中上部对比，但最新的高精度测年表明上石盒子组整体老于亚丁斯克阶。

瓜德鲁普统与乐平统的界线以及二叠—三叠系的界线位置至今均没有可靠的标志。最新的有机碳同位素变化、沉积构造和少量双壳化石表明孙家沟组大部属于乐平统（Wu et al., 2019）。根据磁性地层和植物化石组合，二叠—三叠系界线一般放在孙家沟组与刘家沟组之间（Embleton et al., 1996；Chu et al., 2019）（图3-1-1）。

3.2.1 岩石地层对比

华北地区的二叠纪地层自下而上可分为太原组、山西组、下石盒子组、上石盒子组和孙家沟组（图3-1-1）。从奥陶纪晚期至石炭纪早期，华北板块可能由于其南部古特提斯洋的俯冲而隆起，缺失这一时间段的沉积（朱日祥等，2012），直至石炭纪晚期才开始接受沉积。此后，华北板块和西伯利亚—蒙古板块、塔里木板块之间的古亚洲洋壳逐渐向华北板块俯冲消减（Xiao et al., 2003），导致华北板块北部逐渐抬升和大规模海退，华北地区由太原组的陆表海沉积体系（郭英海等，1998）逐渐转变为山西组的海陆过渡三角洲沉积体系，最后逐渐转变为下石盒子组和上石盒子组广泛发育的陆相湖盆沉积体系（陈洪德等，2011）。孔宪祯等（1996）对华北地区的岩石地层进行了系统总结，这是本书岩石地层对比的主要依据。

1. 太原组

太原组原名太原系，由翁文灏和Grabau于1922年命名，命名剖面位于山西太原西山。太原组为一套海陆交互相含煤沉积，主要由砂岩、页岩、炭质页岩和煤层夹灰岩组成。太原组由晋祠砂岩底界和山西组底部的北岔沟砂岩底界限定，厚度约50~140m，总体呈南厚北薄的变化趋势。江苏沛县大屯一带厚度为150~180m，大同一线以北、禹县—永城以南厚度在80m左右，贺兰山呼鲁斯太地区厚度可达250m，在垣曲一夏县地区受中条古隆起的影响，缺失下部沉积，厚度仅20~50m。太原组岩性由北至南呈条带状差异性分布，在盆地北部准格尔旗、大同、唐山一线以北，以粗碎屑沉积为主，夹粉砂岩、泥岩，偶夹1~2层海相泥岩、砂岩。在盆地中部山西临县、河北峰峰及山东肥城、江苏丰沛县一带，太原组夹灰岩层数从西部的4~5层增加到东部10~14层，主要煤层都位于太原组的中下部。盆地南部的太原组以灰岩为主，夹泥岩及薄煤层，有少量粗碎屑岩。

太原组自下而上可分为3个岩性段，依次为晋祠段、西山段和山垎段。晋祠段为自晋祠砂岩到下煤组底的一段地层，岩性以细砂岩、粉砂岩和泥岩为主，夹薄层煤层和灰岩，煤层多不可采。生物群以石炭纪晚期蜓类*Triticites*带分子富集和牙形类*Streptognathodus elegantulus–St. oppletus*组合带出现为特征。西山段包括自下煤组到东大窑灰岩顶的地层，岩性以砂岩、砂质泥岩、泥岩为主，夹多层灰岩和主要可采煤层（下煤组），其中庙沟灰岩以下的1~2层煤层为主要可采煤层，厚10~20m，灰岩夹层在南部地区较为发育。早二叠世牙形类*Streptognathodus isolatus*带始现于此段，蜓类化石属*Sphaeroschwagerina*和*Pseudoschwagerina*始于此段庙沟灰岩。因此，太原组是一个跨石炭和二叠系的岩石地层单位，晋祠段归属于石炭系，以牙形类*Streptognathodus isolatus*的首现为标志，以蜓类*Sphaeroschwagerina*和*Pseudoschwagerina*的出现为辅助标志，二叠系底界位于西山段庙沟灰岩之下。山垎段岩性以泥岩、砂质泥岩和细砂岩夹灰岩为主。

2. 山西组

山西组原名山西系，由维里士于1907年创名，命名剖面位于山西太原市晋祠柳子沟。本书的山西组指太原西山北岔沟砂岩底至骆驼脖子砂岩底，主要为三角洲—滨海平原环境沉积，岩性主要为砂岩、粉砂岩、砂质泥岩、夹海相泥岩及煤层，厚约20~120m，呈南厚北薄的变化趋势。北部岩性多为粗碎屑岩，砂岩厚度大、层数多，向南则砂岩厚度减小，层数减少。

山西组在太原西山发育最好，厚30~80m，与下伏太原组和上覆石盒子组均呈整合接触，但在北祁连山、龙首山、贺兰山西段等地与下伏太原组为假整合接触。山西组中下部出现含有舌形贝和网格长身贝类腕足碎片的海相泥岩。主要煤层有3层：下煤层在*Lingula*页岩及其相当层位之下，是主要可采煤层，在北部和中部最发育，厚6~15米，向南变薄；中煤层在大同地区最厚可达7m，至晋东南变薄，多不可采；上煤层在晋东南最发育，厚约3m，且层位稳定。

3. 下石盒子组

下石盒子组为Norin（1922）命名的"石盒子系"下部，命名剖面位于山西太原东山陈家峪石盒子沟。本书的下石盒子组指骆驼脖子砂岩底至桃花泥岩顶的一段沉积，主要岩性为黄绿、灰绿、灰黄色砂岩、泥岩及页岩，夹含锰铁质河流相碎屑岩沉积，局部含可采煤层，顶部夹1~2层紫斑泥岩，厚60~180m。下石盒子组在太原、阳泉一带沉积最厚，向南、北两侧变薄。在山西一带为河流、湖泊相碎屑沉积，仅早期有滨岸泥炭沼泽相，在河南平顶山至淮南一带为三角洲相沉积。北部地区砂岩发育，单层厚度大；向南砂岩层数和厚度减少。上段的桃花泥岩越向南越发育，以晋中-晋南地区发育较好，北部大同-怀仁地区多不发育。下石盒子组下部含薄煤层或煤线，在中部和南部地区发育较好，但多不可采。

下石盒子组通常分为两个岩段，下段由下部的骆驼脖子砂岩和上部的黄绿、灰绿、灰黑色页岩与薄层砂岩互层组成，夹薄煤层或煤线，在中部和南部地区发育较好，但多不可采；上段由黄绿色中粗粒长石杂砂岩、石英杂砂岩和黄绿色页岩组成，夹紫红色或杂色泥岩，顶部有两层杂色具有鲕粒结构的铝土质页岩。

4. 上石盒子组

上石盒子组为Norin（1922）命名的"石盒子系"上部，命名剖面位于山西太原东山陈家峪石盒子沟。本书的上石盒子组指桃花泥岩之顶至本组顶部燧石层上砂岩之底的一段沉积，厚170~520m。主要岩性为杂色（暗紫、杏黄色为主）砂岩、砂质泥岩及泥岩，中上部夹1~4层薄层状硅质岩，南部垣曲一夏县一带及宁武煤田中部轩岗一带夹有煤线。上石盒子组代表华北板块海退期的陆源碎屑沉积，从北至南、从西到东是从陆相、海陆过渡相，至淮南、豫西南等地部分为海湾、泻湖相沉积。随着海岸线的南移，在建设性三角洲上发育成煤沼泽环境，形成了一些局部可采至稳定的可采煤层。淮南的上石盒子组还含有稳定的可采煤层，而平顶山一带虽然含煤层数较多，但几乎没有形成可采煤层。

该组岩性可分为3段：下段下部以灰黄、黄绿色砂岩、砂质泥岩、砂质页岩和页岩为主，其下部暗紫色砂质泥岩偶有出现，中上部紫红色泥岩、砂质页岩和页岩明显增多；中段以黄绿色长石杂砂岩、石英杂砂岩为主，夹杂色砂质泥岩、页岩、铝土质页岩；上段含较多的杂色、紫色或蓝紫色泥岩、砂岩和燧石层。

5. 孙家沟组

孙家沟组为Norin（1922）在太原石千峰山命名石千峰系下部，后石千峰系自下而上被分为孙家沟组、刘家沟组和和尚沟组。孙家沟组命名剖面在山西宁武县孙家沟，基本为陆相沉积，仅南部边缘有半咸水沉积或局部海相沉积。以一层黄色至黄绿色厚层至巨厚层含砾砂岩与下伏上石盒子组分界。厚60~180m，从北至南、自西向东厚度逐渐增大，越近陆块边缘厚度越大。

岩性主要为紫红色、灰紫色泥岩及砂质泥岩，黄绿色、灰绿色不同粒度的长石砂岩及长石石英砂岩等。中上部泥岩中含层状或透镜状淡水灰岩或钙质结核。在南缘的局部地区孙家沟组底部的平顶山砂岩超覆于上石盒子组的不同层位，后者有时缺失上部含煤组。泥灰岩和石膏岩为孙家沟组重要的标志层，一般仅发现在太原以南地区，在晋东南、冀北至豫西北、豫东、两淮等地变成灰岩透镜体、钙质结核及纤维状石膏条带。

3.2.2 生物地层对比

华北地区的二叠系以陆相沉积为主，牙形类化石序列难以确立，以植物化石序列对比为主。本节选取了植物、牙形类和䗴类进行介绍。

3.2.2.1 植物化石带

华北地区的二叠系以陆相沉积为主，植物化石序列广泛应用于二叠纪不同沉积盆地的地层对比中，是陆相地层对比的重要依据。值得指出的是，最新的研究进展表明，华北地区各植物大化石组合带之间的界线与岩石地层单元的界线存在不一致性（Wang，2010）。因此，下述植物生物地层组合带划分的精度有待进一步提高和完善。

据李星学（1963a，b）、Sheng和Jin（1994）和孔宪祯等（1996），华北地区二叠纪植物化石序列由下至上依次如下。

*Neruopteris ovata–Lepidodendron posthumii*组合。主要分子除带化石外，还包括*Lepidodendron szeianum*、*L. oculusfelis*和*Annularia pseudostellata*等。本组合以华夏植物群的初步发展为特征，东方型鳞木类植物占重要位置，华夏植物群特有的*Tingia*和*Cathaysiodendron*等属经常出现，真蕨和种子蕨的一些属（如*Pecopteris*、*Neuropteris*和*Sphenopteris*等）的分异度较高。产出层位为太原组西山段及其相当地层。

*Emplectopteris triangularis–Taeniopteris mucronate–Lobatannularia sinensis*组合。本组合中，鳞木类植物仍然很发育，楔叶植物门中的楔叶属的分异度很高，真蕨和种子蕨进一步发育，属种数量多、分布广。主要分子包括*Callipteridium koraiense*、*Odontopteris subcrenulata*、*Annularia stellata*、*Pecopteris polymorpha*和*P. wongii*等。一些新出现的属种，如*Emplectopteris*、*Emplectopteridium*、*Lobatannularia*、*Taeniopteris mucronata*、*T. multinervis*和*Sphenophyllum thonii*等为本组合的代表分子。产出层位为山西组及其相当地层。

*Emplectopteris triangularis–Cathasiopteris whiteri–Sphenopteridium pseudogermanicum*组合。华夏植物群在这一时期已经比较繁盛，本组合中除相当多的属种从下部地层上延而来之外，还新出现了华夏植物群的一些土著分子，如*Tingia*和*Cathaysiopteris*，以及苏铁植物*Primocycas*和*Pterophyllum*，银杏植物*Sphenobaiera*也开始出现。产出层位为下石盒子组下部及其相当地层。

*Gigantonoclea lagrelii–Fascipteris hallei–Lobatannularia ensifolia*组合。本组合基本继承了前一化石组合的面貌，其显著的特征是出现了大羽羊齿类的单网羊齿属*Gigantonoclea*和栉羊齿类的束羊齿属*Fascipteris*，且*Gigantonoclea*、*Lobatannularia*和*Sphenophyllum*占主导地位。产出层位为下石盒子组上部和上石盒子组下部及其相当地层。

*Gigantonoclea hallei–Psygmophyllum multipartitum–Lobatannularia heianensis*组合。本组合主要特征为出现华夏植物群的重要代表*Gigantonoclea hallei*；另一方面，*Emplectopteris*、*Emplectopteridium*和*Cathaysiopteris*等属全部消失。鳞木植物大大衰退，楔叶目和木贼目植物的种数也减少，但出现*Lobatannularia heianensis*和*L. multifolia*等种。银杏和松柏植物较前显著发展，另有*Chiropteris*和*Pelourdea*等属的数种植物。产出层位为上石盒子组中上部及其相当地层。

*Ullmannia bronni–Yuania magnifolia*组合。本组合主要为种子蕨类，包括西欧镁灰岩期的一些特征分子，如*Ullmannia bronni*、*U. frumentaria*、*Pseudovoltzia liebeana*、*Callipteris martinisi*、*Quadrocladus solmsii*和*Esterella* sp.等；也包括一些上延的华夏植物群分子，如*Yuania magnifolia*、*Taeniopteris taiyuanensis*、*Pecopteris* cf. *arcuata*和*Norinia* sp.。此外，本组合中还有少量乐平世的安加拉植物群分子，如*Tatarina* cf. *sinuosa*、? *T. mirabilis*、*Phylladoderma* cf. *aegalis*和? *Gaussia shanxiensis*等。显然，该组合与华夏植物地理区的亲缘性已经减小。产出层位为孙家沟组。

3.2.2.2 牙形类化石带

我国华北地区除了二叠纪最早期接受连续的海相沉积外，之后的大部分时间主体上是接受陆相沉积，客观上难以建立详细的牙形类化石序列。华北板块边缘地区也有零星二叠纪中晚期其至三叠纪最早期的牙形类报道，但这些局部区域有待进一步详细研究，例如，陕西汉中镇安地区是否归属于传统上的华北板块已经出现了争议。华北板块主体上在二叠纪最早期接受滨海相或者海陆交互相沉积，主要为砂岩和少量灰岩夹层。这些灰岩夹层已有前人做过系统的牙形类研究工作，主要包括*Streptognathodus*和*Sweetognathus*两个属，也有少量的*Hindeodus*，主要的带化石包括*Streptognathodus wabaunensis*、*St. isolatus*、*St. barskovi*、*Sweetognathus merrilli*和大量的*Sw. whitei*（王志浩和王成源，1983；万世禄和丁惠，1984，1987；王志浩和张文生，1985；史美良和赵治信，1985；丁惠和万世禄，1986；张文生等，1988；安太庠和郑昭昌，1990；林又玲和毛桂英，1990；王志浩，1991；丁惠和马倩，1991；贾映月等，1994；高莲凤等，2005）。含有*Streptognathodus*的地层时代应该不会高于萨克马尔阶下部，*St. wabaunensis*、*St. isolatus*和*St. barskovi*的出现代表着石炭系格舍尔阶顶部、二叠系阿瑟尔阶底部和中下部的地层。由于前人在不同剖面图示的标本很少，且图和标本特征差别较大，样品的层位、上下关系和属种的共生关系不够精确，所以很难确定这些*Sweetognathus merrilli*和*Sw. whitei*应该归为阿瑟尔阶和萨克马尔阶界线附近的典型标本，还是应该归为更高层位的*Sw.* aff. *merrilli*和*Sw.* aff. *whitei*。根据最新的火山灰高精度测年研究，这些报道的*Sweetognathus*生物群很可能代表阿瑟尔阶和萨克马尔阶界线附近的地层。但需要注意，这些灰岩夹层很可能是穿时的，多数地区仍然缺乏年龄等其他方面的数据佐证，需要进一步研究。

3.2.2.3 蜓类化石带

太原组的蜓类化石可建立两个化石带（张志存，1983），即下部的*Triticites simplex*带和上部的*Pseudoschwagerina*带。后者出现的最低层位为西山段的庙沟灰岩，标志二叠系的开始。*Pseudoschwagerina*带再分为4个化石亚带，由下而上依次为：*Pseudofusulina pseudovulgaris*亚带、*Dunbarinella nathorsti–D. nathorsti laxa*亚带、*Schwagerina cervicalis*亚带和*Pseudoschwagerina texana–Eoparafusulina obtusa*亚带。由于各亚带中的主要分子皆为地方性的属种，在横向上变化比较大，而且随着后期不断的海退，海相沉积环境变得十分局限，上部的2个蜓类化石亚带完全受控于生态环境的变化。在华北地区的南部，*Schwagerina cervicalis*亚带被以*Spharoschwagerina*为主的动物群所替代；*Pseudoschwagerina texana–Eoparafusulina obtusa*亚带被以*Schwagerina*为主的动物群所替代（盛金章和王仁农，1982；芮琳和侯吉辉，1987）。最顶部的化石带在近岸地区则以*Triticites*或*Nankinella*和*Staffella*的化石种为主。晚石炭世的*Triticites*带和乌拉尔世的*Pseudoschwagerina*带在北方大区的海相地层中比较普遍。

3.3 东北区

中国、蒙古、日本晚古生代属于古亚洲洋的范围，随着华北板块与西伯利亚板块的逐渐聚合，古亚洲洋从石炭纪开始由西向东逐渐关闭，乌拉尔统在中、蒙、日过渡带南部地带发育了以碳酸盐岩、含有丰富的以暖水型蜓类化石为主的阿木山组，其中包括石炭系上部的*Triticites*动物群和二叠系乌拉尔统的*Pseudoschwagerina*动物群。因此，阿木山组与华南的马平组和船山组大致可以对比。在瓜德鲁普世，随着华北块体的北移，中、蒙、日过渡带发育了以蜓类*Monodiexodina*、腕足动物以北方型和特提斯型混生为特征的浅水相地层，自下而上为呼格特组、哲斯组和义和乌苏组（丁蕴杰等，1985；Shen et al.，2006b；Shi，2006）。呼格特组含有在南北两个过渡带广泛分布的*Monodiexodina*动物群，时代很可能相当于空谷期晚期（Ueno，2006）。哲斯组含有非常丰富的腕足动物群（丁蕴杰等，1985；王成文和张松梅，2003），上段含有牙形类*Jinogondolella asserata*，因此，哲斯组属于沃德阶（Wang et al.，2004）。类似的牙形类动物群在吉林的范家屯组和大河深组也有发现（王成源等，2000；周晓东等，2013）。上覆的义和乌苏组很可能属于卡匹敦阶（图3-1-1）。

瓜德鲁普世以后，海水基本退出中蒙海槽，乐平统大部分为陆相碎屑岩沉积，以开山屯组为代表，含有植物化石（Shen et al.，2006b）。但近来在内蒙古的林西地区与开山屯组大致相当的林西组中发现有海相沉积，说明二叠纪晚期可能仍然存有残留海盆（Zhang Y S, et al.，2014）。中、蒙、日过渡带的整个二叠系非常类似，蒙古南部Solonker一带和俄罗斯远东地区的二叠系层序与内蒙古哲斯地区非常类似（Kotlyar et al.，2006；Manankov et al.，2006），在更东部的日本北上山地和飞弹外缘等地区，整个二叠系是海相沉积，乌拉尔统称为Sakamotozawa组，瓜德鲁普统称为Kanokura统，乐平统称为Toyoma组，生物群与内蒙古地区过渡性生物群完全可以对比（Tazawa，1991；Shi et al.，1995；Shen et al.，2006b；Shi，2006），说明古亚洲洋是从西向东逐步关闭的。

3.3.1 岩石地层对比

海相地层在北方大区以内蒙古哲斯地区的瓜德鲁普统发育较为连续，研究程度比较高，由下而上分为呼格特组、哲斯组和义和乌苏组（图3-1-1）。呼格特组之下的大部分乌拉尔世地层没有出露，石炭—二叠系过渡地层在哲斯地区称为阿木山组，其岩性和动物群组成都与东北其他地区相似。

1. 阿木山组

阿木山组分布于内蒙古达尔罕茂明安联合旗、四子王旗、苏尼特左旗、苏尼特右旗、阿巴嘎旗、西乌珠穆沁旗南部和内蒙古西部巴盟、阿拉善等地，为浅海相火山岩相沉积。在命名剖面内蒙古达尔罕茂明安联合旗阿木山一带，该组为碎屑岩和碳酸盐岩互层，厚875m，与上覆地层呈断层接触。含丰富的䗴类化石，由下而上分为*Triticites*带、*Pseudoschwagerina*带和*Eoparafusulina*带，时代从晚石炭世至乌拉尔世。

2. 呼格特组

呼格特组分布于内蒙古达尔罕茂明安联合旗满都拉一带，以内蒙古苏尼特右旗呼格特村南2km处含䗴类*Monodiexodina*的地层命名。在命名剖面，该组底部为砾岩层，与下伏乌拉尔统呈假整合接触，在四子王旗地区与西里庙组为不整合接触。下部为褐色钙质砂岩及薄层灰岩，夹灰白色厚层含砾粗砂岩，含丰富的䗴类化石；上部为灰绿色粉砂岩夹薄层灰岩，含䗴类、腕足类及头足类，总厚度约765m，为较深水类复理石沉积。该组在哲斯地区厚700~1000m，与下伏阿木山组不整合接触，主要由砾岩、粗砂岩、钙质砂岩、粉砂质板岩和一些变质结晶灰岩、灰岩透镜体组成，含丰富的腕足类、䗴类和菊石。丁蕴杰等（1985）建立*Monodiexodina sutschanica baotegensis*带，其时代为Murgabian早期，大致对应于罗德期或沃德期早期（Ueno and Tazawa，2003）。

3. 哲斯组

哲斯组分布于内蒙古达尔罕茂明安联合旗哲斯一带、苏尼特右旗巴音西里等地，命名剖面位于内蒙古达尔罕茂明安联合旗满都拉乡哲斯敖包。哲斯地区的二叠纪地层早被称为哲斯群（盛金章，1962），本书采用丁蕴杰等（1985）的定义，即哲斯组相当原哲斯群的下部。该组以板岩、砂板岩、砂岩和青灰色燧石条带灰岩为主，整合于呼格特组之上，厚约696m，为类复理石沉积。哲斯组腕足动物化石丰富，保存完好，在本组内可识别出*Yakovlevia gigantica*-*Rhombospirifer zhesiensis*和*Richthofenia cornuformis*-*Enteletes andrewsi*-*Notothyris nucleolus*两个组合带（王成文和张松梅，2003）。䗴类化石在哲斯组的上部和义和乌苏组较丰富，丁蕴杰等（1985）建立*Schwagerina quasiregularis*-*Codonofusiella simplicata*带。近年在哲斯组上段下部发现牙形类*Jinogongdolella aserrata*，表明哲斯组的上部应属于沃德期晚期至卡匹敦期早期（王成源等，2006）。

4. 义和乌苏组

义和乌苏组分布于内蒙古达尔罕茂明安联合旗满都拉乡哲斯敖包一带及包特格等地，命名剖面位于内蒙古达尔罕茂明安联合旗满都拉乡东北33km哲斯敖包东北端。该组底部为灰色厚层块状生物灰岩，下部以青灰色、浅紫灰色厚层灰岩及角砾状、竹叶状生物灰岩为主；上部主要为灰黄色长石粗砂岩、页岩夹灰岩透镜体，顶部为含砾粗砂岩。与下伏哲斯组为整合接触，厚度为874m。产蜓类、复体珊瑚类和腕足类等。依据其下伏哲斯组上部产出的牙形类化石，推测义和乌苏组的时代应属于卡匹敦期（王成源等，2006）。

3.3.2 生物地层对比

瓜德鲁普世的海相地层以内蒙古哲斯地区最具代表性。在呼格特组的钙质砂岩中产大量蜓类 *Monodiexodina*，与其共生的还有*Parafusulina*、*Verbeekina*、*Yangchienia*和*Pseudodoliolina* cf. *ozawai* 等。丁蕴杰等（1985）建立*Monodiexodina sutschanica baotegensis*带，并认为该化石带可以与华南地区的*Cancellina*带相对比。根据共生的*Pseudodoliolina lettensis*和*Codonofusiella*，Ueno和Tazawa（2003）认为东北地区的*Monodiexodina*动物群应该相当于Murgabian早期，大致对应于罗德期或沃德期早期。在*Monodiexodina sutschanica baotegensis*带之上，丁蕴杰等（1985）建立*Schwagerina–Codonofusiella*带，该带又进一步分为下部的*Schwagerina quasiregularis–Codonofusiella simplicata*亚带和上部的*Schwagerina ulanqabensis–Codonofusiella pseudoextensa*亚带，分别产于哲斯组上部及义和乌苏组。

哲斯组的腕足动物化石研究历史悠久，最早由Chao（1927b）和Grabau（1931）描述。在20世纪七八十年代，大量学者对该腕足动物群进行了详细研究，大大丰富了研究内容（如李莉和谷峰，1976；李莉等，1980，1982；丁蕴杰等，1985；Liu and Waterhouse，1985）。21世纪初，王成文和张松梅（2003）又对哲斯、西乌旗、得伯斯等地区的腕足动物组合带进行了厘定，自上而下归纳为*Richthofenia cornuformis–Enteletes andrewsi–Notothyris nucleolus*、*Yakovlevia gigantica–Rhombospirifer zhesiensis*、*Waagenoconcha neimongolica–Spiriferella salteri*、*Alispiriferella neimongolensis–Spiriferella magna*和*Yakovlevia mammata–Pseudomarginifera aagardi* 5个组合带。哲斯地区主要可以识别出前2个腕足化石带。

*Yakovlevia gigantica-Rhombospirifer zhesiensis*组合带。该组合带分布于哲斯敖包剖面第1—3层（向斜南翼）和第45—46层（向斜北翼）。本组合带的特征分子为*Yakovlevia gigantica*、*Y. elongeta*、*Anidanthus rugousia*、*Marginifera morrisi*、*Alispiriferella sinensis*和*Rhombospirifer zhesiensis*等。其时代被置于沃德期。

*Richthofenia cornuformis–Enteletes andrewsi–Notothyris nucleolus*组合带。该组合带发育于哲斯敖包剖面的第4—44层。该组合带中有很多较为独特的分子，如*Spinomarginifera huangi*、*Derbyella bureri*、*Leptodus nobilis*、*Martinia mongolica*和*Hemiptychina morrisi*等；也有大量繁盛的分子，如*Spinomarginifera jisuensis*、*Richthofenia cornuformis*、*Enteletes andrewsi*、*Stenoscisma margaritovi*和*Notothyris nucleolus*等。该组合带属于卡匹敦期的可能性比较大。

哲斯腕足动物群中既含有北方型凉水分子，又含有特提斯型暖水属种，通常被称为混生动物群。而王成文和张松梅（2003）认为该动物群主体是一个凉水型腕足动物群。哲斯组中珊瑚以单体珊瑚类为主，包括*Plerophyllum crassoseptatum*和*Tachylasma zhesiensis*等。近年，在哲斯组上段下部发现牙形类*Jinogongdolella aserrata*动物群，结合同层的其他牙形类化石分析，表明哲斯组的上部应属于沃德期晚期至卡匹敦期早期（王成源等，2006）。

义和乌苏组顶部产蜓类*Boutonia* sp.、*Lantschichites* sp.、*Codonofusiella protolui*、*Codonofusiella pseudoextensa*、*Sichotenella maichensis*、*Pseudofusulina quasipactiruga*和*Chusenella extensa*等（丁蕴杰等，1985），其时代相当于卡匹敦期（Leven et al., 2001；王成源等，2006）。该组中产复体珊瑚*Waagenophyllum*和*Wentzelella*。腕足类化石呈现出北方型和特提斯型混生的现象，如极区的*Waagenoconcha humboldti*、*Horridonia morrisi*与特提斯区的分子*Richthofenia cornuformis*、*Enteletes andrewsi*混生等（丁蕴杰等，1985）。

3.4　塔里木区及其邻区

海相二叠系主要分布在塔里木盆地西缘的柯坪、叶城和和田一带，属于乌拉尔统（Chen and Shi，2003），但详细的生物地层对比不清楚。在塔里木盆地西北部，石炭—二叠系康克林组向东超覆于泥盆系或更老的地层之上，下部含有*Pseudoschwagerina*蜓类动物群，上部含有蜓类*Sphaeroschwagerina*和*Rubustoschwagerina*以及牙形类*Sweetognathus whitei*和*Neostreptognathodus pequopensis*等。康克林组的时限可能从阿瑟尔期到亚丁斯克期（王玥等，2011；赵治信等，2000），但根据华北地区的最新研究进展也许只到萨克马尔期（沈树忠等，2019）。上覆地层在柯坪塔格西段称为巴立克立克组，含牙形类*Sweetognathus whitei*和*Neostreptognathodus pequopensis*等，因此，巴立克立克组的时代也应该属于亚丁斯克期甚至更老。此后，先前的陆棚边缘和斜坡带被钙质细碎屑沉积为主的海湾相沉积代替，原先的陆棚区则形成三角洲或者陆相沉积。在四石厂剖面附近，康克林组之上为库普库兹满组，部分或全部相当于巴立克立克组，含有两层玄武质熔岩，中间夹有凝灰岩层，SHRIMP定年表明其时代为~291.9Ma（张达玉等，2010），因此大致是萨克马尔期晚期，而非以往所说的空谷期（方宗杰等，1996；Chen and Shi，2003）。库普库兹满组之上的开派兹雷克组所含的玄武岩夹层，SHRIMP和^{40}Ar/^{39}Ar法测得年龄为288~285Ma，表明其时代可能为亚丁斯克期晚期（Li et al., 2011；Wei et al., 2014），并非以往传统认为的瓜德鲁普世。

乌拉尔世晚期或者瓜德鲁普世早期，这一地区绝大部分属于内陆盆地沉积，为一套以红色为主的杂色碎屑岩夹玄武岩，称为沙井子组，含丰富的孢粉化石和少量植物化石（朱怀诚，1998）。以往认为整个沙井子组属于乐平统，但根据下伏开派兹雷克组的时代，很可能其底部属于乌拉尔统，上部属于瓜德鲁普统和乐平统。

新疆地区陆相二叠系在塔里木盆地东侧博格达山南北两侧的吐鲁番盆地和准噶尔盆地发育最好（程政武等，1997），近年来在陆相地层沉积旋回、地层对比等方面取得重要进展，与20世纪的认知差别很大（Yang et al., 2010）。其中，乌拉尔统在吐鲁番盆地自下而上为大河沿组、芦草沟组、红雁池组和泉子街组，原先归于乌拉尔统的桃西沟群根据大河沿组底以上93m的高精度锆石U-Pb CA-ID-TIMS年龄值（301.26±0.05）Ma，应该归于石炭系上部；原先归于瓜德鲁普统沃德阶的红雁池组中上部火山灰年龄为（281.39±0.10）Ma，根据本书最新的地质年代表应该归于空谷期早期（图3-1-1），因此，其下伏的芦草沟组应该早于空谷期。泉子街组与下伏红雁池组为不整合接触。在塔尔郎梧桐沟组顶之下约249m和241m有3个高精度火山灰年龄分别为（254.22±0.24）Ma、（253.63±0.24）Ma和（253.11±0.05）Ma，说明吴家坪阶和长兴阶界线位于第一和第二层火山灰之间，而梧桐沟组上部和上覆的锅底坑组应该属于长兴阶（Yang et al., 2010）。二叠—三叠系界线在博格达山北侧准噶尔盆地的大龙口和桃树园剖面发育最好，研究最为详细，但界线具体位置有很大分歧。古地磁研究认为应该为锅底坑组的下部（李永安等，2003），介形类、孢粉和脊椎动物化石研究者均有不同意见，但大多放在锅底坑组中、上部左右，有机碳同位素变化也认为界线应该在锅底坑组中上部（周统顺等，1997；Foster and Afonin，2005；Cao et al., 2008；Chu et al., 2015）。值得注意的是，*Lystrosaurus*就像海相二叠—三叠系剖面的三叠纪型双壳类和植物一样，都是在二叠系最顶部开始出现的，真正的二叠—三叠系年代地层界线要高于它们的首现（Gastaldo et al., 2019；沈树忠等，2019）。

3.4.1 岩石地层对比

塔里木盆地的海相二叠系主要分布在柯坪一带，自下而上主要分为康克林组、库普库兹满组、开派兹雷克组和沙井子组。陆相二叠系主要分布在塔里木盆地东侧博格达山南北两侧的吐鲁番盆地，自下而上为芦草沟组、红雁池组、泉子街组、梧桐沟组、锅底坑组和韭菜园组，见图3-1-1。本书对塔里木区及其邻区的岩石地层介绍主要参考《新疆柯坪地区石炭系、二叠系及其生物群》和《新疆北部石炭纪—二叠纪孢子花粉研究》二书（新疆地质矿产局地质矿产研究所和中国地质矿产研究所，1987；新疆石油管理局勘探开发研究院和中国科学院南京地质古生物研究所，2003）。

3.4.1.1 海相地层

1. 康克林组

康克林组一名是由1914年格吕伯所称的康克林灰岩沿革而来的。格吕伯将其作为柯坪地区二叠系最下部的一个地层单位。康克林组主要分布在柯坪区，以柯坪苏巴什剖面最为典型，岩性为灰白色灰岩和灰色灰岩、生物碎屑灰岩，夹杂色泥灰岩、砾岩。含䗴类*Pseudoschwagerina*和*Sphaeroschwagerina*、珊瑚*Caninia*和*Kepingophyllum*，厚104.3m。巴立克立克出露的康克林组与苏巴什剖面大体相同，主要为浅灰色、灰色薄层状灰岩，生物碎屑灰岩夹少量的灰色、黄绿色泥灰岩。含䗴类*Pseudoschwagerina*和*Robustoschwagerina*、珊瑚*Anfractophyllum*，厚87.3m。柯坪塔格东段剖面的康克林组开始出现紫红色粉砂质泥岩，岩性仍以灰岩为主，所含化石面貌相似。音干山至沙井子四石厂一带，除灰岩层中紫红色粉砂质泥岩夹层的含量增加外，底部石英砂岩的厚度也明显增加，而灰岩的厚度相对减薄。由䗴类化石限定，该组时代应为早二叠世早期。

2. 库普库兹满组

该组由新疆维吾尔自治区区域地层表编写（1981）创立。该组呈条带状近东西向分布，音干山、库普库兹满、开派兹雷克一带出露较好。根据岩性组合的差异，将下部的碎屑岩与上部的基性火山岩分别划分为两个亚组。该组与音干山以西的乌坦库勒组和巴立克立克组为相变关系。目前在库普库兹满组内未采得决定地层时代的化石。植物化石*Pecopteris* sp.、*Cordaites* sp.和*Sphenopteris* sp.等保存不好。但该组上部中凝灰岩层的SHRIMP定年表明其时代为~291.9Ma（张达玉等，2010），因此大致是萨克马尔期晚期。

3. 开派兹雷克组

该组由新疆维吾尔自治区区域地层表编写组（1981）所创，并于1981年发表。根据岩性分为上下两个亚组，下亚组为杂色碎屑岩，上亚组为黑色玄武岩夹碎屑岩，上下亚组之间为整合接触。局部有沉积间断。下亚组在音干山至沙井子四石厂一带均有分布，尤以音干山、开派兹雷克出露较完整，由紫红色、灰紫色、灰绿色中粗粒长石富岩屑砂岩、中粗粒砂岩、钙质富岩屑砂岩、粉砂质泥岩等组成。上亚组仅在音干村西南、开派兹雷克两地有分布，主要由玄武岩及少量杂色细碎屑岩组成。在音干村西南剖面以西，基性火山岩显著减少，通古兹布隆一带未见出露，均被第四系砂砾岩岩层所覆盖。开派兹雷克以东，玄武岩有减薄之势，且被第三系红色砂砾岩不整合覆盖。该组所含玄武岩夹层中，SHRIMP和^{40}Ar/^{39}Ar法测得的年龄为288~285Ma，表明其时代可能为亚丁斯克期晚期（Li et al., 2011；Wei et al., 2014）。

4. 沙井子组

该组主要为陆相杂色细碎屑岩夹灰岩、砾岩，含生物碎屑灰岩，底部为砾岩。下部含介形虫*Darwinula jatskovae*和*Darwinoloides* cf. *bugurulanica*，厚608.8m。上部被第三系覆盖。以往认为整个沙井子组属于乐平统，但根据下伏开派兹雷克组的时代，很可能其底部属于乌拉尔统，上部属于瓜德鲁普统和乐平统。

3.4.1.2 陆相地层

1. 芦草沟组

该组原由胡厚文（1955）命名为妖魔山系，后称妖魔山组，代表一套油页岩层（Wu H G et al., 2016，2017；马克等，2017）。1981年新疆维吾尔自治区区域地层表编写组将其改名为芦草沟组，代表剖面位于乌鲁木齐市东榆树沟（下段）与牛粪沟（上段）。岩性以含油页岩与白云岩为特征，厚1000m左右，一般分为上下两段：下段为灰黑色厚层至块状白云质细砂岩、白云岩、砂质白云岩、粉砂质泥岩与薄至中层状油页岩、粉砂质页岩夹中薄层状砂质白云岩和白云质灰岩、粉砂岩；上段主要为油页岩夹白云岩，岩性较单一。该组生物化石丰富，产双壳类、介形类、鱼类、两栖类、植物和孢粉化石。

2. 红雁池组

该组由新疆地质矿产局区测大队于1960年命名，1965年重新厘定，代表该油页岩层之上的一套绿灰色碎屑岩层。标准剖面位于乌鲁木齐妖魔山东麓，岩性为绿灰、灰黑色泥岩、粉砂质、炭质页岩夹灰绿色薄层至厚层状富矿砂岩、砂砾岩、砾岩、薄层叠锥泥灰岩和紫红色泥岩条带，含双壳类、介形类、植物和孢粉化石。

3. 泉子街组

该组名称来源于新疆石油管理局106/57队于1957年命名的泉子街层，并将其时代定为三叠纪。1960—1961年，唐文松和魏景明将泉子街层改为泉子街组。该组分布于新疆吉木萨尔县南的泉子街至乌苏县（今乌苏市）南的四苏木，以博格达山山前地带发育最好，与下伏地层整合或假整合接触。岩性主要为紫红色、灰绿色砾岩、砂岩，向上粒度变细，为灰绿色、灰黑色砂岩，泥质粉砂岩和粉砂质泥岩不均匀互层，含植物*Callipteris zeilleri*和*Comia dentate*，脊椎动物*Dicynodon tianshanensis*和孢粉、双壳类等。其时代应当为瓜德鲁普世中晚期。

4. 梧桐沟组

该组岩性主要为灰绿色块状砂岩、含砾砂岩、砾岩与泥岩、砂质泥岩之韵律互层，夹灰黑色炭质泥岩、薄煤层、煤线、泥灰岩和介壳层，与下伏泉子街组为整合接触，含双壳类、介形类、植物和孢粉化石。

5. 锅底坑组

该组岩性主要为灰绿色、紫红色相间的泥岩、粉砂岩，夹砂岩、砾岩。砂岩、粉砂岩中具姜状结核。下部含脊椎动物*Striodon mapnus*，上部含脊椎动物*Jimusaria* sp.和*Lystrosaurus* sp.，叶肢介*Falsisca*及植物、孢粉、介形虫等化石。厚140～170m。与下伏地层整合接触。

6. 韭菜园组

该组岩性主要为紫红色泥岩夹灰绿色、紫灰色砂岩、粉砂岩、含钙质砂岩团块状结核。底部常见三层砂岩。以含脊椎动物*Lystrosaurus*为特征。其他化石有叶肢介*Falsisca*及孢粉、介形虫等。厚170～376m。与下伏地层整合接触。

3.4.2 生物地层对比

二叠纪海相地层在新疆西南部分布广泛，但研究程度较低。海相生物化石也大多仅发现于康克林组和巴立克立克组之中。

康克林组所含蟾类化石可归入*Pseudoschwagerina*带，其中又可划为*Pseudoschwagerina*亚带和*Sphaeroschwagerina-Robustoschwagerina*亚带。*Pseudoschwagerina*亚带包括10属35种，*Pseduoschwagerina*从一开始就大量出现，且占据明显优势。*Eoparafusulina*和*Triticites*在亚带中也很发育，少量的*Schwagerina*、*Quasifusulina*和*Boultonia*分布在亚带的上下，有些地方还可见*Rugosofusulina*、*Ozawainella*、*Schubertella*和*Pseudofusulina*。*Sphaeroschwagerina-Robustoschwagerina*亚带包括9属12种，其中*Sphaeroschwagerina*和*Robustoschwagerina*首次出现，并较为繁盛，层位稳定，位于康克林组灰白色灰岩的近顶部。*Pseudoschwagerina*已经衰落，寥寥无几，*Eoparafusulina*还较为发育。总的来说，康克林组的时代从其含蟾类*Pseudoschwagerina*带可限定为早二叠世早期。

巴立克立克组的蜓类化石相当单调，以*Schwagerina*为主，次以*Nankinella*为主，其他属数量均很少。*Schwagerina*中又以*S. chihsiaensis*居多，因此可以称为*Schwagerina chihsiaensis–Nankinella*组合。该组合中未见很多下伏地层中上延的分子，化石主要分布在巴立克立克组的顶底部，数量相当丰富，中部稀少。

塔里木区柯坪一带腕足动物化石极为丰富，同样主要产自康克林组和巴立克立克组。王成文和杨式溥（1998）曾对该地区晚石炭世和二叠纪乌拉尔世腕足动物群进行了详细研究，在康克林组和巴立克立克组中分别划分出*Reticulatia taiyuanfuensis*和*Choristites qiudaisaiensis–Kepingia davangouensis*组合带。

*Reticulatia taiyuanfuensis*带共含43属65种，其中最为繁盛的有：*Spinomarginifera spinosocostata*、*Alexenia gratiodentalis*、*Reticulatia taiyuanfuensis*、*Linoproductus cora inganensis*、*Wellerella tetraplicata*、*Martinia triquetra*和*M. incerta*等。经过详细研究，整个组合带还可以明显地分为3个亚带，分别是*Chaoiella savabuqiensis–Echinaria semipunctata*下亚带、*Alexenia gratiodentalis–Kozlowskia capaci kepingensis–Choristites pavlovi*中亚带和*Tianshanoproductus subashiensis–Spinomarginifera spinosocostata–Tangshanella kaipaizileikensis*上亚带。总体而言，康克林组腕足组合带中大多数种的上限在*Pseudoschwagerina*带之内。

巴立克立克组中的*Choristites qiudaisaiensis–Kepingia davangouensis*组合带共含29属39种，特征分子有*Meekella hemiplicata*、*Rugivestis tianshanensis*、*Orthothetina curvata*、*Kepingia pumila*、*Choristites qiudaisaiensis*和*Phricodothyris obesa*等，繁盛分子主要有*Meekella hemiplicata*、*Rugivestis tianshanensis*、*Marginifera elongata*、*Kepingia pumila*、*Postmartinia grandiplica*和*Dielasma elongatum*等。该组合带也可进一步分为2个亚带，即*Kepingia pumila–Meekella hemiplicata*下亚带和*Postmartinia grandiplica–Rugivestis tianshanensis*上亚带。巴立克立克组腕足动物群与康克林组腕足动物群关系十分密切，含有大量常见于康克林组的分子。另外，本组合带中不乏常见于华南马平组及其相当层位的分子，如*Echinoconchus punctatus*、*Cancrinella cancrini*、*Linoproductus cora*和*Chaoiella gruenewaldti*等，可见本组时代很可能为乌拉尔世中期。巴立克立克组中还报道过牙形类*Sweetognathus whitei*和*Neostreptognathodus pequopensis*等，因此，巴立克立克组的时代应该属于亚丁斯克期。

3.5 西藏–滇西区

二叠纪时期，我国滇西的保山和腾冲地块、西藏中部的南羌塘地块和拉萨地块等都属于基默里过渡区。在乌拉尔世，这些地块均位于冈瓦纳大陆的北缘，受晚古生代大冰期的影响，含有典型的冷水动物群；在云南保山称为丁家寨组，在拉萨地块称为拉嘎组和昂杰组，含有乌拉尔世早期典型的*Bandoproductus–Cimmeriella*腕足动物群（方润森和范健才，1994；Shen et al.，2000a）、牙形类*Sweetognathus binodosus*、*Rabeignathodus asymmetricus*和*Mesogondolella bisselli*（王伟等，2004），以及冰川沉积，通常不含蜓类。保山地块丁家寨组顶部含有*Sweetognathus whitei*（Ueno et al.，2002），因此，整个丁家寨组很可能代表了从阿瑟尔期到亚丁斯克期的沉积。保山地区丁家寨组上覆地层为卧牛寺玄武岩，$^{206}Pb/^{238}U$ LA-ICP-MS锆石分析表明其年龄为301~282Ma（Liao et al., 2015），同时在灰岩夹层中还含有牙形类*Neostreptognathodus leonovae*（王伟等，2004），因此，其时代可能从亚丁斯克期到空谷期早期。乌拉尔世晚期至瓜德鲁普世早期开始出现冷暖水混生型动物群，表明当时这些地块可能逐渐进入冷暖水过渡区或特提斯大区，在保山地块称为永德组或小新寨组；在腾冲地块称为观音山组和大东厂组，含蜓类*Cancellina*等（方润森和范健才，1994）；在拉萨地块称为下拉组；南羌塘地块称为吞龙共巴组、龙格组或鲁谷组。其中，在南羌塘地块和保山地块同期地层中均出现了华南地区栖霞组顶部和茅口组下部常见的*Permocryptospirifer－Vediproductus*腕足动物群（Shen et al., 2016，2017；Shen，2018）以及相伴生的蜓类*Monodiexodina*动物群（Ueno，2006；Zhang Y C et al., 2014）。在拉萨地块申扎地区的下拉组的底部还含有*Mesogondolella idahoensis*动物群，证实属于空谷期晚期(Yuan et al., 2016）。拉萨地块下拉组中部开始出现典型的瓜德鲁普统蜓类*Chusenella*、*Nankinella*和*Verbeekina*等（王玉净和周建平，1986；Zhang et al., 2010），在云南保山地块的沙子坡组中则含有时代大致相当的*Eopolydiexodina*蜓类动物群（蓝朝华等，1982；Shi and Shen，2001）。

　　进入乐平世以后，滇西保山地块和腾冲地块基本没有海相的乐平统沉积的证据，抑或是海相地层存在于厚度巨大的白云岩地层之中。在拉萨地块，最新的研究在下拉组的上部发现了吴家坪阶的牙形类*Clarkina liangshanensis*和*C. orientalis*，说明该组时代从乌拉尔统上部延到乐平统上部（Yuan et al., 2014b），下拉组在局部地区被上覆木纠错组白云岩地层覆盖，含有典型的乐平世珊瑚动物群（程立人等，2004）。而在拉萨地块中西部很多地区，下拉组灰岩可上延至二叠系顶部。如在措勤阿多嘎布地区，下拉组的顶部含有长兴期的*Colaniella*、*Reichelina*等有孔虫动物群（Qiao et al., 2019）。同样，拉萨地块西部革吉县报道有连续的二叠—三叠系界线剖面，二叠系称为文布当桑组，三叠系下部称为嘎仁错组，含有非常丰富完整的牙形类*Hindeodus parvus*、*Isarcicella isarcica*、*Clarkina carinata*和*C. planata*等（Wu et al., 2014）。

　　藏南雅鲁藏布江缝合带中存在一系列二叠纪碳酸盐沉积，它们呈断块状保存在蛇绿混杂岩中，主要见于拉孜、仲巴、马攸木、姜叶玛等地区，其中以姜叶玛地区保存最好，发育中—晚二叠世连续碳酸盐沉积，被划分为瓜德鲁普统西兰塔组和乐平统姜叶玛组（王全海等，1988）。西兰塔组中含有丰富的蜓类*Neoschwagerina*、*Kahlerina*、*Verbeekina*和*Lantschichites*等以及非蜓有孔虫*Neodiscus*、*Climacammina*、*Pachyphloia*和*Lysites*等（张以春，2010；张以春和王玥，2019）。姜叶玛组中含有丰富的蜓类和非蜓有孔虫，如*Reichelina*、*Codonofusiella*和*Colaniella*等（Wang et al., 2010）。

　　藏南喜马拉雅地区与基默里地块群的二叠系层序和生物群完全不同。乌拉尔统研究程度低，在珠峰地区称为基龙组，在阿里地区南部与基龙组大致相当的地层称为忙宗荣组，为冰川相沉积，含有典型的冈瓦纳冷水型双壳类*Eurydesma*或者腕足类*Cimmeriella*动物群（金玉玕等，1977；郭铁鹰等，1991），基龙组和忙宗荣组在乌拉尔统中究竟属于哪个时代至今没有可靠的化石依据。同样，往上至今没有可靠的动物群证明有瓜德鲁普统沉积存在。在珠峰、土隆和色龙等地广泛存在的色龙群原先认为其时代相当于栖霞期或茅口期，但最新的腕足动物群和牙形类动物群均表明色龙群与尼泊尔的Senja

组、巴基斯坦盐岭的Chhidru组、克什米尔的Zewan组等可以比较，属于乐平统（Shen et al., 2003；Shen et al., 2006a；Xu et al., 2018；Yuan et al., 2018）。二叠—三叠系界线在珠峰、色龙等地区均为连续沉积。

3.5.1 岩石地层对比

本书选用了拉萨地块中研究程度较高的申扎地区的岩石地层单元为代表，二叠纪地层由下而上依次为：永珠组、拉嘎组、昂杰组、下拉组和木纠错组。在雅鲁藏布江缝合带，海相地层包括瓜德鲁普统西兰塔组和乐平统姜叶玛组。在喜马拉雅区，典型的海相地层包括乌拉尔统的基龙组和乐平统的色龙群（图3-1-1）。

3.5.1.1 拉萨地块岩石地层

1. 永珠组

组名由伦珠加措等于1978年命名于西藏申扎县永珠乡以东4.5km昂杰至下拉山。以灰绿色、灰黑色页岩、粉砂岩、细砂岩为主，夹薄层泥质灰岩，产珊瑚、腕足类和菊石化石，厚737m。本组与上下地层皆为整合接触，主要分布于申扎永珠乡、塔尔玛向斜两翼及芒错一带。

詹立培等（2007）研究藏北申扎县城东北部约25km的永珠地区的德日昂玛—下拉剖面，在永珠组中上部建立3个腕足动物组合，时代为晚石炭世巴什基尔期至乌拉尔世萨克马尔期。据此，永珠组是一个跨石炭系与二叠系的岩石地层单位。但是，纪占胜等（2007）在永珠组中上部发现的*Neognathodus*牙形类动物群指示永珠组中上部的时代为晚石炭世巴什基尔期中期—莫斯科期晚期，与腕足动物化石指示的时代矛盾。因此，该地区晚石炭世晚期地层是否缺失还有待考证。

2. 拉嘎组

拉嘎组由林宝玉于1983年在西藏申扎县昂杰山西南坡命名。由灰色中厚层状砂岩、含砾砂岩和细砾砂岩组成，与下伏永珠组整合接触，厚605m。该组以含冰海杂砾岩为标志，诸多层位含有大小不一的漂砾，指示与晚古生代冰期作用有关。地层中含有较丰富的腕足类。地层时代尚存争议，还需进一步研究。

3. 昂杰组

该组的命名剖面位于西藏申扎县永珠乡昂杰山，由浅灰色砂岩、含砾砂岩、生物碎屑灰岩、页岩组成。与下伏拉嘎组、上覆下拉组均呈整合接触，厚119m，含腕足类、苔藓虫和介形类等。詹立培等（2007）建立腕足类*Aulosteges ingens–Punctocyrtella nagmargensis*组合，认为其时代为乌拉尔世亚丁斯克期。该组分布于申扎县一带。

4. 下拉组

该组的命名剖面位于西藏申扎县永珠乡以东约12km的昂杰山下拉一带。由含燧石团块的厚层灰岩、白云质灰岩和紫红色生物碎屑灰岩组成。与下伏昂杰组整合接触，上覆地层为白垩系，厚700

余米。该组的底部以紫红色灰岩为主，含较多海百合茎和苔藓虫，在早期被称为日阿组（林宝玉，1981）。然而该紫红色段区域变化大，不连续，厚度较小，因此后人也将其并入下拉组中，作为下拉组下段。最新的牙形类研究表明其下部的时代相当于空谷期晚期（Yuan et al., 2016）。该组中段含较多的生物化石，包括䗴类 *Chusenella*、*Nankinella* 和 *Verbeekina* 以及腕足类、珊瑚、非䗴有孔虫等，其面貌与特提斯地区茅口组动物群相似。2005年，程立人等在申扎县城东南发现连续的下奥陶统至乐平统地层，在下拉组中找到丰富的䗴类化石，包括 *Schwagerina*、*Nankinella*、*Ozawainella*、*Staffella*、*Sphaerulina* 和 *Chusenella* 等，并认为该组合与南京栖霞组相当，但进一步的研究认为它的时代至少相当于瓜德鲁普世中晚期（Zhang et al., 2010）。下拉组的上部以中厚层灰岩为主，含有丰富的䗴类和非䗴有孔虫动物群，主要有 *Colaniella*、*Codonofusiella* 和 *Reichelina* 等，牙形类含有 *Clarkina liangshanensis*，时代是乐平世吴家坪组（Yuan et al., 2014b）。据此，下拉组的时代应为乌拉尔世空谷期至乐平世，该组分布于申扎县—纳木错一带。

5. 木纠错组

木纠错组由程立人等（2002）命名于申扎县城东南约80km处的扎扛—木纠错一带。该组在下拉组灰岩之上连续沉积厚逾2400m的白云质灰岩、白云岩，在区域上构成了木纠错向斜的核部。含乐平世早期的皱纹珊瑚组合 *Waagenophyllum* 和 *Liangshanophyllum*。可与陕西汉中、梁山地区的乐平统吴家坪灰岩、黔南紫云地区的吴家坪组对比。

3.5.1.2 雅鲁藏布江缝合带岩石地层

1. 西兰塔组

该组的命名剖面位于西藏阿里地区普兰县姜叶玛地区东侧（王全海等，1988）。地层以青灰色、灰白色中层状灰岩为主，含有丰富的复体珊瑚、䗴类和非䗴有孔虫化石，局部夹有玄武岩的夹层。䗴类 *Neoschwagerina*、*Kahlerina* 和 *Lantschichites* 等指示其时代相当于瓜德鲁普统。

2. 姜叶玛组

该组的命名剖面和西兰塔组一致，是指沉积于西兰塔组之上的淡红色、紫红色灰岩（王全海等，1988）。地层中含有一层玄武岩的夹层，玄武岩之上是中薄层青灰色灰岩。地层中含有丰富的复体珊瑚和有孔虫动物群，时代为乐平世。

3.5.1.3 喜马拉雅区岩石地层

1. 基龙组

该组见于特提斯喜马拉雅北缘，底部含冰海相杂砾岩，中上部含有石英砂岩、粉砂岩、杂砂岩等，含腕足化石。该组时代为乌拉尔世萨克马尔期（金玉玕，1979），与上覆地层色龙群的接触关系至今没有详细记录，两者之间存在一个长时间的不整合。

2. 色龙群

色龙群由滨海粗粒至细粒碎屑沉积和浅海细碎屑岩—生物碎屑灰岩互层组成的海侵层序，命名剖面位于西藏聂拉木县希夏邦马峰北色龙村西山。尹集祥和郭师曾（1976）将定日曲布相当于色龙群的地层划分为曲布组和曲布日嘎组。王义刚等（1989）把色龙群上部产有牙形类*Neogondolella* sp.（=*Clarkina* sp.）的地层划归长兴阶，其下产有腕足类*Neospirifer* sp.和*Spiriferella* sp.等的地层归于前长兴阶。沈树忠等（2002）认为色龙群腕足动物群的组成和演进层序与冈瓦纳大陆北缘的巴基斯坦盐岭的Wargal组上部和Chhidru组、克什米尔的Zewan组很接近，而该腕足动物群在盐岭地区的产出层位明显高于乐平世下部牙形类*Clarkina dukouensis*带，并且与菊石*Cyclolobus*和有孔虫*Colaniella*动物群共生，因此推定整个色龙群都应属于乐平统。这一论断得到了后期牙形类研究的证实（Wang et al.，2017；Yuan et al.，2018）。其上以牙形类*Hindeodus parvus*和菊石*Otoceras*的出现划定三叠系的底界。

3.5.2 生物地层对比

西藏-滇西区在二叠纪时期大多属于基默里过渡区，主要包括滇西的腾冲和保山地块，西藏中部的拉萨和南羌塘地块。本书主要介绍研究程度较高的保山、拉萨地块以及属于印度板块的藏南特提斯喜马拉雅带。

3.5.2.1 䗴类化石带

滇西和西藏中部及南部地区隶属于基默里地块及印度板块，因此受到晚古生代大冰期的影响，地层中缺少二叠纪最早的假希瓦格䗴类。伴随着乌拉尔世冰期的结束，在冰碛岩之上的灰岩地层中最早出现了䗴类化石，可称为*Pseudofusulina–Eoparafusulina*组合，它们主要分布于保山地块的丁家寨组顶部（Ueno，2003；Shi et al.，2011）。相似的动物群还可见于南羌塘地块西部的曲地组和中部的浊积岩中（聂泽同和宋志敏，1983a；Zhang Y C et al.，2013）。这个动物群的时代相当于乌拉尔世萨克马尔期晚期至亚丁斯克期早期。在曲地组的部分层位上还可见到*Pamirina*䗴类分子，这相当于华南亚丁斯克阶的*Pamirina davasica*带（Zhang and Wang，2018）。但在相似的层位中产出很多*Pseudofusulina*和*Eoparafusulina*的分子和广泛分布于伊朗、阿曼、喀喇昆仑、中帕米尔等地的Kalaktash动物群相似（Leven，1993；Zhang Y C et al.，2013），代表了冰期结束后首次出现的䗴类分子。

空谷期的䗴类分子仅见于南羌塘地块西部的吞龙共巴组和中部的鲁谷组下部。其中在吞龙共巴组中，产出大量的*Monodiexodina*和*Parafusulina*分子（聂泽同和宋志敏，1983b）。同样，这些分子在南羌塘中部鲁谷组的下部同样存在，以大量的*Parafusulina*和少量的*Monodiexodina*为主（Zhang Y C et al.，2014）。同时异相的䗴类动物群以*Cancellina*为主（Zhang et al.，2012），这些动物群时代相当于空谷期晚期，大致相当于华南栖霞组顶部的时代（Zhang and Wang，2018）。

瓜德鲁普世的䗴类动物群分布较广，广泛见于保山地块、腾冲地块、南羌塘地块和拉萨地块。其中，保山地块的沙子坡组和大凹子组中含有丰富的䗴类化石，可归为下部的*Yangchienia–Nankinella*组合以及上部的*Chusenella–Rugosofusulina*组合（Huang et al.，2009，2015）。值得指出的是，动物群中有很多特征的䗴类分子，如*Eopolydiexodina*、*Jinzhangia*和*Xiaoxinzhaiella*等，与南羌塘地块中部的鲁谷组上部的蜓类较相似（程立人等，2005）。在拉萨和腾冲地块，瓜德鲁普世晚期都存在一套特征的*Nankinella–Chusenella*蜓类组合，它主要见于拉萨地块下拉组的中上部和腾冲地块大东厂组上部（Zhang et al.，2010，2019；Shi et al.，2017），这些动物群的时代相当于卡匹敦期。值得指出的是，南羌塘地块和拉萨地块同期的地层中还存在以*Neoschwagerina*和*Kahlerina*为主的蜓类动物群（王玉净等，1981；聂泽同和宋志敏，1983c；琚琦等，2019）。这些动物群可以与华南茅口组上部*Yabeina gubleri*带和*Metadoliolina multivoluta*带对比（Zhang and Wang，2018）。特提斯喜马拉雅带至今未有瓜德鲁普世蜓类报道，但在其北面的雅鲁藏布江缝合带中存在很多瓜德鲁普世的灰岩外来体。这些西部的灰岩体中含有丰富的蜓类动物群（王玉净等，1981；张以春，2010），以*Neoschwagerina*、*Lantschichites*、*Kahlerina*和*Schwagerina*为主，可称为*Neoschwagerina fusiformis–Lantschichites minima*组合带。该动物群同样与华南茅口组顶部的动物群相似，但动物群中缺少许多高级的结构复杂的蜓类分子，如*Lepidolina*和*Sumatrina*等（张以春，2010）。

乐平世的蜓类主要分布在拉萨地块和雅鲁藏布江缝合带的灰岩外来体中。在拉萨地块，乐平世的蜓类分异度很低，主要由*Reichelina*和*Codonofusiella*组成（Qiao et al.，2019），可称为*Codonofusiella–Reichelina*组合，它们可与华南吴家坪—长兴期的动物群对比，但动物群中缺少了长兴期特有的*Palaeofusulina*属，这被认为是拉萨地块未进入热带地区造成的（Qiao et al.，2019）。同样，在雅鲁藏布江缝合带的灰岩外来体中，也含有丰富的乐平世蜓类化石。如在仲巴县岗久灰岩中发现的主要分子为*Reichelina tenuissima*、*R. changhsingensis*和*R. gaqoiensis*，共生的非蜓有孔虫有*Colaniella* cf. *nana*和*Paracolaniella leei*（王玉净等，1981）。在藏西北地区的普兰县姜叶玛灰岩中发现布尔顿蜓科的分子*Dilatofusulina orthogonios*与有孔虫*Colaniella parva*共生（Wang and Ueno，2009；Wang et al.，2010），这些有孔虫可归为*Reichelina pulchra–Dilatofusulina orthogonios*带，时代相当于华南地区*Palaeofusulina sinensis*带。

3.5.2.2 腕足类化石带

乌拉尔世时期，受晚古生代冰期影响，保山地块主要发育典型的冷水型腕足动物群，在丁家寨组中识别出了3个腕足动物组合，分别为最底部的*Bandoproductus qingshuigouensis–Marginifera semigratiosa*组合，中部的*Punctocyrtella australis–Punctospirifer afghanus*组合以及上部的*Callytharrella dongshanpoensis*组合（Shen et al.，2000a），时代大致为阿瑟尔期至亚丁斯克期。丁家寨组顶部产出的牙形类*Sweetognathus whitei*（Ueno et al.，2002）和蜓类*Pseudofusulina*、*Eoprarafusulina*（Shi et al.，2011）同样将该组顶部时代限定为萨克马尔晚期至亚丁斯克期。丁家寨组上覆的卧牛寺组以玄武岩为主，灰岩夹层中也未发现腕足类化石。之上的永德组则发育丰富的腕足类，自下而上划分为3个组合，组合A中含有华南栖霞阶下部的典型分子*Lisosotella subcylindrica*；组合B产出*Tenuichonetes tengchongensis*、*Vediproductus punctatiformis*和*Spiriferellina aduncata*等化石，其时代为空谷期至罗德期；组合C中含华南茅口期标志分子*Neoplicatifera huangi*，时代大致为沃德期（Shen et al.，2002）。保山南部沙子坡组产大量的*Permocryptospirifer omeishanensis*和*Pseudoantiquatonia mutabilis*，腕足动物群的面貌也转变为以华夏暖水型分子为主的混生动物群（Shi and Shen，2001），依据该组下部产出的蜓类*Schwagerina yunnanensis*和*Eopolydiexodina*等，可将该动物群时代定为沃德期至卡匹敦期（Huang et al.，2009）。保山地块目前还未有乐平世腕足动物群的报道。

拉萨地块乌拉尔统共报道6个腕足动物群或组合，其中詹立培等（2007）在永珠组中上部划分出3个腕足组合带，分别是*Taeniothaerus xizangensis–Spinomartinia xainzaensis*、*Cimmeriella mucronata–Taeniothaerus excellens*和*Trigonotreta maginfica–Bandoproductus intermedia*，时代为乌拉尔世早中期（詹立培等，2007；Shen，2018）。在这3个组合中，冷水区域广泛分布的属（如*Taeniothaerus*、*Spinomartinia*、*Fusispirifer*、*Cimmeriella*、*Trigonotreta*和*Bandoproductus*）极为繁盛，而且基本没有暖水型腕足类的发现，指示典型的冈瓦纳型腕足动物群。另一个类似的冈瓦纳型的*Bandoproductus*动物群报道于旁多群（金玉玕和孙东立，1981），其时代与拉嘎组一致，大致为萨克马尔期晚期。上覆昂杰组的*Aulosteges ingens–Punctocyrtella nagmargensis*腕足组合时代为亚丁斯克期。下拉组最底部的腕足组合*Costiferina–Stenoscisma gigantean*与昂杰组类似，其中*Costiferina spiralis*、*Calliomarginatia orientalis*和*Spiriferella salteri*一般都分布在冈瓦纳大陆周缘地区（如巴基斯坦盐岭、特提斯喜马拉雅和西帝汶岛等）。该组合同层位中产丰富的牙形类*Mesogondolella idahoensis*和*Vjalovognathus nicolli*（Yuan et al.，2016），因此，其时代为空谷期晚期。进入瓜德鲁普世以后，腕足动物群的面貌发生了显著变化。詹立培和吴让荣（1982）报道了下拉组中部的*Pseudoantiquatonia mutabilis–Neoplicatifera pusilla*动物群。该动物群中的优势种如*Neoplicatifera pusilla*、*Leptodus nobilis*、*Permophricodothyris elegantula*和*Haydenella minuta*都是常见的暖水型分子，这在保山地块沙子坡组以及华南茅口组（Shi and Shen，2001）都有广泛分布。长兴期下拉组最顶部的*Spinomarginifera*腕足动物群则具有明显的华夏区系特征，整个动物群中约70%的种曾经在华南或者其他古赤道地区有过报道（Xu et al.，2019）。拉萨地块东部列龙沟组中报道的一个小型长兴期*Transennatia*腕足动物群也具有相似的面貌，主要包含一些常见的暖水分子，如*Peltichia* sp.、*Spinomarginifera* sp.和*Crenispirifer dzhulfensis*（孙东立等，1981）。总之，拉萨地块腕足类面貌经历了由乌拉尔世冈瓦纳冷水型至瓜德鲁普世过渡混生型最后转变为乐平世华夏暖水型的演替过程。

藏南特提斯喜马拉雅地区发育大量的乐平世腕足动物群（如Shen et al.，2000b，2001a，2001b，2003；Xu et al.，2018）。色龙西山、曲布、土隆和生米等剖面的相当地层曲布日嘎组和色龙群中完全呈现典型的冈瓦纳型冷水腕足动物群面貌，其中有*Costiferina indica*、*Retimarginifera xizangensis*、*Biplatyconcha grandis*、*Spiriferella qubuensis*和*Neospirifer*（*Quadrospina*）*tibetensis*等，这些分子在印度喜马拉雅Kuling群、克什米尔Zewan组、藏南奇底宗灰岩以及巴基斯坦盐岭Wargal组上部和Chhidru组中都很常见（Waagen，1882，1883，1884；Diener，1897，1899，1915；Grant，1970；Shimizu，1981；Garzanti et al.，1996）。

4　中国二叠纪区域性典型剖面描述

本书共选取了中国5个地层区（华南区、华北区、东北区、塔里木及其邻区和西藏-滇西区）的13条经典剖面（图4-0-1），对每个剖面进行了简要的介绍和详细的描述，并绘制了相应的剖面综合柱状图。

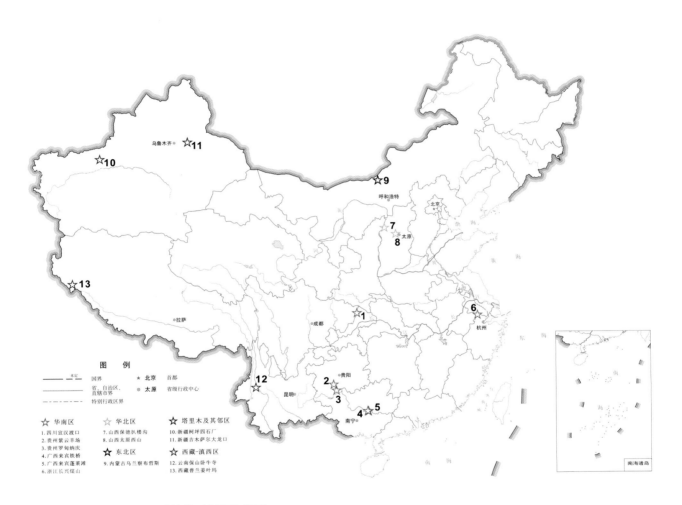

图 4-0-1　中国二叠纪区域性典型剖面位置图

4.1　华南区

华南区共介绍了四川宣汉渡口、贵州紫云羊场、贵州罗甸纳庆、广西来宾铁桥、广西来宾蓬莱滩和浙江长兴煤山6个典型剖面。

4.1.1 四川宣汉渡口剖面

渡口剖面（GPS：31°41′31.26″N，108°17′50.04″E）的早期研究主要涉及矿产和油气的普查，以及二叠—三叠系界线的研究等。李汝宁（1986）和张继庆等（1990）详细描述了该剖面，并对牙形类、菊石、腕足类、蟷类和有孔虫等化石门类做了研究。基于先前的初步数据，梅仕龙等（1994a，1994b）详细研究了该剖面"孤峰组"和吴家坪组的牙形类，但因开凿公路破坏了前人测置的剖面，他们对该剖面进行了重新测量和描述，"孤峰组"厚71.3m、吴家坪组厚353.6m。公路旁的"孤峰组"和吴家坪组的界线被覆盖，不能确定两者间的接触关系。沈树忠和袁东勋等于2011年在公路旁河对岸的剖面发现了出露良好的"孤峰组"和吴家坪组界线，确定该剖面发育王坡页岩。剖面照片见图4-1-1，剖面综合柱状图见图4-1-2。

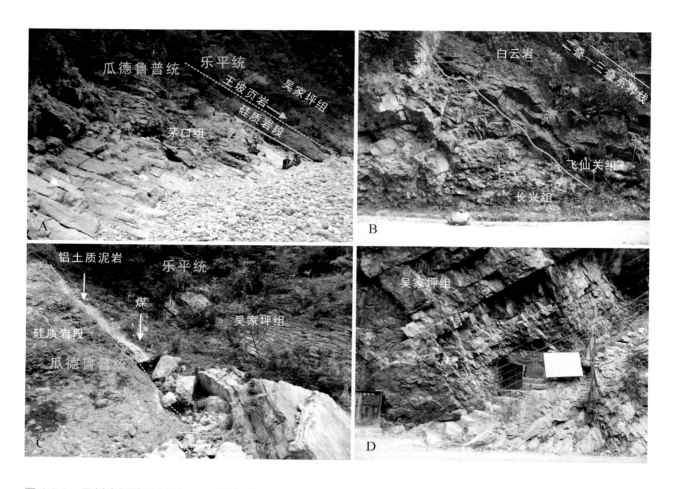

图4-1-1　四川宣汉渡口剖面。A. 瓜德鲁普—乐平统界线附近；B. 羊鼓洞附近二叠—三叠系界线附近（根据牙形类 *Hindeodus parvus* 出现）与飞仙关组白云岩段下部；C. 瓜德鲁普统顶部的硅质岩层，乐平统底部的王坡页岩和煤层；D. 渡口剖面典型的深色吴家坪阶灰岩

剖面描述如下。

长兴组

19. 灰色薄—厚层状弱白云石化含生屑泥晶灰岩，溶孔发育。　　　　　　　　　　　　　　未见顶

吴家坪组

18. 灰色厚层状、中层状、块状泥晶生屑灰岩、生屑泥晶灰岩，含少量燧石结核及条带。产牙形类：*Clarkina orientalis*，*C. liangshanensis*。 50.8m

17. 灰色薄层状燧石岩。 10.1m

16. 薄层状燧石层夹灰岩结核。产牙形类：*Clarkina longicuspidata*。 7.4m

15. 灰色、灰白色亮晶、泥晶棘屑灰岩、泥晶生屑灰岩。产牙形类：*Clarkina orientalis*。 10.4m

14. 灰色厚层状泥晶骨屑灰岩夹生屑泥晶灰岩，底部燧石条带发育。产牙形类：*Clarkina transcaucasica*，*C. liangshanensis*。 7.4m

13. 灰色厚层状泥晶生屑灰岩，顶部为弱白云石化泥晶生屑灰岩。产牙形类：*Clarkina transcaucasica*。 14.8m

12. 灰黑色厚层状泥晶灰岩，含燧石结核，顶部硅化强烈。产牙形类：*Clarkina liangshanensis*。 9.2m

11. 灰黑色中—厚层状藻屑泥晶灰岩，具瘤状结构，含少许燧石结核。产牙形类：*Clarkina guangyuanensis*，*C. liangshanensis*。 18.1m

10. 灰褐色薄—中层状含骨屑泥晶灰岩，含少许燧石结核。产牙形类：*Clarkina daxianensis*。 1.0m

9. 灰色厚层—块状生屑泥晶灰岩、泥晶生屑灰岩，含丰富的燧石条带及结核。产牙形类：*Clarkina dukouensis*，*C. asymmetrica*，*C. leveni*，*C. daxianensis*，? *C. liangshanensis*。 35.2m

8. 下部为1.5m左右的页岩段（王坡页岩），上部为深灰色薄—中层状含生屑泥晶灰岩。产牙形类：*Clarkina dukouensis*。 4.2m

孤峰组

7. 灰黑色厚层状硅质岩。 9.0m

茅口组

6. 浅灰色厚层角砾状含生屑泥晶灰岩，具揉皱构造。产牙形类：*Jinogondolella xuanhanensis*。 1.2m

5. 灰色中层—扁豆状含生屑泥晶灰岩，中、上部含燧石结核及条带。产牙形类：*Jinogondolella xuanhanensis*。 5.2m

4. 深灰色、灰黑色薄—中厚层状生屑泥晶灰岩和含炭质含生屑泥晶灰岩互层。产牙形类：*Jinogondolella aserrata*，*J. postserrata*，*J. altudaensis*，*J. prexuanhanensis*，*J. xuanhanensis*。 30m

3. 深灰色薄—中厚层状含生屑泥晶灰岩夹黑色薄层状硅质岩、燧石条带和结核，燧石由下往上减少。产牙形类：*Jinogondolella aserrata*。 12.9m

2. 深灰色中—厚层状含生屑泥晶灰岩、球粒泥晶灰岩、薄层状硅质岩夹紫褐色、紫黑色页岩及粉砂岩。 3.9m

1. 薄层状硅质岩、页岩、粉砂岩夹至少6层薄—中层状灰岩，底部掩盖1~2m。产牙形类：*Jinogondolella nankingensis*，*J. aserrata*。 18.1m

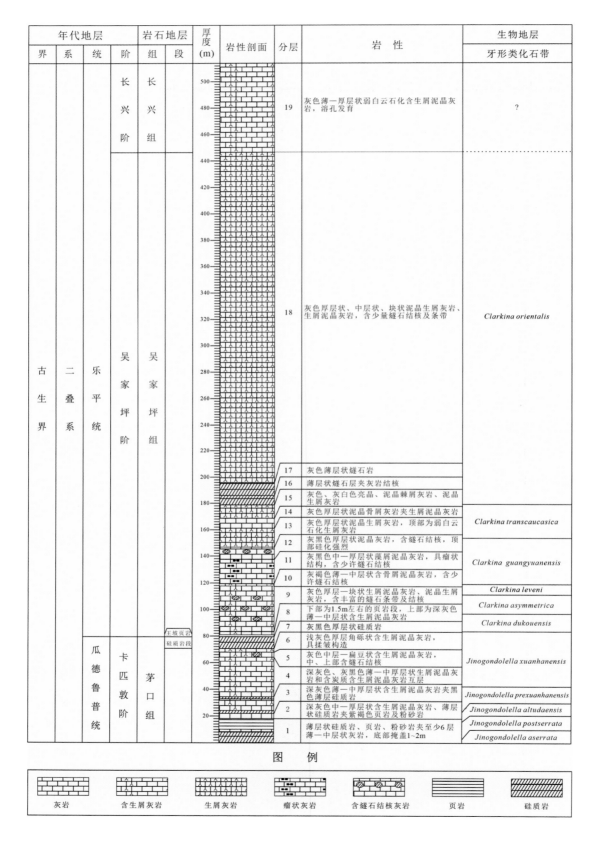

图 4-1-2　四川宣汉渡口二叠系剖面综合柱状图

4.1.2 贵州紫云羊场剖面

羊场剖面（GPS：25°40′47.88″N，106°7′57.36″E）位于贵州省紫云县羊场村西北约500m的山谷中，属火烘背斜东翼北段，上石炭统至二叠系瓜德鲁普统发育完善，地层沉积连续，以斜坡相深灰色中—薄层状泥晶灰岩为主，夹亮晶生屑灰岩、泥晶灰岩，含丰富的牙形类和蜓类化石。张正华等（1988）创建二叠系紫松阶，选用羊场剖面作为层型剖面。金玉玕等（1999）重新厘定中国二叠纪年代地层系统，将紫松阶作为二叠系最底部的一个年代地层单位。剖面照片见图4-1-3，综合柱状图见图4-1-4。

剖面描述如下。

龙潭组

1. 褐色薄层状硅质泥岩。 未见顶

2. 灰色、深灰色薄—中厚层状灰岩，含大量同生角砾。 6.5m

3. 褐色薄层状硅质泥岩，产牙形类：*Clarkina liangshanensis*。 9.5m

4. 巨厚层状灰色含角砾灰岩，顶部为厚20cm的泥质灰岩，角砾分选和磨圆差，角砾直径2mm~4cm。产牙形类：*Clarkina liangshanensis*，*Hindeodus julfensis*。 2.5m

5. 灰黑色薄层状灰岩夹硅质岩，含大量泥质条带。产牙形类：*Clarkina liangshanensis*，*Hindeodus julfensis*。 27.5m

6. 灰色中厚层状生屑灰岩。 3.5m

7. 黄褐色薄层状硅质泥岩。 7.5m

8. 薄层状硅质泥岩，顶部为厚1m的灰色中厚层状含角砾灰岩。 6m

9. 深灰色薄层状灰岩，含燧石结核和硅质条带。产牙形类：*Clarkina guangyuanensis*。 5m

10. 覆盖，根据下部地层推测应为薄层状硅质泥岩。 28m

11. 褐色薄层状硅质泥岩。产腕足类化石。 29m

茅口组

12. 浅灰色巨厚层状灰岩，含生物碎屑和大量燧石结核，含腕足类、蜓类和海绵碎屑。产牙形类：*Jinogondolella aserrata*，*J. postserrata*，*Sweetognathus hanzhongensis*；蜓类：*Armenina wangi*，*Codonofusiella* sp.，*Chusenella douvillei colani*，*C. longissima*，*Dunbarula* sp.，*Schwagerina* sp.，*Staffella* cf. *jiaogensis*，*S.* sp.，*Shengella datieguanensis*，*Schubertella* sp.，*Sumatrina fusiformis*，*Yangchienia iniqua*，*Neoschwagerina craticulifera*，*N. haydeni*，*N. cheni*，*Paraverbeekina umbilicata*，*P. ellipsoidalis*，*Parafusulina hubeiensis*，*P. elliptica*，*Pseudodoliolina qinglongensis*，*Metadoliolina pulchra*，*Minojaponella* sp.，*Kahlerina minima*，*Yabenia* sp.。 18m

13. 巨厚层状含角砾和燧石灰岩，角砾分选和磨圆差，向下逐渐增多，含有团块状聚集的蜓类化石；其中-132~-134m层段燧石条带和结核明显增多，灰岩厚度减少，风化面上可见刀砍状溶蚀，应为白云质灰岩，含有大量蜓类和海百合茎，其中部分时代较早的牙形类、

图 4-1-3　贵州紫云羊场剖面。A. 马平组上部中厚层状灰岩夹薄层硅质岩；B. 梁山段下部黑色页岩；C. 梁山段下部薄层状灰岩；D. 马平组顶部厚层状䗴灰岩；E. 栖霞组中厚层状灰岩夹硅质岩；F. 栖霞组中厚层状灰岩

蜓类化石系再沉积所致。产牙形类：*Jinogondolella nankingensis*；蜓类：*Metadoliolina* cf. *pulchra*，*Pseudodoliolina huagongensis*，*P. ozawai*，*P. qinglongensis*，*Parafusulina splendens*，*P. gigantea*，*P. hubeiensis*，*Chusenella tieni*，*C. schwagerinaeformis*，*Neoschwagerina* sp.，*Schwagerina pindingensis*，*Yangchienia iniqua*，*Y. haydeni*，*Y. compressa*，*Sumatrina* cf. *fusiformis*，*Praesumatrina neoschwagerinoides*，*Paraverbeekina ellipsoidalis*，*Verbeekina grabaui*，*Codonofusiella* sp.，*Lantschichites* sp.，*Staffella* sp.，*Pseudoendothyra* sp.。 7m

14. 薄—中厚层状白云质灰岩，夹纹层状硅质岩；在-217m处有1层厚度为50cm的角砾白云质灰岩；在-235.5m处含2层厚5～10cm的生屑硅质灰岩，其中部分时代较早的牙形类、蜓类化石系再沉积所致。产牙形类：*Sweetognathus subsymmetricus*，*Mesogondolella siciliensis*，*M. lamberti*，*Pseudosweetognathus costatus*，*Pseudohindeodus ramovsi*；蜓类：*Armenina crassispira*，*Chusenella schwagerinoides*，*C. conicocylindrica*，*Praesumatrina neoschwagerinoides*，*Afghanella pulchella*，*Parafusulina hubeiensis*，*P. splendens*，*P. elliptica*，*Pseudodoliolina chinghaiensis*，*P. ozawai*，*Yangchienia iniqua*，*Y. compressa*，*Y. haydeni*，*Russiella pulchra*，*Yabeina gubleri*，*Y. hayasakai*，*Shubertella pseudogiraudi*，*S. magna*，*S. gracilis*，*Sumatrina longissima*，*S. annae*，*Verbeekina verbeeki*，*V. grabaui*，*Neoschwagerina kwangsiena*，*N. craticulifera*，*N. douvillei*，*Paraverbeekina* cf. *ellipsoidalis*。 128m

15. 灰黑色厚层状灰岩，偶见燧石结核。产牙形类：*Mesogondolella siciliensis*；蜓类：*Schubertella magna*。 14m

16. 灰黑色中层状含燧石灰岩。产牙形类：*Sweetognathus guizhouensis*，*Sw. subsymmetricus*，*Mesogondolella siciliensis*，*Pseudohindeodus ramovsi*。 50.5m

17. 顶部为厚30cm的含角砾灰岩，中部为中层状灰岩夹燧石层，底部为3层蜓灰岩夹中厚层状泥晶灰岩。产牙形类：*Sweetognathus guizhouensis*，*Mesogondolella* sp.，*Pseudohindeodus ramovsi*；蜓类：*Pseudofusulina verneuili levidensis*，*P. houziguanica*，*P.* cf. *regularis*，*P. wangmoensis*，*P. ellipsoidalis*，*Parafusulina splendens*，*P. quasigruperaensis*，*P. yabei*，*P. hubeiensis*，*P. akasakensis*，*P. elliptica*，*Schubertella giraudi*，*S. pseudogiraudi*，*Misellina ovalis*，*M.claudiae*，*M. longissima*，*Paramisellina houchangensis*。 9.5m

18. 薄—中厚层状泥晶灰岩夹燧石条带，顶部为厚40cm的蜓灰岩。产牙形类：*Sweetognathus guizhouensis*；蜓类：*Pseudofusulina kueichowensis obesa*，*P. houziguanica*，*Schubertella pseudogiraudi*，*S. giraudi*。 5.7m

19. 中薄层状灰岩夹硅质岩，中部（-365.9m）和顶部（-381～-382m）为蜓灰岩。产牙形类：*Sweetognathus guizhouensis*，*Pseudohindeodus ramovsi*；蜓类：*Schubertella giraudi*，*Pseudofusulina kueichowensis obesa*，*P. verneuili levidensis*，*P. ellipsoidalis*，*P. houziguanica*，*Parafusulina gigantea*，*P. splendens*，*P. quasigruperaensis*，*P. gruperaensis*，*P. kwangsiana*，*P. hubeiensis*，*P. yabei*，*P. akasakensis*，*P. elliptica*，*Misellina claudiae*。 40.3m

20. 覆盖。 3m

21. 中薄层状灰岩。产牙形类：*Mesogondolella* sp.；蜓类：*Parafusulina gruperaensis*，*P. akasakensis*，*P. quasigruperaensis*，*P. splendens*，*Misellina claudiae*，*M. termirensis pomirensis*。 9.5m

22. 厚层状含角砾蜓灰岩。产牙形类：*Sweetognathus guizhouensis*。 2.5m

23. 灰黑色中层状含燧石灰岩，−397m和−401.2m处含少量蜓类化石。产牙形类：*Sweetognathus guizhouensis*，*Mesogondolella* sp.。 5m

24. 薄—中厚层状泥晶灰岩夹燧石层，含多层蜓灰岩，分别位于−402～−403m、−408～−408.4m、−427～−428m、−432.8～−433m、−434～−434.5m。产牙形类：*Sweetognathus* sp.；蜓类：*Parafusulina splendens*，*P. hubeiensis*，*P. akasakensis*，*P. yabei*，*P. gruperaensis*，*Misellina claudiae*，*M. ovalis*，*M. termirensis pomirensis*，*Pseudofusulina reticulata*，*P. fusiformis*，*P. kueichowensis*，*Schubertella giraudi*，*Neofusulinella phairayensis*，*N. lantenoisi*，*N. tumida*，*Chusenella schwagerinoides*，*Staffella moellerana*，*Schwagerina quasigruperaensis*。 38m

梁山段

25. 黑色含炭质泥岩。 5m

26. 灰黑色薄层状灰岩夹燧石层。 1m

27. 厚层状蜓灰岩，含大量角砾，底部含有燧石结核。产牙形类：*Sweetognathus* sp.；蜓类：*Chalaroschwagerina globularis*，*C. decora*，*C. inflata*，*C. vulgaris*，*C. globosa*，*Misellina termirensis pomirensis*，*M. claudiae*，*Parafusulina hubeiensis*，*P. splendens*，*P. yunnanica*，*P. quasigruperaensis*，*P. gruperaensis*，*P. yabei*，*Staffella moellerana*，*Laxifusulina* sp.，*Pseudofusulina kraffti*，*P. franklinensis*，*P. verneuili levidensis*，*P. jiaogensis*。 26m

28. 黑灰色薄层状泥晶灰岩。产牙形类：*Neostreptognathouds* sp.；蜓类：*Parafusulina splendens*，*P. gruperaensis*，*Staffella* sp.。 4m

29. 黑色含炭质泥岩。产蜓类：*Laxifusulina proteiformis*，*Pseudofusulina* cf. *kraffti*，*Chusenella conicocylindrica*，*Parafusulina hubeiensis*。 3m

30. 黑灰色薄层状泥晶灰岩。产蜓类：*Chalaroschwagerina vulgaris*。 6m

31. 黑色含炭质泥岩。产蜓类：*Parafusulina gruperaensis*，*P. yabei*，*Chalaroschwagerina pseudovulgaris*。 5m

32. 黑色含炭质泥岩夹泥晶灰岩。 4m

33. 黑色含炭质泥岩，顶部为单层蜓灰岩。产牙形类：*Mesogondolella bisselli*，*Neostreptognathouds exsculptus*，*N.* sp.。 5m

34. 灰黑色中厚层状蜓灰岩，顶部和底部为黑色含炭质泥岩。产牙形类：*Sweetognathus* sp.，*Diplognathodus stevensi*。 12.8m

35. 黑色薄层状泥晶灰岩夹炭质页岩，底部含1层蜓灰岩。产牙形类：*Neostreptognathodus exsculptus*，*Diplognathodus stevensi*；蜓类：*Parafusulina gruperaensis*，*P. hubeiensis*，*P. yabei*，

P. splendens，*Pseudofusulina fusiformis*，*P. houziguanica*，*P. vulgaris*，*Laxifusulina proteiformis*，*Laxifusulina* sp.，*Chalaroschwagerina vulgaris globosa*。 7.2m

36. 灰黑色薄层状泥晶灰岩，底部为黑色页岩夹薄层状泥晶灰岩。产䗴类：*Parafusulina quasigruperaensis*，*P. splendens*，*P. elliptica*，*P. gruperaensis*，*P. yabei*，*Laxifusulina proteiformis*，*Schubertella giraudi*，*Pseudofusulina kraffti*，*P.* sp.，*Neofusulina tumida*，*Chalaroschwagerina* sp.。 2.8m

马平组

37. 含大量同生角砾䗴灰岩，角砾分选和磨圆差。产䗴类：*Parafusulina yabei*，*P. quasigruperaensis*，*P. splendens*，*P. hubeiensis*，*Chalaroschwagerina globulari*，*Pseudofusulina* sp.，*Sphaerulina* sp.，*Pisolina* sp.。 1.2m

38. 薄—中厚层状泥晶灰岩。产牙形类：*Sweetognathus whitei*，*Neostreptognathouds exsculptus*；䗴类：*Parafusulina splendens*，*Schubetella paramelonica*，*S. sphaerica*，*S. kingi exilis*，*S. giraudi*，*Eostaffella* sp.，*Chalaroschwagerina globularis*，*C. pseudovulgaris*，*Pseudofusulina dayingensis*，*P. houziguanica*，*P. zhasuosuoensis*，*P. uralica longa*，*P. fecunda*，*P. shamovi*，*P. verneuili levidensis*，*Biwaella provecta*，*Eoparafusulina lantenoisi*，*Schwagerina cushmani*。 10.5m

39. 巨厚层状䗴灰岩。 1.5m

40. 薄层状泥晶灰岩夹泥页岩。产牙形类：*Mesogondolella bisselli*，*Neostreptognathouds exsculptus*；䗴类：*Chalaroschwagerina* cf. *globularis*，*C.* sp，*Pseudofusulina uralica firma*，*Biwaella* sp.。 5.3m

41. 含角砾䗴灰岩。产䗴类：*Staffella minor*，*Pseudofusulina fecunda*，*P. fusiformis*，*P. kraffti*，*P. uralica longa*，*P. mesopachys*，*P. vulgaris megaspherica*，*P. dayingensis*，*P. longus formosus*，*Schubertella paramelonica*，*S. simplex*，*S. kingi exilis*，*Rugosofusulina intermedia*，*R. praevia egregia*，*R. hutienensis*，*Triticites subnathorsti*，*T. subglobarus*，*T. parvulus*，*T. guizhouensis*，*T. subcrassulus*，*T. umbonoplicatus*，*T. bonus*，*Eoparafusulina contracta*，*E. shengi*，*Pseudoschwagerina* sp.，*Staffella shizipoensis*，*S. moellerana*，*S. minor*。 2.7m

42. 薄—中厚层状灰岩，底部为䗴灰岩。产牙形类：*Sweetognathus whitei*，*Sw. clarki*，*Diplognathodus stevensi*；䗴类：*Boultonia* sp.，*Shubertella* sp.，*S. yangchangensis*，*Biwaella perplena*，*Pseudofusulina fecunda*，*P. uralica firma*，*P. houchangensis*，*P. dayingensis*，*Rugosofusulina stabilis*，*Darvasites markanensis*。 4m

43. 灰色中厚层状灰岩。产牙形类：*Sweetognathus whitei*，*Sw. clarki*，*Diplognathodus stevensi*；䗴类：*Shubertella yangchangensis*，*S. paralatioralis*，*Robustoschwagerina geyeri*，*Pamirina darvasica*，*P. pulchra*，*Rugosofusulina stabilis*，*Toriyamaia laxiseptata*，*Biwaella provecta*，*Triticites paramontiparus*，*T. pseudopusillus*，*T. parvulus*，*Darvasites sinensis*，*D. ziyunica*，*Pseudofusulina dayingensis*，*P. crassispira*，*P. houchangensis*，*P. vulgaris megaspherica*，

P. fecunda，*P. gallowayi*，*P. yangi*，*Eoparafusulina contracta*，*Chalaroschwagerina globosa*。

5.7m

44. 巨厚层状含角砾蜓灰岩。产蜓类：*Shubertella yangchangensis*，*S. magna*，*S. kingi exilis*，*S. laxa*，*S. paramenlonica minor*，*S. giraudi*，*Triticites paramontiparus*，*Pseudofusulina houchangensis*，*P. brevica*，*P. bornenmani*，*P. reticulata*，*P. shamovi*，*Biwaella provecta*，*Schwagerina cushmani robusta*，*Toriymaia laxiseptata*，*Rugosofusulina praevia egregica*，*R. stabilis*，*R. inflata*，*R. intermedia*，*Eoparafusulina guizhouensis*，*E. ovata*，*Pseudoendothyra qianxiensis*，*Staffella guizhouensis*，*S. tschernjaevae*，*Zellia elatior*。

17.3m

45. 灰色巨厚层状含蜓灰岩，含大量珊瑚等生屑。产牙形类：*Streptognathouds postfusus*，*Mesogondolella monstra*，*M. gutta*，*Adetognathus paralautus*；蜓类：*Rugosofusulina stabilis*，*R. hutienensis*，*R. shaktanensis*，*R. intermedia*，*Triticites parvulus*，*T. subrhomboides*，*T. sinuosus*，*T. ziyunica*，*T. pseudopusilla*，*T. subventricosus*，*T. subglobarus*，*Quasifusulina cayeuxi*，*Q. longissima*，*Q. compacta*，*Q. eleganta*，*Eoparafusulina contracta*，*E. shengi*，*E. pusilla*，*Pseudoendothyra qianxiensis*，*Schwagerina scitula*，*Sphaeroschwagerina sphaerica*，*Pseudofusulina acuteata*，*Paraschwagerina bianpingensis*，*Pseudoschwagerina borealis*。

15m

46. 薄—中厚层状灰色灰岩夹燧石条带。产牙形类：*Streptognathouds postfusus*，*Mesogondolella gutta*，*Adetognathus paralautus*。

5.7m

47. 灰色中—中厚层状含硅质团块灰岩夹薄层状硅质岩。产牙形类：*Streptognathouds barskovi*，*St. postfusus*，*Mesogondolella gutta*，*M. dentiseparata*，*Adetognathus paralautus*。

19.3m

48. 深灰色薄—中层状灰岩夹少量薄层状硅质岩及中厚层状灰岩。产牙形类：*Streptognathouds longissimus*，*St. barskovi*，*St. fusus*，*Mesogondolella adentata*，*M. dentiseparata*。

25.2m

49. 深灰色薄—中厚层状硅质条带灰岩（薄—中薄层状灰岩与薄层状硅质条带互层），硅质层含量明显升高。产牙形类：*Streptognathouds longissimus*，*St. fusus*，*Mesogondolella adentata*，*M. dentiseparata*。

6.3m

50. 浅灰色薄—中层状粒泥/泥粒灰岩。产牙形类：*Streptognathouds constrictus*，*St. longissimus*，*Mesogondolella adentata*。

5.1m

年代地层				组	厚度 (m)	岩性剖面	分层	岩 性	生 物 地 层	
界	系	统	阶						牙形类化石	蟆类化石
上覆地层	上二叠统大隆组					覆盖		覆盖		
古生界	二叠系	乐平统	吴家坪阶	龙潭组			1	褐色薄层状硅质泥岩	*Clarkina liangshanensis* *Hindeodus julfensis*	
							2	灰色、深灰色薄—中厚层状灰岩		
							3	褐色薄层状硅质泥岩		
							4	巨厚层状灰色含角砾灰岩，顶部为厚20cm 的泥质灰岩。角砾分选和磨圆差， 角砾直径2mm~4cm		
							5	灰黑色薄层状灰岩夹硅质泥岩，含大量泥质 条带	*Clarkina liangshanensis*	
							6	灰色中厚层状生屑灰岩		
							7	黄褐色薄层状硅质泥岩		
							8	薄层状硅质泥岩，顶部为厚1m的灰色中厚 层状含角砾灰岩	*Clarkina liangshanensis*	
							9	深灰色薄层状灰岩，含燧石结核和条带	*Clarkina guanyuanensis*	
							10	覆盖，根据下部地层推测应为薄层状 硅质泥岩		
							11	褐色薄层状硅质泥岩		
		瓜德鲁普统	冷坞阶	茅口组			12	浅灰色巨厚层状灰岩，含生物碎屑和大量 燧石结核	*Jinogondolella postserrata*	*Paraverbeekina umbilicata* *Chusenella douvillei* *Parafusulina hubeiensis*
							13	巨厚层状含角砾和燧石灰岩。角砾分选和 磨圆差，向下逐渐增多。含有团块状聚 集的蟆类化石。其中-132~-134m层段燧 石条带和结核明显增多，灰岩厚度减少， 风化面上可见刀砍状溶蚀，应为白云质灰 岩	*Jinogondolella postserrata* *Sweetognathus subsymmetricus*	*Pseudodoliolina huagongensis* *Pseudodoliolina qinglongensis* *Parafusulina splendens* *Neoschwagerina* sp.
			孤峰阶				14	薄—中厚层状白云质灰岩，夹纹层状 硅质岩		

图 4-1-4（a） 贵州紫云羊场二叠系剖面综合柱状图 1

年代地层				组	厚度(m)	岩性剖面	分层	岩 性	生 物 地 层	
界	系	统	阶						牙形类化石	蜓类化石
古生界	二叠系	瓜德鲁普统	孤峰阶	茅口组			14	薄—中厚层状白云质灰岩，夹纹层状硅质岩。在-217m处有1层厚度为50cm的角砾白云质灰岩，在-235.5m处含2层5~10cm厚的生屑硅质灰岩	*Pseudosweetognathus costatus*	*Yangchienia iniqua*
			祥播阶						*Mesogondolella lamberti* *Pseudosweetognathus costatus*	
		乌拉尔统	罗甸阶	栖霞组			15	灰黑色厚层状灰岩，偶见燧石结核	*Sweetognathus subsymmetricus* *Mesogondolella siciliensis*	*Schubertella magna*
							16	灰黑色中层状含燧石灰岩		
							17	顶部为30cm厚的含角砾灰岩，中部为中层状灰岩夹燧石层，底部为3层蜓灰岩夹中厚层状泥晶灰岩	*Sweetognathus guizhouensis*	*Pseudofusulina* *Schubertella giraudi*
							18	薄—中厚层状泥晶灰岩夹燧石条带，顶部为40cm厚蜓灰岩		
							19	中薄层状灰岩夹硅质岩，中部（-365.9m）和底部（-381~-382m）为蜓灰岩	*Sweetognathus guizhouensis*	*Pseudofusulina* *Parafusulina*
							20	覆盖		*Misellina claudiae*
							21	中薄层状灰岩	*Mesogondolella* sp.	
							22	厚层状含角砾蜓灰岩	*Sweetognathus guizhouensis*	
							23	灰黑色中层状含燧石灰岩		
							24	薄—中厚层状泥晶灰岩夹燧石层，含有多层蜓灰岩，分别位于-402~-403m、-408~-408.4m、-427~-428m、-432.8~-433m、-434~-434.5m	*Sweetognathus* sp.	*Misellina* *Misellina* *Parafusulina*

图 4-1-4（b） 贵州紫云羊场二叠系剖面综合柱状图 2

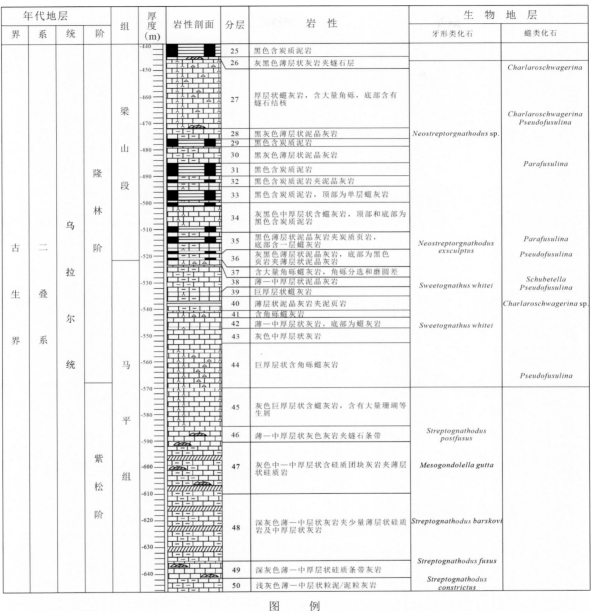

年代地层				组	厚度(m)	岩性剖面	分层	岩性	生物地层	
界	系	统	阶						牙形类化石	蜓类化石
古生界	二叠系	乌拉尔统	隆林阶	梁山段			25	黑色含炭质泥岩		
							26	灰黑色薄层状灰岩夹燧石层		Charlaroschwagerina
							27	厚层状蜓灰岩，含大量角砾，底部含有燧石结核		
							28	黑灰色薄层状泥晶灰岩	Neostreptorgnathodus sp.	Charlaroschwagerina Pseudofusulina
							29	黑色含炭质泥岩		
							30	黑灰色薄层状泥晶灰岩		Parafusulina
							31	黑色含炭质泥岩		
							32	黑色含炭质泥岩夹泥晶灰岩		
							33	黑色含炭质泥岩，顶部为单层蜓灰岩		
							34	灰黑色中厚层状含蜓灰岩，顶部和底部为黑色含炭质泥岩		
							35	黑色薄层状泥晶灰岩夹炭质页岩，底部含一层蜓灰岩	Neostreptorgnathodus exsculptus	Parafusulina Pseudofusulina
				马平组			36	灰黑色薄层状泥晶灰岩，底部为黑色页岩夹薄层泥晶灰岩		
							37	含大量角砾蜓灰岩，角砾分选和磨圆差	Sweetognathus whitei	Schubetella Pseudofusulina
							38	薄—中厚层状泥晶灰岩		
							39	巨厚层状蜓灰岩		
							40	薄层状泥晶灰岩夹泥质页岩		Charlaroschwagerina sp.
							41	含角砾蜓灰岩		
							42	薄—中厚层状灰岩，底部为蜓灰岩	Sweetognathus whitei	
							43	灰色中厚层状灰岩		
							44	巨厚层状含角砾蜓灰岩		Pseudofusulina
			紫松阶				45	灰色巨厚层状含蜓灰岩，含有大量珊瑚等生屑		
							46	薄—中厚层状灰色灰岩夹燧石条带	Streptognathodus postfusus	
							47	灰色中—中厚层状含硅质团块灰岩夹薄层状硅质岩	Mesogondolella gutta	
							48	深灰色薄—中层状灰岩夹少量薄层状硅质岩及中厚层状灰岩	Streptognathodus barskovi	
							49	深灰色薄—中厚层状硅质条带灰岩	Streptognathodus fusus	
							50	浅灰色薄—中层状粒泥/泥粒灰岩	Streptognathodus constrictus	

图 例

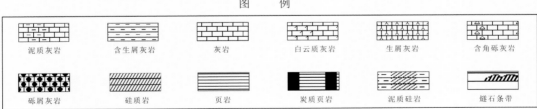

泥质灰岩	含生屑灰岩	灰岩	白云质灰岩	生屑灰岩	含角砾灰岩
砾屑灰岩	硅质岩	页岩	炭质页岩	泥质硅岩	燧石条带

图 4-1-4（c） 贵州紫云羊场二叠系剖面综合柱状图 3

4.1.3 贵州罗甸纳庆剖面

纳庆剖面（GPS：25°14′39.78″N，106°29′34.08″E）沿贵州南部罗甸至望谟的S312省道出露，距罗甸县罗苏乡西南约7km、纳庆村西南约2km处。纳庆剖面出露连续的晚泥盆世—早三叠世碳酸盐岩地层，组成了纳庆支背斜的东翼，并处于台地—盆地的斜坡处（王志浩等，2004）。

罗甸纳庆剖面含有丰富的䗴类、牙形类和有孔虫化石，许多学者对这些化石进行了详细的研究（王志浩等，1987；Wang and Higgins，1989；Wang，1994；梅仕龙等，1999；Shi et al., 2000；王志浩，2000；Mei et al., 2002；王志浩和祁玉平，2002；王志浩等，2004；陈军，2011）。罗甸纳庆剖面二叠纪早—中期主要为斜坡相沉积，自下而上包括马平组和四大寨组。马平组厚约132m，岩性主要为深灰色薄层状泥晶灰岩夹含有生屑、内碎屑的粒泥灰岩。四大寨组下部为改交段，厚约4m，岩性主要为深灰色薄层状泥晶灰岩夹含有生屑、内碎屑的粒泥灰岩和钙质页岩。四大寨组的上部为冲头段，厚约487m，岩性主要为深灰色泥晶灰岩和含生屑粒泥灰岩，中部夹较多硅质条带。冲头段实际上包含了栖霞组和茅口组，但两者在岩性上难以区分。剖面照片见图4-1-5，综合柱状图见图4-1-6。

剖面描述如下。

吴家坪组

57. 深灰色薄层状硅质岩夹凝灰质硅质页岩。 上部未测量

四大寨组　冲头段

56. 深灰色薄层状泥粒灰岩夹灰质泥岩。 2.5m

55. 土黄色、灰绿色凝灰质粉砂岩。 12.2m

54. 灰色薄—中厚层状白云岩化泥质灰岩夹含生屑泥粒灰岩。产牙形类：*Sweetognathus hanzhongensis*。 16.4m

53. 灰色中—厚层状泥质灰岩夹含生屑泥粒灰岩。 14.8m

52. 灰色块状含生屑泥粒灰岩。产牙形类：*Jinogondolella aserrata*。 5.1m

51. 灰色薄层状泥质灰岩夹硅质条带。产牙形类：*Jinogondolella aserrata*。 4.3m

50. 灰色薄层状泥质灰岩夹含生屑泥粒灰岩。 6.8m

49. 灰色块状角砾灰岩。产牙形类：*Jinogondolella nankingensis*。 38.6m

48. 深灰色薄—中厚层状泥质灰岩夹硅质条带。 6.5m

47. 灰色块状角砾灰岩。 15.9m

46. 深灰色薄层状泥质灰岩夹含生屑泥粒灰岩。 15.6m

45. 灰色块状含生屑泥粒灰岩。 1.4m

44. 深灰色薄层状泥质灰岩。 2.4m

43. 灰色厚层—块状含生屑泥粒灰岩。产牙形类：*Mesogondolella omanensis*，*Pseudosweetognathus costatus*。 6.8m

42. 灰色薄—中厚层状泥晶灰岩夹含生屑泥粒灰岩及硅质条带。产牙形类：*Sweetognathus*

图 4-1-5 贵州罗甸纳庆剖面。A. 纳庆剖面远观；B. 石炭—二叠系界线；C. 石炭—二叠系界线附近；D. 亚丁斯克—空谷阶界线；E. 空谷阶—瓜德鲁普统界线

hanzhongensis，*Mesogondolella idahoensis*，*M. omanensis*，*Jinogondolella nankingensis*，*Pseudohindeodus ramovsi*。 15.7m

41. 灰色中厚层状泥质灰岩夹含生屑泥粒灰岩及硅质条带。产牙形类：*Sweetognathus hanzhongensis*，*Mesogondolella idahoensis*，*M. omanensis*，*Pseudosweetognathus costatus*。 8.8m

40. 灰色中厚层状泥质灰岩夹硅质条带及含生屑泥粒灰岩。产牙形类：*Sweetognathus hanzhongensis*。 3.7m

39. 灰色薄—中厚层状泥质灰岩。 4.0m

38. 灰色厚层状含生屑粒泥质灰岩及硅质条带。产牙形类：*Sweetognathus hanzhongensis*，*Pseudosweetognathus costatus*。 5.5m

37. 深灰色中厚层状泥质灰岩夹硅质灰岩及硅质条带。产牙形类：*Sweetognathus hanzhongensis*。 11.6m

36. 深灰色中厚层状含生屑粒泥质灰岩夹硅质条带。产牙形类：*Sweetognathus hanzhongensis*。 16.4m

35. 灰色厚层—块状含生屑、内碎屑粒泥质灰岩。产牙形类：*Sweetognathus subsymmetricus*，*Sw. hanzhongensis*，*Mesogondolella idahoensis*，*Pseudosweetognathus costatus*。 11.1m

34. 深灰色薄—中厚层状泥质灰岩夹硅质岩。产牙形类：*Sweetognathus subsymmetricus*，*Pseudosweetognathus costatus*。 11.2m

33. 深灰色中厚层状粒泥灰岩和泥质灰岩夹硅质条带。产牙形类：*Sweetognathus subsymmetricus*。 17.3m

32. 深灰色中厚层状泥质灰岩夹硅质条带。产牙形类：*Sweetognathus subsymmetricus*，*Mesogondolella siciliensis*，*Pseudosweetognathus costatus*。 21.8m

31. 深灰色中厚层状泥质灰岩夹硅质条带。产牙形类：*Sweetognathus subsymmetricus*。 6.1m

30. 深灰色中厚层状泥质灰岩。产牙形类：*Sweetognathus subsymmetricus*，*Mesogondolella siciliensis*。 13.1m

29. 深灰色中厚层状硅质泥质灰岩。产牙形类：*Sweetognathus subsymmetricus*。 7.6m

28. 灰色中厚层状泥质灰岩夹含生屑粒泥灰岩及薄层状硅质泥质灰岩。产牙形类：*Sweetognathus subsymmetricus*，*Mesogondolella siciliensis*。 21.1m

27. 灰色中厚层状泥质灰岩夹薄层状硅质泥灰岩和硅质岩。产牙形类：*Sweetognathus subsymmetricus*，*Mesogondolella siciliensis*。 15.35m

26b. 灰色中厚层状泥质灰岩夹含生屑泥粒灰岩。产牙形类：*Sweetognathus subsymmetricus*，*Mesogondolella siciliensis*。 14.0m

26a. 灰色中厚层状泥质灰岩。产牙形类：*Sweetognathus subsymmetricus*，*Mesogondolella siciliensisi*，*Pseudosweetognathus costatus*。 8.2m

25b. 灰色中厚层状泥质灰岩夹含生屑泥粒灰岩。产牙形类：*Sweetognathus subsymmetricus*，

Mesogondolella siciliensis，*Pseudosweetognathus costatus*。 23.2m

25a. 灰色中厚层状泥质灰岩夹含生屑粒泥灰岩。产牙形类：*Mesogondolella siciliensis*。 2.3m

24. 灰色中厚层状泥质灰岩夹薄层状泥质灰岩。产牙形类：*Sweetognathus subsymmetricus*，*Mesogondolella siciliensis*。 11.6m

23. 灰色薄—中厚层状泥质灰岩。产牙形类：*Sweetognathus guizhouensis*。 6.1m

22. 灰色中厚层状泥质灰岩。产牙形类：*Sweetognathus guizhouensis*，*Mesogondolella intermedia*。 14.7m

21b. 灰色薄—厚层状泥质灰岩夹含生屑泥粒灰岩。产牙形类：*Sweetognathus whitei*，*Pseudosweetognathus costatus*，*Mesogondolella* sp.。 3.2m

21a. 灰色薄—厚层状泥质灰岩夹含生屑泥粒灰岩、含内碎屑粒泥灰岩。产牙形类：*Sweetognathus guizhouensis*，*Mesogondolella* sp.。 8.5m

20. 灰色薄—中厚层状泥质灰岩。产牙形类：*Sweetognathus guizhouensis*，*Pseudosweetognathus costatus*。 9.2m

19. 灰色薄层状泥质灰岩。产牙形类：*Sweetognathus whitei*，*Sw. guizhouensis*。 14.3m

18b. 灰色薄层状泥质灰岩夹含生屑粒泥灰岩。产牙形类：*Sweetognathus whitei*，*Sw. guizhouensis*。 8.6m

18a. 灰色薄层状泥质灰岩。产牙形类：*Sweetognathus whitei*。 13.4m

17b. 深灰色薄层状含生屑泥粒灰岩夹泥质灰岩。 1.8m

17a. 深灰色薄层状含生屑泥粒灰岩夹泥质灰岩。产牙形类：*Sweetognathus whitei*，*Neostreptognathodus exsculptus*。 1.4m

16b. 深灰色薄层状含生屑、内碎屑泥粒灰岩。产牙形类：*Mesogondolella intermedia*，*Neostreptognathodus* sp.，*Diplognathodus stevensi*。 2.8m

16a. 深灰色薄层状泥质灰岩夹含生屑泥粒灰岩。产牙形类：*Mesogondolella intermedia*，*Neostreptognathodus exsculptus*，*N. pnevi*，*N.* sp.，*Diplognathodus stevensi*。 4.5m

四大寨组　改交段

15. 深灰色薄层状泥质灰岩夹含生屑、内碎屑粒泥灰岩及钙质页岩。产牙形类：*Sweetognathus whitei*，*Mesogondolella intermedia*，*Neostreptognathodus exsculptus*，*N. pnevi*，*Diplognathodus stevensi*。 3.7m

马平组

14. 深灰色薄层状泥质灰岩夹含生屑、内碎屑粒泥灰岩。产牙形类：*Sweetognathus whitei*，*Mesogondolella bisselli*，*M. intermedia*，*Neostreptognathodus exsculptus*，*N. pnevi*。 8.2m

13. 灰色块状含生屑粒泥灰岩。产牙形类：*Sweetognathus whitei*，*Mesogondolella bisselli*，*Neostreptognathodus exsculptus*，*Diplognathodus stevensi*。 1.2m

12. 深灰色薄层状泥质灰岩夹含生屑、内碎屑粒泥灰岩。产牙形类：*Mesogondolella bisselli*，*M.*

gujioensis。   3.3m

11. 灰色块状含生屑、内碎屑泥粒灰岩。产牙形类：*Sweetognathus anceps*，*Sw. whitei*，*Mesogondolella bisselli*，*M. gujioensis*，*M. intermedia*，*Diplognathodus stevensi*。   6m

10b. 深灰色薄层状泥质灰岩夹生屑粒泥灰岩。产牙形类：*Mesogondolella manifesta*，*Sweetognathus anceps*。   4.5m

10a. 深灰色薄层状泥质灰岩。产牙形类：*Sweetognathus binodosus*，*Sw. anceps*。   1.2m

9b. 深灰色中厚层状泥质灰岩。   1.0m

9a. 深灰色中厚层状泥质灰岩。产牙形类：*Mesogondolella monstra*，*M. manifesta*，*M. obliquimarginata*，*Diplognathodus stevensi*。   1.4m

8. 深灰色薄层状泥质灰岩。产牙形类：*Mesogondolella monstra*，*M. manifesta*，*Sweetognathus binodosus*，*Diplognathodus stevensi*。   2.9m

7. 深灰色中厚层状泥质灰岩。产牙形类：*Mesogondolella monstra*，*M. manifesta*，*Sweetognathus binodosus*。   4.4m

6. 灰色中厚层状泥质灰岩。产牙形类：*Adetognathus paralautus*，*Mesogondolella dentiseparata*，*M. monstra*，*M. striata*。   9.3m

5. 深灰色薄—厚层状泥质灰岩夹硅质岩。产牙形类：*Streptognathodus barskovi*，*St. postfusus*，*Adetognathus paralautus*，*Mesogondolella monstra*，*M. striata*。   8.7m

4. 深灰色块状角砾灰岩夹薄层状泥质灰岩和硅质岩。产牙形类：*Streptognathodus barskovi*，*St. postfusus*，*Adetognathus paralautus*，*Mesogondolella monstra*。   2.3m

3c. 深灰色薄层状泥质灰岩夹含生屑泥粒灰岩。   0.25m

3b. 深灰色薄—中厚层状泥质灰岩夹含生屑泥粒灰岩。产牙形类：*Streptognathodus fusus*，*Mesogondolella belladontea*，*M. dentiseparata*。   7.7m

3a. 深灰色薄—中厚层状泥质灰岩。产牙形类：*Streptognathodus fusus*，*Mesogondolella belladontea*。   5m

2. 深灰色薄—中厚层状泥质灰岩。产牙形类：*Streptognathodus longissimus*，*St. constrictus*，*St. fusus*，*Mesogondolella belladontea*，*Adetognathus paralautus*。   9.6m

1. 深灰色薄—中厚层状泥质灰岩夹含生屑泥粒灰岩。产牙形类：*Streptognathodus nodulinearis*，*St. constrictus*，*St. fusus*，*Mesogondolella belladontea*，*Adetognathus paralautus*。   6.2m

01b. 深灰色薄—中厚层状泥质灰岩。产牙形类：*Streptognathodus sigmoidalis*，*St. longissimus*，*St. constrictus*。   4.2m

01a. 深灰色薄—中厚层状泥质灰岩。产牙形类：*Streptognathodus longus*，*St. nodulinearis*，*St. isolatus*，*St. sigmoidalis*，*St. latus*，*St. cristellaris*，*St. longissimus*，*Mesogondolella belladontea*。   8m

02. 深灰色薄层状泥质灰岩夹含生屑泥粒灰岩。产牙形类：*Streptognathodus bellus*，*St. longus*，*St.*

wabaunsensis，*St. nodulinearis*，*St. isolatus*。 1.6m

03. 深灰色薄—中厚层状泥质灰岩夹含生屑泥粒灰岩。产牙形类：*Streptognathodus vitali*，*St. triangularis*，*St. bellus*，*St. longus*，*St. acuminatus*，*St. wabaunsensis*。 34.8m

年代地层				岩石地层		厚度(m)	岩性剖面	分层	岩 性	生 物 地 层	
界	系	统亚系	阶	组	段					牙形类化石带	蜒类化石带
上覆地层				二叠系上二叠统吴家坪组		>1		57	深灰色薄层状硅质岩夹凝灰质硅质页岩		
古生界	二叠系	瓜德鲁普统	卡匹敦阶	四大寨组	冲头寨段	620		56	深灰色薄层状泥粒灰岩夹凝灰质泥岩	*Jinogondolella xuanhanensis* *Jinogondolella prexuanhanensis*	
						610		55	土黄色、灰绿色凝灰质粉砂岩		
						600		54	灰色薄—中厚层状白云岩化泥质灰岩夹含生屑泥粒灰岩	*Jinogondolella shannoni-* *Jinogondolella altudaensis*	*Metadoliolina*
						590		53	灰色中一厚层状泥质灰岩夹含生屑泥粒灰岩	*Jinogondolella postserrata*	
						580		52	灰色块状含生屑泥粒灰岩	*Jinogondolella aserrata*	
						570		51	灰色薄层状泥质灰岩夹硅质条带		
			沃德阶					50	灰色薄层状泥质灰岩夹含生屑泥粒灰岩		
						560					
						550		49	灰色块状角砾灰岩		*Yabeina invuyei*
						540					
		罗德阶				530					
						520		48	深灰色薄—中厚层状泥质灰岩夹硅质条带	*Jinogondolella nankingensis*	
						510		47	灰色块状角砾灰岩		
						500		46	深灰色薄层状泥质灰岩夹含生屑泥粒灰岩		
						490		45	灰色块状含生屑泥粒灰岩		
						480		44	深灰色薄层状泥质灰岩		
								43	灰色厚层—块状含生屑泥粒灰岩		*Neoschwagerina margaritae*
						470		42	灰色薄—中厚层状泥质灰岩夹含生屑泥粒灰岩及硅质条带		
						460		41	灰色中厚层状泥质灰岩夹含生屑泥粒灰岩及硅质条带		
	乌拉尔统		空谷阶			450		40	灰色中厚层状泥质灰岩夹硅质条带及含生屑泥粒灰岩		*Afghanella schencki*
								39	灰色薄—中厚层状泥质灰岩		
						440		38	灰色厚层状含生屑泥粒灰岩及硅质条带	*Mesogondolella lamberti-* *Sweetognathus hanzhongensis*	
						430		37	深灰色中厚层状泥质灰岩夹硅质条带及硅质条带		
						420		36	深灰色中厚层状含生屑泥粒灰岩夹硅质条带		*Neoschwagerina craticulifera*
						410					
						400		35	灰色厚层—块状含生屑、内碎屑泥粒灰岩		

图 4-1-6（a） 贵州罗甸纳庆二叠系剖面综合柱状图 1

年代地层				岩石地层		厚度(m)	岩性剖面	分层	岩性	生物地层	
界	系	统/亚系	阶	组	段					牙形类化石带	蜓类化石带
古生界	二叠系	乌拉尔统	空谷阶	四大寨组	冲头段			34	深灰色薄—中厚层状泥质灰岩夹硅质岩	Sweetognathus subsymmetricus	Neoschwagerina simplex - Praesunatrina neoschwagerenoides
								33	深灰色中厚层状粒泥灰岩和泥质灰岩夹硅质条带		
								32	深灰色中厚层状泥质灰岩夹硅质条带		
								31	深灰色中厚层状泥质灰岩夹硅质条带	Mesogondolella siciliensis- Sweetognathus subsymmetricus	
								30	深灰色中厚层状泥质灰岩		
								29	深灰色中厚层状硅质泥灰岩		
								28	灰色中厚层状泥质灰岩夹含生屑粒泥灰岩及薄层状硅质泥灰岩		
								27	灰色中厚层状泥质灰岩夹薄层状硅质泥岩和硅质岩		
								26b	灰色中厚层状泥质灰岩夹含生屑泥粒灰岩		Cancellina dukevichi
								26a	灰色中厚层状泥质灰岩		
								25b	灰色中厚层状泥质灰岩夹含生屑泥粒灰岩		Misellina paramegalocula
								25a	灰色中厚层状泥质灰岩夹含生屑粒灰岩		
								24	灰色中厚层状泥质灰岩夹薄层状泥质灰岩		
								23	灰色薄—中厚层状泥质灰岩	Sweetognathus guizhouensis	Misellina termieri
								22	灰色中厚层状泥质灰岩		
								21b	灰色薄—厚层状泥岩夹含生屑泥粒灰岩		
								21a	灰色薄—厚层状泥质灰岩夹含生屑泥粒灰岩、含内碎屑粒泥灰岩		
								20	灰色薄—中厚层状泥质灰岩		
								19	灰色薄层状泥质灰岩		Brevaxina dyhrenfurthi

图 4-1-6（b） 贵州罗甸纳庆二叠系剖面综合柱状图 2

年代地层				岩石地层		厚度(m)	岩性剖面	分层	岩 性	生 物 地 层	
界	系	统/亚系	阶	组	段					牙形类化石带	蜓类化石带
古 生 界	二 叠 系	乌 拉 尔 统	亚 丁 斯 克 阶	四 大 寨 组	冲 头 段			18b	灰色薄层状泥质灰岩夹含生屑粒泥质灰岩		Pamirina globosa
								18a	灰色薄层状泥质灰岩		
								17	深灰色薄层状含生屑泥粒灰岩夹泥质灰岩	Neostreptognathodus penvi	Pamirina darvasica
								16b	深灰色薄层状含生屑、内碎屑泥粒灰岩		
								16a	深灰色薄层状泥质灰岩夹含生屑泥粒灰岩		
					改交段			15	深灰色薄层状泥质灰岩夹钙质页岩		
			萨 克 马 尔 阶	马 平 组				14	深灰色薄层状泥质灰岩夹含生屑、内碎屑粒泥灰岩	Sweetognathus whitei - Mesogondolella bisselli	Robustoschwagerina ziyunensis
								13	灰色块状含生屑粒泥灰岩		
								12	深灰色薄层状泥质灰岩夹含生屑、内碎屑粒泥灰岩		
								11	灰色块状含生屑、内碎屑泥粒灰岩	Sweetognathus binodosus	Sphaeroschwagerina
								10	深灰色薄层状泥质灰岩		
								9	深灰色中厚层状泥质灰岩		
								8	深灰色薄层状泥质灰岩		
								7	深灰色中厚层状泥质灰岩		
								6	灰色中厚层状泥质灰岩	Mesogondolella monstra	
								5	深灰色薄—厚层状泥质灰岩夹硅质岩		
								4	深灰色块状角砾灰岩夹泥质灰岩和硅质岩		
			阿 瑟 尔 阶					3b–3c	深灰色薄—中厚层状泥质灰岩夹含生屑泥粒灰岩	Streptognathodus fusus	Pseudoschwagerina muongthensis
								3a	深灰色薄—中厚层状泥质灰岩		
								2	深灰色薄—中厚层状泥质灰岩		
								1	深灰色薄—中厚层状泥质灰岩夹含生屑泥粒灰岩		
								01b	深灰色薄—中厚层状泥质灰岩	Streptognathodus constrictus	
								01a	深灰色薄—中厚层状泥质灰岩	Streptognathodus sigmoidalis	
								02	深灰色薄层状泥质灰岩夹含生屑泥粒灰岩	Streptognathodus isolatus	
										Streptognathodus wabaunsensis	
	石 炭 系	宾 夕 法 尼 亚 亚 系	格 舍 尔 阶							Streptognathodus bellus	
								03	深灰色薄—中厚层状泥质灰岩夹含生屑泥粒灰岩	Streptognathodus vitali	

图 例

泥晶灰岩	含生屑灰岩	含粉屑灰岩	白云质灰岩	角砾灰岩
硅质灰岩	硅质岩	钙质页岩	粉砂岩	硅质条带

图 4-1-6（c） 贵州罗甸纳庆二叠系剖面综合柱状图 3

4.1.4 广西来宾铁桥剖面

铁桥剖面（GPS：23°42′35.01″N，109°13′53.19″E）位于广西来宾市，沿红水河两岸出露，北岸出露较为完整，构造上属于来宾向斜西翼（金玉玕等，2007）。作为全球瓜德鲁普—乐平统界线GSSP的辅助层型剖面，铁桥剖面在20世纪90年代至21世纪初积累了大量基础研究资料（如沙庆安等，1990；Mei et al.，1994b，1998a；Jin et al.，1994，1998；王成源，2002；Shen et al.，2007）。

铁桥剖面出露马平组（乌拉尔统）至罗楼组（下三叠统）地层，不同领域的学者从生物地层、化学地层、磁性地层、岩石地层及古环境与古地理角度对该剖面进行了详细的研究（沙庆安等，1990；Jin et al.，1993；Mei et al.，1998a；Henderson et al.，2002；Shen et al.，2007；Sun et al.，2017）。剖面照片见图4-1-7，综合柱状图见图4-1-8。

剖面描述如下，主要据沙庆安等（1990）修改和补充。

上覆地层：下三叠统罗楼组，底部薄层状黏土岩，向上为薄层状灰岩。

大隆组

139. 黄绿色含晶屑玻屑层凝灰岩。晶屑为石英、长石，含量10%～15%，部分已为方解石和绿泥石交代，具球形气孔构造，其中为方解石和绿泥石充填。绿泥石化明显，在碎屑及基质中均进行交代。顶部为钙质、凝灰质砂砾岩，碎屑为砂砾级石英、长石，少量凝灰岩砾屑。基质为凝灰质和方解石。　　　　　　　　　　　　　　　　　　　　　　　　　　　　　0.8m

138. 浅灰色中厚层状含蜓粉砂质泥晶灰岩。蜓类屑丰富，达7%～20%，其他有棘屑、有孔虫及少数海绵骨针和放射虫，均已部分磷酸盐化。基质中含少量火山碎屑，为石英晶屑。产蜓类：*Palaeofusulina nana*，*P.* cf. *mutabilis*，*P.* sp., ?*Nankinella* sp.。　　　2.8m

137. 黄绿色凝灰质砂页岩互层。页岩单层厚1cm，砂岩单层厚15～20cm，以页岩为主。底部为一层含粉砂质泥晶灰岩，铁质浸染强烈。顶部为凝灰质灰岩、钙质、凝灰质粉砂岩，前者含蜓类。　　　　　　　　　　　　　　　　　　　　　　　　　　　　　　　　34.2m

136. 出露部分仅7.5m，为灰黑色海绵骨针泥晶灰岩。骨针为钙质，含量丰富，达40%左右。含微量（2%～3%）火山碎屑，为粉砂级石英、长石晶屑。底部具纹层。产蜓类：*Palaeofusulina nana*，*P.* sp.。　　　　　　　　　　　　　　　　　　　　　　　　　115.1m

135. 出露部分仅0.6m，为黄绿色薄层状凝灰质砂页岩互层。岩层破碎，产状变陡，下界覆盖。　　　　　　　　　　　　　　　　　　　　　　　　　　　　　　　　　　82.8m

吴家坪组

134. 灰白色薄层状灰岩和燧石层互层。燧石含量40%～50%。产非蜓有孔虫：*Dagmarita* sp.，*Hemigordiopsis* sp.，*Nodosaria* aff. *cuspidatula*，*Pachyphloia* sp.，*Globivalvulina* sp.，*Climacammina* sp.；蜓类：*Codonofusiella tenuissima*，*C. schubertelloides*，*C. kwangsiana* var. *fusiformis*，*C.* cf. *kueichowensis*，*Reichelinia media*。　　　　　　　38.0m

133. 浅灰色块状海绵（屑）灰岩。含大量海绵及其碎屑，海绵赋存状态多样，可见藻类黏结包

图 4-1-7 广西来宾铁桥剖面。A. 马平组与栖霞组界线附近和梁山段；B. 栖霞组厚层灰岩沿红水河两侧出露；C. 茅口组底部的薄层状硅质岩段，易风化而成为河湾；D. 铁桥辅助层型瓜德鲁普—乐平统界线附近；E. 瓜德鲁普—乐平统界线

壳。距底10m处有不稳定的砾屑。57m以上海绵大量出现，81m以上出现大型个体。下部距底2.7m、3.6m、27m、30m等处分别夹白云质条带，不稳定。近顶3.6m处见交错层。顶部有30cm生屑层。本层下部岩性变化处缝合线构造发育。与上覆层位岩性变化突然。产非蜓有孔虫：*Agathammina* sp.，*Ammodiscus constiferus*，*Dagmarita* sp.，*Tetrataxis* sp.，*Bradyina* sp.，*Hemigordiopsis* sp.，*Hemigordius rotula*，*Monotaxis* sp.，*Nodosaria* aff. *cuspidatula*，*Pachyphloia* sp.，*Robuloides* sp.；蜓类：*Codonofustella* sp.；苔藓虫：*Goniocladia* sp.。　90.9m

132. 浅灰白色块状生屑灰岩。底部见砾屑及冲刷面。距底1m、2.8m及顶部各有一厚10~20cm的白云质条带。岩性变化处缝合线发育。产非蜓有孔虫：*Geinitzina* sp.，*Nodosaria netchajevi*；蜓类：*Codonofusiella* sp.，*Nankinella* sp.。　3.6m

131. 灰白色厚层—块状生屑灰岩。具缝合线构造。产非蜓有孔虫：*Climacammina* sp.，*Geinitzina primitiva*；蜓类：*Codonofusiella* cf. *tenuissima*，*C. asiatica*，*Reichelina* cf. *tenuissima*。　4.3m

130. 灰色薄层状燧石条带灰岩。　1.7m

129. 灰色厚层—块状海绵（屑）灰岩。海绵产状多样。底见碎屑及冲刷面。下部具一层黑色灰岩及白云质条带，并夹有燧石结核。产非蜓有孔虫：*Geinitzina spandeli plana*，*Hemigordius* sp.，*Tetrataxis* sp.。　10.9m

128. 浅灰色中薄层状硅质岩（燧石层）夹灰岩薄层状及团块状灰岩，硅质岩占70%。距底40cm处有一层生屑灰岩（厚20cm）。中部有一层硅质灰岩（厚60cm）。　6.8m

127. 浅灰色中厚层状灰岩。上、下部各夹两层燧石条带（厚3～10cm）；中部含燧石结核及云朵状白云石斑；底部发育缝合线，内有沥青。产非蜓有孔虫：*Geinitzina* sp.，*Hemigordius rotula*，*Cribrogenerina* sp.。　7.0m

126. 浅灰色中薄层状硅质岩、硅质灰岩夹灰岩透镜体。单层厚约20～30cm，硅质岩约占90%。　3.8m

125. 灰白色厚层状含生屑灰岩。近顶部为中薄层状；底见生物砂、砾屑，一层介壳层（10cm）局部白云岩化，面上变为云朵状斑。距顶1m处有2条白云质断续条带。本层与124层呈突变接触。产非蜓有孔虫：*Monogenerina* sp.，*Glomospiroides* sp.。　9.6m

124. 浅灰色中薄层状硅质岩、硅质灰岩夹薄层和团块状灰岩。硅质岩与灰岩各以10cm厚互层，向上燧石层（硅质岩）增多，灰岩呈透镜体。　5.0m

123. 灰白色厚层—块状含生屑灰岩。顶部、中部夹燧石条带和团块（结核），燧石含量小于5%。产牙形类：*Clarkina leveni*，*C. liangshanensis*。　10.3m

122. 浅灰色薄层状硅质岩与灰岩互层。硅质岩与灰岩以15cm厚互层。产非蜓有孔虫：*Nodosaria* aff. *cuspidatula*，*Pachyphloia linae*，*Trochammina* sp.；牙形类：*Clarkina leveni*。　27.7m

121. 第四系掩盖。　28.9m

120. 浅灰色薄层状硅质岩、硅质灰岩夹浅紫红色灰岩。硅质岩约占80%。产非蜓有孔虫：*Neoendothyra* sp.，*Pararobuloides* sp.，*Nodosaria longissima*，*Geinitzina caucasica*；蜓

类：*Codonofusiella tenuissima*，*Reichelina* cf. *tenuissima*，*R.* cf. *media*；牙形类：*Clarkina postbitteri*，*C. dukouensis*，*C. asymmetrica*。 6.2m

茅口组

119. 浅灰、浅紫红色中层—块状生屑灰岩。底部见砂、砾屑及冲刷面，有燧石块。产非蜓有孔虫：*Bassalina pulchra*，*Rectoformata tekini*，*Diplosphaerina* ex gr. *inaequalis*，"*Pseudoglomospira*" spp.，*Lasiodiscus* cf. *minor*，*Lasiotrochus filcatus*，*Frondina* sp.，*Neoendothyra polita*，*N. ornata*，*N.* sp.，*Postendothyra ussurica*，*P. novizkiana*；蜓类：*Kahlerina* cf. *minima*，*Lantschichites* sp.，*Wutuella* sp.，*Reichelinia* sp.；苔藓虫：*Dybowskiella* cf. *grandis*，*Rabdomeson* sp.；牙形类：*Jinogondolella xuanhanensis*，*J. granti*，*Clarkina postbitteri postbitteri*。 11.4m

118. 浅灰色薄—厚层状燧石条带生屑灰岩。燧石含量30%～40%。产非蜓有孔虫：*Earlandia* aff. *elegans*，*Ammovertella* sp.，"*Pseudoammodiscus*" sp.，*Lasiodiscus insecta*，*Neoendothyra* sp.，*Geinitzina* sp.，*Langella* sp.，*Postendothyra novizkiana*，*Pachyphloia* sp.，*P. extensa*，*Nodosaria dozenkoae*；牙形类：*Jinogondolella prexuanhanensis*，*J. xuanhanensis*。 6.7m

117. 浅灰色薄层状硅质岩、硅质灰岩夹团块状灰岩。硅质岩约占90%。产非蜓有孔虫：*Earlandia* sp.；*E.* aff. *elegans*，*Epimonella salva*，"*Pseudoammodiscus*" sp.，"*Pseudoglomospira*" sp.，*Lasiodiscus* cf. *minor*，*Neoendothyra* sp.，*Frondina* sp.，*Ichthyofrondina* sp.；牙形类：*Jinogondolella altudaensis*，*J. prexuanhanensis*。 20.3m

116. 浅灰色薄—中层状灰岩夹硅质岩、硅质灰岩。硅质岩约占40%。产非蜓有孔虫：*Earlandia* aff. *elegans*，*Epimonella salva*，*Tuberitina* sp.，*Eotuberitina* ex gr. *reitlingerae*，*Lasiodiscus* cf. *tenuis*，"*Pseudoglomospira*" sp.，*Lasiodiscus* cf. *minor*，*Mendipsia* sp.，*Lasiotrochus parvus*，*L. filcatus*，*Dagmarita cuneata*，*D. exilis*，*Rectostipulina quadrata*，*Neoendothyra* sp.，*Frondina* sp.，*Neoendothyra ornata*，*Pseudolangella geranossensis*，*Sengoerina* cf. *argandi*，*Globivalvulina* sp.，*Rectoglandulina* sp.，*Geinitzina jucunda*，*G.* sp.，*Postendothyra ussurica*，*Nodosariida indet.*，*Pachyphloia robustaeformis*，*Nodosaria partisana*；蜓类：*Kahlerina* sp.，*Metadoliolina* sp.，*Verbeekina* sp.，*Brevaxina* sp.，*Yabeina* cf. *gubleri*，*Chusenella* cf. *tieni*，*Dunbarula* sp.；牙形类：*Jinogondolella postserrata*，*J. shannoni*。 75.4m

115. 浅灰色薄—中层状硅质岩、硅质灰岩夹薄层状和团块状灰岩。硅质岩占80%。距底27m处见厚40cm的含蜓灰岩层。产非蜓有孔虫：*Ammodiscus* sp.，*Climacammina* sp.，*Dagmarita* sp.，*Frondicularia* sp.，*Neoendothyra* sp.，*Nodosaria recta*，*N. netchajevi ronda*，*N. pseudoovoides*，*Pachyphloia* sp.，*Geinitzina primitiva*；*Pseudovidalina* sp.，*Rectostipulina quadrata*；苔藓虫：*Fistulipora timorensis*；牙形类：*Jinogondolella aserrata*。 37m

114. 浅灰色块状含燧石结核灰岩。燧石结核大（约40cm），含量15%。产非蜓有孔虫：*Tetrataxis* sp.，*Pachyphloia* cf. *ovata*，*P.* sp.，*Hemigordius* sp.，*Climacammina* sp.，*Globivalvulina* sp.，

Neoendothyra sp.，*Mendipsia* sp.；䗴类：*Schwagerina longitermina*，*Sumatrina* cf. *fusiformis*；

珊瑚：*Ipciphyllum subtimorica*；牙形类：*Jinogondolella nankingensis*。 25.9m

113. 浅灰色中层状硅质岩、硅质灰岩夹薄层状和团块状灰岩。硅质岩约占90%。产钙藻：

Calcispheres sp.；牙形类：*Jinogondolella nankingensis*。 25.9m

112. 第四系覆盖。 30.0m

栖霞组

111. 灰色中层状含燧石条带灰岩。底部有2层厚40cm的白云化灰岩，顶部一层厚40cm的白云化灰岩。燧石条带4条，含量约占10%。产牙形类：*Jinogondolella nankingensis*。 5.4m

110. 灰色、浅紫红色厚层状含生屑灰岩。底部为一层厚40cm的白云岩。下部灰岩显层纹构造；上部浅紫红色，具花斑构造。 3.4m

109. 浅灰色薄层状灰岩。层间夹泥质，层理较平整。距底1.8m处见白云质斑，偶含燧石结核。产珊瑚：*Paracaninia minor*，*Tachylasma* sp.。 7.6m

108. 灰色厚层状灰岩。质较纯，偶见燧石结核。产牙形类：*Diplognathodus angustus*。 3.3m

107. 深灰色中薄层状含燧石条带灰岩。燧石条带宽约5～15cm，共8条，含量约10%。 5.2m

106. 深灰色中层状灰岩。底部40cm见大的片状碎屑，向上灰岩具波状层纹构造，顶部泥质条带宽，灰岩呈透镜体。 7.1m

105. 灰色中薄层状灰岩。底以0.5cm的深浅灰泥互层的大片状碎屑为标志（与106层所见相同，厚约40cm），上层连续成波状层纹构造。 4.6m

104. 灰色中层状灰岩。具波状泥质条带。产珊瑚：*Tachylasma* sp.，*Asserculinia* sp.。 4.4m

103. 深灰色中层状灰岩。含泥质波状层理。底见砾屑，中部出现零星的白云质斑，顶部有一层厚60cm的白云岩，内部残留灰岩透镜体。 4.5 m

102. 深灰色中层状灰岩。质较纯，层理平整，间夹泥质。 8.5m

101. 深灰色中薄层状灰岩。质较纯，层理平整。距底3.8m处有厚30cm的海百合茎层。 7.9m

100. 深灰色中厚层状灰岩。距底70cm、90cm处有2层腕足类层，各厚20cm，下部腕足类小而密集，上部大而稀疏。产非䗴有孔虫：*Climacammina* sp.，*Lingulonodosaria* sp.，*Neoendothyra* sp.，*Pachyphloia* sp.，*Geinitzina* sp.；䗴类：*Parafusulina kwangstana*，*P. yabei*，*P.* sp.，*Rusiella pulchra*，*Minojapanella* sp.；腕足类：*Spinomarginifera* sp.，*Orthothetina* sp.。 7.5m

99. 浅灰色厚层—块状灰岩。质较纯，中部见零星白云质斑。产珊瑚：*Tetraporinus* sp.。 11.3m

98. 深灰色厚层—块状灰岩。具波状泥质生屑条带。顶部见白云质斑，底部有少许燧石结核。 3.8m

97. 深灰色厚层—块状灰岩。具波状泥质生屑条带。 5.8m

96. 深灰色中层状燧石条带含生屑灰岩。燧石多在泥质生屑条带中，间距20～30cm，共4条，含量约20%。 3.1m

95. 灰色厚层—块状含生屑灰岩。下部泥质重，灰岩成扁豆体；向上呈条带状和灰岩互层

（5～10cm）。 2.8m

94. 灰色厚层—块状灰岩。质较纯，顶部见零星白云质斑。产非蜓有孔虫：*Climacammina* sp.，
Deckerella sp.。 8.0m

93. 灰色厚层—块状灰岩。具泥质生屑条带，并向顶部增多，以至灰岩成扁豆状。泥质中含大量
生屑。 2.7m

92. 深灰色中厚层状含燧石条带（结核）灰岩。上下各夹燧石条带3条，中部夹灰岩。具波状泥质
条斑，灰岩顶有白云质斑。 4.4m

91. 深灰色薄—厚层状灰岩。下部薄层状，间有泥质，水平层理；向上变为厚层状；顶部见白云
质斑，其大小为10～20cm，呈不规则云朵状。产牙形类：*Mesogondolella bisselli*。 7.4m

90. 深灰色块状灰岩。底部见零星燧石小圆结核及白云质斑，向上质较纯；中部23m处见零星白
云质斑，向上偶见斑块。距底9m、25m处为深灰色灰岩。产非蜓有孔虫：*Hemigordiopsis* sp.，
Geinitzina sp.，*Multidiscus* sp.。 31.1m

89. 灰色厚层状生屑灰岩。具波状泥质生屑条带及白云质斑。生物硅化。产非蜓有孔虫：
Eolasiodiscus rectus，*Hemigordius* sp.，*Agathammina ovata*，*Tetrataxis conica*，*Lingulonododaria*
sp.，*Palaeotextularia thorax*，*Pseudoglandulina conicula*；珊瑚：*Hayasakaia* sp.。 18.0m

88—76. 重复层位。

75. 浅灰色厚层—块状生屑灰岩。含生屑条带，偶见燧石结核。产非蜓有孔虫：*Climacammina*
sp.，*Globivalvulina* sp.，*Cribrogenerina* sp.，*Palaeotextularia* sp.；珊瑚：*Polythecalis* sp.，
Hayasakaia sp.。 5.2m

74. 灰色厚层状生屑灰岩。具泥质生屑条带（中部条带宽），含少量燧石结核。顶部含白云质
斑。产非蜓有孔虫：*Climacammina* sp.，*Globivalvulina* sp.，*Palaeotextularia* sp.，*Cribrogenerina*
sp.，*Hemigordius* sp.，*Eolasiodiscus* sp.，*Pachyphloia* sp.；珊瑚：*Monothecalis* sp.，底部为
Hayasakaia sp.。 4.0m

73. 灰色块状含生屑灰岩。质较纯。产非蜓有孔虫：*Climacammina* sp.，*Glomospira* sp.，
Pseudoglandulina conica，*Pachyphloia* sp.。 3.0m

72. 灰色厚层—块状含燧石结核生屑灰岩。结核有4条，含量约10%。产非蜓有孔虫：*Eolasiodiscus*
sp.，*Glomospira* sp.，*Pseudoglandulina* sp.。 2.2m

71. 灰色厚层状燧石条带和燧石结核生屑灰岩。具泥质生屑条斑。较纯灰岩呈透镜状分布。下部
燧石结核大而密，约有5条；上部成条带约3条。产非蜓有孔虫：*Eolasiodiscus* sp.，*Hemigordius*
milliloides，*Neoendothyra* sp.，*Pachyphloia* sp.，*Palaeotextularia* sp.；蜓类：*Chusenella*
sinensis，*Schwagerina* sp.。 5.2m

70. 重复层位。

69. 灰色厚层—块状生屑灰岩。具波状泥质条斑，顶部含白云质斑。产非蜓有孔虫：*Geinitzina*
sp.，*Globivalvulina* sp.，*Palaeotextularia* sp.；蜓类：*Schwagerina* cf. *cushmani longa*。顶部见珊

瑚*Polythecalis* sp.。　　　　　　　　　　　　　　　　　　　　　　　　　　　　　2.5m

68. 深灰色中层状生屑灰岩。含2条燧石条带。产非蜓有孔虫：*Eolasiodiscus modificatus*，*Geinitzina primitiva*，*Lingulonodosaria* sp.，*Pseudoglandulina* sp.；蜓类：*Schwagerina multialveola*，*S.* cf. *cushmani*；苔藓虫：*Fenestella subconstans*。　　　　2.6m

67. 深灰色块状生屑灰岩。由三块状层组成，具波状泥质条斑。较纯灰岩呈透镜状分布，时有硅质边。各层顶均有白云质斑。产非蜓有孔虫：*Eolasiodiscus rectus*，*Geinitzina primitiva*，*Langella* sp.，*Climacammina* sp.，*Lingulonodosaria* sp.，*Neoendothyra* sp.，*Palaeotextularia* sp.，*Pseudoglandulina* sp.；蜓类：*Schwagerina* sp.，*Yangchienia* sp.。　　　　12.1m

66. 深灰色中厚层状生屑灰岩。具波状泥质条带，较纯灰岩呈透镜体分布，具硅质边。上部泥质条带密集，中部含白云质斑。产非蜓有孔虫：*Ammodiscus* sp.，*Eolasiodiscus* sp.，*Geinitzina caucasica*，*Globivalvulina* sp.，*Glomospirella* sp.，*Lingulonodosaria* sp.，*Neoendothyra* sp.；珊瑚：*Polythecalis* sp.；苔藓虫：*Fenestella subconstans*。　　　　8.9m

65. 深灰色中薄层状燧石结核生屑灰岩。具波状泥质条斑。燧石结核有6条，含量约30%。产非蜓有孔虫：*Climacammina* sp.，*Pachyphloia* sp.，*Hemigordius* sp.，*Neoendothyra* sp.，*Pseudoglandulina* sp.；珊瑚：*Anfractophyllum* sp.；苔藓虫*Fenestella subconstans*。　　　　5.4m

64. 深灰色厚层状生屑灰岩。具波状或云朵状泥质条带，上部密而薄。中部为较纯灰岩，呈透镜状分布，具硅化边。底部见零星燧石结核。产非蜓有孔虫：*Neoendothyra* sp.，*Pseudoglandulina* sp.；珊瑚：*Hayasakaia* sp.，*Lasmophyllum beichuanensis*，*Anfractophyllum* sp.；苔藓虫：*Fenestella subconstans*；腹足类：*Cylicosiepha* sp.。　　　　5.6m

63. 灰色中厚层状生屑灰岩。具波状泥质生屑条带。中部有厚20cm的白云化层。上部较纯灰岩呈透镜状分布，具硅质边。见水平虫迹。产非蜓有孔虫：*Deckerella* sp.，*Palaeotextularia* sp.，*Lingulonodosaria* sp.，*Tetrataxis* sp.；蜓类：*Nankinella orbicularia*，*Yangchienia iniqua*，*Schwagerina* sp.，*Pisolina* sp.；苔藓虫：*Fenestella* sp.，*Polypora* sp.，*Septopora* sp.。　　　　3.8m

62. 深灰色中厚层状生屑灰岩。具泥质生屑条带，下疏上密。顶部较纯灰岩呈透镜体，偶见燧石结核，见水平虫迹。生物硅化。产非蜓有孔虫：*Palaeotextularia* sp.，*Geinitzina* sp.，*Neoendothyra* sp.，*Tetrataxis* sp.。　　　　7.0m

61. 灰色中厚层状生屑灰岩。具波状泥质生屑条带。较纯灰岩呈透镜状分布，多具硅质边。产非蜓有孔虫：*Palaeotextularia* sp.，*Climacammina* sp.，*Lingulonodosaria* sp.，*Neoendothyra* sp.；苔藓虫：*Fenestella subconstans*，*Polypora punctata*，*Septopora diamorpha*，*S. luierkensis sinensis*。

　　　　3.9m

60. 灰黑色中厚层状生屑泥晶灰岩。层纹发育，上部渐成波状，偶见燧石结核。生物硅化。产非蜓有孔虫：*Palaeotextularia* sp.，*Nodosaria* sp.，*Geinitzina* sp.，*Eolasiodiscus* sp.，*Cribrogenerina* sp.，*Climacammina* sp.，*Neoendothyra* sp.；珊瑚：*Hayasakaia kunghsiensis*，*H. elegantula*，*Polythecalis guankouensis*，*P.* sp.；苔藓虫：*Fenestella subconstans*。　　　6.7m

59. 深灰色中薄层状含燧石结核灰岩。燧石含量约10%。产非蜓有孔虫：*Eolasiodiscus* sp.，
Globivalvulina sp.，*Hemigordius* sp.。 3.2m

58. 深灰色中厚层状含燧石结核生屑灰岩。燧石含量约5%。产非蜓有孔虫：*Globivalvulina* sp.，
Neoendothyra sp.，*Tetrataxis* sp.。 5.8m

57. 深灰色中薄层状燧石条带生屑灰岩。具泥质生屑条带。燧石在底部呈结核状，上部呈条
带状，含量约20%。产非蜓有孔虫：*Eolasiodiscus* sp.，*Tetrataxis* sp.，*Hemigordius* sp.，
Pachyphloia sp.，*Neoendothyra* sp.，*Geinitzina* sp.；蜓类：*Nankinella globularia*，"*Sazhiella*"
sp.。 4.5m

56. 灰色中薄层状燧石条带生屑灰岩。燧石条带约有7~8条，主要见于下部，总量约占30%。偶见
水平虫迹。生物丰富。产非蜓有孔虫：*Glomospira* sp.，*Glomospirella* sp.，*Climacammina* sp.，
Pachyphloia sp.，*Tetrataxis* sp.；蜓类：*Nankinella orbicularia*。 2.8m

55. 灰色中薄层状生屑灰岩。具泥质生屑条带。较纯灰岩呈透镜体，含少量燧石结核（<1%）。
生物硅化。产非蜓有孔虫：*Climacammina* sp.，*Globivalvulina* sp.，*Geinitzina* sp.，*Neoendothyra*
sp.，*Pachyphloia* sp.，*Multidiscus* sp.。 4.9m

54. 灰色厚层状生屑灰岩。具微波泥质生屑条带。上部较纯灰岩呈透镜体，时有硅质边；中部有
一白云化层；下部含少量燧石结核（<1%）。产非蜓有孔虫：*Hemigordius* sp.，*Nodosaria* sp.；
蜓类：*Nankinella* sp.；珊瑚：*Hayasakaia raricystata*，*H.* sp.，*Cystomichelinia multicystosa*，
C. baoxingensis，*C. regularis*，*Hayasakaia tianquanensis*。 7.4m

53. 灰色中厚层状含燧石条带生屑灰岩。燧石条带约4条，含量占10%。产非蜓有孔虫：
Hemigordius sp.，*Lingulonodosaria* sp.；蜓类：*Yangchienia* sp.；珊瑚：*Hayasakaia* sp.。 6.1m

52. 深灰色中层状燧石条带生屑灰岩。见波状泥质生屑条斑。燧石条带及结核条带共约10条，结
核中偶见化石，含量达30%。产非蜓有孔虫：*Eolasiodiscus* sp.，*Agathammina* sp.，*Hemigordius*
sp.，*Neoendothyra* sp.，*Lingulonodosaria* sp.，*Palaeotextularia longiseptata*；蜓类：*Yangchienia*
compressa；苔藓虫：*Polypora submacrops*。 11.0m

51. 深灰色中层状生屑灰岩。具少量泥质条斑。含少量燧石结核（<1%）。产非蜓有孔虫：
Nodosaria sp.，*Globivalvulina* sp.，*Lingulonodosaria* sp.，*Pachyphloia* sp.，*Langella* sp.。 1.7m

50. 灰色厚层状含生屑灰岩。含少量燧石结核（<1%）。产非蜓有孔虫：*Hemigordiopsis* sp.，
Pachyphloia sp.；苔藓虫：*Fistuliramus* sp.，*Fistulipora waageniana*。 4.4m

49. 深灰色中层状含生屑灰岩。具波状泥质生屑条斑，顶部具白云化斑。含少量燧石结核
（<1%）。产非蜓有孔虫：*Climacammina* sp.，*Nodosaria* sp.，*Lingulonodosaria* sp.，
Pachyphloia sp.，*Palaeotextularia* sp.。 3.5m

48. 灰色块状含生屑灰岩。其中两单层具云朵状泥质斑，顶部具白云化斑。含少量燧石结核
（<1%）。产非蜓有孔虫：*Climacammina* sp.，*Globivalvulina* sp.，*Geinitzina* sp.，*Pachyphloia* sp.；
苔藓虫：*Fistulipora waageniana*。 3.8m

47. 深灰色中厚层状泥质条带灰岩。波状层理，灰岩呈扁豆状。产非蜓有孔虫：*Climacammina* sp.，*Plectogyra* sp.，*Langella* sp.，*Neoendothyra* sp.，*Pachyphloia* sp.；苔藓虫：*Fistuliramus* sp.，*Fistulipora waageniana*。 1.5m

46. 灰色中薄层状含生屑灰岩。含泥质条带，层理起伏。产非蜓有孔虫：*Nodosaria* sp.，*Eolasiodiscus* sp.，*Hemigordiopsis* sp.，*Langella* sp.。 6.1m

45. 灰色中薄层状燧石条带生屑灰岩。上部具波状泥质生屑条带，燧石结核约14层；底部为小燧石结核或条带，往上为大燧石结核，再上为燧石条带。燧石含量约30%。产非蜓有孔虫：*Globivalvulina* sp.，*Eolasiodiscus medius*，*Hemigordius* sp.，*Langella* sp.，*Neoendothyra* sp.，*Pachyphloia* sp.。 9.5m

44. 深灰色中层状含生屑灰岩。质较纯，底具少量波状泥质生屑条带。产非蜓有孔虫：*Tetrataxis* sp.，*Eolasiodiscus* sp.，*Globivalvulina* sp.，*Langella* sp.，*Neoendothyra* sp.。 5.2m

43. 深灰色中薄层状含生屑灰岩。质较纯，层理平整。产非蜓有孔虫：*Glomospira* sp.，*Tetrataxis* sp.，*Neoendothyra* sp.，*Pachyphloia* sp.。 4.9m

42. 灰黑色中层状生屑灰岩。质较纯，层理平整，见少许泥质生屑条带。产非蜓有孔虫：*Globivalvulina* sp.，*Eolasiodiscus* sp.，*Pachyphloia* sp.；苔藓虫：*Fenestella subconstans*，*Stenopora* sp.，*Septopora diamorpha*。 2.2m

41. 灰黑色中薄层状生屑灰岩。具泥质生屑条带，较纯灰岩呈透镜体。产非蜓有孔虫：*Nodosaria* sp.，*Eolasiodiscus* sp.，*Lingulonodosaria* sp.；苔藓虫：*Fenestella subconstans*，*Fistuliramus* sp.。 6.1m

40. 深灰色中厚层状生屑灰岩。由两单层灰岩组成，每层顶含丰富的珊瑚断枝，含泥质条斑。产非蜓有孔虫：*Eolasiodiscus* sp.，*Globivalvulina disciate*，*Pachyphloia paraovata*，*Tetrataxis hemisphaerica*；珊瑚：*Yatsengia* sp.；苔藓虫：*Fenestella subconstans*，*Fistuliramus* sp.。 2.0m

39. 灰黑色中厚层状生屑灰岩。具波状泥质条带，向上减少。距顶30cm处有一白云岩层。距顶40cm、80cm处各有一层珊瑚断枝层。产非蜓有孔虫：*Dagmarita* sp.，*Eolasiodiscus* sp.，*Geinitzina* sp.，*Globivalvulina discrata*，*Hemigordius* sp.；珊瑚：*Pseudojavosites* sp.，*Yatsengia asiatica*。 5.9m

38. 灰色厚层状含生屑灰岩。具泥质白云质花斑条带，中部有一珊瑚断枝层。产非蜓有孔虫：*Tetrataxis* sp.；蜓类：*Nankinella* sp.；珊瑚：顶部*Yatsengia asiatica*；底部*Protomichelinia mulutabulata puanensis*。 2.0m

37. 深灰色厚层—块状含生屑灰岩。底具少量泥质条斑，顶具一层白云质斑。距底40cm、80cm处各有厚20cm、10cm的珊瑚断枝层。产非蜓有孔虫：*Globivalvulina discrata*，*Langella* sp.。*Tetrataxis* sp.；珊瑚：*Pseudomultithecopora minispina*，*Akagophyllum tenuis*，*A. lautabulatum*。 3.4m

36. 灰色块状含生屑灰岩。质较纯，缝合线发育，内具沥青充填。见垂直和杂乱分布的虫迹。产非蟋有孔虫：*Nodosaria* sp.，*Langella* sp.，*Globivalvulina* sp.。 3.4m

35. 灰黑色中层状斑状生屑灰岩。白云化斑呈云朵状，顶有一燧石结核层。生物多硅化。产非蟋有孔虫：*Palaeotextularia* sp.，*Globivalvulina discrata*，*Tetrataxis* sp.；珊瑚：*Wentzelophyllum kueichowensis*。 2.2m

34. 灰色厚层状云斑灰岩。云斑呈直立棍状密集分布。产非蟋有孔虫：*Eotuberitina* sp.，*Eolasiodiscus* sp.，*Endothyra* sp.，*Globivalvulina discrata*，*Pseudoglandulina inflata*；珊瑚：*Wentzelophyllum* sp.。 1.5m

33. 深灰色中层状含燧石结核生物灰岩。具稀疏泥质生屑条带，有3层燧石结核，含量约5%，底见一层大型群体珊瑚。产非蟋有孔虫：*Geinitzina* sp.，*Globivalvulina* sp.，*Pachyphloia* sp.，*Tetrataxis* sp.；珊瑚：*Protomichelinia wuguishanensis*，*Pseudohuangia* sp.，*Yatsengia* sp.，*Akagophyllum* sp.；苔藓虫：*Fistulipora* sp.。 3.8m

32. 深灰色中层状生屑灰岩。具泥质生屑条带，灰岩呈透镜状分布。中部局部白云化。距顶1m处有一薄层状细枝珊瑚（厚5cm）。产牙形类：*Hindeodus minutus*；非蟋有孔虫：*Geinitzina* sp.，*Hemigordius* sp.，*Globivalvulina* sp.；珊瑚：*Pseudomultithecopora* sp.，*Protomichelinia microstoma pingchuanensis*。 4.8m

31. 深灰色中层状含生屑灰岩。具波状泥质生屑条带，灰岩有时呈透镜体。顶、底各有一层燧石结核，部分生物硅化。产非蟋有孔虫：*Geinitzina* sp.，*Globivalvulina discrata*，*Langella* sp.；珊瑚：*Wentzelophyllum* sp.。 2.8m

30. 深灰色中层状生屑灰岩。具波状泥质生屑条带，或呈云朵状（下部），或呈宽平条带（上部）。含少量燧石结核（<1%）。产非蟋有孔虫：*Tetrataxis hemisphaerica*，*T. lata*；珊瑚：*Wentzelophyllum* sp.。 2.4m

29. 深灰色中厚层状燧石结核含生屑灰岩。下部有8层燧石结核，中部厚层状灰岩含一层燧石结核，上部有4层燧石结核。产非蟋有孔虫：*Eolasiodiscus* sp.，*Globivalvulina discrata*，*Langella* sp.；珊瑚：*Cystomichelinia* sp.；苔藓虫：*Fistulipora waageniana*。 3.7m

28. 深灰色厚层状生屑灰岩。具泥质生屑条带。局部具条状或云朵状白云质斑。薄层状灰岩呈透镜状分布。生物硅化。产非蟋有孔虫：*Eolasiodiscus medius*，*Hemigordius* sp.，*Globivalvulina* sp.，*Pachyphloia* sp.；珊瑚：*Cystomichelinia yugfuensis*；苔藓虫：*Fistulipora waageniana*。 2.4m

27. 深灰色块状生屑灰岩。具波状泥质生屑条斑，或呈云朵状。上部条带连续呈网状。产非蟋有孔虫：*Eolasiodiscus* sp.，*Hemigordius* sp.，*Geinitzina postcarbonica*，*Langella* sp.；苔藓虫：*Cystiramus* sp.，*Fistulipora waageniana*。 4.5m

26. 灰黑色中薄层状泥质条带生屑灰岩。具泥质生屑条带，波状层理，薄层状灰岩呈扁豆状。下部含少量燧石结核（1%）。产非蟋有孔虫：*Langella* sp.，*Globivalvulina discrata*；蟋类：*Sphaerulina* sp.；珊瑚：*Cystomichelinia* sp.；苔藓虫：*Cystiramus* sp.，*Fistulipora waageniana*，

Fistuliramus orientalis。   5.5m

25. 灰黑色厚层状泥质条带生屑灰岩。泥质条带波状，间距15cm左右，1～2cm宽。局部含白云质，中间含小而圆的燧石结核。产非蜓有孔虫：*Hemigordius* sp.，*Globivalvulina discrata*，*Langella* sp.，*Pachyphloia* sp.；蜓类：*Schwagerina* sp.，*Staffella* sp.；珊瑚：*Cystomichelinia* sp.，*Yatsengia asiatica*；苔藓虫：*Fistulipora waageniana*。   4m

24. 灰黑色厚层状含燧石结核生屑灰岩。具泥质条斑或条带（局部含白云质），上部平缓连续。燧石结核上多下少。距底20cm、100cm处各有一层珊瑚断枝，混有硅化生屑。产非蜓有孔虫：*Tetrataxis* sp.，*Eolasiodiscus* sp.，*Globivalvulina discrata*，*Langella* sp.；蜓类：*Schwagerina quasiregularis*；珊瑚：*Cystomichelinia sichuanensis minor*，*C. huainingensis*，*Akagophyllum* sp.。   7.4m

23. 深灰色中厚层状生屑灰岩。具波状泥质生屑条斑（局部含白云质），有时呈云朵状。偶夹扁豆状灰岩。中部含零星燧石结核。生物化石多硅化。产牙形类：*Hindeodus minutus*；非蜓有孔虫：*Climacammina* sp.，*Tetrataxis* sp.，*Globivalvulina discrata*，*Langella* sp.；蜓类：*Minojapanella elongata*，*Misellina claudiae*，*Schubetella* sp.；珊瑚：*Wentzelophyllum* sp.，*Cystomichelinia* sp.；腕足类：*Ogbinia* sp.，*Orthotichia chekiangensis*，*Liraplecta richthofeni*。   3.0m

22. 深灰色中层—块状生屑灰岩。具波状泥质生屑条斑（局部含白云质），时呈云朵状。较纯灰岩呈扁豆状分布。底部含燧石结核。生物丰富，多硅化。产牙形类：*Hindeodus minutus*，*Sweetognathus asymmetrica*；非蜓有孔虫：*Tetrataxis* sp.；蜓类：*Minojapanella elongata*，*Schubertella* sp.，*Schwagerina* sp.；珊瑚：*Wentzelophyllum* sp.，*Cystomichelinia* sp.，*C. multicystosa*，*C.* sp.，*Pseudohuangia* sp.，*Pseudomultithecopora* sp.，*Yatsengia hupeniensis*；腕足类：*Transennatia* sp.，*Liraplecta richthofeni*；苔藓虫：*Fistulipora waageniana*。   3.3m

21. 灰黑色中厚层状含燧石结核和条带生屑灰岩。底部为燧石条带，上部为燧石结核，距顶40cm处为燧石夹灰岩透镜体（厚40cm）。产非蜓有孔虫：*Climacammina* sp.，*Eolasiodiscus medius*，*Geinitzina primitiva*，*Palaeotextularia* sp.，*Langella* sp.，*Nodosaria* sp.，*Endothyra* sp.；蜓类：*Minojapanella* sp.，*Misellina claudiae*；腕足类：*Acosarina* sp.，*Schuchertella semiplana*，*Liraplecta richthofeni*。   13.1m

20. 深灰色厚层状含燧石结核生屑灰岩。燧石小而圆，下部略多，含量约5%。产非蜓有孔虫：*Eolasiodiscus* sp.；腕足类：*Orthotichia chekiangensis*，*Liraplecta richthofeni*。   1.1m

19. 深灰色中薄层状含燧石结核生屑灰岩，夹黑色页岩。燧石条带和结核主要产于顶部，结核小而圆，约占1%。顶部灰岩呈透镜体。见虫迹。产牙形类：*Sweetognathus asymmetrica*；非蜓有孔虫：*Langella* sp.，*Pachyphloia* sp.；腕足类：*Orthotichia chekiangensis*，*Liraplecta richthofeni*，*Ogbinia* sp.。   3.2m

18. 灰黑色厚层状夹薄层状生屑灰岩，局部夹页岩层。顶有一小燧石结核层。产牙形类：

Sweetognathus asymmetrica；非蜓有孔虫：*Geinitzina postcarbonica*，*G.* sp.，*Langella* sp.，*Pseudoglandulina* sp.；腕足类：*Orthotichia chekiangensis*，*Liraplecta richthofeni*。　　　2.4m

17. 第四系覆盖。　　　9.0m

16. 灰黑色中层状夹薄层状含生屑灰岩。产非蜓有孔虫：*Eolasiodiscus* sp.，*Glomospira* sp.，*Langella* sp.，*Tetrataxis* sp.；蜓类：*Staffella* sp.。　　　2.5m

15. 灰黑色中层状生屑灰岩。层理平整，层间夹含泥质，显层纹。产非蜓有孔虫：*Langella* sp.；蜓类：*Schwagerina* sp.，*Staffella* sp.；苔藓虫：*Fenestella subconstans*，*Fistuliramus orientalis*，*Polypora consanguinea*。　　　1.9m

14. 黑色页岩。　　　0.4m

13. 灰黑色中层状含生屑灰岩。层理较平整，层间夹含泥质、生屑层。含极少量燧石结核。产非蜓有孔虫：*Nodosaria* sp.，*Globivalvulina* sp.，*Langella* sp.，*Tetrataxis* sp.；苔藓虫：*Fenestella subconstans*。　　　1.4m

12. 黑色页岩。　　　0.4m

11. 灰黑色中层状生屑灰岩。上、下为泥晶灰岩夹黑色页岩；中部为一较纯灰岩，含燧石条带。生物丰富。产蜓类：*Nankinella* sp.，*Staffella haymanaensis*；腕足类：*Derbyia* sp.。　　　2.0m

10. 重复层位。

9. 黑色页岩夹灰黑色薄层状含泥晶灰岩。含泥晶灰岩共4层，约占1/3。灰岩中产化石甚丰。产非蜓有孔虫：*Glomospira* sp.，*Pachyphloia* sp.，*Langella perforata*，*Nodosaria longissima*，*Tetrataxis* sp.；腕足类：*Juxathyris* sp.，*Derbyia* sp.，*Dielasma* cf. *mapingensis*，*Composita kueichowensis*；苔藓虫：*Polypora pseudoramentata*，*P. punctata*，*Septopora diamorpha*。　　　3.5m

8. 灰黑色薄层状含泥晶灰岩夹黑色页岩。含泥晶灰岩与页岩以20cm的厚度互层。灰岩所占比例略大，具扁豆状层理。灰岩与页岩呈过渡状。上部页岩多，中部有1层厚15cm的介壳层，另见2层苔藓虫富集层。产非蜓有孔虫：*Langella* sp.，*Nodosaria* sp.；腕足类：*Costatumulus* sp.，*Derbyia* sp.，*Dielasma* cf. *mapingensis*，*Composita kueichowensis*；苔藓虫：*Fenestella hangchouensis*，*F. subconstans*，*F.* sp.，*Fistulipora sinensis*，*F.* sp.，*Polypora consanguinea*，*P. pseudornamentata*，*P. punctata*，*P. sinokoninckiana*，*Protoretepora* sp.，*Septopora diamorpha*，*S. tuterkensis snensis*，*S. regulata*，*S.* sp.，*S.* cf. *angulata*。　　　5m

7. 灰黑色薄层状泥晶灰岩夹黑色页岩（或钙质泥岩）。泥晶灰岩单层厚10～20cm，底部厚层状灰岩夹页岩。产非蜓有孔虫：*Langella* sp.，*Tetrataxis lata*；腕足类：*Derbyia* sp.，*Composita kueichowensis*；苔藓虫：*Fenestella subconstans*，*F.* sp.，*Fistulipora* sp.，*Polypora consanguinea*，*P. pseudornamentata*，*P. sinokoninckiana*，*Septopora diamorpha*，*S. tuterkensis snensis*，*S. regulata*，*S.* cf. *angulata*，*Stenocladia* sp.。　　　1.1m

6. 灰黑色含泥灰晶岩与黑色页岩互层。含泥晶灰岩呈扁豆状，共17层。产非蜓有孔虫：*Nodosaria bradyi*，*Langella* sp.；蜓类：*Schwagerina* sp.，*Pseudofusulina* sp.，*Eoparafusulina* sp.，*Staffella*

sp., *Pamirina* sp., *Pseudoendothyra* sp.；腕足类：*Costatumulus* sp., *Derbyia* sp., *Pygmochonetes* sp., *Composita kueichowensis*；苔藓虫：*Fenestella subconstans*, *Polypora punctata*, *Septopora diamorpha*, *S. tuterkensis snensis*, *S. regulata*, *S.* sp.。 3.3m

5. 灰黑色中薄层状泥晶灰岩与黑色页岩互层。泥晶灰岩和页岩过渡。下部夹一介壳层，距底 30cm、80cm处分别有5~10cm、2~3cm厚的生屑层。产非䗴有孔虫：*Langella* sp.；腕足类： *Derbyia* sp., *Eomarginifera* sp., *Pygmochonetes* sp., *Spiriferellina* sp.；苔藓虫：*Fistulipora* sp., *Lioporidra* sp., *Polypora punctata*, *Septopora diamorpha*, *S. tuterkensis sinensis*, *S. regulata*, *S.* sp.。 2.2m

4. 黑色页岩。 1.2 m

3. 灰黑色中层状含泥灰岩夹黑色页岩。含泥灰岩单层厚10~30cm，页岩厚1~3cm。产非䗴有孔 虫：*Langella perforata*, *Tetrataxis* sp., *Nodosaria* sp.；䗴类：*Pseudofusulina* sp., *Eoparafusulina* sp.；腕足类：*Derbyia* sp., *Eomarginifera* sp., *Spiriferellina* sp.；苔藓虫：*Dyscritella* sp., *Fenestella hangchouensis*, *F. subconstans*, *Fistulipora* sp., *Lioporidra* sp., *Polypora biamica*, *P. punctata*, *P. sinokoninckiana*, *Septopora diamorpha*, *S. tuterkensis snensis*, *S. regulata*, *S.* sp.。 1.3m

2. 黑色页岩。 1.6m

1. 灰黑色中层状含泥晶灰岩夹黑色页岩。波状层理。产非䗴有孔虫：*Ammodiscus* sp., *Glomospirella* sp., *Hemigordius* sp., *Langella perforata*, *Nodosaria* sp., *Glomospora regularis*, *Pseudoglandulina* sp., *Tetrataxis* sp.；䗴类：*Eoparafusulina* sp., *Pamirina* sp., *Staffella* sp.；腕足 类：*Eomarginifera* sp.；苔藓虫：*Fistulipora sinensis*, *Polypora punctata*, *P. submacrops*。 2.7m

马平组

05. 浅灰色、灰白色块状生屑灰岩、含生屑灰岩。产非䗴有孔虫：*Climacammina gigas*, *Cribrogenerina sphaerica*, *Deckerella media*, *D. robusta*, *Geinitzina postcarbonica*, *Globivalvulina kamensis*, *Hemigordius dublicatus*, *Langella* sp., *Multidiscus* sp., *Nodosaria* sp., *Plectogyra bowmani*；䗴类：*Biwaella provecta*, *Pamirina* sp., *Pseudofusulina yunnanica*, *Ps.* sp.。 63.6m

04—01. 浅灰色、灰白色块状生屑（亮晶）灰岩、含生屑灰岩、泥晶灰岩。下部主要由生屑亮晶 灰岩组成，上部主要由含生屑泥晶灰岩、泥晶灰岩组成，并常见自生石英和鸟眼构造。 缝合线常见。方解石脉中常见沥青充填。产非䗴有孔虫：*Deckerella concisa*, *D. elegans*, *Globivalvulina bulloides*, *Hemigordius rotundus*, *Palaeotextularia occidentalis*, *Tetrataxis hemisphaerica*, *T. lata*；䗴类：*Pamirina* sp., *Pseudofusulina* sp., *Schwagerina* sp., *Eoparafusulina contracta*, *E.* sp., *Zellia colaniae*, *Staffella dajmarae*, *S.* sp., *Biwaella* sp., *Pseudoendothyra* sp.；腕足类：*Plicatifera minor*。 54.9m

年代地层				组	厚度(m)	岩性剖面	分层	岩 性	生物地层
界	系	统	阶						牙形类
古生界	二叠系	乐平统	长兴阶	大隆组	480 460 440 420 400 380 360 340 320 300 280 260		139	黄绿色含晶屑玻屑层凝灰岩	
							138	浅灰色中厚层状含螆粉砂质泥晶灰岩	
							137	黄绿色凝灰质砂页岩互层	
							136	出露部分仅7.5m，为灰黑色海绵骨针泥晶灰岩	
							135	出露部分仅0.6m，为黄绿色薄层状凝灰质砂页岩互层	
			吴家坪阶	吴家坪组	240 220 200 180 160 140 120 100 80 60 40 20		134	灰白色薄层状灰岩和燧石层互层	Clarkina orientalis
							133	浅灰色块状海绵（屑）灰岩	
							132 129	灰白色厚层—块状生屑灰岩夹薄层状燧石条带灰岩	
							128 126	浅灰色中薄层状硅质岩和中厚层状灰岩互层	
							125 123	灰白色厚层—块状含生屑灰岩夹中薄层状硅质岩	
							122	浅灰色薄层状硅质岩与灰岩互层	Clarkina leveni
							121	第四系覆盖	Clarkina asymmetrica Clarkina dukouensis Clarkina postbitteri
							120	浅灰色薄层状硅质岩、硅质灰岩夹灰岩	

图 4-1-8（a） 广西来宾铁桥二叠系剖面综合柱状图 1

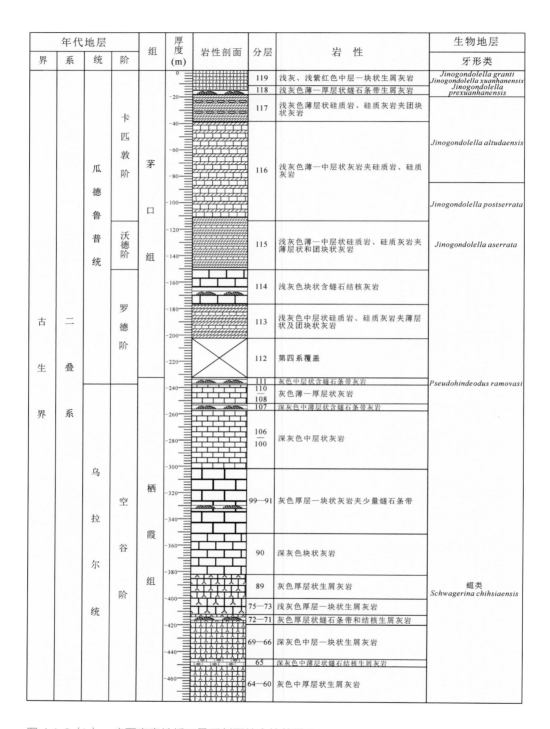

图 4-1-8（b） 广西来宾铁桥二叠系剖面综合柱状图 2

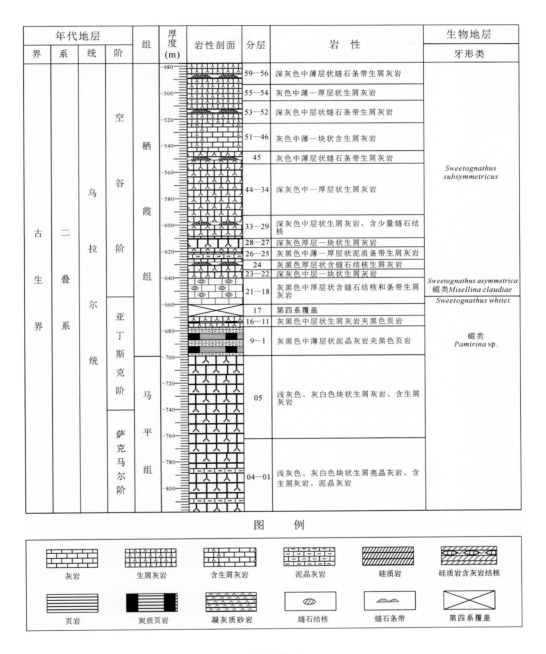

图 4-1-8（c） 广西来宾铁桥二叠系剖面综合柱状图 3

4.1.5 广西来宾蓬莱滩剖面

蓬莱滩是红水河中一个岩石小洲的名字，位于来宾县（今来宾市）城以东约20km处，蓬莱滩剖面（GPS：23°41′43″N，109°19′16″E）茅口组到乐平统的地层就是沿着这一岩石小洲附近的红水河南岸实测的。构造上，蓬莱滩剖面位于来宾向斜的东翼。2001年，由金玉玕领导的界线工作组提出乐平统底界方案（Jin et al.，2001）。蓬莱滩剖面也是国际地层委员会确定的瓜德鲁普—乐平统GSSP，以来宾灰岩第6k层中*Clarkina postbitteri postbitteri*的首现作为乐平统的底界。

蓬莱滩剖面地层连续且出露良好，研究程度高，前人从古生物学、地球化学及地层学等方面对蓬莱滩剖面开展了许多研究工作，如建立了详细的牙形类生物带（Mei et al.，1998a）；详细研究和归纳了该剖面的各类古生物（Wang and Sugiyama，2001；Shen and Shi.，2009；Huang et al.，2019）；分析了该剖面的沉积相、沉积环境，等等（Chen et al.，1998；Qiu et al.，2014）。剖面照片见图4-1-9，综合柱状图见图4-1-10和图4-1-11。

剖面描述如下。

罗楼组

143. 青灰色薄—中厚状泥晶灰岩。   未见顶

142. 灰黑色页岩夹薄层状灰黑色灰岩，底部为2层厚10cm左右的灰绿色黏土岩。产双壳类：*Claraia* sp.；大量微小腹足类；牙形类：? *Hindeodus parvus*。   6.48m

大隆组　砂泥岩段

141. 灰黑色巨厚层状凝灰质钙质粗砂岩。产腕足类：*Haydenella kiangsiensis*，*Leptodus nobilis*，*Laterispina parallela*，*Spinomarginifera chenyaoyanensis*，*S. alpha*，*Acosarina minuta*，*Anchorhynchia sarciniformis*，*Cathaysia chonetoides*，*Edriosteges poyangensis*，*Hustedia* sp.，*Laterispina parallela*，? *Meekella* sp.，*Orthothetina regularis*，*O. ruber*，*Paryphella orbicularis*，*Peltichia transversa*，*Tethyochonetes liaoi*，*Tropidelasma zhongliangshanensis*；菊石：*Pseudotirolites acutus*，*P.* sp.，*Pernodoceras* sp.，*Chaotianoceras* sp.，Pseudotirolitidae，Tapashanitidae；蜓类：*Palaeofusulina sinensis*，*Nankinella* sp.；有孔虫：*Colaniella parva*；顶部产牙形类：ellisonids；遗迹化石：Thallissoides；双壳类；苔藓虫：*Fenestella* sp.。下部硅质岩中产腕足类：*Crenispirifer alpheus*，*Haydenella kiangsiensis*，*Spinomarginifera alpha*，*Leptodus nobilis*；腹足类等。   2.28m

140. 灰绿色薄层状凝灰质泥岩夹薄层状凝灰质砂岩。产腕足类：*Anchorhynchia sarciniformis*，*Orthothetina regularis*。   1.68m

139. 下部灰黑色中厚层状硅质岩夹薄层状黑色泥岩、中层状灰岩；上部硅质岩夹凝灰岩层。产腕足类：*Anchorhynchia sarciniformis*，*Leptodus* sp.，*Oldhamina* sp.，*Crurithyris* sp.，*Crenispirifer alpheus*。   2.56m

138. 薄层状硅质岩和灰绿色凝灰质泥岩，含砾凝灰质粗砂岩，产腕足类：*Meekella dorsisulcata*，

图 4-1-9 广西来宾蓬莱滩剖面。A. 蓬莱滩剖面全景图；B. 蓬莱滩北岸乐平统下部合山组与大隆组下部沉积，含有非常丰富的菊石；C. 蓬莱滩北岸大隆组顶部快速沉积，以火山碎屑沉积为主；D. 蓬莱滩剖面生物大灭绝面与二叠—三叠系界线附近，表示在二叠纪末生物大灭绝面上岩性、生物群等发生了突然变化，二叠系顶部的火山凝灰岩代表了大灭绝层位，时间不超过 3000 年；E. 蓬莱滩 GSSP 附近地层；F. 蓬莱滩南岸剖面合山组中下部地层（煤层以下）；G. 蓬莱滩北岸合山组中部煤层

Peltichia sinensis，*Anchorhynchia sarciniformis*。 4.0m

137. 下部为中薄层状灰岩，层面平缓，略有覆盖；中部为中—中薄层状灰岩，含大量黄铁矿，夹有凝灰质砂岩层；上部为含角砾的凝灰质砂岩。产腕足类：*Orthothetina regularis*，*Leptodus nobilis*，*L.* sp.，*Araxathyris sinensis*，*Meekella dorsisulcata*，*M.* sp.，*Qinglongia* sp.，*Anchorhynchia sarciniformis*，*Peltichia zigzag*，*Acosarina minuta*，*Acosarina* sp.；*Cathaysia chonetoides*，*Edriosteges poyangensis*，*Laterispina parallela*，*L.* sp.，?*Martinia* sp.，*Orthothetina ruber*，*Paryphella salcatifera*，*P. orbicularis*，*Peltichia transversa*，*Spinomarginifera alpha*，*S. chenyaoyanensis*，*Fusichonetes liaoi*，双壳类：*Guizhoupecten* sp.；牙形类：?*Clarkina yini*，*Hindeodus praeparvus*；菊石、海百合、苔藓虫及单体珊瑚。 5.75m

136. 灰色厚层状灰岩。产牙形类：*Hideodus preparvus*，ellisonids；腕足类：*Paraspiriferina multiplicata*。 1.15m

135. 下部为青灰色厚层状灰岩，含丰富的黄铁矿，含大量蜓类*Palaeofusulina sinensis*、棘皮类碎片和双壳类*Schizodus* sp.。上部灰岩夹煤线和炭质泥岩，厚度不一，1～4cm。 1.3m

134. 底部以灰绿色凝灰质砂岩、紫色灰黑色炭质页岩、硅质岩为主构成杂乱堆积和角砾岩，砂岩中见有遗迹化石*Chondrites*，上部见灰岩透镜体，顶部见7cm煤线。 2.2m

133. 青灰色厚层状灰岩。产菊石：*Changhsingoceras sichuanense*；牙形类：*Hindeodus typicalis*，ellisonids。 1.1m

132. 灰绿色凝灰质细砂岩，上部为灰黑色中层状钙质凝灰岩，风化面黄绿色。 2.35m

131. 下部26cm为灰白色薄层状灰岩，上部为灰色中厚层状灰岩，0.5m、1.0m、1.2m处夹泥页岩层。顶部含腕足类、海绵类、藻类化石；产牙形类：*Clarkina* cf. *yini*，*C. zhejiangensis*，*H. praeparvus*。 1.85m

130. 黄褐色中厚层状凝灰质中—粗砂岩，单层厚2～15cm，自下而上颗粒变细。产腕足类：*Orthothetina deminuta*，*O. ruber*，*O. regularis*，*Phricodothyris guizhouensis*，*Laterispina parallela*，*Spinomarginifera chengyaoyenensis*，*S. kueichowensis*，*S. sichuanensis*，*Parapulchratia palliata*，*Neochonetes substrophomenoides*，*Meekella uralica*，*Peltichia zigzag*，*P. tranversa*，*Leptodus tenuis*，*Edriosteges poyangensis*，*Acosarina minuta*，*Paryphella triquetra*，*P. traversa*；*Spinomarginifera alpha*，*Prelissorhynchia pseudoutah*，*Juxathyris bisulcata*，*Anchorhynchia* sp.，*Cathaysia chonetoides*，*Streptorhynchus* sp.，*Martinia orbicularis*；菊石：*Pernodoceras kwangsiense*，*Huananoceras qingjiangensis*，*Pseudotirolites* sp.；双壳类：*Guizhoupecten regularis*。 1.7m

129. 凝灰质钙质砂岩与凝灰质粉砂岩互层，下部1.0m处夹灰白色薄层状灰岩，中部夹多层中厚层状硅质灰岩，含钙藻，上部凝灰岩与黏土岩互层，约10个旋回。下部产腕足类*Anchorhynchia sarciniformis*。 3.6m

128. 青灰色中厚层状泥晶灰岩夹深灰色钙质页岩。 2.8m

127. 青灰色薄—中层状泥晶灰岩夹深灰色钙质页岩，单层1.5～13cm。23.5m处有一层厚3cm的黏土层，构造变动强烈。 4.9m

126. 灰黑色、灰色中层状灰岩，局部夹泥岩。 0.60m

125. 青灰色极薄层状泥岩夹薄层状泥晶灰岩，向上泥晶灰岩增加，单层厚度0.5～5cm。含较多黄铁矿。 5.7m

124. 土黄色、青灰色薄层状凝灰岩。上部为薄层状泥岩、钙质泥岩，单层厚2～7cm，含大量黄铁矿晶体。底部含双壳类*Claraia griesbachi*。 3.6m

123. 青灰色巨厚层状灰岩。含燧石团块和腕足类化石（顶部层面上大量*Leptodus nobilis*和*Orthothetina* sp.）；大量有孔虫*Palaeofusulina sinensis*和*Colaniella parva*；顶部产牙形类?*Clarkina meishanensis*（以破碎分子居多，多个破碎分子主齿直立，高于和壮于中后部所有细齿，齿沟相对较深）和?*Hindeodus preparvus*。 0.6m

122. 顶部和底部为钙质细砂岩，中部为灰绿色凝灰岩 0.6m

121. 底部为中粗砂岩（10cm左右），往上为厚10cm的褐黄色泥岩、厚3cm的煤线，中上部为灰绿色凝灰岩。 0.95m

120. 青灰色巨厚层状灰岩。含大量有孔虫*Palaeofusulina sinensis*、*Colaniella parva*和腕足类化石。含燧石结核，顶部夹黏土岩。 4.35m

119. 乳白色蒙脱石黏土夹煤线，强烈破碎。 0.10m

118. 褐灰色巨厚层状中砂岩。 1.0m

117. 深灰色页岩夹极薄层状粉砂岩。下部1.0m处夹一植物层，含大量植物*Gigantonoclea guizhoueusis*，植物层上部含苔藓虫，3.0m处夹厚10cm左右的炭质泥岩层。 4.5m

116. 青灰色巨厚层状钙质砂岩。底部见平行层理和低角度海滩层理，见有大量海百合茎化石和少量双壳类、腹足类化石。 2.87m

115. 下部青灰色、褐灰色薄—中厚层状泥质粉砂岩，见大团块（似包卷层理）；上部青灰色薄层状砂岩与薄层状绿灰色泥岩互层，顶部有透镜状团块。 1.58m

114. 深灰色粉砂质页岩。 4.52m

113. 灰黑色泥岩、页岩夹褐灰色中—厚层状钙质粉砂岩。见海百合茎、波痕和遗迹化石。 4.17m

112. 褐灰色、浅灰色厚层状中砂岩，底面有冲刷现象。 1.22m

111. 下部褐灰色、灰黄色厚层状中砂岩，中上部为灰绿色页岩夹青灰色钙质粉砂岩砂，砂岩顶见大量炭屑。 1.67m

110. 褐灰色页岩夹薄—中厚层状深灰色粉砂岩，离底界20cm见有沿层面分布的砂岩团块（30cm×10cm）。 9.50m

109. 青灰色中厚—厚层状中砂岩，顶面见波痕，局部夹粉砂质页岩，见低角度层理，冲刷充填的槽状层理（25cm×8cm）。 2.57m

108. 下部为褐灰色粉砂质页岩夹粉砂岩团块，中上部浅灰色中厚层状细砂岩，见有低角度的交错

层理，波痕发育，夹极薄层状页岩。 1.94m

107. 褐黄色页岩夹煤线，厚度不稳定。 1.76m

106. 褐灰色中厚层状粉砂岩，底部有冲刷面，砂岩体呈透镜状。 0.31m

105. 底部为一层厚4cm的煤层，自下往上分别为厚5cm的黏土层（古土壤层）、厚4cm的页岩、厚1～2cm的煤层和厚0.5cm的粉砂质页岩。产大量植物化石，有节类：*Paracalamites stenocostatus*，*Asterophyllites* sp.；真蕨类和种子蕨类：*Pecopteris*（*Asterotheca*）*guizhouensis*，*P.* cf. *lingulata*，*Rajahia rigida*，*R. minor*，*Compsopteris contracta*，*C. imparis*，*Fascipteris* sp.，*Cladophlebis ozakii*，*Gigantonoclea guizhouensis*，*G.* cf. *lagrelii*，*G. meridionalis*，*Gigantopteris dictyophylloides*，? *Phylladoderma* sp.；可能的苏铁植物：?*Pterophyllum* sp.，*Taeniopteris* sp.；银杏类：*Rhipidopsis panii*；松柏类：*Szecladia multinervia*（*Ullmannia* cf. *bronnii*）。 1.13m

104. 青灰色页岩，顶部为一中厚层状泥质粉砂岩（古土壤层）。 0.94m

103. 深灰色厚层状中砂岩。 0.82m

102. 下部为青色、褐黄色页岩；中部为褐黄色为细砂岩，底面发育重荷模（20cm×40cm）；上部为青灰色、褐黄色页岩；顶部为一层厚0.5m的粉砂岩。 4.25m

101. 底部为一层厚5cm的断续粉砂岩，重荷模构造发育，往上夹页岩；中上部为薄—中厚层状细砂岩与页岩互层；顶部为厚层状中砂岩，低角度交错层理发育。 4.25m

100. 青灰色、褐黄色页岩。 2.05m

99. 底部为一层约0.6m透镜状褐灰色粉砂岩，含砂岩团块（直径0.2m）；中部深灰色页岩与薄层状粉砂岩互层，局部含团块；上部青灰色中厚层状粉砂岩，见有重荷模。 1.71m

98. 褐灰色、青灰色页岩。 1.48m

97. 褐灰色页岩与中厚层状褐灰色细砂岩互层，构成3个向上变粗的旋回，波痕发育。 3.07m

96. 青灰色厚层状中砂岩，风化后灰黄色。中部薄—中厚层状细砂岩夹薄层状页岩；上部为深灰色粉砂岩。 3.60m

95. 褐灰色页岩和粉砂岩。上部有数层中厚层状褐灰色砂岩，含炭屑；顶部1m内见成堆出现的团块，见包卷纹层。 6.29m

94. 底部为透镜状上平下凸细砂岩（0.3m×15m）；中上为褐灰色粉砂质页岩包大量青灰色细砂岩团块（直径0.2～0.3m），斜交层面有纹层。 1.64m

93. 灰黑色粉砂质泥岩夹薄层状钙质细砂岩，见砂纹层理。 4.50m

92. 青灰色厚—巨厚层状中砂岩，局部为薄层状（5～10cm）。上部有大型槽状层理，有波痕。

9.64m

91. 青灰色团块状、透镜状中砂岩，嵌入下伏的泥质岩和粉砂岩中，侧向有时变为规则薄层状中砂岩，团块（直径20～30cm）纹层发育。 0.96m

90. 浅灰色薄层状粉砂质泥岩和磷铁质粉砂岩直脊波痕发育。 8.15m

89. 底部为一层薄层状（10cm）灰黄色细砂岩，顶面见大量直脊波痕；中上部为灰黄色泥质粉砂岩，含断续的细砂岩团块状细砂岩。 2.58m

88. 褐黄色细砂岩，团块状，局部似包卷层理夹深灰色页岩，横向透镜状分布。 1.56m

87. 青灰色页岩夹薄层状和极薄层状粉砂岩（局部透镜状）。 3.59m

86. 灰黄、褐灰色粉砂质泥岩，含磷铁质结核（直径20cm）。 7.89m

85. 深灰色粉砂质泥岩与薄—中厚层状粉砂岩互层（磷铁质）。 22.82m

84. 深灰色粉砂质泥岩。 25.65m

83. 底部为乳白色方解石化黏土层，其上为30cm深灰色粉砂岩，下斜坡相沉积，往上为深灰色页岩偶夹薄层状粉砂岩（厚2～5cm）。 22.74m

82. 浅灰、褐灰色页岩夹粉砂岩条带，离顶界30cm处有一层1cm厚的中砂岩。 17.55m

81. 灰色页岩夹极薄层状青灰色钙质细砂岩，顶部砂岩条带增加，含丰富的痕迹化石。 3.97m

80. 灰色、灰黄色页岩，含上平下凸大小10cm左右砂岩块，夹薄层状细砂岩。上部含多层砂岩条带，（83—80层）产植物化石*Hermitia* sp.、*Steirophyllum*（*Quadrocladus*）cf. *dvinensis*和*Lepidopteristype peltasperm*碎片。 11.75m

79. 灰色页岩夹薄层状青灰色钙质细砂岩有砂纹层理，顶面见痕迹化石。 11.46m

78. 深灰色页岩夹极薄层状粉砂岩。 10.31m

77. 浅灰色页岩夹数层灰黄色磷铁质粉砂岩，中部夹一层深灰色页岩，上部含砂岩透镜体（长0.8m×厚0.3m）断续分布。 10.76m

76. 褐黄色、浅灰色页岩类极薄层状细砂岩，上部砂岩条带增多（见典型的鲍玛层序），从这一层开始往上变浅。 33.58m

75. 灰黑色、深灰色页岩。 7.02m

74. 深灰色页岩，顶部有一层约20cm薄层状钙质细砂岩，痕迹化石发育。 8.55m

73. 深灰色页岩夹薄—极薄层状细砂岩，有5个旋回。上部1m为页岩与薄层状细砂岩互层，顶部为水道沉积（透镜状灰黄色中砂岩）（2m×10.4m），含大量植物化石碎片。 18.77m

72. 深灰色页岩夹极薄层状钙质细砂岩，砂岩中痕迹化石发育。顶部1m为极薄层状页岩与薄层状细砂岩互层，细砂岩层厚向上增加，顶部一层厚约10m，波痕发育。 11.45m

71. 中下部为深灰色页岩，夹条带状粉砂岩；上部为深灰色页岩与灰黄色薄层状细砂岩互层，页岩占70%，痕迹化石发育；顶部有中厚层状灰黄色细砂岩，粒序层理和小型砂纹层理发育，砂岩顶面有流水波痕和痕迹化石；槽模、重荷模发育。 4.28m

70. 深灰色极薄层状页岩与灰黄色极薄层状粉砂岩互层，向上砂岩增加，波眼发育。顶部有一层厚10cm的细砂岩，粒序层理发育。 2.86m

69. 中—厚层状灰黄色中砂岩，顶面波痕发育。 1.14m

68. 下部、上部深灰色极薄层状页岩和细砂岩互层，舌状波痕发育；中部为中厚层状细砂岩夹极薄层状页岩，含大量动藻迹。 0.86m

67. 中下部深灰色极薄层状页岩和青灰色极薄层状细砂岩互层；上部为深灰色页岩，夹砂岩透镜体（长1~2m，厚±20cm）。 2.86m

66. 灰褐色薄层状细砂岩与极薄层状页岩互层。含大量植物化石碎片，层面见有大量不对称流水波痕。 2.28m

65. 灰黄色薄—中厚层状中细砂岩。中部夹厚20cm的深灰色泥岩，底部含大量植物化石碎片，往上层厚变大。 2.81m

64. 深灰色页岩夹灰黄色条带状粉砂岩、细砂岩，水平层理发育。 7.67m

63. 灰黄色页岩。 1.18m

62. 深灰色粉砂质页岩。 1.07m

61. 褐灰色页岩，上部为薄层状粉砂岩，有2层厚约5cm的细砂岩。 7.80m

60. 褐黄色页岩，上部为极薄层状粉砂岩。 4.70m

59. 青灰色中厚层状钙质细砂岩与褐灰色页岩互层。上部为薄层状粉砂岩，褶皱比较发育。 3.96m

58. 浅灰色、褐黄色页岩，中部夹5层薄层状灰黄色粉、细砂岩。 5.83m

57. 浅灰色页岩夹极薄层状粉砂岩，顶部为灰黄色中厚层状细砂岩。 3.26m

56. 底部为一层厚40cm的褐灰色页岩，薄层状粉砂岩、细砂岩互层，有4个向上变粗的旋回。 2.89m

55. 褐灰色页岩，上部为极薄层状粉砂岩，顶部为一层约15cm厚的细砂岩。 3.89m

54. 褐灰色页岩和粉砂质页岩夹3层灰黄色薄—中厚层状的中细砂岩，其中上部为一层粉砂岩。有3个旋回。 6.55m

53. 青灰色页岩，偶夹中厚层状褐黄色钙质、凝灰质细砂岩。顶部有一层中厚层状褐灰色细砂岩。 14.87m

52. 褐黄色中厚层状凝灰质中砂岩。 0.48m

51. 褐灰色页岩。底部和中部各夹一层灰黄色中厚层状中砂岩。顶部有薄层状细砂岩、粉砂岩。 3.99m

50. 褐灰色页岩。顶部夹极薄层状粉砂岩。 3.57m

49. 灰黄色中厚—厚层状中粒砂岩夹褐灰色薄层状页岩，下部为中厚—厚层状，上部为中层状。 3.87m

48. 褐灰色页岩，顶部夹极薄层状粉砂岩和灰黄色细砂岩。 1.49m

47. 灰黄色薄—中厚层状中砂岩，向上变厚。 0.36m

46. 底部为灰黄色中细粒砂岩，层厚约8~9cm，中间夹灰色页岩；上部为褐灰色的页岩夹条带状（1~2cm）粉砂岩，含大量植物碎屑。 0.47m

45. 褐灰色页岩夹青灰色粉砂岩，上部为薄片状粉砂质泥岩、粉砂岩。 4.48m

44. 褐灰色中厚层状中细粒砂岩，中间两层页岩，砂岩向上变厚。 0.83m

43. 掩盖及构造变动。上部见2m厚的褐灰色页岩，距顶部1m处夹一层厚10cm的灰黄色中砂岩。

14.26m

42. 青灰色薄层状钙质、凝灰质细砂岩与页岩互层，砂岩占50%，底部含大量植碎片化石。 2.26m

41. 青灰色和褐灰色钙质、凝灰质细砂岩与页岩互层，砂岩向上变为薄层状。 2.38m

40. 青灰色薄—中厚层状钙质、凝灰质细砂岩与极薄层状页岩互层，砂岩中含泥砾，粒序层理发育，上层面波痕（不对称新月形波痕）发育。 1.64m

39. 深灰色薄—中厚层状页岩夹青灰色薄层状钙质凝灰质细砂岩，含泥砾。 0.74m

38. 青灰色中厚—厚层状钙质凝灰质细砂岩中间夹薄层状钙质细砂岩、粉砂岩。 0.84m

37. 青灰色薄层状钙质砂岩（凝灰质）与深灰色页岩互层。 1.43m

36. 灰黑色、深灰色泥岩夹薄层状砂质灰岩。 .87m

35. 青灰色中厚—厚层状钙质细砂岩。 1.36m

34. 深灰色泥岩，上部夹薄层状青灰色灰岩。 11.83m

大隆组　蓬莱滩段

33. 深灰色薄层状硅质岩和硅质岩互层。产头足类：*Auagonoceras bispirale*。 18.5m

32. 灰黑色薄层状硅质岩和泥岩互层，夹数层极薄层状灰黄色粉砂岩和细砂岩。产头足类：*Pseudogastrioceras* sp.，*Pleuronodoceras carinatum*，*Pseudotirolites* cf. *laibinensis*，*P*. sp.，*Huananoceras* sp.，*Tapashanites* sp.，*Sinoceltites* sp.。 3.0m

31. 灰黑色薄层状硅质岩与深灰色薄层状灰岩互层。产大量头足类：*Pseudotirolites laibinensis*，*Pseudogastrioceras* sp.，*Pernodoceras kwangsiense*，*Pleuronodoceras carinatum*，*P. mapingensis*，*Tapashanites costatus*，*T. mingyuanxiaensis*，*Pachydiscoceras flexoplicatum*，*Rotodiscoceras dushanensis*，*R*. sp.；双壳类：*Guizhoupecten regularis*。 4.75m

30. 深灰色中厚层状硅质岩类夹极薄层状土黄色蒙脱石黏土，中部夹2层厚约5cm的灰岩，局部可见灰岩团块（30cm×6cm）。产头足类：*Pseudotirolites regularis*，*Tapashanites mingynexiaensis*，*Pleuronodoceras dushaneuse*，*Pseudogastrioceras* sp.，*P. jiangxiense*；腕足类：*Prelissorhynchia pseudoutah*；双壳类：*Guizhoupecten regularis*。 2.50m

29. 深灰色薄层状硅质岩与白色极薄层状蒙脱石黏土岩互层（厚1cm）。产头足类：*Tapashanites costatus*。 1.30m

28. 灰黑色硅质泥岩中部、底部各夹一层蒙脱石黏土岩，上部为粉砂岩包卷层理及重荷模发育。产头足类：*Tapashanites* sp.，*Pleuronodoceras* sp.。 0.25m

27. 灰色中厚层状黏土砂岩，微带绿色。 1.25m

26. 灰色中厚层状黏土砂岩、灰黄色细砂岩互层。 2.25m

25. 灰黄色中厚层状凝灰质细砂岩。 1.95m

24. 灰黄色中厚层状中细粒凝灰质砂岩，往上颗粒变细。 1.45m

23. 灰黄色中厚—厚层状中粗粒凝灰质砂岩。产头足类：*Hunnanoceras perornatum*，*H*. cf.

qianjiangensis, *Tapashanites* sp., *Pseudotirolites* cf. *laibinensis*, *P.* sp., *Pleuronodoceras carinatum*, *P.* cf. *guiyangensis*, *P. mapingensis*, *P. multinodosum*, *P. radiatum*, *P. robustum*, *P.* sp., *Rotodiscoceras dushanensis*。 1.90m

大隆组　二沟段

22. 下部为深灰色薄层状灰岩，中上部深灰色薄—中厚层状硅质岩与硅质岩互层夹两层青灰色钙质、凝灰质粉砂岩，中间见多层白色凝灰岩。产头足类：*Pleuronodoceras carinatum*, *Pseudotirolites asiaticu*, *P. qianjiangensis*, *P. laibinensis*, *Huananoceras qianjiangensis*, *H. perornatum*, *H.* sp., *Tapashanites* sp., *Sinoceltites* sp.。 4.58m

21. 底部为深灰色薄层状灰岩，中上部为灰黑色硅质页岩。产头足类：*Lopingoceras guangdeense*, *Pseudotirolites laibinensis*, *P. radiaplicatis*, *P. asiaticus*, *P. acutus*, *P. anshunensis*, *Pseudogastrioceras* sp., *Pleuronodoceras dushanense*, *Rotodiscoceras* sp., *Tapashanites tenuicostatus*, *Longmenshanoceras* sp.；腕足类：*Paracrurithyris pigmaea*。 2.19m

20. 灰黑色薄层状钙质、凝灰质粉砂岩与灰黑色钙质页岩互层。 1.09m

19. 灰黑色中厚层状硅质灰岩，中上部为硅质页岩。 2.29m

18. 灰黑色硅质页岩，粉砂质页岩夹灰黑色薄层状硅质岩。 10.21m

17. 深灰色薄—中厚层状硅质岩与深灰色薄层状粉砂质页岩互层，底部有一层火山灰层。产头足类：*Mingyuexiaceras* cf. *honghense*, *M.* sp., *Penglaites* sp., *P. laibinensis*, *P. costatus*, *Tapashanites mingyuexiaensis*, *T. costatus*, *T.* cf. *floriformis*, *T.* sp., *Pseudotirolites asiaticus*, *P.* cf. *laibinensis*, *Pseudogastrioceras* sp., *Changhsingoceras* sp., *Huananoceras perornatum*, *H.* sp., *H.* cf. *qianjiangoensis*, *Pernodoceras multinodosum*, *Pleuronodoceras* sp.；腕足类：*Permophricodothyris grandis*, *P. indica*, *Fusichonetes* sp.；植物化石碎片。 2.49m

16. 灰黑色薄层状硅质岩、粉砂质页岩和灰绿色凝灰质粉砂岩互层，粉砂质页岩风化后灰白色。产头足类：*Mingyuexiaceras hongheense*, *M. changxingensis*, *M. radiatum*, *Pseudotirolites uniformis*, *Tapashanites chaotianense*, *Sinoceltites kwangsiense*。 3.96m

15. 深灰色与灰绿色凝灰质粉砂岩、粉砂质页岩互层，中部和顶部各夹一层中厚层状灰岩。产头足类：*Penglaites laibinensis*, *Changhsingoceras* sp., *Huananoceras qianjiangensis*, *Qianjiangoleras multiseptum*。 2.20m

合山组

14. 深灰色中厚层状灰岩与硅质岩互层。产头足类：*Penglaites* sp.。 4.01m

13. 深灰色薄—中厚层状灰岩、硅质岩互层，含许多硅质条带。产头足类：*Konglingites* sp., *Huananoceras involutum*, *Pseudogastrioceras kwangsiense*, *P.* sp.。 8.91m

12. 深灰色薄—中厚层状灰岩夹薄—中厚层状硅质岩，硅质岩中条带状构造较发育。产头足类：*Sangyangites* sp., *Konglingites* sp., *Lopingoceras guangdense*, *Huananoceras qianjiangense*, *Pseudogastrioceras gigantum*, *P. guizhouensis*, *Qianjiangoceras multiseptum*。 3.75m

11. 深灰色薄—中厚层状硅质灰岩，含大量硅质条带。产头足类：?*Konglingites* cf. *laibinensis*，
    Mingyuexiaceras sp.。   10.76m

10. 深灰色薄—中厚层状硅质灰岩。产头足类：*Prototoceras* sp.。   7.35m

9. 深灰色薄层状硅质灰岩，与硅质条带互层。   4.97m

8. 底部深灰色中厚层状硅质岩，往上深灰色薄层状硅质岩与硅质灰岩互层，顶部一层中厚层状硅
    质岩。顶面见遗迹化石*Thalassinoides*。   5.25m

7. 深灰色薄层状硅质岩。   2.01m

6. 深灰色、灰黑色薄—中厚层状硅质岩，局部夹硅质灰岩。产头足类：*Prototoceras* sp.。   3.74m

5. 煤层和炭质泥岩，夹钙质粉砂岩。产头足类：*Konglingites* cf. *laibinensis*，Konglingitinae；植物
    化石：*Cordaites* sp.，*Taeniopteris* sp.，*Cladophlebis* sp.，*Stigmaria ficoides*。 1.08m

4. 底部黑色中厚层状细砂岩（40cm），中上部黑色薄层状炭质粉砂岩和黑色炭质页岩互层，
    往上页岩增多。产头足类：*Pseudogastrioceras* sp.，*Prototoceras* sp.，*Konglingites* sp.，*K.* cf.
    laibinensis，Konglingitinae；植物化石：*Szecladia multinervia*，*Stigmaria ficoides*，*Cladophlebis*
    sp.，*C. ozakii*，*Pecopteris* sp.；腕足类：*Acosarina minuta*，*Spinomarginifera lopingensis*，
    Tschernyschewia sinensis，*Lingula* sp.。   2.88m

3. 下部为30cm厚的黑色炭质泥岩和煤层，往上为30cm厚黑色炭质粉砂岩、25cm厚的黑色炭质泥
    岩至30cm厚的黑色炭质粉砂岩。产头足类：*Sangyangites* sp.。   1.15m

1—2层与之下15-60至15-59层岩性相同，地层重叠。下伏地层被红水河—河湾淹没。通过黑色炭
质泥岩标志层对比，以下接蓬莱滩南岸15-60层的剖面描述。

蓬莱滩南岸剖面

该剖面自20世纪90年代开始多次重复测制，有多次不同编号，每次测量数据也不完全一致，现通
过反复核对整理在一起，部分号码去掉重复部分后不再连续。

15-60. 中薄层状硅质岩。   0.31m

15-59. 中薄层状硅质岩，层间夹极薄层状灰岩。   0.55m

15-58. 厚层状硅质灰岩，含泥质成分。   1.4m

16. 褐色中薄层状硅质灰岩夹泥晶灰岩，含31个小层，分别为16-57至16-27。产蜓类：*Palaeofusulina*
    parafusiformis，*P. minima*，*P. fluxa*，*P. jiangxiana*，*P. fusiformis*，*P.* sp.，*Gallowayinella* sp.。 12.55m

16-57. 薄层状硅质岩。   0.90m

16-56. 中薄层状硅质灰岩，上部为灰岩。   0.40m

16-55. 中层状硅质岩，层间夹极薄层状灰岩。   0.75m

16-54. 薄层状硅质岩。   0.50m

16-53. 中层状灰岩。   0.15m

16-52. 中厚层状硅质岩。   0.50m

16-51. 中薄层状灰岩。   0.20m

16-50. 中层状硅质岩。 0.65m

16-49. 厚层状硅质岩。 0.45m

16-48. 中厚层状含硅质灰岩，上部为灰岩。 0.30m

16-47. 薄层状硅质岩。 0.20m

16-46. 薄层状硅质灰岩，下部为灰岩。 0.15m

16-45. 薄层状硅质岩。产牙形类：*Clarkina* sp.。 1.10m

16-44. 厚层状硅质岩，层面上有直径约30cm的瘤状突起。 0.30m

16-43. 薄层状硅质岩夹灰岩。产牙形类：?*Clarkina transcaucasica*。 0.25m

16-42. 厚层状硅质岩。 0.42m

16-41. 中层状硅质岩。 0.47m

16-40. 厚层状硅质灰岩，上部为灰岩。 0.40m

16-39. 灰黄色泥岩。 0.04m

16-38. 厚层状硅质岩。 0.72m

16-37. 厚层状硅质岩。 0.30m

16-36. 薄层状硅质灰岩，下部为灰岩。产牙形类：*Clarkina gaungyuanensis*。 0.18m

16-35. 薄层状硅质岩。 0.31m

16-34. 中厚层状硅质岩。 0.70m

16-33. 中厚层状硅质灰岩。产牙形类：*Clarkina asymmetrica*。 0.22m

16-32. 中厚层状硅质岩。 0.40m

16-31. 厚层状硅质岩夹灰岩。产牙形类：*Clarkina asymmetrica*。 0.37m

16-30. 中薄层状硅质岩。 0.55m

16-29. 中层状硅质岩夹灰岩。产牙形类：*Clarkina asymmetrica*。 0.27m

16-28. 中薄层状硅质岩。 0.22m

16-27. 灰黄色泥岩。 0.18m

17. 褐色薄层状硅质灰岩、硅质岩夹泥晶灰岩透镜体，含26个小层。产牙形类：*Clarkina dukouensis*。 8.37m

17-26. 中薄状硅质岩。 0.67m

17-25. 薄层状灰岩。 0.11m

17-24. 中层状硅质岩。 0.24m

17-23. 薄层状硅质岩。 0.25m

17-22. 薄层状灰岩。产牙形类：*Clarkina dukouensis*。 0.13m

17-21. 中层状硅质岩。 0.50m

17-20. 中薄层状硅质岩。 0.45m

17-19. 薄层状硅质岩含灰岩结核。 0.84m

17-18. 灰色中厚层状硅质岩，孔洞发育。 0.52m

17-17. 中层状硅质灰岩，下部硅质成分较高。 0.25m

17-16. 中薄层状硅质岩。 0.50m

17-15. 中厚层状硅质岩。 0.26m

17-14. 中薄层状灰岩。 0.17m

17-13. 灰黑色厚层状硅质岩。 0.33m

17-12. 灰黑色中层状硅质岩。产牙形类：*Clarkina* sp.。 0.5m

下部2.65m的黑色硅质岩分为11个单层，单层号7a—7k，自上而下描述如下。

7k. 薄层状硅质岩，夹灰岩透镜体，灰岩中含大量生屑。 0.37m

7j. 黑色、褐红色相间中厚层状硅质岩。 0.32m

7i. 黑色厚层状硅质岩，易碎，微层理较乱。 0.42m

7h. 黑色、褐红色相间中厚层状硅质岩。 0.15m

7g. 黑色硅质岩。 0.14m

7f. 黑色薄层状硅质岩。 0.12m

7e. 黑色薄层状硅质岩。产菊石。 0.16m

7d. 褐红色、黑色中厚层状硅质岩，微细水平层理发育，含珊瑚，是牙形类*Clarkina dukouensis*首现层位。 0.24m

7c. 乳白色薄片状泥岩，风化后成土色，约4～5cm厚，侧向延展很稳定。 0.13m

7b. 黑色、褐黄色薄层状硅质岩，微细水平层理很发育，由2～3个约5cm厚的单层组成，中部夹10cm灰岩，产牙形类：*Clarkina postbitteri postbitteri*。 0.24m

7a. 褐红色、黑色硅质岩，含少量灰岩透镜体，微细水平层理发育。 0.36m

茅口组

18b. 灰色薄—厚层状生屑灰岩。产大量海百合茎、单体和复体四射珊瑚、床板珊瑚、腕足、苔藓虫、菊石等；牙形类：*Jinogondolella granti*，*Clarkina postbitteri postbitteri*，*Clarkina postbitteri hongshuiensis*。 4.07m

本单元由25个单层组成，自上而下描述如下。

6k. 灰绿色凝灰质海百合茎亮晶灰岩，含大量的石针迹（*Skolithos*），直径为1~3cm不等，垂直层面，风化后成褐黄色，中空。为牙形类*Clarkina postbitteri postbitteri*首现层位，底界为吴家坪阶（乐平统）GSSP位置。 0.23m

6j. 灰绿色凝灰质海百合茎亮晶灰岩，含石针迹。产菊石：*Kuhfengoceras* sp.；牙形类：*Clarkina postbitteri hongshuiensis*。 0.08m

6i. 灰绿色凝灰质海百合茎亮晶灰岩。产牙形类：*Jinogondolella granti*。 0.24m

6h. 灰绿色凝灰质海百合茎亮晶灰岩。 0.10m

6g. 灰绿色凝灰质海百合茎亮晶灰岩。产腕足类：?*Araxathyris* sp.。 0.14m

6f. 灰绿色凝灰质海百合茎亮晶灰岩。 0.14m

6e. 灰绿色凝灰质海百合茎亮晶灰岩。 0.07m

6d. 灰绿色凝灰质海百合茎亮晶灰岩。 0.07m

6c. 绿色页岩和硅质灰岩。 0.09m

6b. 硅质岩，中部夹10cm厚的灰岩。 0.27m

6a. 灰绿色凝灰质海百合茎亮晶灰岩（经处理未见锆石）。 0.21m

5c. 灰色海百合茎亮晶灰岩。 0.28m

5b. 灰色海百合茎亮晶灰岩。产牙形类：*Jinogondolella granti*。 0.24m

5a. 灰色海百合茎亮晶灰岩。 0.31m

4k. 深灰色生屑灰岩。产牙形类：*Jinogondolella granti*。 0.15m

4j. 深灰色生屑灰岩。 0.14m

4i. 深灰色生屑灰岩。产牙形类：*Jinogondolella granti*。 0.15m

4h. 深灰色生屑灰岩。 0.23m

4g. 深灰色生屑灰岩。 0.12m

4f. 深灰色生屑灰岩。产牙形类：*Jinogondolella granti*。 0.13m

4e. 深灰色生屑灰岩。 0.07m

4d. 深灰色生屑灰岩。产牙形类：*Jinogondolella granti*。 0.12m

4c. 深灰色生屑灰岩。 0.11m

4b. 深灰色生屑灰岩。 0.16m

4a. 深灰色生屑灰岩。产牙形类：*Jinogondolella granti*。 0.22m

18a. 浅灰色块状生屑灰岩。产大量腕足类（Shen and Shi，2009）；牙形类：*Jinogondolella xuanhanensis* transitional *J. granti*，*J. granti*，*Hindeodus excavatus*。 4.13m

本单元由5个单层组成，自上而下描述如下。

3c. 腕足类介壳层，微白云质化，含大量腕足类：*Spinomarginifera lopingensis*，*Echinauris opuntia*，*Tyloplecta* cf. *yangtzeensis*。*Spinomarginifera lopingensis*大多数壳呈铰合状态。

3.0 m

3b. 灰白色巨厚层状粗晶灰岩，含少量海百合茎碎片，无明显层理。 0.28m

3a. 灰白色巨厚层状粗晶灰岩，含少量海百合茎碎片，无明显层理。 0.22m

2b—c. 黑色硅质岩与灰色灰岩互层，含腕足类：*Acosarina minuta*，*Tyloplecta yangtzeensis*，*Spinomarginifera kueichowensis*，*Urushtenoidea crenulata*。 0.63m

19. 褐色薄层状硅质灰岩与灰色泥晶灰岩互层，灰岩含泥质成分较高。产牙形类：*Jinogondolella xuanhanensis*，*J.* sp.。 4.75m

本单元顶部分为2层，自上而下描述如下。

2a. 分为3层，下部为褐色硅质岩层，0.10m；中部为灰色灰岩层，0.11m；上部为硅质岩层，

9~11cm。

    1. 硅质岩夹灰色灰岩，厚0.56m。

20. 灰色中厚层状含生屑泥晶灰岩夹燧石团块。产牙形类：*Jinogondolella xuanhanensis*，*J. prexuanhanensis*。   13.5m

21. 褐色硅质灰岩夹蓝灰色泥晶灰岩。产牙形类：*Jinogondolella postserrata*，transitional *J. shannoni* from *J. postserrata*。   6.95m

22. 深灰色中层状泥晶灰岩夹硅质条带。产牙形类：*J. postserrata*（高级类型）。

未见底

広西来賓蓬莱滩二叠系乐平统剖面综合柱状图 stratigraphic column.

年代地层				岩石地层		厚度(m)	岩性剖面	分层	岩性	主要生物化石及生物带
界	系	统	阶	组	段					
古生界	二叠系	乐平统	长兴阶	大隆组	砂泥岩段	700		141—140 / 139—137	下部为灰黑色中厚层状硅质岩夹黑色薄层状泥岩、中层状灰岩，上部为硅质岩、凝灰质砂岩、凝灰质钙质粗砂岩	牙形类 Clarkina meishanensis
						680		134—131	青灰色厚层状灰岩，灰绿色凝灰质砂岩	
								130—128	黄褐色凝灰质砂岩、钙质砂岩	Hindeodus praeparvus Clarkina yini
						660		127—125	青灰色极薄层状泥岩夹薄层泥灰岩	
								124	土黄色、青灰色薄层状凝灰岩	
						640		123—120	青灰色巨厚层状灰岩，含燧石团块夹砂岩、泥岩、煤线和凝灰岩	
								119—115	青灰色、褐灰色薄—中厚层状砂岩，顶部蒙脱石黏土夹煤线	
						620		113	灰黑色泥岩、页岩夹褐灰色中—厚层状钙质粉砂岩	
						600		110 / 107—104		
						580		103—93	青灰色、褐黄色页岩，夹细砂岩、粉砂岩和中砂岩	
						560 / 540		92—91 / 90—87	青灰色、褐黄色粉砂岩、细砂岩和中砂岩	
						520		86	灰黄、褐灰色粉砂质泥岩，含磷铁质结核	
						500		85	深灰色粉砂质泥岩与薄—中厚层状粉砂岩互层	
						480		84	深灰色粉砂质泥岩	
						460		83		
						440		82		
						420		80		
						400		79 / 78		菊石 Pernoceras
						380		77		
						360		76	褐灰色、深灰色页岩，灰黄色薄层状砂岩、粉砂岩、细砂岩	
						340		75 / 74 / 73		
						320		72 / 71		
						300		69—65 / 64		
						280		61 / 60		
						260		58 / 56 / 54	褐灰色页岩，薄层状粉砂岩、细砂岩	
						240		53	青灰色页岩，偶夹褐黄色中厚层状钙质、凝灰质细砂岩	
						220		52—50	褐灰色页岩，夹灰黄色中厚层状中砂岩、薄层状的细砂岩、粉砂岩	
						200		49—46	褐灰色页岩，粉砂岩和细砂岩	
								45—43	褐灰色中厚层状中细粒砂岩，夹页岩，砂岩向上变厚	
						180		42—35	青灰色中厚—厚层状钙质、凝灰质细砂岩，灰黑色和深灰色泥岩夹薄层砂岩页岩，页岩	
						160		34	深灰色泥岩，上部夹薄层状青灰色灰岩	
				蓬莱滩段		140		33	深灰色薄层状硅质岩和硅质岩石层	
								32	灰黑色薄层状硅质岩和泥岩互层夹数层灰黄色极薄层状粉砂岩	牙形类 Clarkina changxingensis
						120		31	灰黑色薄层状硅质岩与深灰色薄层状灰岩互层	菊石 Pleuronodoceras- Rotodiscoceras
								30—27	下部为灰色中厚层状灰岩，上部为灰色硅质泥岩夹蒙脱石黏土岩	
					二沟段			26—23	灰黄色中厚层状粗粒凝灰质砂岩，往上颗粒变细	
						100		22	下部深灰色中厚层状灰岩，上部深灰色薄—中厚层状硅质岩	
								21—19	底部为深灰色薄层状灰岩，中上部为灰黑色硅质页岩	
						80		18	灰黑色硅质页岩，粉砂质页岩夹灰黑色薄层状硅质岩	牙形类 Clarkina subcarinata
			吴家坪阶	合山组				17—15	深灰色薄—中厚层状硅质岩与薄层粉砂质泥岩互层	
						60		14—12	深灰色薄—中厚层状灰岩夹薄—中厚层状硅质岩，硅质岩中条带状构造较发育	Clarkina orientalis 菊石 Konglingites
						40		11	深灰色薄—中厚层状硅质灰岩，含大量硅质条带	
								10—8	深灰色薄—中厚层状硅质灰岩	
						20		7—6	深灰色薄—中厚层状硅质灰岩，局部夹硅质灰岩	
						0 m		5—3	黑色炭质泥岩、粉砂岩、页岩、煤层和粉砂岩，底部为薄层状硅质岩	Prototoceras

图 例

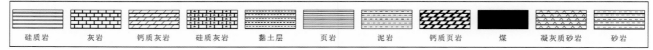

硅质岩　灰岩　钙质灰岩　硅质灰岩　黏土层　页岩　泥岩　钙质页岩　煤　凝灰质砂岩　砂岩

图 4-1-10　广西来宾蓬莱滩二叠系乐平统剖面综合柱状图

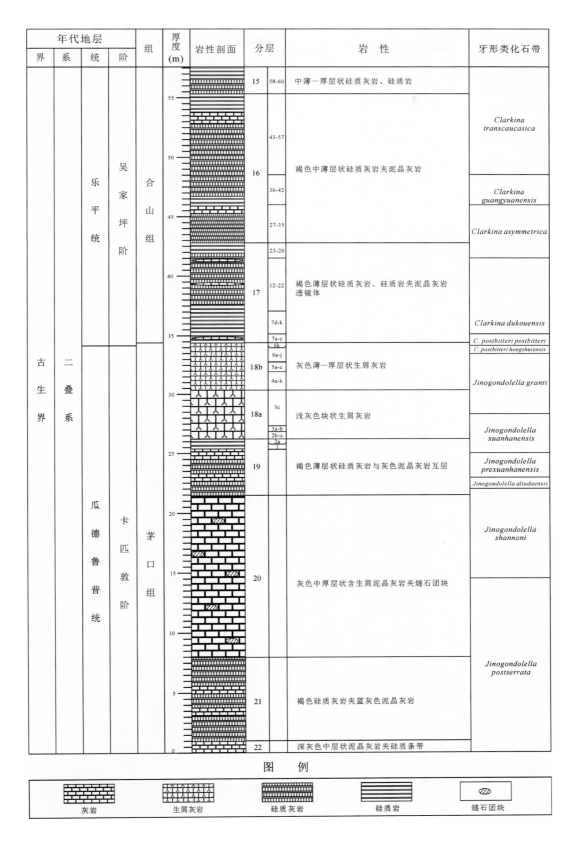

图 4-1-11　广西来宾蓬莱滩二叠系瓜德鲁普—乐平统界线剖面综合柱状图

4.1.6 浙江长兴煤山剖面

煤山剖面（GPS：31°4′55″N，119°42′22.9″E）位于浙江长兴，交通方便，汽车可直达剖面。该剖面位于煤山背斜的西翼，连续出露吴家坪阶龙潭组顶部至三叠系殷坑组底部的地层。其所在位置原先是一个采石场，位于煤山镇至新槐乡公路北侧的山坡上。由于侧向上分布有多个采石场，故自西向东依次命名为A、B、C、D、E、Z剖面（赵金科等，1981；Sheng et al.，1984），其中以煤山D剖面出露的地层最为完整。煤山D剖面历经几代地质工作者的研究（Grabau，1923；盛金章，1955；赵金科等，1978，1981；Sheng et al.，1984；盛金章等，1987；Yin et al.，1996，2001；Jin et al.，2006a；曹长群和郑全锋，2007），最终被确立为全球二叠—三叠系GSSP和长兴阶底界GSSP，这也是国际上唯一具有两枚"金钉子"的剖面（Yin et al.，2001；Jin et al.，2006b）。剖面照片见图4-1-12，综合柱状图见4-1-13。

煤山剖面描述主要据曹长群和郑全锋（2007）、Yin et al.（1996）、张克信等（2013）修改，牙形类名单据Yuan等（2014a）修改。

殷坑组

37. 青灰色钙质泥岩，黑色页岩和灰色中薄层状灰岩泥晶灰岩互层，上部以灰岩为主。产双壳类：*Claraia fukienensis*，*C. lungyenensis*；菊石：*Lytophiceras* sp.；牙形类：*Hindeodus* sp.。　未见顶

36. 青灰色钙质泥岩和黑色页岩夹灰色薄层状黏土岩。　0.90m

35. 青灰色中薄层状泥晶灰岩夹黑色泥岩。产双壳类：*Claraia lungyenensis*，*C.* sp.。　1.17m

34. 深灰色钙质泥岩、泥晶灰岩，夹黑色泥岩。产双壳类：*Pseudoclaraia wangi*，*Claraia dieneri*，*C. lungyenensis*；牙形类：*Hindeodus eurypyge*，*H. parvus*，*H. praeparvus*，*H. typicalis*。　6.0m

33. 黄色伊利石—蒙脱石黏土岩。　0.08 m

32. 深灰色中薄层状钙质泥岩，夹黑色泥岩和灰色泥晶灰岩。产双壳类：*Pseudoclaraia wangi*，*Claraia dieneri*，*C. griesbachi*；菊石：*Ophiceras* cf. *subdemissum*；牙形类：*Hindeodus eurypyge*，*H. parvus*，*H. praeparvus*，*H. typicalis*。　0.82m

31. 灰黄色伊利石—蒙脱石黏土岩。　0.04m

30. 灰色泥岩，夹黑色泥岩和灰色中层状泥晶灰岩。产菊石：ophiceratids；双壳类：*Claraia griesbachi*，*C. concentrica*，*Pseudoclaraia wangi*；牙形类：*Clarkina carinata*，*C. planata*，*Hindeodus* sp.，*H. lantidentatus*，*H. eurypyge*，*H. typicalis*。　0.57m

29. 灰色中层状含泥质、粉砂质泥晶灰岩。产双壳类：*Pseudoclaraia wangi*；菊石：ophiceratids；腕足类：*Paryphella orbicularis*；牙形类：*Clarkina* sp.，*Hindeodus parvus*，*H. lantidentatus*，*Isarcicella staeschei*。　0.26 m

28. 灰黄色伊利石—蒙脱石黏土岩。产牙形类：*Clarkina* sp.，*Hindeodus parvus*，*H. praeparvus*，*H. eurypyge*，*H. typicalis*，*Isarcicella staeschei*。　0.03m

图 4-1-12　浙江长兴煤山剖面。A. 长兴阶单位层型，由二叠—三叠系界线层型和长兴阶底界层型限定；U-Pb TIMS 测年据 Burgess 等（2014）；B. 煤山 B 剖面二叠—三叠系界线；C. 煤山 D 剖面二叠—三叠系 GSSP；D. 长兴阶底界 GSSP；E. 煤山 C 剖面二叠—三叠系界线，铁锤指处为长兴组 24e 层

27d. 浅黄灰色含粉砂质泥晶灰岩。产牙形类：*Hindeodus parvus*，*H. praeparvus*，*H. changxingensis*，*H. typicalis*。 0.04m

27c. 浅黄灰色含粉砂质泥晶灰岩。产牙形类：*Hindeodus parvus*，*H. praeparvus*，*H. changxingensis*，*H. typicalis*，*Clarkina* sp.。 0.04m

27b. 浅黄灰色含粉砂质泥晶灰岩。产牙形类：*Clarkina zhejiangensis*，*Clarkina* sp.，*Hindeodus changxingensis*，*H. praeparvus*，*H. typicalis*。 0.04m

27a. 浅黄灰色含粉砂质泥晶灰岩。产牙形类：*Clarkina changxingensis*，*H. inflatus*，*H. typicalis*。 0.04m

26. "黑黏土岩层"，实际为黑色泥岩层，为深灰色含伊利石—蒙脱石黏土质泥岩，含钙质、粉砂质。产腕足类：*Cathaysia chonetoides*，*Crurithyris flabelliformis*，*Neochonetes*（*Sommeriella*）*strophomenoides*，*Paryphella orbicularis*，*P. triquetra*，*Uncinunellina* sp.，*Fusichonetes* cf. *soochowensis*，*F. wongiana*；有孔虫：*Rectostipulina quadrata*，*Hemigordius* sp.，*Neotuberitina maljavkini*，*Nodosinelloides aequiampla*，*Glomospira* sp.，*Frondina permica*，*Globivalvulina bulloides*；牙形类：*Clarkina zhejiangensis*，*C. meishanensis*，*Hindeodus* sp.。 0.06m

25. "白黏土岩层"，实际为浅蓝灰色伊利石—蒙脱石黏土岩，风化后呈浅黄白色。产牙形类：*Clarkina meishanensis*，*Hindeodus* sp.；有孔虫：*Rectostipulina quadrata*，*Cryptoseptida anatoliensis*，*Hemigordius* sp.，*Eotuberitina sphaera*，*Nodosinelloides aequiampla*，*Frondina permica*，*Globivalvulina bulloides*。 0.04m

长兴组

24e. 灰色中—薄层状生屑泥晶灰岩，块状构造，底部夹有硅质条带，带宽5～8mm，延伸10～20cm，顺层分布，中部夹厚2cm的深褐色生屑泥晶灰岩。产腕足类：*Crurithyris flabelliformis*，*Prelissorhynchia pseudoutah*；菊石：*Rotodiscoceras* sp.；蜓类：*Palaeofusulina* sp.；牙形类：*Clarkina yini*，*C. meishanensis*，*Hindeodus* sp.。 0.30m

24d. 深灰色中层状生屑泥晶灰岩，夹灰黑色极薄层状含硅质钙质泥岩。产非蜓有孔虫：*Nodosaria netschajewi*，*Pachyphloia lanceolata*，*Geinitzina caucasica*；蜓类：*Reichelina* sp.，*Palaeofusulina* cf. *sinensis*；菊石：*Pseudogastrioceras* sp.，*Pleuronodoceras mirificus*；牙形类：*Clarkina yini*。 0.22m

24c. 深灰色中层状含白云质生屑泥晶灰岩，具正粒序层理及平行层理，夹灰黑色极薄层状含硅质钙质泥岩。产牙形类：*Clarkina yini*，*Hindeodus* sp.。 0.17m

24b. 深灰色中层状含白云质生屑泥晶灰岩，底部有一层极薄层状的含硅质黏土岩层。产牙形类：*Clarkina yini*，*Hindeodus* sp.。 0.10m

24a. 深灰色中层状生屑泥晶灰岩，底部有一层极薄层状含硅质黏土岩层。含牙形类：*Clarkina yini*，*Hindeodus* sp.。 0.09m

23. 深灰色中薄层状生屑泥晶灰岩，夹灰黑色薄层状含泥质硅质灰岩。产牙形类：*Clarkina changxingensis*，*C. yini*，*Hindeodus* sp.；非蜓有孔虫：*Colaniella nana*，*Glomospirella hubeiensis*，*Reichelina changxingensis*；钙藻：*Permocalaulus* sp.，*Pseudovermiporella sodalica*，*Tubiphytes abscurus*。　　　　　　　　　　　　　　　　　　　　　　　　　　　　　　　　1.23m

　　据赵金科等（1981），长兴组最顶部的2.97m内，包括22层上部以及23—24层产菊石：*Changhsingoceras meishanense*，*Pachydiscoceras changhsingense*，*Pleuronodoceras mirificum*，*P. multinodosum*，*?P. inflatum*，*Pseudogastrioceras* sp.，*Rotodiscoceras asiaticus*，*R.* sp.，*Stacheoceras pachydiscum*，*Trigonogastrioceras changhsingense*。

22. 深灰色中层状生屑泥晶灰岩。产牙形类：*Clarkina changxingensi*，*C. yini*；蜓类：*Palaeofusulina nana*；非蜓有孔虫：*Colaniella pulchra*，*Glomospira dublicata*，*Geinitzina caucasica*，*Nodosaria* sp.，*Pachyphloia iniqua*；腕足类：*Crurithyris* sp.。　　　　2.19m

21. 深灰色中层状含硅质生屑泥晶灰岩，具生物扰动构造，顶面具轻微波状起伏。产牙形类：*Clarkina changxingensis*，*Hindeodus* sp.；非蜓有孔虫：*Colaniella* sp.，*Dagmarita lingtangensis*，*Padangia perforata*，*Robuloides* sp.；放射虫：*Spumellaria* sp.。　　　　1.12m

20. 灰色中层状生屑泥晶灰岩夹深灰色、灰黑色薄层状炭质泥晶灰岩和含钙炭质泥晶灰岩。产牙形类：*Clarkina changxingensis*；非蜓有孔虫：*Glomospira* sp.。　　　　1.23m

19. 灰色中层状生屑灰岩夹深灰色、灰黑色薄层状硅质灰岩和炭质泥岩。产牙形类：*Clarkina changxingensis*，*Hindeodus* sp.；非蜓有孔虫：*Agathammina pusilla*，*Dagmarita* sp.，*Frondicularia simplex*，*Glomospira* sp.；双壳类：*Neoschizodus* sp.。　　　　4.00m

18. 深灰色中层状含有机质生屑泥晶灰岩夹灰黑色薄层状硅质灰岩。产牙形类：*Clarkina changxingensis*。　　　　0.33m

17. 灰黑色含海绵骨针伊利石—蒙脱石黏土岩。　　　　0.06m

16. 灰色中层状生屑泥晶灰岩，夹灰黑色硅质条带。产牙形类：*Clarkina changxingensis*；非蜓有孔虫：*Dagmarita* sp.。　　　　4.24m

15. 灰色中层状生屑泥晶灰岩，夹灰黑色硅质条带，含海绵骨针。产牙形类：*Clarkina changxingensis*；非蜓有孔虫：*Dagmarita* sp.，*Nodosaria* sp.，*Pachyphloia* sp.；腕足类：*Leptodus* sp.；双壳类：*Palaeonucula* sp.。　　　　3.43m

14. 灰黑色中薄层状泥晶灰岩，夹黑色薄层状硅质岩。产牙形类：*Clarkina changxingensis*；非蜓有孔虫：*Geinitzina* sp.；腕足类：*Crurithyris flabelliformis*，*Cathaysia chonetoides*，*Enteletes* cf. *retardata*，*Meekella* sp.，*Notothyris* sp.，*Prelissorhynchia pseudoutah*，*Orbiculoidea minuta*，*Pygmochonetes* sp.，*Permophricodothyris* sp.，*Terebratuloides* sp.，*Parapulchratia* sp.。　　1.55m

13b. 灰色中层状生屑泥晶灰岩。产牙形类：*Clarkina changxingensis*；非蜓有孔虫：*Geinitzina* sp.。　　　　　　　　　　　　　　　　　　　　　　　　　　　　　　　　3.20m

13a. 灰黑色中层状海绵骨针灰岩，夹极薄层状硅质岩。产牙形类：*Clarkina changxingensis*，

C. subcarinata，Hindeodus sp.；非蜓有孔虫：Geinitzina tcherdynzevi，Nodosaria sp.；腕足
类：Araxathyris sp.，Cathaysia chonetoides，C. sp.，Meekella sp.，Orthothetina sp.；腹足类：
Callistadia sp.，Worthenia sp.。 1.83m

12. 灰黑色、灰红色中厚层状生屑泥晶灰岩，夹灰黑色薄层状炭质泥岩。产牙形类：Clarkina
changxingensis，C. subcarinata；非蜓有孔虫：Frondicularia guangxiensis，Geinitzina sp.，
Nodosaria sp.；鹦鹉螺：Liroceras sp.，Motucoceras sp.，Neocycloceras sp.，Tainoceras sp.。

1.64m

11. 深灰色中厚层状生屑泥晶灰岩。产牙形类：Clarkina wangi，C. subcarinata；非蜓有孔虫：
Geinitzina sp.，Nodosaria netchajevi。 4.02m

10. 浅灰色中层状生屑泥晶灰岩，夹黑色薄层状炭质泥岩和硅质层。产牙形类：Clarkina wangi；
非蜓有孔虫：Nodosaria sp.。 0.88m

9. 深灰色中层状生屑灰岩，含硅质结核、硅质条带，夹灰黑色极薄层状硅质泥岩和炭质泥岩。
产牙形类：Clarkina wangi；非蜓有孔虫：Geinitzina sp.，Nodosaria sp.；头足类：Lirometoceras
sp.，Lopingoceras guangdeense，Longmenshanoceras changxingensis，Mingyuexiaceras
changxingensis，M. radiatus，M. sp.，Parametacoceras sp.，Pseudogastrioceras gigantum，P. sp.，
Sinoceltites costatus，S. opimus，S. sichuanensis，Tapashanites chaotianensis，T. curvoplicatus。

2.68m

8. 灰色中层状生屑灰岩，夹灰黑色薄层状硅质泥岩。产牙形类：Clarkina wangi；非蜓有孔
虫：Geinitzina caucasica，Nodosaria sp.；蜓类：Palaeofusulina simplex，腕足类：Cathaysia
chonetoides，Permophricodothyris sp.。 1.21m

7. 灰黄色含钙质炭质泥岩。 0.07m

6. 浅灰色中层状生屑灰岩，夹深灰色薄层状含炭质和硅质泥晶灰岩。产牙形类：Clarkina
subcarinata，C. orientalis，Hindeodus sp.；非蜓有孔虫：Nodosaria sp.，Pseudoglandulina sp.；
腕足类：Cathaysia chonetoides。 1.13m

5. 深灰色中薄层状生屑泥晶灰岩，夹硅质条带。产牙形类：Clarkina wangi，C. orientalis；非
蜓有孔虫：Nodosaria sp.，Pseudoglandulina sp.；介形类：Bairdiacypris fornicata，Bairdia
wrodeloformis，Basslerella firma，Eumiraculum changxingensi，Petasobairdia bicornuta，
Silenmites sockakwaformis。 1.75m

4b. 灰色中薄层状生屑泥晶灰岩，顶部含浅灰色薄层状钙质泥岩。产牙形类：Clarkina wangi，
C. orientalis，C. longicuspidata，Hindeodus sp.；非蜓有孔虫：Geinitzina caucasica，Nodosaria
sp.；蜓类：Palaeofusulina minima；介形类：Basslerella obesa，Petasobairdia bicornuta。 1.75m

4a. 灰色厚层状生屑泥晶灰岩。产牙形类：Clarkina wangi，C. orientalis，C. longicuspidata；腕足
类：Cathaysia chonetoides，C. parvalia。 0.76m

3. 灰黑色硅质钙质泥岩，夹炭质泥岩。产牙形类Clarkina orientalis，C. longicuspdata。 0.26m

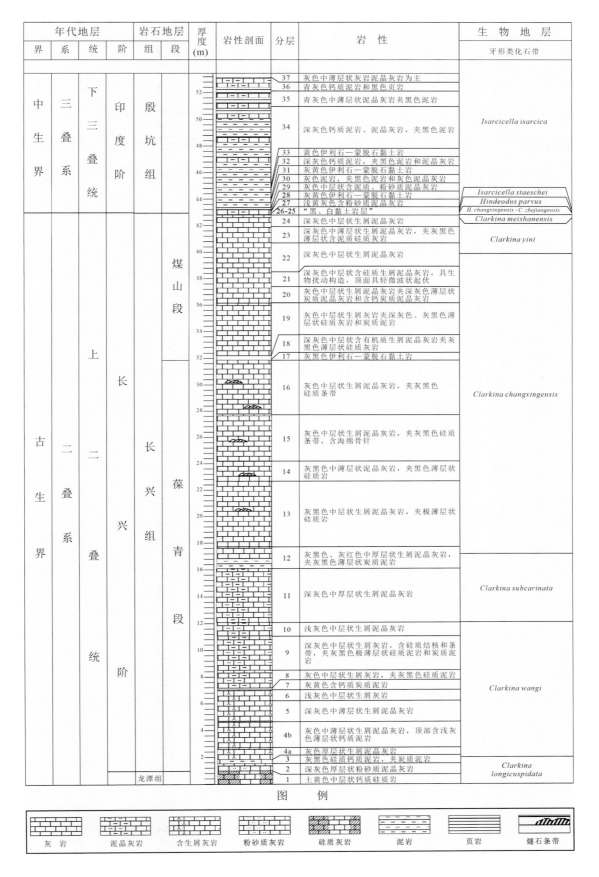

图 4-1-13　浙江长兴煤山二叠—三叠系剖面综合柱状图

2. 深灰色厚层状粉砂质泥晶灰岩。产牙形类：*Clarkina* sp.；非䗴有孔虫：*Geinitzina* sp.，*G.* cf. *postcarbonica*，*G. caucasica*，*Padangia perforata*；腕足类：*Cathaysia chonetoides*。　　0.56m

龙潭组

1. 土黄色中层状钙质硅质岩。产菊石：Araxoceratidae gen. et sp. indet.，*Pseudogastrioceras* sp.；双壳类：*Palaeoneilo sunanensis*，*P. cf. leiyangensis*，*Pernopecten* sp.，*Schizodus* cf. *dubiiformis*；腕足类：*Anidanthus* cf. *sinosus*，*Acosarina* sp.，*Cathaysia chonetoides*，*Crurithyris* sp.，*Prelissorhynchia* sp.，*Orbiculoidea minuta*，*Orthotichia* sp.，*Paryphella gouwaensis*，*Spinomarginifera lopingensis*，*Streptorhynchus* sp.。　　未见底

4.2　华北区

华北区主要介绍山西保德扒楼沟剖面和山西太原西山剖面。

4.2.1　山西保德扒楼沟剖面

保德扒楼沟剖面（GPS：38°45′30.00″N，111°8′12.10″E）位于山西省西北部与陕西省交界处的保德县黄河南岸。在乌拉尔世，华北板块位于低纬度热带地区，是古特提斯洋中的微板块，山西省位于华北板块的中部。保德地区太原组中含有少量海相碳酸盐岩沉积的薄层状灰岩，万世禄等（1983）、王志浩和李润兰（1984）及王志浩和祁玉平（2003）等对其中的牙形类进行了研究，孔宪祯等（1996）报道了其中的䗴类化石。保德地区的二叠纪地层中还保存有丰富的古植物和孢粉化石，许多学者对该地区二叠纪植物大化石（孙革，1991；张宜等，2012；Yan et al.，2016，2017）进行了详细研究。孔宪祯等（1996）、高联达（2008）、Liu等（2008，2011，2015）等先后对保德地区二叠纪孢粉化石进行了深入研究，并建立了自太原组—上石盒子组详细的孢粉组合带。剖面照片见图4-2-1，综合柱状图见图4-2-2。

扒楼沟剖面描述如下，主要据刘锋（2009）修改。

孙家沟组

139. 紫红色泥岩夹灰绿色砂岩条带。　　>20m

138. 黄色含砾砂岩。　　12.0m

上石盒子组

137. 紫红色泥岩夹灰绿色砂岩条带。夹有3层黏土岩，均呈白色至灰白色，厚约3～5cm。产植物：*Calamites* sp.，*Lobatannularia multifolia*，*L. sinensis*，*Pecopteris* sp.，*Gigantonoclea* sp.，*Taeniopteris tingii*，*T. densissima*，*T. taiyuanensis*，*T.* sp.，*Chiropteris reniformis*，*Cordaites* sp.，等。　　14.7m

136. 灰色长石石英砂岩。　　6.0m

图 4-2-1　山西保德扒楼沟剖面。A. 太原组底部地层；B. 上石盒子组中部的多层火山灰层；C. 山西组与太原组界线；D. 上石盒子组与石千峰组界线

135. 紫红色泥岩夹灰绿色砂岩条带。顶部夹2层灰白色黏土岩。 85.6m

134—133. 灰白色砂岩。 7.7m

132. 灰白色含砾砂岩。 4.2m

131. 灰红色夹灰绿色泥岩。产植物：*Neuropteridium coreanicum*，*Fascipteris densata*，*Pecopteris lativenosa*。 5.7m

130. 灰黄色长石石英砂岩，夹砂泥岩透镜体。产植物：*Chiropteris reniformis*。 7.5m

129. 灰黑色泥岩。产植物：*Fascipteris hallei*，*Chiropteris reniformis*，*Gigantonoclea lagrelii*，*Samaropsis taiyuanensis*。 2.0

128. 灰白色含砾砂岩。 2.7m

127—124. 灰红色泥岩夹灰绿色砂岩。 9.2m

123. 灰黄色含砾砂岩。 31.0m

122. 灰色泥岩。 4.8m

121. 灰黄色含砾砂岩。 17.5m

下石盒子组

114—120. 灰色泥岩夹砂岩。产植物：*Sphenopteridium pseudogermanicum*，*Compsopteris wongii*，*Taeniopteris multinervis*，*T. latecostata*，*T. tongshanensis*，等。 3.0m

113. 灰色含砾砂岩。 6.0m

112. 灰色夹黄色泥岩。产植物：*Odontopteris subcrenulata*，*Taeniopteris multinervis*。 3.5m

111. 青灰色岩屑砂岩。 2.5m

110. 灰色泥岩。产植物：*Tingia carbonica*，*Sphenophyllum thonii*，*S. emarginatum*，*Taeniopteris shansiensis*，*T. mucronata*，*Emplectopteris triangularis*。 4.0m

109. 灰黑色砂岩。 3.0m

108. 灰色泥岩含植物。 5.5m

107. 灰黄色砂岩。产丰富的植物，包括：*Lepidodendron oculusfelis*，*Stigmaria ficoides*，*Calamites* sp.，*Annularia gracilescens*，*A.* sp.，*Sphenophyllum thonii*，*S. oblongifolium*，*Sphenopteris obtusiloba*，*Pecopteris arborescens*，*P. feminaeformis*，*P. orientalis*，*P.* sp.，*Cladophlebis permica*，*Neuropteris* sp.，*Compsopteris wongii*，*Emplectopteris triangularis*，*Mariopteris hallei*，*Cathaysiopteris whitei*，*Tingia carbonica*，*T. partifa*，*T. hamaguchii*，*Yuania* sp.，*Taeniopteris shansiensis*，*Taeniopteris multinervis*，*Nilssonia xerophylla*，*Cordaites* sp.，*Gigantosopermum wangii*，等。 2.0m

106—105. 煤含植物。 2.1m

104—103. 灰黄色砂岩。 0.2m

102—100. 煤含植物。 1.5m

99—98. 灰黄色砂岩。产植物：*Annularia stellata*，*A. orientalis*，*Lobatannularia sinersis*，

Emplectopteris triangularis，*Taeniopteris mucronata*。 10.8m

95—97. 煤含植物。 1.5m

94—93. 灰色泥岩偶夹砂岩。产植物：*Pecopteris feminaeformis*，*Sphenophyllum minor*，*Tingia carbonic*。 2.8m

92. 灰白色含砾砂岩。 23.4m

山西组

91. 灰黑色粉砂质泥岩。产植物：*Sphenopteris tenuis*。 1.9m

90. 煤。 0.3m

89—88. 灰色泥岩夹砂岩。产植物：*Pecopteris unita*，*Sphenophyllum rotundatum*，*S. verticillatum*，*Sphenopteris tenuis*，*Taeniopteris multinervis*，等。 5.5m

87. 煤。 1.3m

86—84. 灰色泥岩夹砂岩。 2.9m

83. 煤。 4.2m

82—81. 灰色泥岩夹砂岩。产植物：*Calamites* sp.，*Lobatannularia sinensis*，*Pecopteris* sp.，等。 4.8m

80. 黄色含砾砂岩。 12.6m

太原组

79. 灰色泥岩，顶部含一层黄绿色黏土岩。 0.4m

78. 煤。 1.2m

77—76. 灰黑色含砾石的土门泥页岩。 6.3m

75. 黑色泥页岩。产腕足类及腹足类化石。 0.5m

74—72. 灰黑色含砾石的土门泥页岩。产腕足类和腹足类化石。 9.6m

71. 煤。 0.6m

70—68. 灰黑色粉砂质泥岩。 3.0m

67. 灰白色灰岩。产蜒类：*Schubertella excelsa*，*Eoparafusulina shanxiensis*，*E. pailensis ferganensis*，*Schwagerina erucaria*，*S. xiaodonggouensis*，*Boultonia simplicata*，*Triticites pusillus*，*T.* cf. *kuanshanensis*；牙形类：*Streptognathodus elongatus*，*S. oppletus*，*S. gracilis*，*S. fuchengensis*，*S. wabaunsensis*，*S. barskovi*；腕足类；少量菊石和双壳类。 4.9m

66. 黑色页岩。 1.6m

65—63. 煤，夹黑色泥岩及砂岩。 4.4m

62—61. 灰黑色泥岩。 4.5m

60. 煤含植物。 1.1m

59—57. 灰红色泥岩偶夹砂岩。产植物：*Stigmaria ficoides*，*Cordaites* sp.，*Sphenophyllum oblongifolium*，*Sphenopteris* sp.，*Pecepteris feminaeformis*，*Pecopteris* sp.，*Neuropteris* sp.，

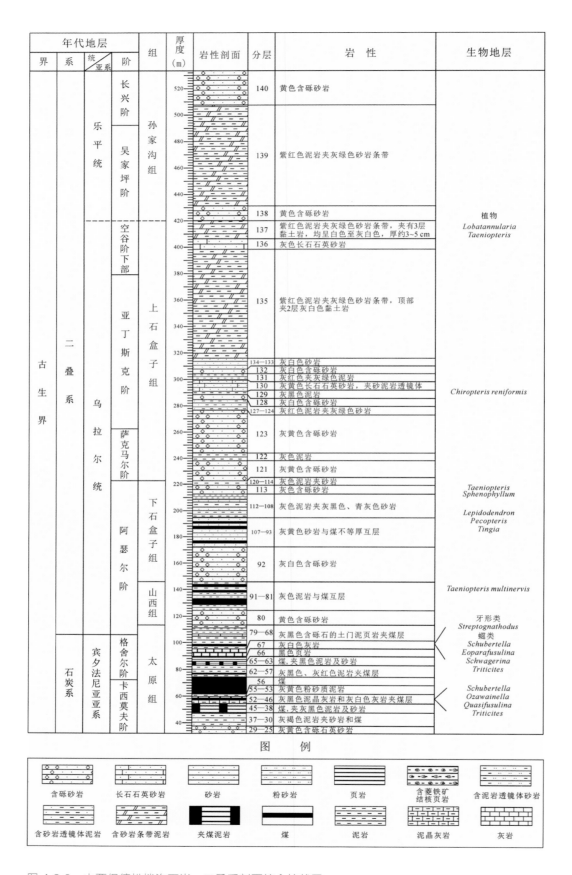

图 4-2-2　山西保德扒楼沟石炭—二叠系剖面综合柱状图

Cordaites sp.，等。 2.8m

56. 煤。 12.0m

55—53. 灰黄色粉砂质泥岩。 1.2m

52. 灰白色灰岩。产蜓类：*Oketaella fryei*，*Schubertella sphaerica staffelloides*，*S. transitoria*，*S. umbilicata*，*S. pusilla*，*Eostaffella mutabilis*，*Ozawainella vozhgalica*，*O. angulata*，*Quasifusulina laxa*，*Q. gracilis*，*Triticites samenkiangensis*，*T. sinuosus*，*Nankinella* sp.，等。

1.3m

51—48. 煤。 1.2m

47—46. 灰黑色泥晶灰岩。产蜓类：*Oketaella fryei*，*Montiparus minutus*，*Schubertella quasiobscura*，*Eostaffella mutabilis*，*Quasifusulina eleganta*，*Q. longissima*，*Q. gracilis*，*Q. deshengensis*，*Triticites noinskyi*，等。

1.6m

45—38. 煤，夹黑色泥岩及砂岩。 8.8m

37—31. 灰褐色泥岩夹砂岩。 9.4m

30. 煤。 0.4m

29—25. 灰黄色含砾石英砂岩。产植物：*Neuropteris ovata*。 5.8m

4.2.2 山西太原西山剖面

太原西山剖面（GPS：37°52′7.60″N，112°22′52.10″E）是华北地区石炭—二叠系的典型剖面，研究历史悠久，研究成果丰富。Norin（1922）最先详细测制了太原西山石炭—二叠系剖面，将含煤地层划分为上、下月门沟煤系。同年，翁文灏和Grabau把上、下月门沟煤系分别称为山西系和太原系，两系以斜道灰岩顶面分界。1926年，李四光和赵亚曾根据蜓类和腕足类又划分出本溪系。之后近百年都一直有学者集中于该剖面的生物地层学、沉积学及古生态学等研究［如孔宪祯等（1996），高金汉等（2005），Stevens等（2011）］。其中煤炭科学研究院地质勘探分院和山西省煤田地质勘探公司曾在1980—1982年间对太原西山煤田进行了多学科、多手段的综合研究，并于1987年著有《太原西山含煤地层沉积环境》一书（煤炭科学研究院地质勘探分院和山西省煤田地质勘探公司，1987）。剖面照片见图4-2-3，综合柱状图见图4-2-4。

太原西山剖面描述如下，主要据孔宪祯等（1996）修改。

孙家沟组（石千峰组）

151. 紫红色砂质泥岩夹3层同色砂岩。 3.98m

150. 砖红色中粒长石石英砂岩。 7.4m

149. 砖红色砂质泥岩。 7.98m

148. 浅灰绿色厚层状长石石英砂岩夹2.5m紫红色砂质泥岩。 12m

147. 砖红色泥岩。 15.1m

图 4-2-3　山西太原西山剖面。A. 太原西山剖面全景图；B. 本溪组与太原组交界附近；C. 太原组毛儿沟灰岩（较厚）与庙沟灰岩出露处；D. 太原组下部灰岩与砂岩互层，含煤；E. 山西组和下石盒子组下部地层；F. 下石盒子组底部骆驼脖子砂岩；G. 上石盒子组下部黄绿色砂岩

146. 浅红色中粒长石砂岩。 5.7m

145. 紫红色泥岩，顶部为暗紫色夹数层蓝灰色泥晶灰岩条带。 26.25m

144. 中粒长石石英砂岩。 3.2m

上石盒子组

143. 暗紫色团块状砂质泥岩。 3m

142. 绿黄、绿红色中细粒岩屑长石砂岩。 1.85m

141. 暗紫色团块状砂质泥岩。 0.8m

140. 绿灰色含细砾粗粒岩屑长石砂岩。 1.45m

139. 上部暗紫色；下部黄绿色砂质泥岩。 4.7m

138. 中上部为暗紫、灰绿色含砾中粗粒长石杂砂岩，下部为粉砂岩。 4.5m

137. 灰绿色含砾粗粒长石杂砂岩，底部为30cm厚团块状砂质泥岩。 3.5m

136. 暗紫色中厚层状中粗粒岩屑长石杂砂岩。 1.5m

135. 砂质泥岩。 6m

134. 灰黄色厚—巨厚层状含细砾中粗粒长石杂砂岩。 2.5m

133. 暗紫色团块状砂质泥岩。 28.5m

132. 灰黄色厚—巨厚层状中粒长石杂砂岩。 6.5m

131. 暗紫、紫红色团块状泥岩，顶部灰色泥岩，底部为0.7m厚细粒长石杂砂岩。 27.2m

130. 紫红色为主，间夹黄绿色砂质泥岩。 4.5m

129. 暗紫色中厚层状中粒长石杂砂岩。 m

128. 团块状泥岩。 8.2m

127. 杂色泥岩，顶部为50cm厚暗灰色硅质岩。 6.5m

126. 灰黄、暗紫色厚—巨厚层状含砾粗粒长石杂砂岩。 5m

125. 暗紫色团块状泥岩。 18m

124. 黄绿色厚层状含砾中粗粒长石杂砂岩。 4.5m

123. 暗紫、紫红色团块状泥岩。 8m

122. 暗灰色团块状硅质岩。 13.75m

121. 暗紫、灰绿色巨厚层状砂质泥岩。 17.6m

120. 灰黄、暗紫色厚—巨厚层状中粗粒岩屑长石杂砂岩。 6.5m

119. 黄绿、暗紫色团块状砂质泥岩。 9m

118. 灰黄、暗紫色中厚层状中粒岩屑长石杂砂岩。 1m

117. 杏黄、黄绿色砂质泥岩，顶部为深灰色团块状泥岩。 18.5m

116. 灰黄色中厚层状含砾中细粒岩屑长石砂岩。 5.5m

115. 灰黄色砂质泥岩。 5.2m

114. 灰黄色中细粒岩屑长石杂砂岩。 2.5m

113. 灰黄、暗灰色砂质泥岩，夹暗灰色铁锰质泥岩。产植物：*Pecopteris orientalis*，*P.* sp.，*Sphenopteris tenuis*，*S.* sp.，*Cordaites* sp.。　　　　　　　　　　　　14.25m

112. 灰绿色薄层状中粒岩屑长石砂岩。　　　　　　　　　　　　　　　　　　　　1.5m

111. 暗紫色泥岩。　　　　　　　　　　　　　　　　　　　　　　　　　　　　　8m

110. 绿黄色砂质泥岩。　　　　　　　　　　　　　　　　　　　　　　　　　　3.2m

109. 浅绿黄色细粒长石岩屑杂砂岩。　　　　　　　　　　　　　　　　　　　　1.1m

108. 灰黄色砂质泥岩。　　　　　　　　　　　　　　　　　　　　　　　　　　　5m

107. 灰黄色厚层状粉砂岩。　　　　　　　　　　　　　　　　　　　　　　　　3.2m

106. 黄绿、灰黄色砂质泥岩，中上部为深灰色粉砂质泥岩。产植物：*Lepidodedron* sp.，*Pecopteris* sp.，*Odontopteris orbicularis*，?*Callipteris laceratifolia*，*Gigantonoclea hallei*，*Taeniopteris* sp.，*Saportaea nervosa*，*Cornucarpus* sp.。　　　　　　8.5m

105. 灰黄色细粒岩屑长石砂岩。　　　　　　　　　　　　　　　　　　　　　　1.5m

104. 下部绿黄色砂质泥岩，上部黄绿色团块状泥岩，中部夹一层厚1m的中细粒杂砂岩透镜体。产植物：*Callipteris laceratifolia*，*Psygmophyllum multiparitium*。　　　　7.2m

103. 黄绿色含砾中粗粒岩屑长石杂砂岩，底部为底砾岩。　　　　　　　　　　　2m

102. 底部黄绿色团块状砂质泥岩，中部夹黄灰色粉砂岩透镜体，上部为灰色团块状泥岩，顶部为灰绿色砂质泥岩。产植物：*Sphenophyllum* sp.，*Lobatannularia* sp.，*Tingia* cf. *oblonga*，*T.* cf.*carbonica*，*Yuania striata*，*Sphenopteris* sp.，*Pecopteris* cf. *orientalis*，*P. anderssonii*，*P.* cf. *permica*，*Alethopteris* cf. *norinii*，*Odontopteris orbicularis*，*Callipteris laceratifolia*，*Taeniopteris* sp.，*Cordaites principalis*。　　　　　　　　　　　　　　3.3m

101. 黄绿色厚—巨厚层状含砾中粗粒岩屑长石杂砂岩。　　　　　　　　　　　8.5m

100. 深灰色团块状泥岩。产植物：*Sphenophyllum* sp.，*S.* cf. *sino-coreanum*，*Pecopteris anderssonii*，*P. orientalis*，*P.* sp.，*Alethopteris* sp.，?*Odontopteris orbicularis*，? *Callipteris laceratifolia*，*Taeniopteris* sp.，*Cordaites principalis*，*Aphlebia* sp.，*Carpolithus* sp.，*Samaropsis wongii*，?*Cathaysiopteris whitei*。　　　　　　　　　　　　　　　　3.0m

99. 黄绿色团块状泥质砂岩。　　　　　　　　　　　　　　　　　　　　　　　3.0m

98. 绿黄色厚—巨厚层状中细粒长石岩屑杂砂岩。　　　　　　　　　　　　　10.5m

下石盒子组

97. 下部深灰色团块状砂质泥岩，上部暗紫色砂质泥岩。含植物：? *Lepidodendron* sp.，*Sphenophyllum* cf. *kawasakii*，*S.* sp.，*Pecopteris unita*，*P.* cf. *anderssonii*，*P. cyathea*，*P. orientalis*，*Alethopteris norinii*，*A.* sp.，*Fascipteris* sp.，*Taeniopteris fuchengensis*，*T. yernauxii*，*T.* cf. *szei*，*T.* cf. *tingi*，*Cordaites principalis*，*C.* sp.，*Carpolithus* sp.。　　　　　　　　　　　2.1m

96. 砂质泥岩。　　　　　　　　　　　　　　　　　　　　　　　　　　　　14.4m

95. 富含暗紫色及黄色泥质斑迹的紫斑泥岩，顶底部为黄绿色砂质泥岩。　　　4.5m

94. 团块状泥岩，顶部灰色铝质泥岩。 5.4m

93. 黄绿色团块状砂质泥岩，顶部为厚0.25m的铝质泥岩。 1.95m

92. 黄绿色砂质泥岩，顶部为厚0.6m的紫斑泥岩。 2.22m

91. 黄绿色中厚层状细粒长石岩屑砂岩。 0.8m

90. 黄灰色团块状砂质泥岩。产植物：*Lepidodendron* sp.，*Sphenophyllum verticillatum*，*S. minor*，*S. kawasakii*，*S. emarginatum*，*S. spathulatum*，*S.* sp.，*Calamites* sp.，*Tingia carbonica*，*T. trilobata*，*T. partita*，*Sphenopteris* cf. *nystroemii*，*S.* sp.，*Pecopteris orientalis*，*P. unita*，*P. anderssonii*，*P. taiyuanensis*，*P. feminaeformis*，*P.* cf. *arcuata*，*P.* sp.，*Acitheca* sp.，*Fascipteris hallei*，*Cladophlebis yongwolensis*，*C.* sp，*Alethopteris* sp.，*Emplectopteris* cf. *triangularis*，*Callipteris* sp.，*Cordaites principalis*，*C.* sp.，*Cornucarpus apertus*，*Carpolithus* sp.，*Gigantonoclea lagrelii*，*Compsopteris wongii*，?*Taeniopteris* sp.。 15.0m

89. 中细粒岩屑长石杂砂岩。 8.9m

88. 灰色砂质泥岩。 6.3m

87. 暗灰色团块状砂质泥岩。 7m

86. 暗灰色团块状砂质泥岩，顶部中细粒岩屑砂岩。 7.8m

85. 浅灰色厚层状中细粒长石岩屑杂砂岩。产植物：*Sphenopterium* cf. *pseudogermanicum*，*Lepidoendron oculusfelis*。 1.8m

84. 暗灰色砂质泥岩。 3.5m

83. 中细粒长石岩屑杂砂岩。产植物：*Sphenophyllum* sp.，*Pecopteris* sp.，*Cordaites principalis*。 5.5m

82. 深灰色砂质泥岩。 10.5m

81. 0.5m厚煤，以下为暗灰色砂质泥岩夹绿黄色粉砂岩。产植物：*Taeniopteris* sp.，*Cordaites* sp.。 2.95m

80. 煤。 0.3m

79. 顶部暗灰色泥岩，底部灰色砂质泥岩，中部浅黄绿色细粒岩屑石英砂岩。产植物：*Tingia* cf. *carbonica*，*Cordaites principalis*，*Cornucarpus apertus*，*Cordiocapus* sp.，*Samaropsis* sp.。 2.05m

78. 3cm厚煤，以下为深灰色泥砂岩。产植物：*Annularia stellata*，? *Alethopteris* sp.。 3.03m

77. 顶底为绿灰色粉砂岩，中部为灰黄色厚—巨厚层状中细粒岩屑石英杂砂岩。产植物：*Taeniopteris* sp.，*Cordaites principalis*，*Samaropsis taiyuanensis*。 8.75m

76. 0.2m厚煤，以下为深灰色泥岩。 1.7m

75. 黄灰色巨厚层状中粒岩屑石英杂砂岩。 10.5m

74. 煤，底部暗灰色团块状泥岩。 1.3m

73. 浅灰色巨厚层状中粒岩屑石英杂砂岩。 11.5m

72. 煤，以下深灰色团块状泥岩。 0.9m

71. 浅灰色厚层状中粒杂砂岩，下为黄灰色厚层状中粒石英杂砂岩。   6.3m

山西组

70. 深灰色细粉砂岩，成分以石英、黑云母为主。产泥质包体，有植物碎片，顶部含煤层（1号煤层）。   1.4m

69. 浅灰色泥质细—粗粒岩屑砂岩（铁磨沟砂岩）。   6.4m

68. 浅灰色泥岩。产植物碎片和菱铁矿结核，横向上变为叠锥灰岩（铁磨沟灰岩）。   0.2m

67. 灰黑色粗粉砂岩与泥岩互层。产菱铁矿结核及植物碎片。   1.2m

66. 2号煤层。   3m

65. 深灰色粗—细粒粉砂岩夹薄层状泥质中粗粒长石石英杂砂岩（冀家沟砂岩）。粉砂岩中含植物碎片。   1.45m

64. 泥质粉砂岩。产腕足类：*Lingula* sp.；双壳类：*Dunbarella* sp.，*Phestia meekana*，*P.* cf. *inflata*，*Schizodus* cf. *subcircularis*，*S.* sp.；腹足类：*Bucanopsis calamiroides*，*Phanerotrema graycillense*。   0.2m

63. 3号煤层。   4.75m

62. 黑色含粉砂泥岩。产植物：*Neuropteris ovata*，*Pecopteris orientalis*，*P. linsiana*，*P.* sp.，*Sphenopteris nystroemii*，*S.* sp.，*Cordaites* sp.。   4.4m

61. 4号上煤层。   0.42m

60. 黑色含粉砂泥岩。   1.2m

59. 4号下煤层。   1m

58. 灰色泥质中粒石英杂砂岩夹含细粒岩屑石英杂砂岩与泥岩薄层状。产植物碎片（北岔沟砂岩）。   1.3m

太原组

57. 黑色泥岩。产菱铁矿结核和植物、双壳类碎片。   2.2m

56. 黑色粉砂质泥岩与含生屑泥晶—微晶菱铁岩互层，水平虫孔发育，溶蚀作用强。在黑色粉砂质泥岩中。产海百合茎及双壳类：*Promytilus swailovi*，*Nuculopsis* cf. *wewoka*，*Permophorus subcostata*，*P.* sp.。   1.8m

    在剖面附近的东大窑沟，此层相变为东大窑灰岩。产䗴类：*Pseudoschwagerina fusulinoides exilis*，*P. fusulinoides*，*P.* sp.，*Pseudofusulina valida*，*Quasifusulina elegana*，*Q. longissima*，*Q. compacta*，*Rugosofusulina cylindrica*，*R.* cf. *egregia*，*Schwagerina verneuili obtusa*；牙形类：*Streptognathodus elongatus*，*St. wabaunsensis*，*St. fuchengensis*。

55. 黑色泥岩。产海相动物化石碎片。   3.6m

54. 6号上煤层。   0.1m

53. 黑色粉砂质泥岩，向上渐变为泥岩，含菱铁矿、赤铁矿，产植物：*Neuropteris ovata*，*N. plicata*，*Alethopteris* sp.，*Sphenophyllum* cf. *verticillatum*，*S.* cf. *oblongifolium*，*S.* sp.，

Cordaites sp.。 2m

52. 上部浅灰白色泥质细粒铅石石英杂砂岩、石英杂砂岩、长石石英杂砂岩，含硅化木。中部浅灰白色泥质中粒石英杂砂岩、长石石英杂砂岩、浅灰白色泥质粗粒石英杂砂岩。产硅化木。下部浅灰白色中粒岩屑石英杂砂岩（七里沟砂岩）。 15m

51. 6号下煤层。 0.5m

50. 黑色含粉砂泥岩。产动物化石碎片。 2.2m

49. 深灰、灰黑色生屑泥晶（含泥）灰岩（斜道灰岩）。黄铁矿化发育。产蜓类：*Pseudofusulina bona*；牙形类：*Streptognathodus elongatus*，*S. gracilis*，*S. oppletus*，*S. elegantulus*，*Spathognathodus ohioensis*；腕足类：*Choristites jigulensis*，*Spiriferellina* cf. *cristata*，*S. pyranidata*，*Neochonetes latesinuata*，*Martinia* cf. *undatifera*，*Marginifera* cf. *bicostala*，*Antiquatonia* cf. *hermosanus*，*Stenoscisma shanhsiensis*，*Lingula* sp.，*Schuchertella* sp.。 3.5m

48. 7号煤层。 0.6m

47. 黑色泥质粗粉砂岩（上马蓝砂岩），见植物根、茎化石。 1.2m

46. 灰黑色泥岩。产菱铁矿结核，上部含植物碎片，下部产腕足类：*Orbiculoidea taiyuanensis*；双壳类：*Nuculopsis* cf. *wewoka*，*Palaeoneilo anthraconeiloides*，*P.* sp.，*Permophorus subcostata*，*P.* sp.，*Phestia* sp.；腹足类：*Euphenites wongi*，*Bucanopsis undatus*，*B.* cf. *meekiana*，*Naticopsis* cf. *costellatus*。 8.1m

45. 深灰色生屑泥晶灰岩，底部所夹泥晶灰岩薄层中有大量水平虫孔及介壳堆积（毛儿沟灰岩上分层）。产蜓类：*Dunbarinella subnathorsti*，*D. nathorsti laxa*，*Triticites* cf. *simplex*，*Pseudofusulina vulgaris watanabei*，*Quasifusulina longissima*，*Q. cayeuxi*，*Q. compacta*；腕足类：*Choristites trautscholdi*，*Martinia* cf. *semiplana*，*Eomarginifera pusilla*，*Plicatifera* sp.，*Marginifera orientalis*，*M. loczyi*，*M. gobiensis*，*M.* cf. *bilona*，*Enteletes hemiplicata*。 4.3m

44. 褐灰色凝灰岩—沉凝灰岩，垂直节理发育。产腕足类：*Neochonetes latesinuata*，*N. carbonifera*，*N.* sp.，*Marginifera* sp.；双壳类：*Acanthopecten carboniferus*，*Astartella* sp.。 2.1m

43. 深灰色厚层状生屑泥晶灰岩，以海绵骨针泥晶灰岩为主。产蜓类：*Dunbarinella nathorsti*，*D. nathorsti laxa*，*Rugosofusulina serrata*，*Schwagerina expansa*，*Quasifusulina tenuissima*；牙形类：*Streptognathodus elongatus*，*S. fuchengensis*，*S. gracilis*，*S. wabaunsensis*，*S. simulator*，*S. parvus*，*S. oppletus*，*S. cancelloscus*，*S. elegantulus*，*Hindeodella megadenticulata*，*Ozarkodina elegan*，*Idiognathodu stersus*，*Spathognathodus coloradoensis*；腕足类：*Choristites pavlovi*，*Dielasma mapingensis minor*，*D.* cf. *ovatus*，*Eomarginifera* sp.。 3.1m

42. 黑色粉砂质泥岩。产菱铁矿结核。产腕足类：*Antiquatonia taiyuanfuensis*，*Enteletes* cf. *kayseri*，*E. nucleola*，*Neochonetes latesinuata*，*N. carbonifera*，*Phricodothyris echinata*，*Plicatifera* cf. *crenulata*，*Ellia* cf. *quadriradiata*，*Schuchertella* cf. *shenchuensis*，*S.* cf. *semiplana*，*Martinia* cf. *incerta*，*Martiniopsis* sp.，?*Meekella uralica*，*Schuchertella* sp.，*Schellwienella* sp.，

Eomarginifera pusilla；双壳类：*Acanthopecten carboniferus*，*Auiculopecten alternatoplecatus*，*Annuliconcha mangini*，*Strebolochondria tenuilincata*，*Limipecten* sp.，*Euchondria neglecta*，*Leptodesma* (*Leiopteria*) sp.，*Palaelina striatoplicata*，*P. retifera*，*Promytilus swallovi*。 5.5m

41. 深灰色生屑泥晶灰岩（庙沟灰岩），局部见断续波状纹理。产䗴类：*Ozawainella angulata*，*Triticites pseudosimplex*，*Rugosofusulina alpina*；牙形类：*Spathognathodus ohioensis*，*Streptognathodus wabaunsensis*，*S. elegantulus*，*S. elongatus*，*S. fuchengensis*，*S. parvus*，*S. gracilis*，*Hindeodella magadenticulata*，*Idiognathodus tersus*；腕足类：*Martinia* sp.，*Antiquatonia taiyuanfuensis*，*Rhipidomella crassistriata*，*Neochonetes latesinuata*，*Marginifera orientalis*，*Choristites trautscholdi*，*C. jigulensis*，? *C. mosquensis*。 1.2m

40. 8号煤层。 2.6m

39. 灰色细粒岩屑杂砂岩（屯蓝砂岩）。产植物：*Neuropteris ovata*。 1.2m

38. 黑色细粉砂岩（屯蓝砂岩）。 0.6m

37. 9号煤层。 2.8m

36. 黑色泥岩。 0.4m

35. 煤层。 0.3m

34. 黑色炭质泥岩。产植物碎片。 0.25m

33. 灰色黏土岩，质软具可塑性。产植物根化石。 0.2m

32. 灰色泥质细粒石英杂砂岩。产炭化植物根（西铭砂岩）。 1m

31. 灰色细粉砂岩。产炭化植物根及菱铁矿结核。 0.5m

30. 灰色泥质中—细粒石英杂砂岩。产菱铁质鲕粒。 1.6m

29. 灰色微粒石英杂砂岩。 2m

28. 灰色泥质细粒长石石英杂砂岩、石英杂砂岩（西铭砂岩）。 3.45m

27. 灰黑色泥岩，向上渐变为细粉砂岩。产大量层状菱铁矿结核。 5.9m

26. 10号煤层。 0.3m

25. 灰色粉砂质泥岩，向上渐变为泥岩。产菱铁矿结核及植物碎片。 2.45m

24. 11号煤层。 0.3m

23. 灰色粗粉砂岩夹薄层状细粒岩屑杂砂岩。产菱铁矿鲕粒和植物碎片（含鲕砂岩）。 2.5m

22. 浅灰白色菱铁鲕粒细粒石英杂砂岩（含鲕砂岩）。 1.3m

21. 灰黑色泥岩。产菱铁矿结核。产海相动物及植物碎片。 4.1m

20. 深灰色生屑泥晶灰岩。产䗴类：*Triticites parvus*；腕足类：*Neochonetes latesinuata*；牙形类：*Streptognathodus oppletus*，*Spathognathodus breniatus*，*S. minutus*，*S. cdordoensis*，*Idiognathodus acutus*，*I. cancellosus*，*I. delicatus*，*I. claviformis*，*I. magnificus*，*Neognathodus bassleri*。 1.1m

19. 煤线。 0.14m

18. 含铁质泥岩。产植物碎片。 0.95m

17. 煤线。   0.14m

16. 灰黑色泥岩。产菱铁矿结核。产植物根化石。   2m

15. 浅灰色沉凝灰岩（晋祠砂岩），具交错层理。产硅化木。   3.1m

本溪组

14. 灰黑色泥质细粉砂岩。产菱铁矿结核。产植物碎片。   1.4m

13. 深灰色粉屑泥晶灰岩（半沟灰岩）。产牙形类：*Streptognathodus parvus*，*S. suberetus*，*S. angustus*，*Idiognathodus delicatus*，*I. magnificus*，*I. claviformis*，*Neognathodus bassleri*，*N. roundyi*。   0.6m

12. 煤层（本溪1号煤层）。   0.8m

11. 灰色细粉砂岩。产植物根化石。   0.75m

10. 黑色含粉砂泥岩。产菱铁矿结核。下部产双壳类：*Naiadites alatus*、*N.* sp.，上部产植物根化石。   3.3m

9. 深灰色含骨屑粉屑泥晶灰岩（半沟灰岩）。产牙形类：*Streptognathodus parvus*，*Idiognathodus magnificus*，*I. acutus*，*I. delicaus*，*Spathognathodus minutus*，*S. coloradoensis*，*Neognathodus bassleri*；腕足类：*Brachythyrina laxa*。   0.58m

8. 灰色泥质中—粗粒石英杂砂岩。产有巨砂粒和细砂（铁砂岩），顶部为泥岩和煤线。   0.85m

7. 浅灰色微粒—细粉砂沉积石英岩，夹3层薄层状泥岩，具水平层理，小型波状层理和虫迹。   1m

6. 黑色泥岩，水平纹理发育。产炭化植物根化石。   2.4m

5. 灰黑色泥岩。产菱铁矿结核。产植物根化石。   0.8m

4. 深灰色粉屑泥晶灰岩（半沟灰岩）。产牙形类：*Streptognathodus suberetus*，*Idiognathodus delicatus*，*I.* sp.。   0.8m

3. 上部为浅灰色砂质泥岩，下部为浅灰色泥岩，略含铝质。   0.9m

2. 浅灰色铝土岩。   2.6m

1. 红褐色山西式铁矿。   2.7m

年代地层				组	厚度(m)	岩性剖面	分层	岩 性	生物地层
界	系	统	阶						
古生界	二叠系	乐平统	长兴阶	石千峰组	680		151	紫红色砂质泥岩夹3层同色砂岩	
							150	砖红色长石石英砂岩	
					670		149	砖红色砂质泥岩	
			吴家坪阶		660		148	浅灰绿色厚层状长石石英砂岩	
					650		147	砖红色泥岩	
					640		146	浅红色长石砂岩	
					630 620 610		145	紫红色泥岩，顶部夹泥灰岩条带	
		乌拉尔统	空谷阶下部	上石盒子组	600		144	中粒长石石英砂岩	
							143—139	暗紫色砂质泥岩与绿灰色岩屑长石砂岩互层	
					590		138	暗紫、灰绿色长石杂砂岩，下部为粉砂岩	
							137	灰绿色长石杂砂岩	
					580		136	暗紫色中厚层状岩屑长石杂砂岩	
							135	砂质泥岩	
							134	灰黄色厚—巨厚层状长石杂砂岩	
					570 560		133	暗紫色团块状砂质泥岩	
					550 540		132	灰黄色厚—巨厚层状长石杂砂岩	
					530 520		131	暗紫、紫红色团块状泥岩	
					510		130	紫红色为主，间夹黄绿色砂质泥岩	
							129	暗紫色中厚层状长石杂砂岩	
					500		128	团块状泥岩	
							127	杂色泥岩	
					490		126	灰黄、暗紫色厚—巨厚层状长石杂砂岩	
					480 470		125	暗紫色团块状泥岩	
							124	黄绿色厚层状含砾长石杂砂岩	
					460		123	暗紫、紫红色团块状泥岩	
					450		122	暗灰色团块状硅质岩	
					440 430		121	暗紫、灰绿色巨厚层状砂质泥岩	
			亚丁斯克阶		420		120	灰黄、暗紫色厚—巨厚层状岩屑长石杂砂岩	
					410		119	黄绿、暗紫色团块状砂质泥岩	
							118	灰黄、暗紫色中厚层状岩屑长石杂砂岩	
					400 390		117	杏黄、黄绿色砂质泥岩	
							116	灰黄色中厚层状岩屑长石砂岩	
					380		115	灰黄色砂质泥岩	
							114	灰黄色岩屑长石杂砂岩	
					370		113	灰黄、暗灰色砂质泥岩	植物 *Pecopteris orientalis* *Sphenopteris tenuis*
			萨克马尔阶		360		112	灰绿色薄层状岩屑长石砂岩	
							111	暗紫色泥岩	
					350		110	绿黄色砂质泥岩	
							109	浅黄色长石岩屑杂砂岩	
							108	灰黄色砂质泥岩	
							107	灰黄色厚层状粉砂岩	*Lepidodedron* sp. *Gigantonoclea hallei* *Taeniopteris* sp.
					340		106	黄绿、灰黄色砂质泥岩	

图 4-2-4（a） 山西太原西山石炭—二叠系剖面综合柱状图 1

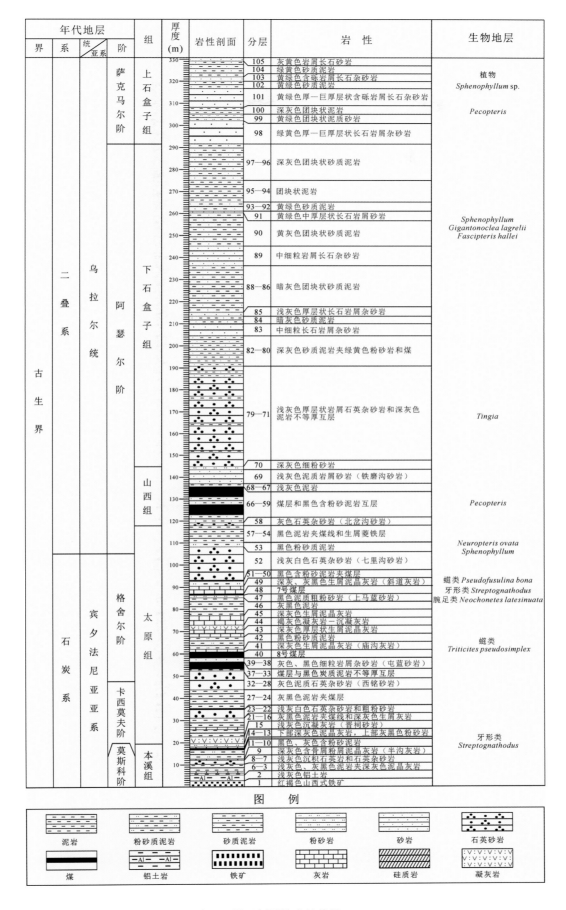

图 4-2-4（b） 山西太原西山石炭—二叠系剖面综合柱状图 2

119

下伏地层：中奥陶统峰峰组

4.3 东北区

东北区主要就内蒙古乌兰察布哲斯剖面进行介绍。

4.3.1 内蒙古乌兰察布哲斯剖面

哲斯剖面（GPS：42°38′53.00″N，110° 27′52.00″E）位于内蒙古乌兰察布盟（今乌兰察布市）北部的哲斯红格尔。美国自然博物馆中亚考察团勃克、毛里士于1922年首次在该地发现化石，又于1923和1925年做过调查，采集了大量腕足类和部分软体、珊瑚等化石。1931年葛利普进行了全面描述，发表于《蒙古的二叠系》（*The Permian of Mongolia*）一书中。1976年，华北地质科学研究所和内蒙古地质局区测队，组成哲斯组专题研究队，研究范围包括内蒙古乌兰察布盟达尔罕茂明安联合旗满都拉公社境内的哲斯敖包及包格特一带。剖面照片见图4-3-1，综合柱状图见图4-3-2。

剖面描述如下，主要据丁蕴杰等（1985）修改。

义和乌苏组

13. 中粗粒长石石英砂岩，夹页岩及灰岩透镜体。产珊瑚：*Waagenophyllum* sp.，*Lophotichium* sp.。 243.1m

12. 青灰色疙瘩状生屑灰岩。产䗴类：*Schwagerina trivialis*；珊瑚：*Zhesipora permica*，*Pseudoroemeripora bulegensis*；苔藓虫：*Girtypora minor*，*Fistulipora crassilabiata*，*Cyclotrypa* cf. *exposita*；腕足类：*Orthotichia morganiana*，*Enteletes* sp.，*Streptorhynchus semiconus*，*Echinauris jisuensis*，*Horridonia morrisi*，*Richthofenia cornuformis*，*Uncinunellina mongolicus*，*Stenoscisma zhesiensis*，*Hemiptychina morrisi*；双壳类：*Myalinella* cf. *verneuili*。 12m

11. 淡红色、灰白色致密厚层状生屑灰岩，顶部为灰白色竹叶状或角砾状灰岩。产䗴类：*Codonofusiella asiatica*，*C.* sp.，*C. pseudoextensa*，*C. protolui*，*Schwagerina kwangchiensis*，*S.* cf. *longipertica*，*S. mandulaensis*，*S. zhesiensis*，*S. pulchella*，*S. ulanqabensis*，*S. puerilis*，*S. arctica*，*S. longa*，*S. neimonggolensis*；珊瑚：*Carinoverbeekiella sinensis*，*C. minor*，*C. madreporitea*，*C. platiformis*，*Damuqiphyllum wumengense*，*D. rotiforme*，*Pseudowaggenophyllum vesiculosum. P. elegantum*，*Lophotichium bellum*，*L. convexotabulatum*，*Calophyllum cylindricum*，*Pseudoroemeripora bulegensis*，*Mandulapora permica*；苔藓虫：*Stenodiscus belemnos*，*Streblascopora multifasciculata*；腕足类：*Orthotichia* sp.，*Enteletes andrewsi*，*Streptorhyuchus subcataclinus*，*S. undulatus*，*Waagenoconcha humboldti*，*Cancrinella koninckiana*，*Echinauris jisuensis*，*Horridonia morrisi*，*Richthofenia cornuformis*，*Leptodus richthofeni*，*Uncinunellina mongolicus*，*U. biconvexa*，*Stenoscisma purdoniformis*，*S. mutabilis*，

图 4-3-1　内蒙古乌兰察布哲斯剖面哲斯组。A. 剖面全景图；B. 哲斯组中上部；C. 哲斯组中下部灰岩；D. 哲斯组中下部生物碎屑灰岩；E. 哲斯组上部灰岩中大量腕足类 lyttonids

Permophricodothyris cf. *elegantula*，*Martinia osborni*，*M. distefanoi*，*M. mirabilis*，*Altiplecus mongolicus*，*Neospirifer yihewusuensis*，*N. rhombicus*，*Juxathyris mongoliensis*，*Dielasma millepunctatum* var. *mongolicum*，*D. elongatum* var. *orientalis*，*Notothyris nucleolus*，*Hemiptychina morrisi*，*H. quadrata*，*H. mongolica*，*H. episulcata*；牙形类：*Jinogondolella serrata*。 184m

哲斯组

10. 灰色厚层状结晶灰岩。产腕足类：*Marginifera gobiensis*，*Rhombospirifer zhesiensis*，*Spiriferella* sp.。 26.3m

9. 灰色中厚层状燧石条带灰岩。产珊瑚：*Paracaninia tzuchiangensis*，*Plerophyllum crassoseptatum*，*P. neimonggolense*，*P. calvatum*，*Tachylasma zhesiense*，*Gerthia crassoseptata*，*Pleophyllum ephippiomorphum*，*P. zhesiense*，*Pentaphyllum* sp.；腕足类：*Kochiproductus* cf. *porrectus*，*Anidanthus graciosa*，*Yakovlevia* aff. *mammatiformis*，*Marginifera gobiensis*，*Paramarginifera peregrina*，*Rhombospirifer zhesiensis*，*Spiriferella salteri*。 18.3m

8. 灰色中厚层状生屑灰岩，含少量燧石条带。产䗴类：*Schwagerina* sp.；珊瑚：*Tachylasma zhesiense*，*T. concavetabulatum*，*T. longiseptatum*，*Gerthia crassoseptata*；腕足类：*Waagenoconcha sinuata*，*Kochiproductus* cf. *porrectus*，*Anidanthus graciosa*，*Yakovlevia* aff. *mammatiformis*，*Marginifera gobiensis*，*M. typica* var. *septentrionalis*，*M. leptorugosa*，*Gypospirifer volatilis*，*Spiriferella salteri*，*S. magna*，*Rhombospirifer zhesiensis*；腹足类：*Naticopsis khurensis*；头足类：*Rhiphaeoceras zhesiensis*。 14.9m

7. 灰绿色薄层状凝灰岩。 4.1m

6. 淡紫红色、灰色中厚层状生屑灰岩。产珊瑚：*Tachylasma* sp.，*Calophyllum* sp.；苔藓虫：*Fistulipora heteromorpha*；腕足类：*Waagenoconcha* sp.，*Kochiproductus porrectus*，*Muirwoodia usualis*，*Marginifera gobiensis*，*M. leptorugosa*，*Paramarginfera peregrina*，*Rhombospirifer zhesiensis*，*Spiriferella magna*，*S. neimonggolensis*。 7.4m

5. 砂岩，出露不全。

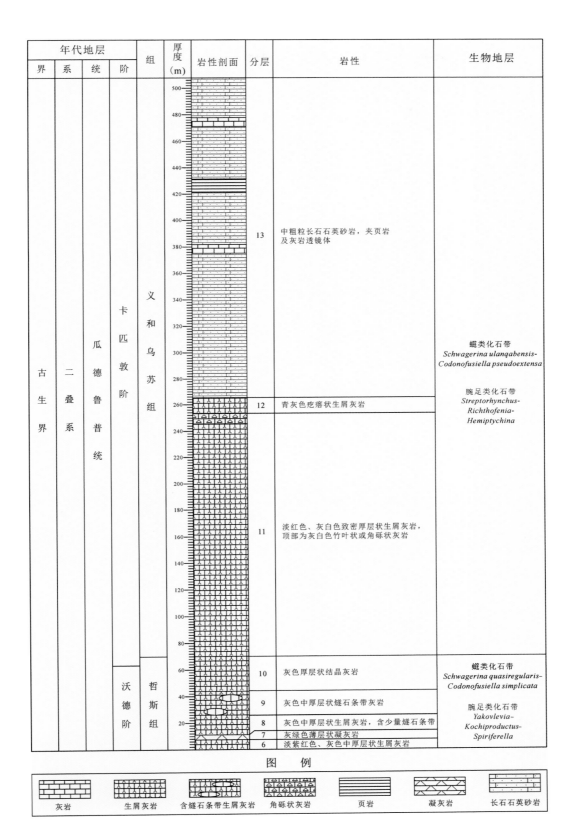

图 4-3-2　内蒙古乌兰察布哲斯二叠系剖面综合柱状图

4.4 塔里木区及其邻区

塔里木区及其邻区主要介绍新疆柯坪四石厂剖面和新疆吉木萨尔大龙口剖面。

4.4.1 新疆柯坪四石厂剖面

四石厂剖面（GPS：40°49′43.80″N，79°50′9.60″E）位于新疆阿克苏市西南柯坪地区音干村东北部。该地康克林组厚度较小，但其中腕足化石丰富，王成文和杨式浦（1998）曾对该剖面康克林组中的腕足类化石进行了详细研究。该剖面康克林组之上库普库兹满组和开派兹雷克组中还发育玄武岩，根据库普库兹满组底部玄武岩的锆石U-Pb LA-ICPMS年龄（291.9±2.2Ma）确定该组时代大致为乌拉尔世萨克马尔阶（张达玉等，2010）。剖面照片见图4-4-1，综合柱状图见图4-4-2。

康克林组

24. 灰黑色厚层状灰岩。 8m

23. 灰黑色厚层状生屑灰岩。产腕足类：*Enteletes* sp.，*Neoplicatifera huangi*；牙形类：*Hindeodus minutus*；蜓类：*Eoparafusulina pusilla*，*Triticites subashiensis*。 8m

22. 灰黑色钙质泥岩夹泥晶灰岩。 2m

21. 紫红色厚层状含钙质砂岩。 1.5m

20. 薄—中厚层状钙质粉砂岩。 2m

19. 中厚层状细砂岩。 1.5m

18. 浅灰色厚层状粗砂岩。 2.5m

17. 灰色疙瘩状灰岩。 2m

16. 紫红色薄层状砂岩夹薄层状粉砂岩。 4.5m

15. 黄褐色厚层状粗砂岩。 6.5m

14. 浅红色厚层状细—中砂岩。 9m

13. 浅灰、灰白色厚层状粗砂岩。 5.5m

12. 厚层状砾岩层。 1m

11. 含炭质泥岩。 3m

10. 灰黄色厚层状粗砂岩。 4m

9. 厚层状砾岩层。 4m

8. 灰黄色巨厚层状粗砂岩夹少量薄层状含炭质粉砂岩。 15.5m

7. 巨厚层状含砾砂岩。 3m

6. 厚层状砾岩。 1m

5. 灰色中厚层状砂岩夹浅灰色粉砂岩。 1.5m

4. 灰黄色厚层状砾岩层。 1m

3. 灰色厚层状中砂岩。 1m

图 4-4-1　新疆柯坪四石厂剖面。A. 二叠系下统康克林组与下伏紫红色泥盆纪地层呈假整合接触；B. 康克林组生屑灰岩；C. 中部一层面上产菊石和大量其他海相化石

2. 灰黄色厚层状砾岩。　　　　　　　　　　　　　　　　　　　　　　　3m

泥盆系

1. 紫红色粉砂质页岩。　　　　　　　　　　　　　　　　　　　　　　　>10m

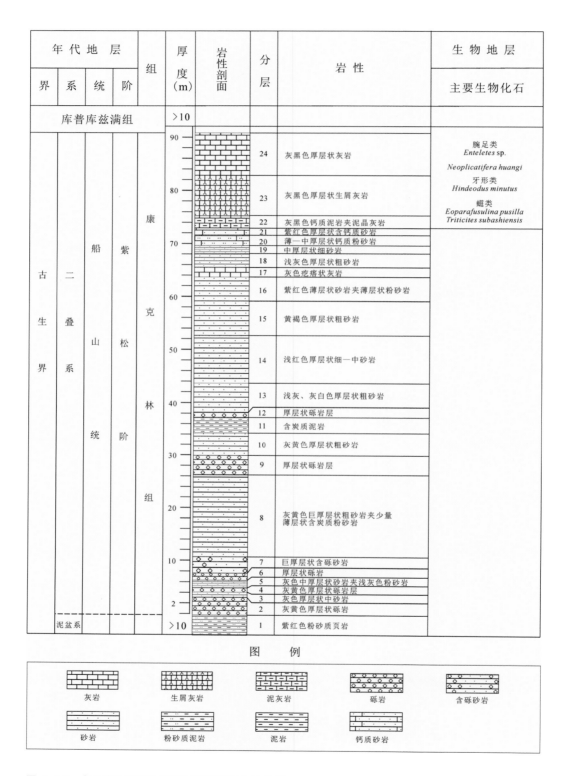

年代地层				组	厚度(m)	岩性剖面	分层	岩性	生物地层
界	系	统	阶						主要生物化石
库普库兹满组					>10				
古生界	二叠系	船山统	紫松阶	康克林组	90		24	灰黑色厚层状灰岩	腕足类 Enteletes sp. Neoplicatifera huangi 牙形类 Hindeodus minutus 蜓类 Eoparafusulina pusilla Triticites subashiensis
					80		23	灰黑色厚层状生屑灰岩	
							22	灰黑色钙质泥岩夹泥晶灰岩	
							21	紫红色厚层状含钙质砂岩	
					70		20	薄—中厚层状钙质粉砂岩	
							19	中厚层状细砂岩	
							18	浅灰色厚层状粗砂岩	
							17	灰色疙瘩状灰岩	
					60		16	紫红色薄层状砂岩夹薄层状粉砂岩	
							15	黄褐色厚层状粗砂岩	
					50		14	浅红色厚层状细—中砂岩	
					40		13	浅灰、灰白色厚层状粗砂岩	
							12	厚层状砾岩层	
							11	含炭质泥岩	
					30		10	灰黄色厚层状粗砂岩	
							9	厚层状砾岩层	
					20		8	灰黄色巨厚层状粗砂岩夹少量薄层状含炭质粉砂岩	
					10		7	巨厚层状含砾砂岩	
							6	厚层状砾岩	
							5	灰色中厚层状砂岩夹浅灰色粉砂岩	
							4	灰黄色厚层状砾岩层	
					2		3	灰色厚层状中砂岩	
							2	灰黄色厚层状砾岩	
泥盆系					>10		1	紫红色粉砂质页岩	

图例

灰岩   生屑灰岩   泥灰岩   砾岩   含砾砂岩

砂岩   粉砂质泥岩   泥岩   钙质砂岩

图 4-4-2　新疆柯坪四石厂二叠系剖面综合柱状图

126

4.4.2 新疆吉木萨尔大龙口剖面

新疆准噶尔盆地南缘是我国陆相二叠、三叠系发育最佳的地区之一，其中以吉木萨尔大龙口剖面（GPS：43°49″12.00′N，88°46′48.00″E）构造相对简单，出露完好，化石丰富，是研究陆相二叠—三叠系界线的理想地点之一。1928—1932年，袁复礼教授就在这一带的二叠—三叠纪地层中发现了大量脊椎动物化石，并初步建立了这套地层的层序。1959年，潘钟祥教授在仓房沟群发现了大量植物化石，并据此将泉子街组和梧桐沟组划为晚二叠世。然而相较于海相地层，陆相二叠—三叠系界线的精确位置始终是一个无法攻克的难题，近年来不同学者从古生物学、地球化学等研究方向为精确划分二叠—三叠系界线而不懈努力 [如程政武等（1997），Foster和Afonin（2005），Cao等（2008）]。剖面照片见图4-4-3，综合柱状图见图4-4-4。

大龙口剖面描述如下，主要据程政武等（1997）、Cao等（2008）修改。

韭菜园组

61. 紫红色粉砂质泥岩夹灰绿色砂岩层或条带粉砂岩。产脊椎动物骨片。   14.9m

60. 黄绿色细粒岩屑砂岩，顶部夹紫红色粉砂质泥岩，具水平层理。   13.2m

59. 紫红色粉砂质泥岩为主，夹灰绿色粉砂岩、粉砂质泥岩及薄—中层状细粒岩屑砂岩，具水平层理。   8.1m

58. 黄绿、灰绿色中厚层状细粒岩屑砂岩，上部含大量"砂球"。产脊椎动物化石：*Lystrosaurus broomi*，*Chasmstosaurus yuani*。   3m

锅底坑组

57. 紫红、灰褐色粉砂质泥岩夹灰绿色岩屑砂岩。   8.8m

56. 紫红色与灰绿色粉砂质泥岩互层或呈条带，具微细水平层理。产脊椎动物化石：*Lystrosaurus weidnreichi.*。   10.5m

55. 紫红色粉砂质泥岩，具微波状或细水平层理。产脊椎动物化石：*Lystrosaurus* sp.，*Jimusaria sinkiangensis*。   16m

54. 紫红色粉砂质泥岩为主，与灰绿色、黄绿色薄层状粉砂岩成不均匀互层，具水平层理，粉砂岩中含"砂球"。产脊椎动物化石：*Lystrosaurus* sp.，*Jimusaria sinkiangensis*。   33.3m

53. 紫红色夹灰黑色粉砂质泥岩及灰绿色粉砂岩，具微细水平层理或微波状层理。   15.1m

52. 黄绿色粉砂岩与灰黑色粉砂质泥岩互层，具微波状及细水平层理。   3.5m

51. 紫红色粉砂质泥岩。   3.1m

50. 杂色粉砂岩与粉砂质泥岩不均匀互层，一般呈薄层状，具微细水平层理。   6.3m

49. 褐红色薄层状粉砂质泥岩，具微细水平层理。   3.7m

48. 黄绿、灰黄色粉砂岩，上部以黄灰、灰黑色粉砂质泥岩为主，具微细水平层理。   5.9m

47. 灰黑色粉砂质泥岩。   4.9m

46. 土黄色薄层状粉砂岩，含大量泥晶灰岩团块，具水平层理。   5.6m

图 4-4-3　新疆吉木萨尔大龙口剖面。A. 剖面全景图，示水龙兽（*Lystrosaurus*）最低层位和吉木萨尔兽（*Jimusaria*）的最高层位（Liu and Abdala，2017）；B. 锅底坑组中下部和人工探槽位置；C. 锅底坑组上部含较多的红色层；D. 剖面顶部视图；E. 锅底坑组组最后一层黄绿色砂岩，内含大量碳屑

45. 灰褐色粉砂质泥岩，含泥晶灰岩团块。 4.6m

44. 灰黑色粉砂质泥岩为主，具紫红、紫灰色条带，夹粉砂岩、岩屑砂岩和泥晶灰岩团块，具微细水平层理。 10.6m

43. 黄绿色粉砂岩，泥质粉砂岩为主，与杂色泥质粉砂岩不均匀互层，夹岩屑砂岩，具微细水平层理。产双壳类：*Palaeanodonta* cf. *parallela*，*P. brevis*。 13.3m

42. 灰褐色泥岩为主，顶底为黄绿色细砂岩，泥岩具微细水平层理。产植物：*Viatscheslavia* cf.

vocuntensis，*Lepidostrobophullum* sp.。 　　　　2.8m

41. 黄绿色粉砂岩，上部为薄层状粉砂质泥岩，夹钙质泥岩，具水平层理。 　　5.3m

40. 灰褐色粉砂质泥岩，顶部为褐红色夹黄绿色泥质粉砂岩，含少量钙质团块，具微细水平层理。 　　5.2m

39. 黄绿色粉砂岩与灰黑色粉砂质泥岩互层，以后者为主，夹钙质泥岩，底为一层黄绿色岩屑砂岩。 　　7.8m

梧桐沟组

38. 灰色中层状岩屑砂岩、砂砾岩；顶部与粉砂岩互间，夹粉砂质泥岩，含炭屑较多；底部夹有透镜状粉砂质泥晶灰岩；砂岩及砂砾岩具斜层理，粉砂岩及泥岩具微细水平层理。产植物：*Paracalamites* cf. *stenocostatus*，*Callipteris* sp.，*Cornucarpus spinosus*。 　　23.6m

37. 黄绿色粉砂岩，具微细水平层理。 　　2.5m

36. 灰黑色泥岩夹泥质灰岩，具水平层理。产植物：*Viatscheslavia xinjiangensis*，*Calamites* sp.，*Callipteris zeilleri*，*C. dalongkouensis*，*C.* sp.，*Comia dentata*，*Zamiopteris* sp.，*Iniopteris* sp.，*Supaia* sp.，*Pursongia* sp.，*Samaropsis* sp.。 　　5.3m

35. 灰、黄绿色薄层状粉砂岩与灰黑色粉砂质泥岩互层，具微细水平层理。 　　5.4m

34. 灰、灰绿色厚层状中粒岩屑砂岩，夹泥质粉砂岩。底部为褐灰砾岩、砂岩，具斜层理，粉砂岩具微波状层理。 　　17.4m

33. 灰黑色粉砂质泥岩，底为泥质粉砂岩。 　　9.6m

32. 灰色厚层状岩屑砂岩与灰黑色泥质粉砂岩不等厚互层。层面分布较多岩屑。砂岩具大型斜层理，粉砂岩具细水平层理或微波状层理。产植物：*Comia partita*，*Callipteris zeilleri*，*C.* sp.，*Noeggerathiopsis angustifolia*，*N. dergavinii*。 　　16.4m

31. 灰黑色泥质粉砂岩夹厚层状中粒钙质岩屑砂岩、砾岩；粉砂岩具细水平层理，砾岩及砂岩具大型斜层理及小交错层理。产植物：*Callipteris dalongkouensis*，*C. heilongjiangensis*，*C.* sp.，*Noeggerathiopsis dergavinii*，*N.* sp.，*Rhipidopsis* sp.。 　　17.5m

30. 灰色岩屑砂岩，底为砂砾岩，具大型斜层理，含大量硅化木；中夹一层薄层状砂质生物灰岩。产双壳类：*Palaeomutela keyserlingi*，*P.* sp.。 　　3.7m

29. 灰、灰黑色粉砂质泥岩夹泥质粉砂岩，含钙质团块，具近水平层理。 　　8m

28. 灰绿、灰黑色粉砂岩夹钙质岩屑砂岩、砂砾岩及粉砂质泥岩，偶含钙质团块，具水平层理，砂岩、砾岩具大型斜层理。 　　9m

27. 灰色中细粒岩屑砂岩。底为砾岩，具大型斜层理，底部含大量硅化木。 　　8m

泉子街组

26. 灰黑色粉砂质泥岩，上部为泥质粉砂岩，含泥晶灰岩透镜体；以细水平层理为主，少量细交错层理。 　　18.7m

25. 灰绿、灰黑色粉砂岩、泥质粉砂岩，夹粉砂质泥岩、钙质岩屑砂岩，具细水平和交错层理。产植物：*Paracalamites* cf. *stenocostatus*，?*Viatscheslavia xinjiangensis*，*Phylotheca* sp.，*Callipteris zeilleri*，*C. dalongkouensis*，*C.* cf. *conferta*，*Iniopteris sibirica*，*Comia partita*，*Sphenopteris* sp.，*Noeggerathiopsis angustifolia*，*N. dergavinii*；双壳类：*Palaeanodonta solnensis*，*P.* cf. *longissima*；介形类：*Darwinula quanzijiensis*，*Vymella xinjiangensis*，*Bisulcacypris permiana*。 10.7m

24. 灰绿色岩屑砂岩夹灰黑色粉砂质泥岩。 5m

23. 灰黑色粉砂质泥岩。 4.3m

22. 灰绿色、灰红色砾岩、砂岩夹灰黑色粉砂质泥岩，中部为泥质粉砂岩；可见交错层理。 7.2m

21. 紫红色夹灰色粉砂质泥岩，夹细砂岩。上部为粉砂岩及泥质粉砂岩，有时与砂岩互层。 13.1m

20. 暗紫色含铁粉砂质泥岩，色深，含褐铁矿（或赤铁矿）小豆。 4.9m

19. 暗紫红色砾岩夹灰绿色砂岩。 17.7m

18. 暗紫红色粉砂岩、泥质粉砂岩，夹2层砾岩及1层砂岩。 8.1m

17. 上部为灰紫红色砾岩；下部为灰绿、灰黑色岩屑砂岩夹炭质泥岩、粉砂岩。 3.3m

16. 灰、灰绿色巨砾岩，含巨大的油页岩砾。 6.8m

15. 紫红色砾岩。 4.7m

14. 暗紫红色粉砂岩、泥质粉砂岩、粉砂质泥岩，夹2层砂岩和1层砾岩。 12.1m

13. 灰绿色砾岩，中部夹紫红色粉砂岩、细砂质粉砂岩。 10.4m

12. 暗紫红、灰黑色粉砂岩、泥质粉砂岩，夹2层砾岩。 10.9m

11. 灰绿色砾岩。 3m

10. 暗紫红色粉砂岩，底部和中部各夹一层砾岩。 15.6m

9. 紫红、暗紫红色粉砂岩。上部为泥质粉砂岩，夹7层灰绿色砾岩。 16.5m

8. 紫红、暗红、灰绿色条带状粉砂岩、粉砂质泥岩，夹2层灰绿色砂岩及砾岩。 17.4m

7. 紫红色粉砂岩夹灰绿色砂岩和砾岩。 8.5m

6. 灰绿色砂岩，中部为砾岩，具斜层理。 3.2m

5. 灰绿、灰黑色与紫红、暗紫色粉砂岩、粉砂质泥岩。 20.6m

4. 灰绿、紫红色砾岩，夹粉砂岩、粉砂质泥岩和细粒岩屑砂岩。 21m

芨芨槽群 红雁池组

3. 灰色细砂岩，顶部为灰黑色粉砂质泥岩，具细交错层理。 14.4m

2. 灰黑、灰绿色泥岩，底为细砂岩，夹灰岩薄透镜体。上部具水平层理，下部为细交错层理。产孢粉及植物化石：*Calamites* sp.。 7.1m

1. 烟草黄色砾岩。 6.1m

下伏地层：芨芨槽群的芦草沟组

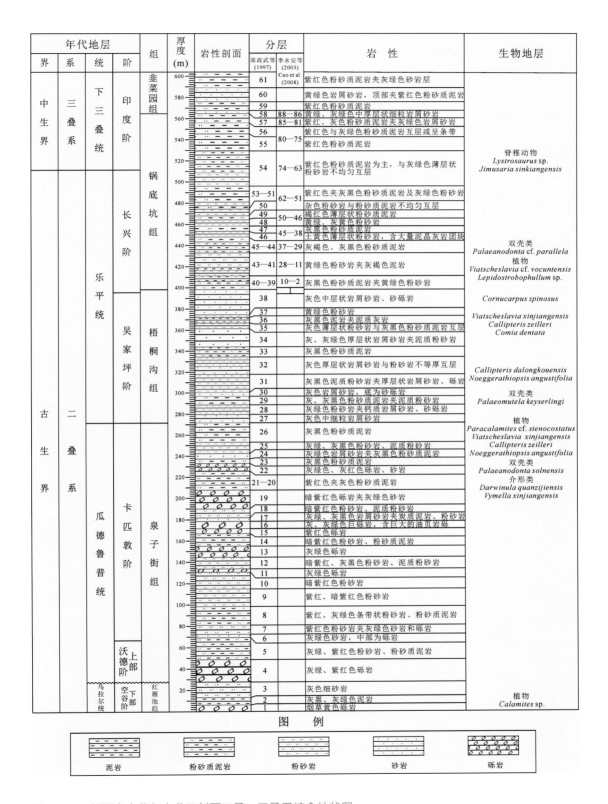

年代地层				组	厚度 (m)	岩性剖面	分层		岩 性	生物地层
界	系	统	阶				陈政武等 (1997)	李永安等 (2003) Cao et al. (2008)		
中生界	三叠系	下三叠统	印度阶	韭菜园组	600		61		紫红色粉砂质泥岩夹灰绿色砂岩层	脊椎动物 *Lystrosaurus* sp. *Jimusaria sinkiangensis*
					580		60		黄绿色岩屑砂岩，顶部夹紫红色粉砂质泥岩	
							59		紫红色粉砂质泥岩	
					560		58	88—86	黄绿、灰绿色中厚层状细粒岩屑砂岩	
							57	85—81	紫红、灰色粉砂质泥岩夹灰绿色岩屑砂岩	
					540		56	80—75	紫红色与灰绿色粉砂质泥岩互层或呈条带	
							55		紫红色粉砂质泥岩	
					520		54	74—63	紫红色粉砂质泥岩为主，与灰绿色薄层状粉砂岩不均匀互层	
古生界	二叠系	乐平统	长兴阶	锅底坑组	500					
					480		53—51	62—51	紫红色夹灰黑色粉砂质泥岩及灰绿色粉砂岩	双壳类 *Palaeanodonta* cf. *parallela* 植物 *Viatscheslavia* cf. *vocuntensis* *Lepidostrobophullum* sp.
							50		杂色粉砂岩与粉砂质泥岩不均匀互层	
					460		49	50—46	褐红色薄层状粉砂质泥岩	
							48		黄绿、灰黄色粉砂岩	
							47		灰黑色粉砂质泥岩	
							46	45—38	土黄色薄层状粉砂岩，含大量泥晶灰岩团块	
					440		45—44	37—29	灰褐色、灰黑色粉砂质泥岩	
					420		43—41	28—11	黄绿色粉砂岩夹灰褐色泥岩	
					400		40—39	10—2	灰黑色粉砂质泥岩夹黄绿色粉砂岩	
			吴家坪阶	梧桐沟组			38		灰色中层状岩屑砂岩、砂砾岩	*Cornucarpus spinosus*
					380		37		黄绿色粉砂岩	*Viatscheslavia xinjiangensis* *Callipteris zeilleri* *Comia dentata*
							36		灰黑色泥岩夹泥质灰岩	
					360		35		灰色薄层状粉砂岩与灰黑色粉砂质泥岩互层	
							34		灰、灰绿色厚层状岩屑砂岩夹泥质粉砂岩	
					340		33		灰黑色粉砂质泥岩	
					320		32		灰色厚层状岩屑砂岩与粉砂岩不等厚互层	*Callipteris dalongkouensis* *Noeggerathiopsis angustifolia*
							31		灰黑色泥质砂岩夹厚层状岩屑砂岩、砂砾岩	
					300		30		灰色岩屑砂岩，底为砂砾岩	双壳类 *Palaeomutela keyserlingi*
							29		灰、灰黑色粉砂质泥岩夹泥质粉砂岩	
					280		28		灰绿色岩屑砂岩夹钙质岩屑砂岩、砂砾岩	
							27		灰色中细粒岩屑砂岩	
					260		26		灰黑色粉砂质泥岩	植物 *Paracalamites* cf. *stenocostatus* *Viatscheslavia xinjiangensis* *Callipteris zeilleri* *Noeggerathiopsis angustifolia*
							25		灰绿、灰红色粉砂岩、泥质粉砂岩	
					240		24		灰绿色岩屑砂岩夹灰黑色粉砂质泥岩	
							23		灰黑色粉砂质泥岩	
							22		灰绿色、灰红色砾岩、砂岩	双壳类 *Palaeanodonta solnensis*
		瓜德鲁普统	卡匹敦阶	泉子街组	220		21—20		紫红色夹灰色粉砂质砂岩	介形类 *Darwinula quanzijiensis* *Vymella xinjiangensis*
					200		19		暗紫红色砾岩夹灰绿色砂岩	
							18		暗紫红色粉砂岩、泥质粉砂岩	
					180		17		灰绿、灰黑色岩屑砂岩夹炭质泥岩、粉砂岩	
							16		灰、灰绿色巨砾岩，含巨大的油页岩砾	
					160		15		紫红色砾岩	
							14		暗紫红色粉砂岩、粉砂质泥岩	
							13		灰绿色砾岩	
					140		12		暗紫红、灰黑色粉砂岩、泥质粉砂岩	
							11		灰绿色砾岩	
					120		10		暗紫红色粉砂岩	
							9		紫红、暗紫红色粉砂岩	
					100					
							8		紫红、灰绿色条带状粉砂岩、粉砂质泥岩	
					80		7		紫红色粉砂岩夹灰绿色砂岩和砾岩	
							6		灰绿色砂岩，中部为砾岩	
					60		5		灰绿、紫红色粉砂岩、粉砂质泥岩	
		乌拉尔统	沃德阶 上部	红雁池组	40		4		灰绿、紫红色砾岩	
			空谷阶 下部		20		3		灰绿细砂岩	植物 *Calamites* sp.
							2		灰黑、灰绿色泥岩	
							1		烟草黄色砾岩	

图 例

泥岩	粉砂质泥岩	粉砂岩	砂岩	砾岩

图 4-4-4　新疆吉木萨尔大龙口剖面二叠—三叠系综合柱状图

4.5 西藏－滇西区

西藏－滇西区主要介绍云南保山卧牛寺剖面和西藏普兰姜叶玛剖面。

4.5.1 云南保山卧牛寺剖面

卧牛寺剖面（GPS：25°8′58.43″N，99°16′40.68″E）位于保山市金鸡乡卧牛寺，杨宗仁（1983）最早报道了该地区的地层。该地区的地层主要由丁家寨组、卧牛寺组、丙麻组和大凹子组组成。丁家寨组和卧牛寺组原被划分为晚石炭世，因其含有蟆类*Triticites*。但后经详细研究，认为这些蟆类实际上是*Eoparafusulina*和*Pseudofusulina*，共生的牙形类包括*Sweetognathus whitei*和*Mesogondolella bisselli*带，属于亚丁斯克期早期（Ueno，2001，2003；Ueno et al.，2002；Shi et al.，2011）。上覆大凹子组含有丰富的非蟆有孔虫化石*Lysites*、*Hemigordiopsis*和*Shanita*等以及特征的蟆类*Jinzhangia*，属于典型的基默里动物群（Ueno，2001；Yang et al.，2004；黄浩等，2005）。剖面图见图4-5-1，综合柱状图见图4-5-2。

图 4-5-1　云南保山卧牛寺剖面。A. 丁家寨组上部灰岩，含牙形类、腕足类和蟆类；B. 玄武岩露头；C. 大凹子组灰岩；D. 丙麻组碎屑岩

剖面描述如下，主要据方润森和范健才（1994）修改。

大凹子组

14. 深灰色厚层状灰岩。 37m

13. 灰色白云质灰岩。 16m

12. 深灰色厚层状灰岩。 40m

11. 深灰色泥晶灰岩。 17m

10. 深灰色厚层状灰岩。产腕足类：*Alatoproductus* sp.，*Permocryptospirifer omeishanensis*，*Linoproductus lineatus*，*Phyricodothyris asiatica*，*Pseudoantiquatonia mutabilis*，*Squamularia extensiformis*。 12m

丙麻组

9. 紫红色、黄灰色厚层状粉砂质泥岩和铁质凝灰质砂岩互层。 38m

8. 豆状铁矿层。 7m

7. 紫红色泥岩，底部含再沉积玄武岩碎片。 25m

卧牛寺组

6. 紫灰色、深灰色、墨绿色块状、杏仁状玄武岩及致密状玄武岩。 93m

5. 灰紫色厚层状铁质砂岩夹生屑灰岩透镜体。生屑灰岩中产蜓类：*Pseudofusulina* sp.，*Eoparafusulina* sp.。 15m

4. 紫红色、暗红色杏仁状玄武岩，墨绿色、暗灰色厚层状玄武岩不等厚互层，杏仁体为方解石、石英、玉髓。 70m

3. 紫红色、暗红色厚层状鲕绿泥石含铁砂岩，凝灰质页岩夹生屑灰岩透镜体。生屑灰岩中产蜓类：*Eoparafusulina* sp.。 6m

2. 紫红色、暗褐色厚层状、杏仁状玄武岩夹致密状玄武岩。 10m

丁家寨组

1. 灰黑色、暗灰色页岩、泥岩。 20m

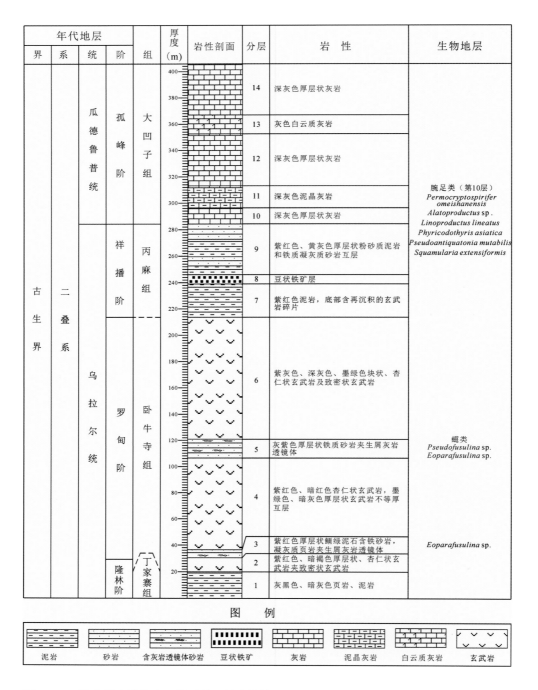

年代地层				组	厚度 (m)	岩性剖面	分层	岩 性	生物地层
界	系	统	阶						
古生界	二叠系	瓜德鲁普统	孤峰阶	大凹子组			14	深灰色厚层状灰岩	腕足类（第10层） *Permocryptospirifer omeishanensis* *Alatoproductus* sp. *Linoproductus lineatus* *Phyricodothyris asiatica* *Pseudoantiquatonia mutabilis* *Squamularia extensiformis*
							13	灰色白云质灰岩	
							12	深灰色厚层状灰岩	
							11	深灰色泥晶灰岩	
							10	深灰色厚层状灰岩	
			祥播阶	丙麻组			9	紫红色、黄灰色厚层状粉砂质泥岩和铁质凝灰质砂岩互层	
							8	豆状铁矿层	
							7	紫红色泥岩，底部含再沉积的玄武岩碎片	
		乌拉尔统	罗甸阶	卧牛寺组			6	紫灰色、深灰色、墨绿色块状、杏仁状玄武岩及致密状玄武岩	蟆类 *Pseudofusulina* sp. *Eoparafusulina* sp.
							5	灰紫色厚层状铁质砂岩夹生屑灰岩透镜体	
							4	紫红色、暗红色杏仁状玄武岩，墨绿色、暗灰色厚层状玄武岩不等厚互层	
							3	紫红色厚层状鲕绿泥石含铁砂岩，凝灰质页岩夹生屑灰岩透镜体	*Eoparafusulina* sp.
			隆林阶	丁家寨组			2	紫红色、暗褐色厚层状、杏仁状玄武岩夹致密状玄武岩	
							1	灰黑色、暗灰色页岩、泥岩	

图 例

泥岩	砂岩	含灰岩透镜体砂岩	豆状铁矿	灰岩	泥晶灰岩	白云质灰岩	玄武岩

图 4-5-2 云南保山卧牛寺二叠系剖面综合柱状图

4.5.2 西藏普兰姜叶玛剖面

姜叶玛剖面（GPS：30°43′13.5″N，80°41′46.4″E）位于西藏阿里地区普兰县，与蛇绿混杂岩共生，属于雅鲁藏布江缝合带中的灰岩外来块体。最初王全海等（1988）发现报道了这一剖面的地层，自下而上划分为西兰塔组、姜叶玛组和兰成曲下组。其中，西兰塔组和姜叶玛组归于二叠系，兰成曲下组归于三叠系。西兰塔组以灰白色灰岩为主，含有丰富的䗴类及非䗴有孔虫化石，指示时代为瓜德鲁普世晚期（Zhang et al.，2009；张以春，2010；张以春和王玥，2019）。姜叶玛组下部以淡红色为主，上部以中薄层状青灰岩色岩为主，地层中含有丰富的䗴类、非䗴有孔虫、珊瑚、腕足类和牙形类等，并含有连续的二叠—三叠系界线剖面（Wang and Ueno，2009；Wang et al.，2010；Shen et al.，2010；Wang et al.，2019）。剖面照片见图4-5-3，综合柱状图见4-5-4。

姜叶玛剖面由A、B两个剖面组成，描述如下。
（1）姜叶玛A剖面

兰成曲下组

12. 紫红色中层状泥粒灰岩、泥岩，底部2m具微体化石，顶部3m含丰富的菊石化石。　　　　　　　11.14m

11. 灰白色与紫红色薄层状生屑灰岩互层。下部以灰白色薄层状生屑泥晶—亮晶灰岩为主，夹紫红色薄层状生屑灰岩，泥质内碎屑含量较高，生屑有珊瑚碎片、有孔虫、苔藓虫、海百合茎等。上部为灰白色与肉红色互层的薄层状白云岩，仅见少量生屑残余。产牙形类：*Clarkina carinata*，*C. taylorae*，*C. krystyni*，*Neospathodus*碎片。　　　　　　　4.1m

姜叶玛组

10. 灰白色厚层—块状生屑粒泥珊瑚礁灰岩，下部灰红色部分轻微白云岩化，中部夹一层薄层状硅质层。含有群体珊瑚、有孔虫、海绵以及少量双壳类碎片。产非䗴有孔虫：*Nodoinvolutaria* sp.，*Colaniella* sp.；䗴类：*Reichelina cribroseptata*，*R. media*，*R. minuta*；珊瑚：*Waagenophyllum* sp.。　　　　　　　6.94m

9. 深灰色、肉红色含硅质或者硅质条带生屑泥晶灰岩。底部为一层灰色薄层状瘤状生屑泥晶灰岩，含有紫红色泥质条带和玄武岩砾屑，以及倒伏状群体珊瑚。产非䗴有孔虫：*Climacammina valvulinoides*，*C. spathulata*，*C. tudicla*，*Deckerella tenuissima*，*Tetrataxis* sp.，*Nodoinvolutaria* sp.，*Pachyphloia lanceolata*，*Colaniella parva*，*C. media*，*C. decurus*，*C. nana*，*Pseudocolaniella tibetica*；䗴类：*Reichelina cribroseptata*，*R. media*，*R. minuta*，*R. gaqoiensis*，*Dilatofusulina orthogonios*，*Staffella xainzaensis*，*Nankinella* sp.；腕足类：*Costiferina subcostatus*，*Waagenoconcha (Waagenochocha) purdoni*，*Linoproductus* sp.，*Marginalosia kalikotei*，*Leptodus nobilis*，*Stenoscisma irregularis*，*Martinia* sp.，*Dielasma* sp.，*Hemiptychina elegantula*；珊瑚：*Waagenophyllum* sp.，*Liangshanophyllum* sp.。　　　　　　　20.78m

8. 深灰色中薄层状含硅质条带/结核生屑泥晶灰岩。产非䗴有孔虫：*Climacammina spathulata*，*Cribrogenerina permica*，*Pachyphloia ovata*，*P. robusta*，*Colaniella parva*，*C. media*，*C.

图 4-5-3（a） 西藏普兰姜叶玛 A 剖面。A. 二叠系最顶部至下三叠系底部探槽；B. 二叠—三叠系界线附近；C. 姜叶玛组第 6 层；D. 姜叶玛组第 3 层；E. 姜叶玛组第 8 层中上部

图4-5-3（b） 西藏普兰姜叶玛B剖面西兰塔组灰岩。A. 西兰塔剖面远观；B. 西兰塔组第1层；C. 西兰塔组第2层中部；
D. 西兰塔组第5、6层；E. 西兰塔组第10-3、10-4层

himalayensis，*C. decurus*，*C. nana*，*Pseudocolaniella tibetica*；蜓类：*Reichelina minuta*，*Dilatofusulina orthogonios*；腕足类：*Costiferina subcostatus*，*C. indica*，*Vediproductus punctatiformis*，*Waagenoconcha*（*Waagenochocha*）*purdoni*，*Leptodus nobilis*。 16.82m

7. 灰白色中层状泥晶灰岩。风化面呈土黄色。底部和顶部含丰富的群体珊瑚化石和腕足化石，局部轻微白云岩化。顶部紫红色泥质条带增多。产非蜓有孔虫：*Tetrataxis schellwieni*，*Nodosaria* sp.，*Colaniella parva*，*C. media*，*C. himalayensis*，*C. decurus*，*C. nana*，*Pseudocolaniella tibetica*；蜓类：*Reichelina minuta*，*Nankinella* sp.；腕足类：*Enteletes* sp.，*Derbyia guidingensis*，*Costiferina indica*，*Stenoscisma irregularis*，*S.* sp.，*Neospirifer* sp.，*Permophricodothyris* sp.，*P. elegantula*，*Martinia elongata*，*M.* sp.，*Notothyris djoulfensis*，*Dielasma* sp.，*Hemiptychina elegantula*；珊瑚：*Waagenophyllum* sp.，*Ipciphyllum* sp.。 77.56m

6. 紫红色、灰白色中厚—厚层状生屑珊瑚礁灰岩。下部为紫红色中厚层状有孔虫粒屑灰岩，还含有少量的玄武岩砾屑、海绵、海百合等，玄武岩砾屑向上减少，并渐变为灰色层状生屑亮晶灰岩；上部为灰色、肉红色珊瑚礁灰岩，群体珊瑚为主要造礁生物，含有孔虫、海绵、苔藓虫，以及少量的腕足类、腹足类碎片。产非蜓有孔虫：*Colaniella parva*，*C. himalayensis*，*C. decurus*；蜓类：*Reichelina cribroseptata*，*R. media*，*R. pulchra*，*R. minuta*；腕足类：*Orthothetina* sp.，*Vediproductus punctatiformis*，*Richthofenia lawrenciana*，*Stenoscisma* sp.，*Alphaneospirifer wynnei*，*Permophricodothyris elegantula*，*Martina elongata*，*Notothyris warthi*；珊瑚：*Waagenophyllum* sp.。 76.52m

5. 灰黑色玄武岩，具气孔杏仁构造，局部可见灰岩捕虏体。 38.5m

4. 灰红色、紫灰色中薄层状有孔虫碎屑灰岩。下部为灰红色薄层状粒屑灰岩；上部层段渐变为灰色薄层状海百合茎生屑灰岩与紫红色含玄武岩砾屑的生物粒屑灰岩互层。产非蜓有孔虫：*Tetrataxis* sp.，*Colaniella parva*，*C. himalayensis*，*C. nana*；蜓类：*Reichelina cribroseptata*，*R. pulchra*，*R. gaqoiensis*。 4.8m

3. 紫红色、灰色厚层—块状灰岩。下部为紫红色，富含海百合茎，以及非蜓有孔虫、海绵、苔藓虫等化石和玄武岩碎屑等，颗粒松散；上部渐变为灰色层状有孔虫粒屑灰岩。产蜓类：*Reichelina cribroseptata*。 5.0m

2. 肉红色厚层状珊瑚礁灰岩。中部以群体珊瑚和海绵为主要造礁生物，含有少量的小型腕足类、腹足类等。顶部为薄层状泥晶灰岩覆盖。产腕足类：*Waagenoconcha*（*Waagenochocha*）*purdoni*，*Neospirifer* sp.，*Martinia elongata*；珊瑚：*Waagenophyllum* sp.，*Ipciphyllum* sp.。 59.08m

1. 灰红色中厚层状礁灰岩。造礁生物为珊瑚、海绵和苔藓虫。产非蜓有孔虫：*Nodosaria* sp.，*Colaniella parva*，*C. media*；蜓类：*Reichelina pulchra*，*R. gaqoiensis*；腕足类：*Hustedia* sp.；珊

瑚：*Liangshanophyllum* sp.。 4.3m

（2）姜叶玛B剖面

西兰塔组

10. 灰白色中厚层状灰岩。 85m

9. 青灰色中层状灰岩，可见少量珊瑚化石。 138.80m

8. 青灰色中层状生屑灰岩。产非蜓有孔虫：*Climacammina valvulinoides*，*Tetrataxis* sp.，*Lysites biconcavus*；蜓类：*Codonofusiella lui*，*Lantschichites minima*，*Yangchienia haydeni*，*Y. tobleri*，*Verbeekina furnishi*，*Kahlerina pachytheca*，*K. minima*，*Neoschwagerina craticulifera*，*N. simplex*，*N. tenuis*，*N. colaniae*，*N. fusiformis*，*N. cheni*，*N. ventricosa*，*N. xilantaensis*。 121.98m

7. 灰白色中层状灰岩，含丰富的群体珊瑚化石。产非蜓有孔虫：*Neodiscus* sp.，*Lysites biconcavus*，*Tetrataxis* sp.，*Pachyphloia hubeiensis*；蜓类：*Neoschwagerina fusiformis*。 131.59m

6. 青灰色中层状蜓灰岩，顶部约有1m厚的珊瑚礁灰岩，主要由群体珊瑚组成。产非蜓有孔虫：*Dagmarita* sp.，*Septagathammina* sp.，*Climacammina valvulinoides*，*Lysites biconcavus*，*Neoendothyra reicheli*，*Agathammina pusilla*，*Tetrataxis* sp.，*Pachyphloia paraovata*，*P. solida*，*Neodiscus melliloides*，*N.* sp.；蜓类：*Yangchienia haydeni*，*Y. tobleri*，*Y. hainanica*，*Y. thompsoni*，*Y. gyanyimaensis*，*Nankinella inflata*，*Chusenella curvativa*，*C. urulungensis*，*C. chihsiaensis*，*C. abichi*，*Verbeekina furnishi*，*V. sphaera*，*Armenina crassispira*，*Kahlerina siciliana*，*Neoschwagerina craticulifera*，*N. simplex*，*N. ventricosa*，*N. xilantaensis*。 55.18m

5. 灰白色中厚层状蜓灰岩。产非蜓有孔虫：*Neodiscus* sp.，*Tetrataxis* sp.，*Climacammina valvulinoides*，*Lysites biconcavus*，*Pachyphloia paraovata*，*P. hubeiensis*，*Neodiscus melliloides*，*Lasiodiscus minor*，*Agathammina vachardi*，*A. pusilla*，*Septagathammina* sp.，*Neoendothyra reicheli*，*Neodiscus* sp.，*Dagmarita* sp.，*Deckerella tenuissima*；蜓类：*Lantschichites minima*，*Yangchienia haydeni*，*Y. hainanica*，*Y. thompsoni*，*Y. gyanyimaensis*，*Y.* sp.，*Nankinella rarivoluta*，*N.* sp.，*Chusenella urulungensis*，*C. abichi*，*Verbeekina heimi*，*V. furnishi*，*Armenina crassispira*，*Kahlerina africana*，*K. minima*，*Neoschwagerina craticulifera*，*N. simplex*，*N. tenuis*，*N. fusiformis*，*N. cheni*，*N. xilantaensis*。 49.33m

4. 淡红色、灰红色生屑灰岩。产非蜓有孔虫：*Nodosinelloides* sp.，*Pachyphloia paraovata*，*P. hubeiensis*，*Climacammina valvulinoides*，*Neodiscus melliloides*，*Deckerella* sp.，*Hemigordius longus*，*Lysites biconcavus*；蜓类：*Yangchienia gyanyimaensis*，*Chusenella curvativa*，*C. urulungensis*，*Verbeekina sphaera*，*Armenina crassispira*，*Paraverbeekina pristina*，*Kahlerina pachytheca*，*Neoschwagerina craticulifera*，*N. colaniae*，*N. fusiformis*，*N. cheni*，*N. xilantaensis*。

28.83m

第四系覆盖 6.4m

3. 深灰色灰岩。产蜓类：*Paraverbeekina pristina*，*Neoschwagerina fusiformis*，*N. xilantaensis*。

3.2m

第四系覆盖 4.7m

2. 灰白、青灰色中层状生屑灰岩。产非蜓有孔虫：*Climacammina valvulinoides*，*Tetrataxis* sp.，*Pachyphloia paraovata*，*P. hubeiensis*，*P. solida*，*Neodiscus melliloides*，*Ichthyofrondina palmata*，*Lasiodiscus minor*，*Globivalvulina* sp.，*Nodosinelloides patula*，*Neoendothyra reicheli*，*Deckerella tenuissima*，*Lysites biconcavus*；蜓类：*Codonofusiella lui*，*Lantschichites minima*，*Yangchienia haydeni*，*Y. hainanica*，*Y.* sp.，*Nankinella* sp. *B*，*Verbeekina heimi*，*V. sphaera*，*Armenina crassispira*，*Kahlerina africana*，*K. siciliana*，*K. minima*，*Neoschwagerina craticulifera*，*N. simplex*，*N. tenuis*，*N. colaniae*，*N. fusiformis*，*N. cheni*，*N. ventricosa*，*N. xilantaensis*。 42.46m

1. 灰红色中薄层状含藻灰岩。单层厚约10~15cm，主要可见蜓类、非蜓有孔虫、藻类、腕足类、珊瑚、角石以及一些三叶虫的碎屑。产非蜓有孔虫：*Geinitzina* sp.，*Nodosinelloides patula*，*N.* sp.，*Pachyphloia paraovata*，*P. hubeiensis*，*Tetrataxis* sp.，*Climacammina valvulinoides*，*Neodiscus melliloides*，*N.* sp.，*Ichthyofrondina palmata*，*Lasiodiscus minor*，*L. tatoiensis*，*Globivalvulina* sp.，*Hemigordius longus*，*Deckerella* sp.，*Septoagathammina* sp.，*Shanita pamirica*，*Agathammina vachardi*，*A. pusilla*，*Lysites biconcavus*；蜓类：*Codonofusiella lui*，*Lantschichites minima*，*Nankinella* sp.，*Chusenella urulungensis*，*Armenina crassispira*，*Kahlerina pachytheca*，*K. siciliana*，*K. minima*，*Neoschwagerina craticulifera*，*N. tenuis*，*N. fusiformis*。 43.26m

140

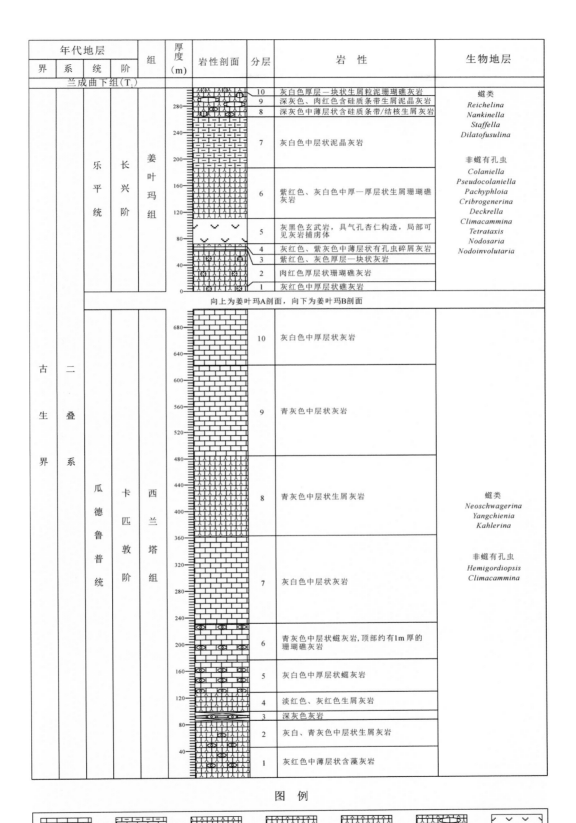

年代地层				组	厚度 (m)	岩性剖面	分层	岩 性	生物地层
界	系	统	阶						
						兰成曲下组(T₁)			
古 生 界	二 叠 系	乐 平 统	长 兴 阶	姜 叶 玛 组			10	灰白色厚层—块状生屑粒泥珊瑚礁灰岩	蟒类 Reichelina Nankinella Staffella Dilatofusulina 非蟒有孔虫 Colaniella Pseudocolaniella Pachyphloia Cribrogenerina Deckrella Climacammina Tetrataxis Nodosaria Nodoinvolutaria
							9	深灰色、肉红色含硅质条带生屑泥晶灰岩	
							8	深灰色中薄层状含硅质条带/结核生屑灰岩	
							7	灰白色中层状泥晶灰岩	
							6	紫红色、灰白色中厚—厚层状生屑珊瑚礁灰岩	
							5	灰黑色玄武岩,具气孔杏仁构造,局部可见灰岩捕虏体	
							4	灰红色、紫灰色中薄层状有孔虫碎屑灰岩	
							3	紫红色、灰色厚层—块状灰岩	
							2	肉红色厚层珊瑚礁灰岩	
							1	灰红色中厚层状礁灰岩	
						向上为姜叶玛A剖面,向下为姜叶玛B剖面			
		瓜 德 鲁 普 统	卡 匹 敦 阶	西 兰 塔 组			10	灰白色中厚层状灰岩	蟒类 Neoschwagerina Yangchienia Kahlerina 非蟒有孔虫 Hemigordiopsis Climacammina
							9	青灰色中层状灰岩	
							8	青灰色中层状生屑灰岩	
							7	灰白色中层状灰岩	
							6	青灰色中层状蟒灰岩,顶部约有1m厚的珊瑚礁灰岩	
							5	灰白色中厚层状蟒灰岩	
							4	淡红色、灰红色生屑灰岩	
							3	深灰色灰岩	
							2	灰白、青灰色中层状生屑灰岩	
							1	灰红色中薄层状含藻灰岩	

图 例

灰岩	泥灰岩	生屑灰岩	蟒灰岩	珊瑚礁灰岩	含燧石条带生屑灰岩	玄武岩

图 4-5-4　西藏普兰姜叶玛二叠系剖面综合柱状图

5 中国二叠纪标志化石图集

5.1 牙形类

　　牙形类化石来源于牙形动物，牙形动物由软体和骨骼两部分组成，形态与现生的七鳃鳗或是八目鳗相近（Murdock et al., 2013；Janvier，2013），它的软体部分很难保存为化石，只有骨骼部分可以保存下来。牙形动物是一种较为原始的高等门类，只有滤食器官（或咀嚼器官）骨骼化（Goudemand et al., 2011）而被保存下来。这一器官由不同形态的分子组成，并按一定的位置排列，根据这些分子所占据的位置和所起作用的差别，将它们进一步划分为P型分子、M型分子和S型分子，如图5-1-1所示。P型分子一般为两对，根据位置不同又分为P_1分子和P_2分子，M型分子一般为一对，S型分子包含一个S_0分子和若干成对的分子。这些不同类型的分子在属种鉴定中所起的作用不同，一般认为同一个属内的不同种，它们的P_2分子、M型分子和S型分子是相同的，种与种之间的差异主要体现为P_1分子的不同。相对于其他类型的分子，P_1分子被认为对环境压力的影响更敏感，演化速度更快，因此，很多种都是依据P_1分子建立的。但是P_1分子作为内骨骼多分子器官的一部分，其形态特征受个体发育的差异和多分子器官生长的差异等因素的影响，同一个物种的P_1分子存在一定程度的不同，给鉴定工作带来困难（袁东勋和沈树忠，2011）。也有一些属种是根据P_1分子以外其他类型的分子建立的，这种情况在二

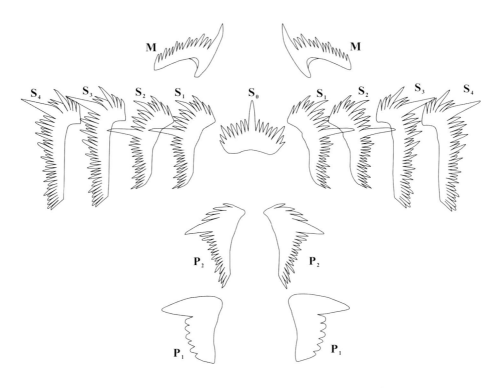

图 5-1-1　牙形动物器官分子位置排列示意图（Agematsu et al., 2014）

叠纪牙形类研究中比较少见。

牙形类化石被普遍认为是生物地层学研究中最重要的标志化石之一，具备分布广泛、数量繁多、演化迅速、相对易于获得等特点，在确定地质年代、区域及洲际地层对比中具有极其重要的价值（王成源，1987）。在古生代至三叠纪地层划分中，很多界线层型都是以牙形类化石分子的首现作为划分依据的。有时，牙形类在一些不含大化石的地层中，或是在岩芯中都能发挥很好的确定时代的作用。因此，牙形类化石在地层的划分和对比上起着不可或缺的作用。

二叠纪牙形动物的丰度与分异度相对较低（王成源，1998，2004），牙形类化石形态特征相对单调（Mei et al., 1998b），这些特点给牙形类化石的鉴定及其化石带的划分带来很大的难度和一些不确定因素。目前鉴定二叠纪牙形类的主要方法有两种：基于单个标本的"个体"法和基于样品-居群的"居群"法。"个体"法由牙形类化石最初的研究开始沿用至今，主要注重单个标本或是少数标本之间的形态差异，并依据这些差异来区别物种或是建立新种。"居群"法是以一个样品中同一个属的所有标本为基础，通过地层的上下关系及上下多个居群的综合形态特征，确定这个属的演化方向和主要演化特征，依此来区别物种和建立新种。"居群"法的鉴定思想最早由Wardlaw和Collinson（1979）提出，由Orchard（1983）首次系统性应用在上三叠统Norian阶的*Epigongolella*。Girard等（2004）基于泥盆纪晚期的*Palmatolepis*，系统地研究了"个体"法和"居群"法的差异。Mei等（2004）在研究二叠系长兴阶底界的时候提出了"样品-居群"的观念，就是将同一个样品内同属的标本看作一个居群来进一步研究。本书作者在研究大量标本后发现，将"样品-居群"的概念完全应用于牙形类的研究具有一定难度，但比"个体"法具有明显的优点。比如说，"个体"法往往将一个种的幼年体到老年体的不同阶段鉴定为不同的种，将一个种内不同方向变异的标本鉴定为不同的种，很容易建立新种。"居群"法鉴定的物种往往具有更精确的地层延限、更精确的时代意义。

所有类型的牙形类分子都有特定的形态和构造，组成了牙形类属种鉴定及划分更高分类单元的基础要素，如图5-1-2所示。这些分子可以大致概括为锥形分子、枝形分子和刷形分子（齿片形和齿台形），这3个类型的分子又可进一步细分，并根据形态的不同分别占据每一个牙形物种的P位置、M位置和S位置。这些分子的特征要素大致包括口面、反口面、主齿、细齿、瘤齿、齿台、齿突、齿片、齿沟、齿脊、齿叶、齿耙、齿垣、齿坡、齿拱、齿冠、齿轴、基腔、基坑、龙脊、横脊、纵脊、近脊沟、生长轴、附着痕等。

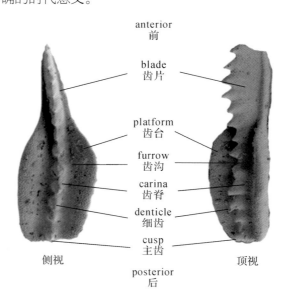

图 5-1-2　台形牙形类主要形态特征名称

5.1.1 牙形类结构术语

横脊（serration/transverse ridge）：齿台口面与长轴垂直的脊。

齿片（blade）：台型分子长轴方向前部和后部较扁的延伸部分。

齿脊（carina）：台型分子轴部的齿列或低的细齿列。

齿杯（cup）：强烈膨大的基腔。

主齿（cusp）：基腔顶尖上方齿状构造。

细齿（denticle）：齿状构造，与主齿相似。

齿沟（furrow）：表面长的槽或沟。

生长轴（growth axis）：主齿或细齿的齿层顶尖连线。

齿叶（lobe）：叶片状的突伸，多见于台型分子。

环台面（loop）：舟形分子围绕基底凹窝的环形台面。

齿台（platform）：台形分子的台状构造。

齿突（process）：具齿脊或齿片的构造。

瘤齿（node）：口面突起的瘤或结节状的齿。

缺刻（notch）：分子边缘部位的凹刻。

齿垣（parapet）：齿台上的墙状凸起构造。

齿坡（ramp）：齿台上高起的坡状构造，连接较高和较低的部分。

台形分子（planate element）：具明显侧方凸缘、边缘或齿台的分子。

枝形分子（ramiform element）：主齿侧缘或底缘延伸出具细齿的齿突的分子。

刷形分子（pectiniform element）：指片形、梳形和台形分子。

P位置（P position）：一般指刷形分子占据的位置，可分为P_1和P_2位置。

M位置（M position）：多为锄形、双羽状和指掌状分子。

S位置（S position）：多为枝形分子占据，分为S_0、S_1、S_2、S_3和S_4位置。

5.1.2 牙形类图版

缩写解释如下：

NIGP=中国科学院南京地质古生物研究所；GSC=加拿大地质调查局；CUGB=中国地质大学（北京）；CUG=中国地质大学（武汉）；USNM=美国国家博物馆；OSU=美国俄亥俄州立大学；NJU=南京大学。

图版 5-1-1 说明

1—2 后梭形曲颚齿刺 *Streptognathodus postfusus* Chernykh and Reshetkova，1987

主要特征：中部微微收缩，后部宽，收缩处发育瘤齿，齿垣前部与自由齿片间齿槽很窄。产地：贵州罗甸纳庆剖面。层位：二叠系阿瑟尔阶顶部。

3—7 梭形曲颚齿刺 *Streptognathodus fusus* Chernykh and Reshetkova，1987

主要特征：齿台呈纺锤状，中部强烈收缩，后部宽，收缩处发育明显的肋凸，齿垣及齿槽不对称。产地：3—6，贵州紫云火烘冲剖面；7，贵州罗甸纳庆剖面。层位：二叠系阿瑟尔阶上部。

8—13 收缩曲颚齿刺 *Streptognathodus constrictus* Chernykh and Reshetkova，1987

主要特征：齿脊终点处齿台突然收缩，两侧齿垣外扩且不对称。产地：贵州罗甸纳庆剖面。层位：二叠系阿瑟尔阶中上部。

14—24 反曲曲颚齿刺 *Streptognathodus sigmoidalis* Chernykh and Ritter，1997

主要特征：齿台反曲，内凹。产地：贵州罗甸纳庆剖面。层位：二叠系阿瑟尔阶中部。

25—32 孤立曲颚齿刺 *Streptognathodus isolatus* Chernykh，Ritter and Wardlaw，1997

主要特征：附生齿叶，瘤齿与齿脊之间有明显的沟隔开。产地：贵州罗甸纳庆剖面。层位：二叠系阿瑟尔阶底部。

200μm

图版 5-1-2 说明

1—7　瓦帮斯曲颚齿刺 *Streptognathodus wabaunsensis* Gunnell，1933
主要特征：附生瘤齿与齿脊之间未完全分离。产地：贵州罗甸纳庆剖面。层位：石炭系格舍尔阶顶部。

8—16　似美丽自由颚刺 *Adetognathus paralautus* Orchard，1984
主要特征：自由齿片与一侧齿垣结合。产地：贵州紫云火烘冲剖面。层位：二叠系萨克马尔阶中下部。

17—21　畸形中舟刺 *Mesogondolella monstra* Chernykh，2005
主要特征：主齿较小，中后部细齿分离，较矮，自由齿片几乎不发育。产地：贵州罗甸纳庆剖面。层位：二叠系萨克马尔阶中下部。

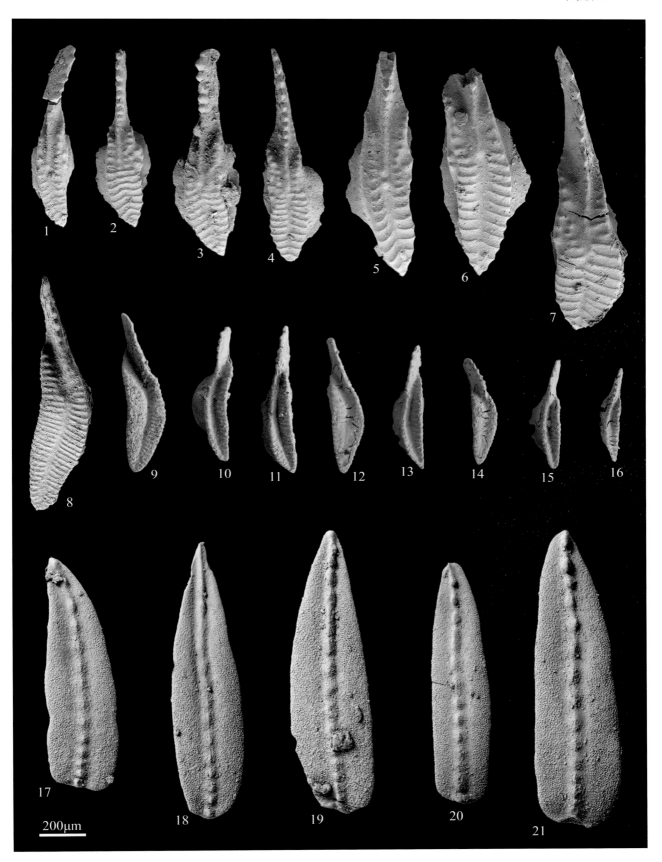

200μm

1—8　怀特斯威特刺 *Sweetognathus whitei*（Rhodes，1963）

主要特征：齿台最宽处位于中部，横脊粗壮，横脊间距较深和宽。产地：1—3，贵州紫云火烘冲剖面；4—8，贵州罗甸纳庆剖面。层位：二叠系亚丁斯克阶。

9—16　双头斯威特刺 *Sweetognathus anceps* Chernykh，2005

主要特征：横脊瘤呈哑铃状，瘤间距沟深，中轴线不发育或发育极不明显，齿台最宽处位于中部。产地：贵州罗甸纳庆剖面。层位：二叠系萨克马尔阶上部。

17—25　双分状瘤斯威特刺 *Sweetognathus binodosus*（transitional to *Sweetognathus anceps*）Chernykh，2005

主要特征：横脊瘤呈椭球状到哑铃状，瘤间沟宽而深。产地：贵州罗甸纳庆剖面。层位：二叠系萨克马尔阶下部。

26—35　普涅夫新曲颚刺 *Neostreptognathodus pnevi* Kozur and Movschovitsch，1979

主要特征：自由齿片约占分子总长度的1/2，齿台"内部"呈深"V"形槽状，左右齿垣发育较大瘤齿，部分齿垣光滑。产地：26—33，贵州紫云火烘冲剖面；34、35，贵州罗甸纳庆剖面。层位：二叠系空谷阶底部。

200μm

图版 5-1-4 说明

1—6　伊朗斯威特刺汉中亚种 *Sweetognathus iranicus hanzhongensis*（Wang，1978）

主要特征：齿台较窄，齿台两侧近似平行，前部横脊较愈合，呈台面状，横脊上布满不规则苞状突起。产地：贵州紫云火烘冲剖面。层位：二叠系空谷阶顶部至卡匹敦阶。

7—14　亚对称斯威特刺 *Sweetognathus subsymmetricus* Wang，Ritter and Clark，1987　7引自Wang等（1987）

7为正模标本。登记号：7，NIGP-96967。主要特征：齿台前部横脊明显不对称。产地：7，江苏南京正盘山剖面；8—14，贵州紫云火烘冲剖面。层位：二叠系空谷阶中上部至沃德阶。

15—24　贵州斯威特刺 *Sweetognathus guizhouensis* Bando et al.，1980

主要特征：横脊粗壮，齿台最宽处位于最前部第二个横脊左右，并向后部逐渐变窄，齿台近似对称。产地：15—21，贵州紫云火烘冲剖面；22—24，贵州罗甸纳庆剖面。层位：二叠系空谷阶中下部。

25—33　克拉克斯威特刺 *Sweetognathus clarki*（Kozur in Kozur and Mostler，1976）

主要特征：齿台较宽，最宽处位于前部，并向后逐渐变窄，中后部横脊被中轴线切断，并与中轴线呈交角状。产地：贵州紫云火烘冲剖面。层位：二叠系亚丁斯克阶上部。

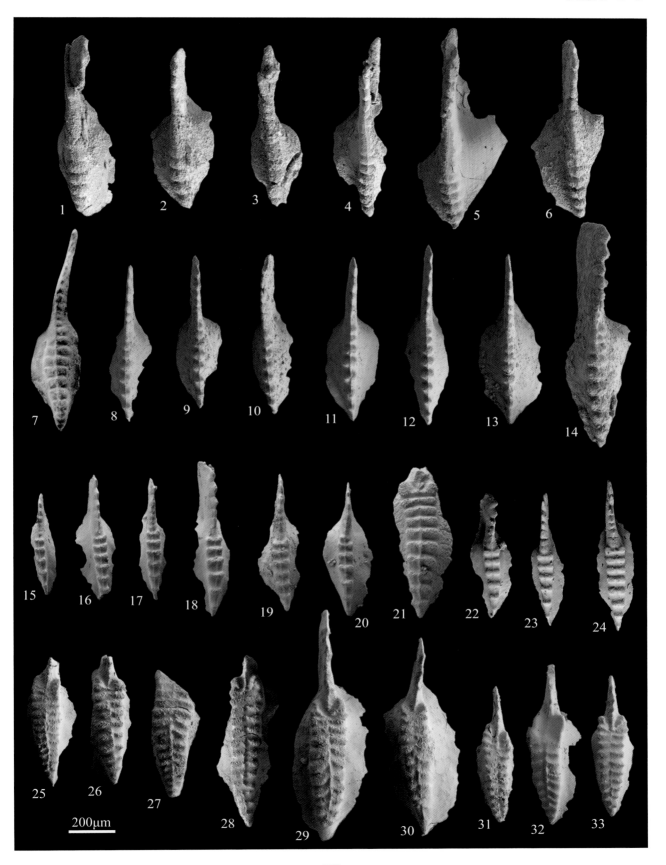

200μm

图版 5-1-5 说明

1—4　兰伯特中舟刺 *Mesogondolella lamberti* Mei and Henderson，2002　1、2引自Mei和Henderson（2002）

登记号：1（正模标本），GSC-121773；2，CUGB-20010004。主要特征：主齿中等发育，细齿比较分离，前部细齿中等高度，齿台近似平行，或齿台最宽处位于中后部。产地：1，美国德克萨斯瓜德鲁普山地区；2，中国贵州罗甸纳庆剖面；3、4，贵州紫云火烘冲剖面。层位：二叠系空谷阶顶部。

5—11　比斯尔中舟刺 *Mesogondolella bisselli*（Clark and Behnken，1971）　5引自Clark和Behnken（1971）

5为正模标本。主要特征：齿台窄，最宽处位于后部，细齿很分离，齿脊低。产地：5，美国内华达州；6—11，中国贵州罗甸纳庆剖面。层位：二叠系萨克马尔阶上部至亚丁斯克阶底部。

12—17　条纹中舟刺 *Mesogondolella striata*（Chernykh，1986）

主要特征：主齿很矮小，细齿较分离，齿台最宽处位于末端，并向前缓缓收缩变窄。产地：贵州罗甸纳庆剖面。层位：二叠系阿瑟尔阶上部。

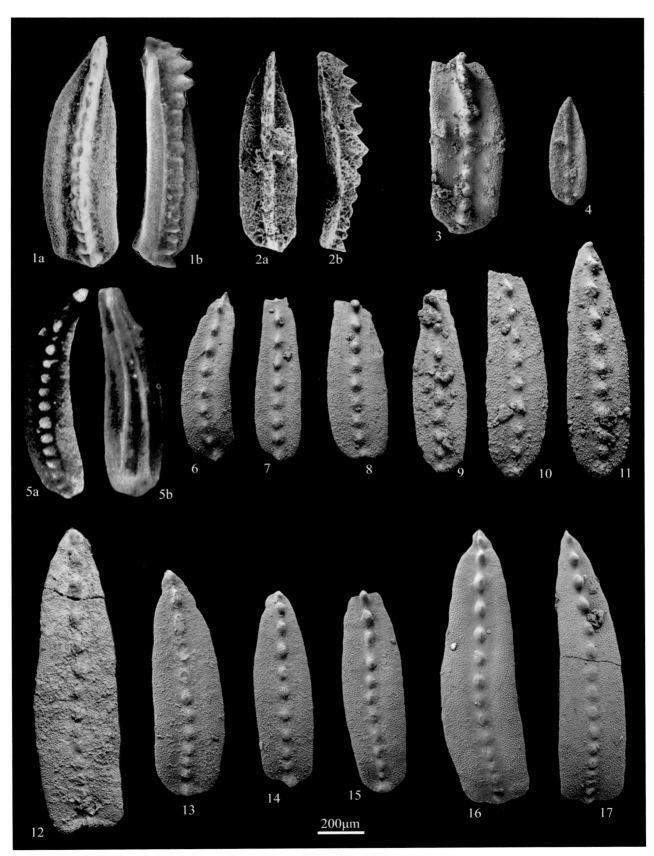

200μm

图版 5-1-6 说明

1—5　南京金舟刺 *Jinogondolella nankingensis*（Jin，1960）　　1引自Clark和Ethington（1962），2引自
Clark和Mosher（1966）

登记号：3，NIGP-111321；4，NIGP-121129。主要特征：前部横脊发育至收缩点之后，齿台两侧近似平行。产地：1、
2，美国德克萨斯地区；3，中国江苏南京正盘山地区；4，中国四川宣汉渡口剖面；5，中国广西来宾蓬莱滩剖面。层
位：二叠系罗德阶至沃德阶中下部。

6—15　无锯齿金舟刺 *Jinogondolella aserrata*（Clark and Behnken，1979）　　6引自Clark和Behnken
（1979）

6为正模标本。主要特征：齿台最宽处位于后部，并向前部缓缓收缩，齿台后部末端向内侧偏转，前部横脊中等发育。
产地：6，美国德克萨斯地区；7—15，中国广西来宾蓬莱滩剖面。层位：二叠系沃德阶至卡匹敦阶下部。

156

200μm

图版 5-1-7 说明

1—12　后锯齿金舟刺 *Jinogondolella postserrata*（Behnken，1975）　1引自Behnken（1975）

1为正模标本。主要特征：主齿大小与末端细齿相当，前部横脊中等发育，多数分子收缩点之后不发育横脊，齿台侧边缘近似平行；部分分子齿台末端轻微向内侧偏转。产地：1，美国德克萨斯地区；2—12，中国广西来宾蓬莱滩剖面。层位：二叠系卡匹敦阶中下部。

13—23　香浓金舟刺 *Jinogondolella shannoni* Wardlaw in Wardlaw and Mei，1998　引自Wardlaw和Mei（1998）

登记号：13（正模标本），USNM-4826801。主要特征：主齿大于后部细齿，齿台最宽处位于后部，横脊发育明显。产地：13，美国德克萨斯西部地区；14—23，中国广西来宾蓬莱滩剖面。层位：二叠系卡匹敦阶中部。

图版 5-1-8 说明

1—8　阿尔图达金舟刺 *Jinogondolella altudaensis*（Kozur，1992）　1引自Kozur（1992）

登记号：1（正模标本），N4014。主要特征：主齿较小，齿台最宽处位于中部，齿沟很浅，齿台后部平坦，细齿个数相对较少，部分分子横脊发育不明显。产地：1，美国德克萨斯西部地区；2—8，中国广西来宾蓬莱滩剖面。层位：二叠系卡匹敦阶中部。

9—19　前宣汉金舟刺 *Jinogondolella prexuanhanensis*（Mei and Wardlaw in Mei，Jin and Wardlaw，1994b）　9引自Mei等（1994b）

登记号：9（正模标本），NIGP-121162。主要特征：细齿数量介于*Jinogondolella altudaensis*和*J. xuanhanensis*之间，细齿间距较明显，主齿中等大小，齿台比较窄。产地：9，四川宣汉渡口剖面；10—19，广西来宾蓬莱滩剖面。层位：二叠系卡匹敦阶上部。

200μm

1—9　宣汉金舟刺 *Jinogondolella xuanhanensis*（Mei and Wardlaw in Mei et al., 1994b）　1引自Mei等（1994b）

登记号：1（正模标本），NIGP-121176。主要特征：细齿多而密，齿台后部末端内侧内凹。产地：四川宣汉渡口剖面。层位：二叠系卡匹敦阶上部。

10—18　格兰特金舟刺 *Jinogondolella granti*（Mei and Wardlaw in Mei et al., 1994b）　10引自Mei等（1994c）

登记号：10（正模标本），NIGP-123478。主要特征：主齿较大，中后部细齿密且轻微融合，齿台后部末端呈钝圆形。产地：广西来宾蓬莱滩剖面。层位：二叠系卡匹敦阶上部。

200μm

图版 5-1-10 说明

1—10　后彼德克拉克刺红水亚种 *Clarkina postbitteri hongshuiensis* Henderson，Mei and Wardlaw，2002
1引自Henderson等（2002）

登记号：1（正模标本），NIGP-134579；2，NIGP-134584；3，NIGP-134583；4，NIGP-134582；5，NIGP-134581；6，NIGP-134580；7，NIGP-134578；8，NIGP-134577；9，NIGP-134576；10，NIGP-134575。主要特征：不发育横脊，齿台前部缓缓收缩，细齿较分离。产地：广西来宾蓬莱滩剖面。层位：二叠系卡匹敦阶顶部。

11—18　后彼德克拉克刺后彼德亚种 *Clarkina postbitteri postbitteri* Mei and Wardlaw in Mei，Jin and Wardlaw，1994a　11引自Mei等（1994a）

登记号：11（正模标本），NIGP-123476；12，NIGP-134599；13，NIGP-134597；14，NIGP-134596；15，NIGP-134595；16，NIGP-134598；17，NIGP-134600；18，NIGP-134601。主要特征：细齿极为分离，齿台前部收缩迅速，主齿与末端细齿间常成"凹"形。产地：广西来宾蓬莱滩剖面。层位：二叠系吴家坪阶底部。

200μm

图版 5-1-11 说明

1—7　不对称克拉克刺 *Clarkina asymmetrica* Mei and Wardlaw in Mei，Jin and Wardlaw，1994a　1引自 Mei等（1994a）

登记号：1（正模标本），NIGP-121706；2，NIGP-121704。主要特征：齿台前部收缩处不对称，中部细齿较融合，后部细齿较分离，主齿与末端细齿间常形成一个"凹"形。产地：四川宣汉渡口剖面。层位：二叠系吴家坪阶中下部。

8—14　渡口克拉克刺 *Clarkina dukouensis* Mei and Wardlaw in Mei，Jin and Wardlaw，1994a　引自Mei等（1994a）

登记号：8（正模标本），NIGP-121709。主要特征：细齿较为分离，齿台宽度中等发育，侧边缘近似平行。产地：8、9，四川宣汉渡口剖面；10、11，四川南江两南剖面；12—14，广西来宾蓬莱滩剖面。层位：二叠系吴家坪阶下部。

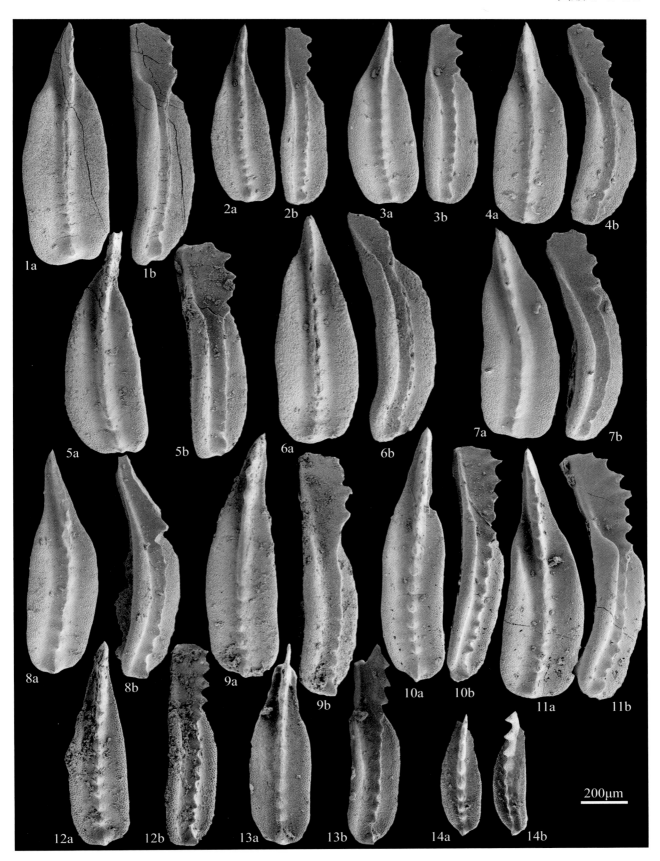

200μm

图版 5-1-12 说明

1—7　莱文克拉克刺 *Clarkina leveni*（Kozur，Mostler and Pjatakova in Kozur，1975）　　1引自Kozur（1975）

1为正模标本。主要特征：细齿较为粗壮，齿台侧边缘极度向上翻卷，自由齿片占分子的1/3~1/2。产地：1，阿塞拜疆Achura地区；2—7，中国四川宣汉渡口剖面。层位：二叠系吴家坪阶中部。

8—14　梁山克拉克刺 *Clarkina liangshanensis*（Wang，1978）　　8引自王志浩（1978）

登记号：8（正模标本），NIGP-45448。主要特征：齿台末端宽而平坦，中后部细齿很小且低，主齿不明显或略高于后部细齿。产地：8，陕西汉中梁山地区；9—14，广西来宾蓬莱滩剖面。层位：二叠系吴家坪阶中上部。

图版 5-1-13 说明

1—7　外高加索克拉克刺 *Clarkina transcaucasica*（Gullo and Kozur，1992）　1引自Kozur（1975）

1为正模标本。主要特征：主齿较小，与末端细齿相当，常发育较窄的后边缘。产地：1，阿塞拜疆Achura地区；2—7，中国四川宣汉渡口剖面。层位：二叠系吴家坪阶中上部。

8—13　广元克拉克刺 *Clarkina guangyuanensis*（Dai and Zhang in Li et al.，1989）　8引自李子舜等（1989）

主要特征：主齿大于中后部细齿，与末端细齿间成"凹"形，齿台最宽处位于中前部；自由齿片约占分子的1/3。产地：8，四川广元上寺剖面；9—13，四川南江桥亭剖面。层位：二叠系吴家坪阶中上部。

图版 5-1-14 说明

1—8　东方克拉克刺 *Clarkina orientalis*（Barskov and Kororleva，1970）

登记号：1—7，NIGP-159710—159716；8，NIGP-159718。主要特征：主齿较小，发育很宽的后边缘。产地：浙江长兴煤山剖面。层位：二叠系吴家坪阶上部至长兴阶底部。

9—17　长大克拉克刺 *Clarkina longicuspidata* Mei and Wardlaw in Mei，Jin and Wardlaw，1994a　9引自 Mei等（1994a）

登记号：9（正模标本），NIGP-121717；10，NIGP-121718；11—16，NIGP-159743—159748；17，NIGP-159750。主要特征：主齿较大，向后部倾斜，并与后部细齿间形成较明显的"凹"形。产地：四川南江桥亭剖面。层位：二叠系吴家坪阶上部。

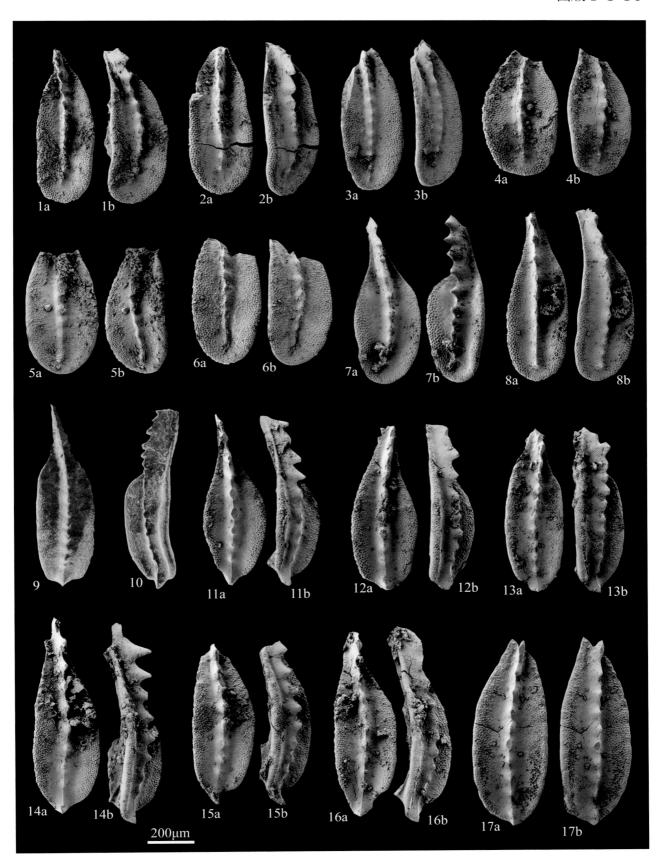

200μm

图版 5-1-15 说明

1—7　王氏克拉克刺 *Clarkina wangi*（Zhang，1987）　7引自张克信（1987）

登记号：1—4，NIGP-159726—159729；5，NIGP-159734；6，NIGP-159732；7（正模标本），CUGB-52987。主要特征：齿台宽大，细齿融合呈高墙状。产地：浙江长兴煤山剖面。层位：二叠系长兴阶底部。

8—13　亚脊克拉克刺 *Clarkina subcarinata*（Sweet in Teichert，Kummel and Sweet，1973）　12引自Teichert等（1973）

登记号：8，NIGP-159752；9，NIGP-159754；10，NIGP-159755；11，NIGP-159757；12（正模标本），OSU-29573；13，NIGP-159759。主要特征：齿台较宽，两侧近平行，细齿中等高度，齿台细齿近似等高，融合或近似融合。产地：8—11、13，中国浙江长兴煤山剖面；12，伊朗西北部。层位：二叠系长兴阶下部。

图版 5-1-16 说明

1—9　长兴克拉克刺 *Clarkina changxingensis*（Wang and Wang in Zhao et al., 1981）（初级分子）　1引自赵金科等（1981）

登记号：1（正模标本），NIGP-52978；2，NIGP-52979；3，NIGP-159773；4，NIGP-159775；5，NIGP-159777；6，NIGP-159781；7，NIGP-159780；8，NIGP-159779；9，NIGP-159776。主要特征：齿台后部末端近椭圆形，齿台最宽处位于中后部，中后部细齿一般较分离。产地：浙江长兴煤山剖面。层位：二叠系长兴阶中部。

10—15　长兴克拉克刺 *Clarkina changxingensis*（Wang and Wang in Zhao et al., 1981）（高级分子）

登记号：NIGP-159795—159800。主要特征：齿台最宽处位于中部，齿台末端向后部拉伸，主齿与末端细齿间成"凹"形。产地：浙江长兴煤山剖面。层位：二叠系长兴阶中部。

图版 5-1-17 说明

1—7　殷氏克拉克刺 *Clarkina yini* Mei in Mei，Zhang and Wardlaw，1998b　7引自Mei等（1998b）

登记号：1，NIGP-159819；2，NIGP-159820；3，NIGP-159822；4，NIGP-159823；5，NIGP-159827；6，NIGP-159825；7（正模标本），CUGB-96035。主要特征：齿台后部平坦，并常发育半岛形凸出和较窄的后边缘，齿台最宽处一般位于齿台后部1/3处，细齿呈矮墙状。产地：浙江长兴煤山剖面。层位：二叠系长兴阶上部。

8—15　煤山克拉克刺 *Clarkina meishanensis*（Zhang et al.，1995）　11引自张克信等（1995）

登记号：8，NIGP-159848；9，NIGP-159850；10，NIGP-159851；11（正模标本），CUG-946146；12，CUG-946168；13，CUG-946181；14，NIGP-159854；15，NIGP-159852。主要特征：通常主齿强壮，大于中后部所有细齿，齿沟很深。产地：浙江长兴煤山剖面。层位：二叠系长兴阶最上部。

200μm

图版 5-1-18 说明

1—8　浙江克拉克刺 *Clarkina zhejiangensis* Mei，1996　6引自Mei（1996）

登记号：1，NIGP-159877；2，NIGP-159878；3，NIGP-159880；4，NIGP-123228；5，NIGP-123224；6（正模标本），登记号：NIGP-123220；7，NIGP-159881；8，NIGP-159882。主要特征：主齿与邻近细齿大小相近，齿沟较浅。产地：浙江长兴煤山剖面。层位：二叠系长兴阶顶部至三叠系印度阶底部。

9—13　长兴欣德刺 *Hindeodus changxingensis* Wang，1995　9引自王成源（1995）

登记号：9（正模标本），NIGP-123246；10，NIGP-123244；11，NIGP-123245；12，NIGP-159869；13，NIGP-159872。主要特征：主齿宽大，中部细齿融合，近似等高。产地：浙江长兴煤山剖面。层位：二叠系长兴阶顶部至三叠系印度阶底部。

14—18　前微小欣德刺 *Hindeodus praeparvus*（Kozur，1996）　14引自Kozur（1996）

登记号：14（正模标本），Ko9003；15，Ko8991；16，Ko8992；17，NIGP-159874；18，NIGP-159875。主要特征：主齿较大，发育6~8个细齿。产地：14—16，意大利阿尔卑斯山南部；17、18，中国浙江长兴煤山剖面。层位：二叠系长兴阶顶部。

19—22　微小欣德刺 *Hindeodus parvus*（Kozur and Pjatakova in Kozur，1975）　19引自Kozur（1975），20、21引自Yin 等（2001），22引自Zhang等（2007）

19为正模标本。主要特征：主齿高大，为中部细齿3倍以上，发育4~6个细齿。产地：19，阿塞拜疆Achura地区；20—22，中国浙江长兴煤山剖面。层位：三叠系印度阶底部。

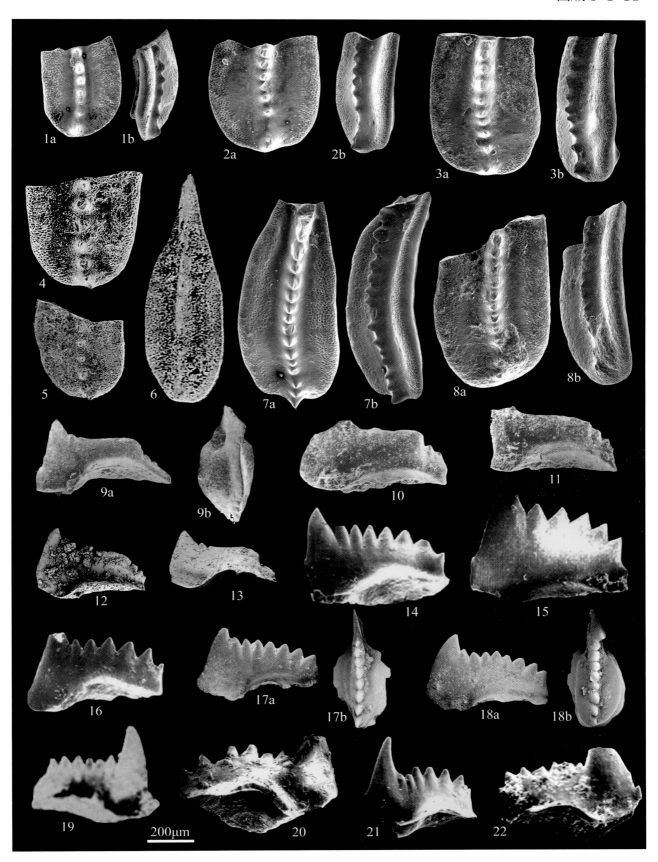

200μm

5.2 蜓 类

蜓是一类已经灭绝的单细胞生物，属于原生动物门。它是早石炭世至晚二叠世末期繁盛于温暖浅海的重要化石门类。蜓类化石壳体微小，属于微体古生物学研究范畴。一般壳长5~10mm，最小者不及1mm，最大者可达30~60mm。壳体形态多样，有凸镜形、盘形、圆球形、纺锤形和圆柱形等。

蜓类的鉴定标准包括：旋壁的构造、隔壁的形状（平坦或褶皱）、旋脊的发育情况、通道的情况（单或复）、列孔的有无、拟旋脊的有无、壳室的划分（包括隔壁及副隔壁）、轴积、初房的形状以及壳形。蜓壳的构造见图5-2-1。

初房是蜓类生长最初的住室，也称胎室，位于壳体中心，一般呈圆形，少数为椭圆形、矩形、肾形及不规则形态。初房形成后围绕假想的中轴旋转形成若干壳室。

旋壁的结构包括致密层、透明层、原始层、疏松层（内疏松层和外疏松层）和蜂巢层（如图5-2-2所示），它们可以组成一层式、二层式、三层式和四层式这4种类型的蜓类，是划分不同超科、科的主要依据。

隔壁是两个房室之间的分隔部分，有些隔壁较平，有些隔壁发生褶皱。褶皱强烈的蜓类还会在相对褶皱的下部形成拱形孔道，称为串孔。在费伯克蜓超科中，还有副隔壁构造，即在两个隔壁之间、蜂巢层下延聚焦而成。沿壳体旋转方向排列的称为旋向副隔壁，与中轴平行的称为轴向副隔壁。演化更高级的蜓类（如*Yabeina*和*Lepidolina*等）在两个副隔壁之间还有更短的副隔壁，称为二级副隔壁。隔壁与串孔如图5-2-3所示。

旋脊是指通道两侧分布的脊状突起，绕中轴旋转。费伯克蜓科的分子有很多条沿中轴旋转的脊状突起，称为拟旋脊，如图5-2-4所示。

蜓类的分类主要依据旋壁构造、隔壁和副隔壁特征、旋脊和拟旋脊等。一般分为两个超科，即纺锤蜓超科（Fusulinacea）和费伯克蜓超科（Verbeekinacea）。纺锤蜓超科又分为小泽蜓科（Ozawainellidae）、苏伯特蜓科（Schubertellidae）、纺锤蜓科（Fusulinidae）和希瓦格蜓科

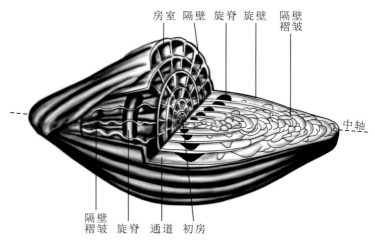

图 5-2-1 蜓壳的构造

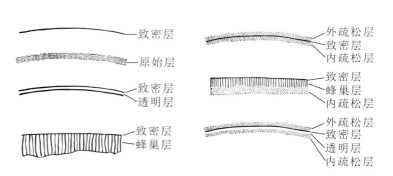

图 5-2-2 蜓类的旋壁构造及分层

（Schwagerinidae）。费伯克蟆超科分为费伯克蟆科（Verbeekinidae）和新希瓦格蟆科（Neoschwagerinidae）。

蟆类因其演化迅速、特征明显而成为划分石炭—二叠纪地层的标志化石。中国二叠纪蟆类的生物地层主要以华南地区为标准。最底部以膨胀型的蟆类 *Pseudoschwagerina* 和 *Sphaeroschwagerina* 的出现为标志，在华北见于太原组下部，在华南见于马平组或船山组。华南紫松阶的蟆类主要是以假希瓦格蟆类分子为主。从隆林阶开始，蟆类 *Pamirina* 的出现标志着最早费伯克蟆超科分子的开始。罗甸阶主要是以 *Pamirina*—*Brevaxina*—*Misellina* 的演化序列为主。祥播阶相当于从 *Misellina* 演化到 *Cancellina* 再到 *Neoschwagerina* 或 *Presumatrina* 的过程。中二叠世相当于孤峰阶和冷坞阶，该时期蟆类主要以新希瓦格蟆和费伯克蟆的发展为主，演化出 *Yabeina*、*Lepidolina* 和 *Metadoliolina* 等高级蟆类分子。中二叠世末期，伴随着全球海平面的下降，具有蜂巢层的新希瓦格类分子和费伯克蟆类分子发生灭绝。至晚二叠世吴家坪期早期，地层中仅存在少量个体小的分子，如 *Reichelina* 和 *Codonofusiella* 等。吴家坪晚期至长兴期时，苏伯特蟆科发生进一步演化，产生了 *Gallowayinella* 以及 *Palaeofusulina* 新型分子。二叠纪末期，所有蟆类分子全部灭绝。

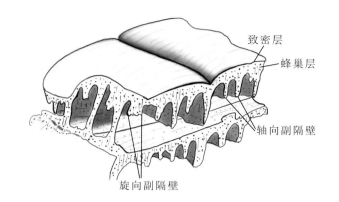

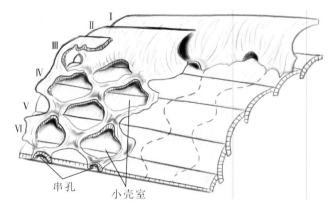

图 5-2-3　隔壁和串孔示意

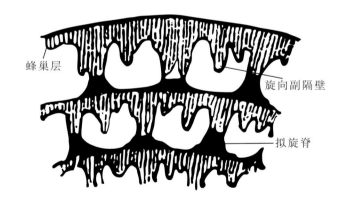

图 5-2-4　拟旋脊示意

5.2.1 蟆类结构术语

初房（proloculus）：也称胎室，是蟆类最初的住室，位于蟆壳的中心。

旋壁（spirotheca）：也称外壁，是细胞质不断增长并阶段性地分泌壳质所形成的壳壁，由原生壁和次生壁组成。前者包括致密层，透明层及蜂巢层；后者包括内疏松层和外疏松层。有些原始蟆类的旋壁仅由一层浅灰色的疏松物质组成，称为原始层（protheca）。

1）致密层（tectum）：一薄而黑色致密的层，显微镜下不透光，呈一条黑线，几乎所有蜓都具有致密层。

2）透明层（diaphanotheca）：位于致密层之下，为一无色透明的壳质层，成分大多为方解石。

3）蜂巢层（keriotheca）：位于致密层之下，为一较厚且具蜂巢状构造的壳层，在垂直旋壁的切面上呈"梳"状。

4）疏松层（tectorium）：位于致密层上、下方（具透明层者，则在透明层之下），通常为不太致密不均匀的灰黑色层，显微镜下半透光。在致密层之上的称为外疏松层；在致密层或透明层之下的称为内疏松层。疏松层并非所有蜓类都有，内、外疏松层也不一定并存。疏松层的厚度有变化，分布不均匀，即使在同一标本中都存在变化。

不同蜓类具有不同的旋壁构造，可分为以下4种类型。

1）一层式：旋壁仅由致密层或原始层组成。

2）二层式：分两种类型，由致密层和透明层组成，称为古纺锤蜓型；由致密层和蜂巢层组成，称为希瓦格蜓型。

3）三层式：由致密层和内、外疏松层组成的称为原小纺锤蜓型；由致密层、蜂巢层和内疏松层组成的称为费伯克蜓型。

4）四层式：由致密层、透明层及内、外疏松层组成，称为小纺锤蜓型。

隔壁（septum）：旋壁围绕一假想的旋转轴，即中轴增长，同时向轴的两端伸展，包裹初房，其前端向内弯折形成隔壁。隔壁可平直或褶皱。褶皱的隔壁从两端褶皱发展到全面褶皱。隔壁褶皱的强烈程度因属种而异，根据褶皱强弱程度不同，可分成轻微褶皱至强烈褶皱多种。限于两极和隔壁下部的褶皱，褶曲线宽圆的称为轻微褶皱；达到侧坡及中央而隔壁上下全部褶皱的称为强烈褶皱。根据褶曲线的形式又可以分为规则褶皱（排列整齐）和不规则褶皱（排列无序）。

副隔壁（septulum）：位于两个隔壁之间，由蜂巢层向下延伸聚集形成的比隔壁略短的薄板。按其生长方向可分为旋向副隔壁（spiral septulum）和轴向副隔壁（axial septulum）。前者的方向与旋轴垂直，后者的方向与旋轴平行。有些蜓类具有两种副隔壁，如新希瓦格蜓，旋向和轴向两组副隔壁相交，壳室被划分成许多规则的方格状小室。

房室（chamber）：两条隔壁之间的空间即为一个窄长的房室。旋壁围绕中轴增长会形成多房室，而房室每绕中轴一圈即构成一个壳圈。壳圈与壳圈的接触一般有外旋、内旋和包旋3种包卷形式。

1）外旋：壳圈之间仅壳壁接触，外圈不包围内圈，在外可以见到所有内圈。

2）内旋：外圈全部包围内圈，在外仅能见到壳室的最后一圈。

3）包旋：外圈部分包围内圈，在外仅能见到内圈的一部分。

通道（tunnel）：壳室隔壁基部中央有一个开口，各隔壁的开口彼此贯通形成通道。通道为原生质流通提供场所。有些蜓类有几个甚至十几个通道，称为复通道，可见于所有壳圈或仅见于外部几个壳圈，其两侧无脊状次生堆积物。

旋脊（chomata）：在通道两侧有次生堆积物，这些次生堆积物随通道自内向外盘旋形成两条隆脊。

拟旋脊（parachomata）：一些高级的䗴类，除通道外，在隔壁基部有一排小孔，称之为列孔，功能与通道相同，其旁侧可形成多条次生堆积物，即为拟旋脊。

串孔（cuniculus，cuniculi）：一些较高级的䗴类，如拟纺锤䗴（*Parafusulina*）、复通道䗴（*Polydiexodina*）等的隔壁褶皱非常强烈，相邻两隔壁相向凹凸，还未到达壳室的底部就互相连接，以致形成一系列与中轴垂直的旋向拱形孔道，这些孔道即称为串孔。

轴积（axial fillings）：部分旋脊不发育的䗴类，沿轴部可有黑而不透明的次生钙质物充填，称为轴积。轴积有浓有淡，或多或少，分布范围因䗴的属种不同而异。

5.2.2 䗴类图版

缩写解释如下：

NIGP=中国科学院南京地质古生物研究所；NJU=南京大学；RGSTG=贵州省地质矿产局区域地质调查大队；KIT=昆明理工大学（原昆明工学院）；HBIG=湖北省地质科学研究院；JLU=吉林大学。

图版 5-2-1 说明

1　北方假希瓦格蜓 *Pseudoschwagerina borealis*（Scherbovich in Rauser-Chernousova and Scherbovich，1949）

轴切面。登记号：NIGP-173221。主要特征：壳亚球形，初房较小，隔壁在两极微皱，旋脊显著，通道低而窄。产地：贵州紫云羊场剖面。层位：二叠系萨克马尔阶（马平组）。

2　阿登氏假希瓦格蜓 *Pseudoschwagerina uddeni*（Beede and Kniker，1924）　引自张遴信和鲍进礼（1986）

轴切面。登记号：NIGP-69919。主要特征：壳粗纺锤形，内圈包卷紧，外圈放松，隔壁褶皱较强，褶曲宽松，不规则，旋脊在内圈较发育，外圈上很小，通道在内圈窄而高，在外圈低。产地：青海都兰埃肯雅玛托。层位：二叠系阿瑟尔阶（浩特洛哇组）。

3　盖尔强壮希瓦格蜓 *Robustoschwagerina geyeri*（Kahler and Kahler，1938）

轴切面。登记号：NIGP-173223。主要特征：壳近圆形，内圈包卷紧，外圈迅速放松，隔壁平，旋脊仅在初房和幼壳上发育。产地：贵州紫云羊场剖面。层位：二叠系亚丁斯克阶（马平组）。

4　扁平拟希瓦格蜓 *Paraschwagerina bianpingensis* Zhang and Dong，1986

轴切面。登记号：NIGP-173225。主要特征：壳纺锤形，中部强凸，两极钝尖，旋壁的蜂巢层较细，隔壁全面强烈褶皱，在内圈较弱，外圈的褶曲形状不一，排列不规则，在两极处呈泡沫状，旋脊微小，仅见于内圈。产地：贵州紫云羊场剖面。层位：二叠系阿瑟尔阶至萨克马尔阶（马平组）。

5　优美拟纺锤蜓 *Paraschwagerina delicatula* Yang，1989

近轴切面。登记号：NIGP-173226。主要特征：壳长纺锤形，中部膨大，隔壁在内圈平直，外圈褶皱，中部及侧坡呈不规则的半圆形，在两极处形成细小的网络，旋脊微弱，仅见于初房和内圈。产地：贵州罗甸纳庆剖面。层位：二叠系阿瑟尔阶（马平组）。

6　云南强壮希瓦格蜓 *Robustoschwagerina yunnanensis* Sheng，Wang and Zhong，1984

轴切面。登记号：NIGP-173224。主要特征：内圈呈粗纺锤形，紧卷，旋壁厚，外圈渐变为近球形，旋壁薄。产地：贵州罗甸纳庆剖面。层位：二叠系萨克马尔阶（马平组）。

7　椭圆假希瓦格蜓 *Pseudoschwagerina elliptica* Chen，1991　引自陈庚保（1991）

轴切面。登记号：KIT-1665（S54-2）。主要特征：壳椭圆形，两极浑圆，隔壁在中部平直，内圈与两极轻度褶皱，旋脊仅在内圈发育。产地：广西砚山凉水井剖面。层位：二叠系阿瑟尔阶（马平组）。

8　拟球假希瓦格蜓 *Pseudoschwagerina parasphaerica* Chang，1963

轴切面。登记号：NIGP-173222。主要特征：壳亚球形，内圈呈纺锤形，隔壁在轴部微弱褶皱，旋脊呈两个小黑点状。产地：贵州罗甸纳庆剖面。层位：二叠系阿瑟尔阶（马平组）。

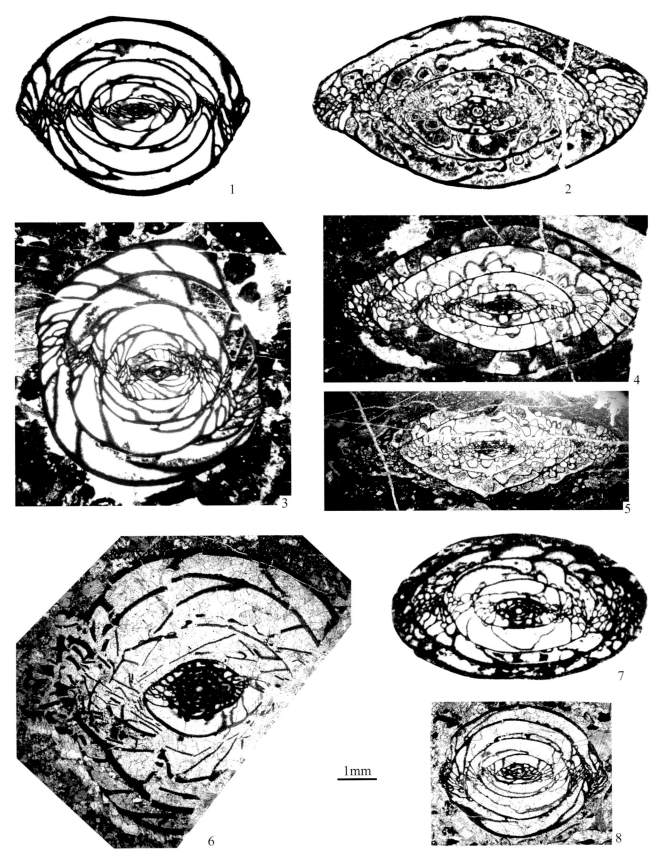

1mm

图版 5-2-2 说明

1　球状松希瓦格蜓 *Chalaroschwagerina globularis* Skinner and Wilde，1966a

轴切面。登记号：NIGP-173227。主要特征：壳近球形，包卷松，隔壁强烈褶皱，褶曲不规则，高低不一，呈交叉叠瓦状，膜壁发育，初房大。产地：贵州紫云羊场剖面。层位：二叠系空谷阶（栖霞组）。

2　膨胀松希瓦格蜓 *Chalaroschwagerina inflata* Skinner and Wilde，1965

轴切面。登记号：NIGP-173228。主要特征：壳纺锤形，包卷松，隔壁全面强烈褶皱，褶曲不规则，膜壁发育，旋脊无，初房大。产地：贵州紫云羊场剖面。层位：二叠系空谷阶（栖霞组）。

3　假平常松希瓦格蜓 *Chalaroschwagerina pseudovulgaris* Zhang and Dong，1986

轴切面。登记号：NIGP-173239。主要特征：壳纺锤形，壳圈较多，隔壁全面全部褶皱，褶曲在侧部呈叠瓦状，膜壁非常发育，旋脊无，初房大。产地：贵州紫云羊场剖面。层位：二叠系亚丁斯克阶至空谷阶（马平组至栖霞组）。

4　球形松希瓦格蜓 *Chalaroschwagerina globosa*（Schellwien，1908）

轴切面。登记号：NIGP-173230。主要特征：壳近球形，中部圆凸，两极钝尖，隔壁褶皱强烈而规则，通道不明显，外圈上可见少许膜壁，初房大。产地：贵州紫云羊场剖面。层位：二叠系亚丁斯克阶（马平组）。

5　球形球希瓦格蜓巨大亚种 *Sphaeroschwagerina sphaerica gigas*（Scherbovich in Rauser-Chernousova and Scherbovich，1949）　引自陈旭和王建华（1983）

轴切面。登记号：NIGP-68990。主要特征：壳大，球形，幼壳为纺锤形，隔壁大部平直，沿壳的轴部起轻微褶皱，旋脊小，在内部壳圈中发育完全，通道宽，初房微小，球形。产地：广西宜山。层位：二叠系阿瑟尔阶至亚丁斯克阶（马平组）。

6　缪勒氏球希瓦格蜓 *Sphaeroschwagerina moelleri*（Rauser-Chernousova，1936）　引自盛金章（1962）

轴切面。主要特征：壳球形，旋壁在内圈薄，在外圈厚，蜂巢层细，隔壁平或在两极微皱，旋脊小，显著，通道低而窄，初房小而圆。产地：中国南部。层位：二叠系萨克马尔阶至亚丁斯克阶（船山组及马平组上部）。

7　圆形球希瓦格蜓 *Sphaeroschwagerina globata* Yang，1989　引自杨湘宁（1989）

轴切面。登记号：NJU-Y74-5-1。主要特征：壳圆球形，壳圈少，壳圈高，壳圈内紧外松，旋壁内圈薄，外圈厚，隔壁平直，旋脊仅存于首圈，初房圆。产地：广西宜山马脑山。层位：二叠系阿瑟尔至亚丁斯克阶（马平组）。

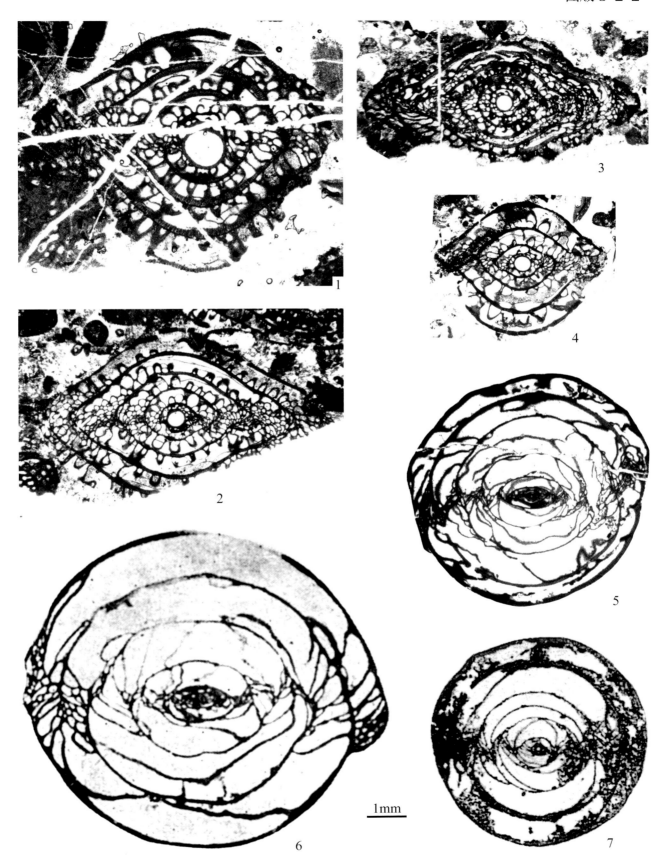

1mm

图版 5-2-3 说明

（标本 1—11 采用比例尺 A，标本 12—13 采用比例尺 B）

1　湖北拟纺锤蟆 *Parafusulina hubeiensis* Chen in Lin et al.，1977

近轴切面。登记号：NIGP-173231。主要特征：壳巨大，长纺锤形，隔壁褶皱较弱而且较为规则。产地：贵州紫云羊场剖面。层位：二叠系亚丁斯克阶至沃德阶（马平组至茅口组）。

2　巨拟纺锤蟆 *Parafusulina gigantea*（Deprat，1913）

轴切面。登记号：NIGP-173232。主要特征：旋壁厚，初房大，隔壁褶皱强。产地：贵州紫云羊场剖面。层位：二叠系空谷阶至罗德阶（栖霞组）。

3　华丽拟纺锤蟆 *Parafusulina splendens* Dunbar and Skinner，1937

轴切面。登记号：NIGP-173233。主要特征：壳巨大，长纺锤形，隔壁多，强烈褶皱，褶曲窄而高，在轴切面上排列较规则。产地：贵州紫云羊场剖面。层位：二叠系亚丁斯克阶至罗德阶（马平组至栖霞组）。

4　高车尔蟆 *Zellia elatior* Kahler and Kahler，1937　引自史宇坤等（2012）

近轴切面。登记号：NJU-ZF113-6-9。主要特征：壳短椭圆形，两极微拱或微凸，旋脊在内圈呈块状，在外圈呈两个小黑点。产地：贵州紫云宗地剖面。层位：二叠系阿瑟尔阶至萨克马尔阶（马平组）。

5　大初房车尔蟆 *Zellia magnaesphaerae*（Colani，1924）　引自史宇坤等（2012）

轴切面。登记号：NJU- ZF114-9-2。主要特征：壳近圆形，旋壁在内圈薄，在外圈较厚，隔壁平直，旋脊低，通道窄而较高，初房小而圆，有隔壁孔。产地：贵州紫云宗地剖面。层位：二叠系阿瑟尔阶至萨克马尔阶（马平组）。

6　紫云车尔蟆 *Zellia ziyunica* Zhang et al.，1988　引自史宇坤等（2012）

轴切面。登记号：NJU-ZF114-10-9。主要特征：壳亚球形，两极微凸，首圈近球形，外圈由粗纺锤形、椭圆形渐变为亚球形，隔壁平直，仅在两极微皱，隔壁孔较发育，旋脊小，通道低而宽，初房小而圆。产地：贵州紫云宗地剖面。层位：二叠系阿瑟尔阶至萨克马尔阶（马平组）。

7　柯兰妮氏车尔蟆 *Zellia colaniae* Kahler and Kahler，1937　引自史宇坤等（2012）

轴切面。登记号：NJU- ZF112-7-5。主要特征：壳近球形，壳圈较少，旋壁较薄，蜂巢层较粗，隔壁平，隔壁孔在两极发育，旋脊小，通道窄而低，初房小而圆。产地：贵州紫云宗地剖面。层位：二叠系阿瑟尔阶至萨克马尔阶（马平组）。

8　假伸长似纺锤蟆 *Quasifusulina pseudoelongata* Miklukho-Maklay，1949　引自陈旭和王建华（1983）

轴切面。登记号：NIGP-68684。主要特征：壳圆筒形，旋转轴微弯，中部微凹，两极浑圆，旋壁薄，隔壁薄，全面褶皱且不规则，旋脊缺失，通道窄而低，轴积在内圈发育，初房大。产地：广西宜山。层位：二叠系阿瑟尔阶至亚丁斯克阶（马平组）。

9　美丽似纺锤蟆 *Quasifusulina pulchella* Sheng in Chen and Wang，1983　引自陈旭和王建华（1983）

轴切面。登记号：NIGP-68682。主要特征：壳圆筒形，内圈旋轴与外圈的旋轴几成直角相交，隔壁褶曲高而紧，横切面为倒"U"形，旋脊小，仅见于内圈，通道窄，轴积大而短，初房微小，球形。产地：广西宜山。层位：二叠系阿瑟尔阶至亚丁斯克阶（马平组）。

10　长似纺锤蟆 *Quasifusulina longissima*（Möller，1878）

轴切面。登记号：NIGP-173234。主要特征：壳圆柱形或亚圆柱形，旋壁极薄，隔壁仅限于下半部褶皱，很规则，轴切面上呈"Π"形排列。产地：贵州紫云羊场剖面。层位：二叠系萨克马尔阶（马平组）。

11　圆筒形似纺锤蟆 *Quasifusulina cylindrica* Chen and Wang，1983　引自陈旭和王建华（1983）

轴切面。登记号：NIGP-68687。主要特征：壳圆筒形，中部微凹，两极浑圆，侧部褶曲低而宽，两极处的网状构造粗细中等，旋脊小，仅出现于内圈中，通道窄，轴积弱，初房小而圆。产地：广西宜山。层位：二叠系阿瑟尔阶至亚丁斯克阶（马平组）。

12　费腊伊新小纺锤蟆 *Neofusulinella phairayensis* Colani，1924

轴切面。登记号：NIGP-173235。主要特征：壳粗纺锤形，中部拱起，两极圆钝，旋壁的蜂巢层较细，隔壁在中部平直，在两极微褶，旋脊发育，通道低而宽。产地：贵州紫云羊场剖面。层位：二叠系空谷阶（栖霞组）。

13　蓝登诺氏新小纺锤蟆 *Neofusulinella lantenoisi* Deprat，1913　引自肖伟民等（1986）

轴切面。登记号：RGSTG-Gf642。主要特征：壳粗纺锤形，内圈的中轴与外圈的中轴以角度相交，旋壁由致密层和透明层组成，隔壁平直，旋脊大而明显，初房小。产地：贵州晴隆花贡。层位：二叠系空谷阶（栖霞组）。

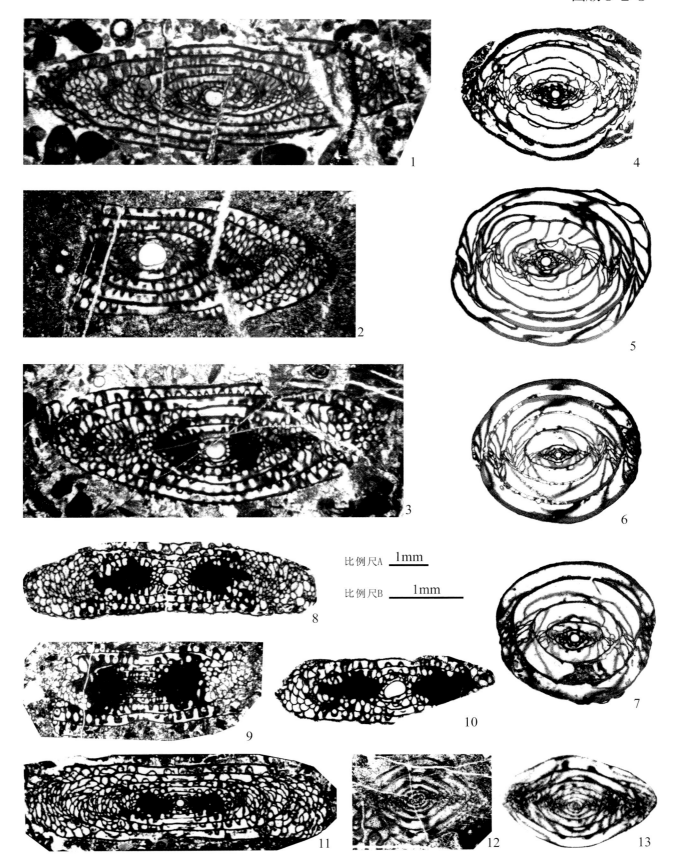

比例尺A ___1mm___

比例尺B ___1mm___

图版 5-2-4 说明

1—2　猴子关假纺锤蜓 *Pseudofusulina houziguanica* Sheng，1963

轴切面。登记号：1，NIGP-173236；2，NIGP-173237。主要特征：壳粗纺锤形或近平椭圆形，轴积发育，旋壁薄而均一。产地：贵州紫云羊场剖面。层位：二叠系亚丁斯克阶至空谷阶（马平组至栖霞组）。

3　网格状假纺锤蜓 *Pseudofusulina reticulata* Kireeva，1949

近轴切面。登记号：NIGP-173238。主要特征：壳纺锤形，包卷较松，旋壁较厚，蜂巢层粗，隔壁全面而强烈褶皱，褶曲较高，排列不甚规则，旋脊无，初房较大。产地：贵州紫云羊场剖面。层位：二叠系萨克马尔阶至空谷阶（马平组至栖霞组）。

4—5　矢部氏拟纺锤蜓 *Parafusulina yabei* Hanzawa，1942

轴切面。登记号：4，NIGP-173239；5，NIGP-173240。主要特征：壳大到巨大，近圆筒形，轴积在内圈发育。产地：贵州紫云羊场剖面。层位：二叠系亚丁斯克阶至空谷阶（马平组至栖霞组）。

6—9　格鲁贝腊拟纺锤蜓 *Parafusulina gruperaensis*（Thompson and Miller，1944）

6、8，轴切面；7、9，近轴切面。登记号：6，NIGP-173241；7，NIGP-173243；8，NIGP-173242；9，NIGP-173244。主要特征：轴切面近六边形，轴积除最外1~2圈外均发育。产地：贵州紫云羊场剖面。层位：二叠系亚丁斯克阶至空谷阶（马平组至栖霞组）。

10—11　赤板拟纺锤蜓 *Parafusulina akasakensis*（Deprat，1914）

10，轴切面；11，斜切面。登记号：10，NIGP-173245；11，NIGP-173246。主要特征：壳纺锤形，壳圈少，包卷松，隔壁强烈而规则地褶皱，褶曲窄而高，轴积轻微，初房大。产地：贵州紫云羊场剖面。层位：二叠系亚丁斯克阶至空谷阶（马平组至栖霞组）。

12　似格鲁贝腊拟纺锤蜓 *Parafusulina quasigruperaensis* Sheng，1963

斜切面。登记号：NIGP-173247。主要特征：壳大，两极呈锥形，初房大，隔壁褶皱强而不甚规则，轴积发育。产地：贵州紫云羊场剖面。层位：二叠系亚丁斯克阶至空谷阶（马平组至栖霞组）。

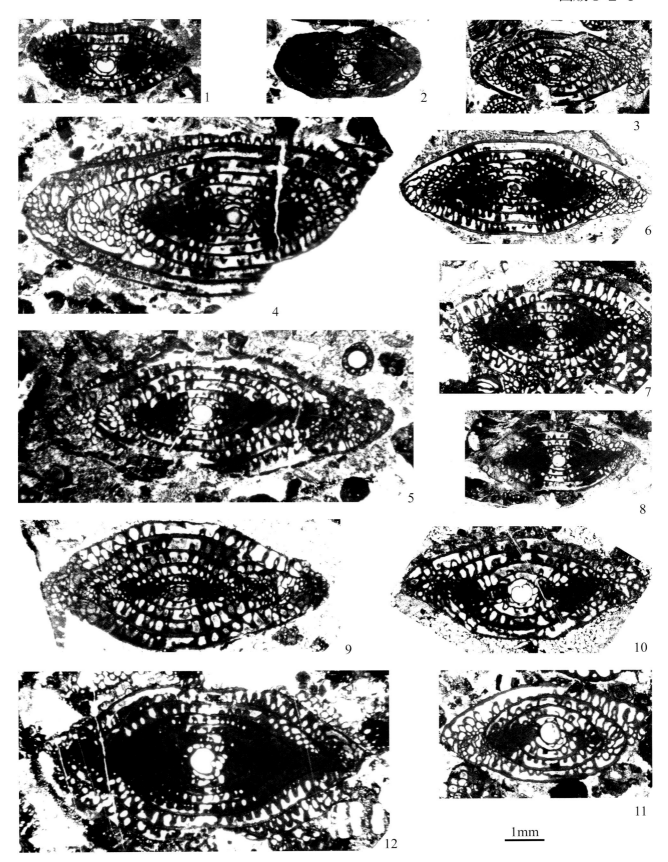

图版 5-2-5 说明

1—3 贵州假纺锤蜓 *Pseudofusulina kueichowensis* Sheng，1963

轴切面。登记号：1，NIGP-173251；2，NIGP-173252；3，NIGP-173253。主要特征：壳粗纺锤形或菱形，隔壁褶皱强烈，褶曲窄而高，排列松，旋脊无，通道不清楚，轴积轻微，初房大而圆。产地：贵州紫云羊场剖面。层位：二叠系空谷阶（栖霞组）。

4 蓝登诺氏始拟纺锤蜓 *Eoparafusulina lantenoisi*（Deprat，1912）

轴切面。登记号：NIGP-173248。主要特征：壳短圆柱形，中部平，两极圆，隔壁褶皱限于下半部，很规则，旋脊显著，通道低。产地：贵州紫云羊场剖面。层位：二叠系亚丁斯克阶（马平组）。

5 库希曼氏希瓦格蜓 *Schwagerina cushmani*（Chen，1934）

轴切面。登记号：NIGP-173249。主要特征：壳粗纺锤形，旋壁较厚，蜂巢层较粗，隔壁褶皱强烈而规则，褶曲线窄，轴积很轻，限于内圈，初房圆。产地：贵州紫云羊场剖面。层位：二叠系亚丁斯克阶（马平组）。

6 坚固假纺锤蜓 *Pseudofusulina firma* Shamov，1958

近轴切面。登记号：NIGP-173254。主要特征：壳近菱形，包卷松，隔壁全部褶皱，规则，旋脊无。产地：贵州紫云羊场剖面。层位：二叠系亚丁斯克阶（马平组）。

7—9 肥贵州假纺锤蜓 *Pseudofusulina kueichowensis obesa* Sheng，1963

轴切面。登记号：7，NIGP-173255；8，NIGP-173256；9，NIGP-173257。主要特征：与 *Pseudofusulina kueichowensis* Sheng，1963相似，但本种壳短，轴率小，轴积较发育。产地：贵州紫云羊场剖面。层位：二叠系亚丁斯克阶至空谷阶（马平组至栖霞组）。

10—11 克拉夫特氏假纺锤蜓 *Pseudofusulina kraffti*（Schellwien，1909）

轴切面。登记号：10，NIGP-173258；11，NIGP-173259。主要特征：壳亚椭圆形，两极钝圆，隔壁下半部褶皱，褶曲呈半圆形，规则，轴积见于各个壳圈，旋脊无，通道低而较窄。产地：贵州紫云羊场剖面。层位：二叠系亚丁斯克阶至空谷阶（马平组至栖霞组）。

12 布尔纳门氏假纺锤蜓 *Pseudofusulina bornemani* Leven and Scherbovich，1978

近轴切面。登记号：NIGP-173260。主要特征：壳纺锤形，旋壁包卷内紧外松，且在内圈薄，向外加厚，隔壁在内圈褶皱较规则，中部及侧坡上多呈圆拱形，在外圈不规则，褶曲较高，轴积发育在内圈，旋脊无，初房较小。产地：贵州紫云羊场剖面。层位：二叠系萨克马尔阶（马平组）。

13 柔美希瓦格蜓 *Schwagerina scitula* Sheng and Sun，1975

近轴切面。登记号：NIGP-173250。主要特征：壳近圆筒形，中部平或微凹，两极钝尖，旋壁在内圈较薄，至外圈增厚，隔壁褶皱不强，褶曲呈半圆形，排列宽松，旋脊小，轴积除最外2圈外均较发育，初房圆。产地：贵州紫云羊场剖面。层位：二叠系萨克马尔阶至罗德阶（马平组至栖霞组）。

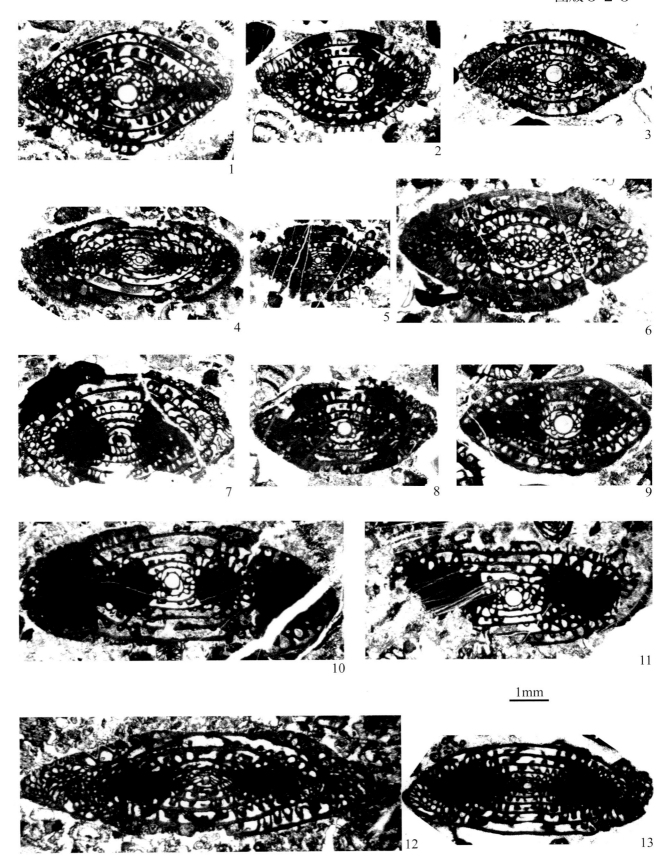

1mm

图版 5-2-6 说明

1、4　蜓状假纺锤蜓 *Pseudofusulina fusiformis*（Schellwien，1909）

轴切面。登记号：1，NIGP-173261；4，NIGP-173262。主要特征：壳长纺锤形，蜂巢层较粗，轴积轻微，分布于初房两侧，范围窄。产地：贵州紫云羊场剖面。层位：二叠系亚丁斯克阶至空谷阶（马平组至栖霞组）。

2—3　丰富假纺锤蜓 *Pseudofusulina fecunda* Shamov and Scherbovich，1949

2，轴切面；3，斜切面。登记号：2，NIGP-173263；NIGP-173264。主要特征：壳纺锤形，包卷松匀，旋壁较厚，隔壁全面强烈褶皱，不规则，旋脊微小，仅见于初房上。产地：贵州紫云羊场剖面。层位：二叠系亚丁斯克阶（马平组）。

5　弗兰克林假纺锤蜓 *Pseudofusulina franklinensis*（Dunbar and Skinner，1937）

旋切面。登记号：NIGP-173265。主要特征：壳短柱形，两极钝圆，隔壁褶皱较强，褶曲较规则，旋脊小，仅见于内圈，通道窄高，初房小。产地：贵州紫云羊场剖面。层位：二叠系空谷阶（栖霞组）。

6　大营假纺锤蜓 *Pseudofusulina dayingensis* Zhang et al.，1988

轴切面。登记号：NIGP-173266。主要特征：壳纺锤形，包卷松匀，旋壁厚，隔壁全面强烈褶皱，褶曲排列规则，呈圆拱形，膜壁见于外部壳圈中，轴积轻微，旋脊小，见于初房上，通道窄而较高，初房较大。产地：贵州紫云羊场剖面。层位：二叠系亚丁斯克阶（马平组）。

7、9　厚壁假纺锤蜓 *Pseudofusulina crassispira* Chang，1963

斜切面。登记号：7，NIGP-173267；9，NIGP-173268。主要特征：壳纺锤形，旋壁厚，隔壁远比旋壁为薄，仅下半部褶皱，很不规则，旋脊无。产地：贵州紫云羊场剖面。层位：二叠系亚丁斯克阶（马平组）。

8　交嘎假纺锤蜓 *Pseudofusulina jiaogensis* Zhang，1982

近轴切面。登记号：NIGP-173269。主要特征：壳短筒形，中部平或微凹，两极钝尖，隔壁褶皱不强，褶曲呈半圆形，排列宽松，轴积显著，通道低窄，初房较大。产地：贵州紫云羊场剖面。层位：二叠系空谷阶（栖霞组）。

10—12　易变松旋蜓 *Laxifusulina proteformis* Xia，1983

斜切面。登记号：10，NIGP-173270；11，NIGP-173271；12，NIGP-173272。主要特征：壳形不规则，壳圈包卷很松，各壳圈中轴的位置在包旋过程中常有变动，旋壁在中部厚，向两极逐渐变薄，隔壁薄，全面而强烈褶皱。产地：贵州紫云羊场剖面。层位：二叠系空谷阶（栖霞组）。

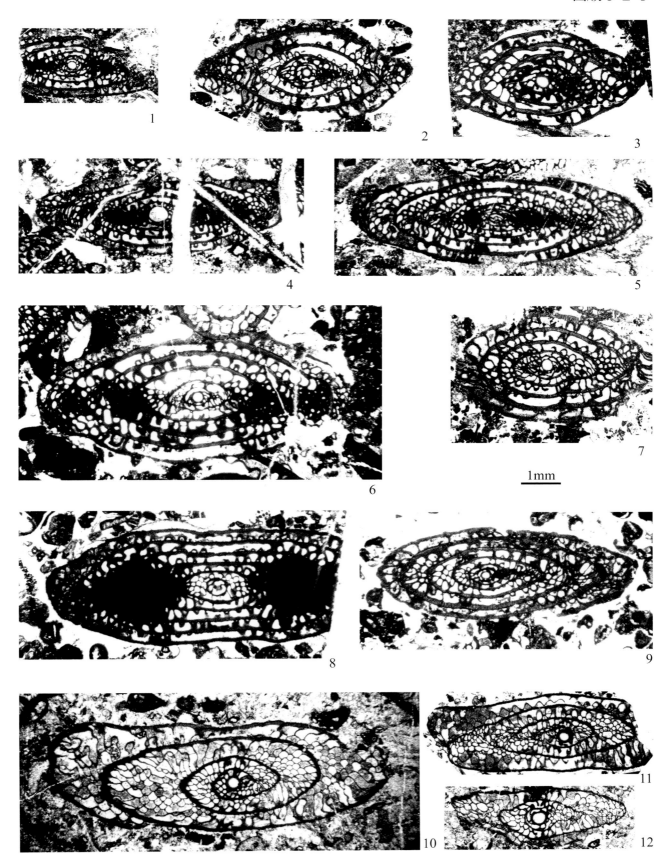

1mm

图版 5-2-7 说明

（标本 1—4 采用比例尺 A，标本 5—16 采用比例尺 B）

1—2　达尔瓦兹帕米尔蟠 *Pamirina darvasica* Leven，1970

轴切面。登记号：1，NIGP-173273；2，NIGP-173274。主要特征：壳亚球形，隔壁平直，旋脊小而清楚，通道宽。产地：贵州紫云羊场剖面。层位：二叠系亚丁斯克阶（马平组）。

3　秦岭帕米尔蟠 *Pamirina chinlingensis* Wang and Sun，1973

轴切面。登记号：NIGP-173275。主要特征：壳方圆形，脐部内凹，轴长小于壳宽，旋壁较厚，非常致密均匀，旋脊小，最后一圈缺失，通道低而宽。产地：贵州紫云羊场剖面。层位：二叠系亚丁斯克阶（马平组）。

4　美丽帕米尔蟠 *Pamirina pulchra* Wang and Sun，1973

近轴切面。登记号：NIGP-173276。主要特征：壳圆饼状或凹镜形，壳缘宽圆，隔壁平直，旋脊发育，通道宽而低。产地：贵州紫云羊场剖面。层位：二叠系亚丁斯克阶（马平组）。

5—7　喀劳得米斯蟠 *Misellina claudiae*（Deprat，1912）

5，轴切面；6，中切面；7，轴切面。登记号：5，NIGP-173282；6，NIGP-173283；7，NIGP-173284。主要特征：壳椭圆形，拟旋脊低而宽，排列齐整，其高约为各相当壳室的2/3。产地：贵州紫云羊场剖面。层位：二叠系空谷阶（栖霞组）。

8　卵形米斯蟠 *Misellina ovalis*（Deprat，1915）

轴切面。登记号：NIGP-173285。主要特征：壳卵形，和*Misellina claudiae*（Deprat，1912）的区别是后者壳短，中轴短，轴率很小。产地：贵州紫云羊场剖面。层位：二叠系空谷阶至罗德阶（栖霞组）。

9—10、17　特尔米耳氏米斯蟠帕米尔亚种 *Misellina termieri pamirensis*（Dutkevich and Khabakov，1934）

9，轴切面；10，旋切面；17，近轴切面。登记号：9，NIGP-173286；10，NIGP-173287；17，NIGP-173288。主要特征：壳近球形，内圈包卷紧，呈盘形，向外均匀放松，壳形逐渐呈球形，拟旋脊低而宽，间距大。产地：贵州紫云羊场剖面。层位：二叠系空谷阶至罗德阶（栖霞组）。

11　中华达尔瓦兹蟠 *Darvasites sinensis*（Chen，1934）

轴切面。登记号：NIGP-173277。主要特征：壳椭圆形，隔壁褶皱微弱，旋脊大而显著。产地：贵州紫云羊场剖面。层位：二叠系萨克马尔阶至亚丁斯克阶（马平组）。

12　长米斯蟠 *Misellina longissima* Zhang and Dong，1986

轴切面。登记号：NIGP-173289。主要特征：壳近瓜形，轴率大，壳体长，拟旋脊低而宽。产地：贵州紫云羊场剖面。层位：二叠系空谷阶（栖霞组）。

13　挤杨铨蟠 *Yangchienia compressa*（Ozawa，1927）

近轴切面。登记号：NIGP-173279。主要特征：壳长纺锤形，旋壁薄，旋脊高而大，自通道两侧分向两极延伸，通道明显。产地：贵州紫云羊场剖面。层位：二叠系沃德阶（茅口组）。

14　紫云达尔瓦兹蟠 *Darvasites ziyunica* Zhang et al.，1988

近轴切面。登记号：NIGP-173278。主要特征：壳卵圆形，包卷内紧外松，旋壁在内圈薄，向外逐渐增厚，旋脊硕大，通道窄高。产地：贵州紫云羊场剖面。层位：二叠系亚丁斯克阶（马平组）。

15　海登氏杨铨蟠 *Yangchienia haydeni* Thompson，1946

轴切面。登记号：NIGP-173280。主要特征：壳粗纺锤形，两极钝尖，壳圈包卷较松，旋脊较大而高，通道窄。产地：贵州紫云羊场剖面。层位：二叠系沃德阶（茅口组）。

16　不均杨铨蟠 *Yangchienia iniqua* Lee，1934

近轴切面。登记号：NIGP-173281。主要特征：壳椭圆形，旋壁极薄，隔壁平直，旋脊粗大，通道近矩形，有时呈椭圆形。产地：贵州紫云羊场剖面。层位：二叠系沃德阶（茅口组）。

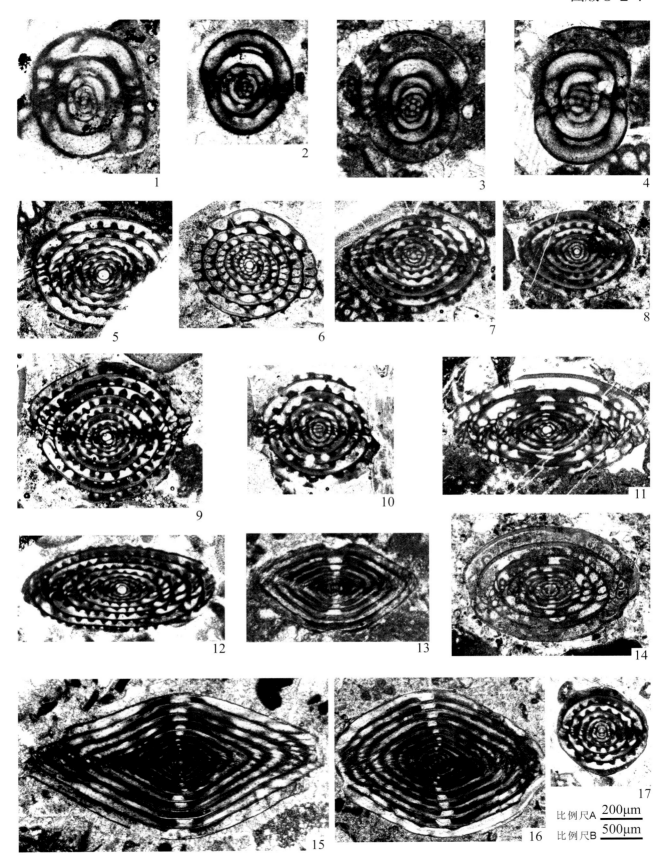

比例尺A $\underline{200\mu m}$

比例尺B $\underline{500\mu m}$

图版 5-2-8 说明

1、7　葛利普氏费伯克蜓 *Verbeekina grabaui* Thompson and Foster，1937

近轴切面。登记号：1，NIGP-173290；7，NIGP-173291。主要特征：壳近球形，脐部微凹，隔壁平直，拟旋脊在内部壳圈不连续，在外圈发育完好，列孔低，圆球形。产地：贵州紫云羊场剖面。层位：二叠系沃德阶（茅口组）。

2　费伯克氏费伯克蜓 *Verbeekina verbeeki*（Geinitz in Geinitz and Marck，1876）

近轴切面。登记号：NIGP-173292。主要特征：壳圆球形，旋壁极薄，隔壁不褶皱，拟旋脊不完全，列孔圆。产地：贵州紫云羊场剖面。层位：二叠系沃德阶（茅口组）。

3　王氏亚美尼亚蜓 *Armenina wangi* Sheng，1963

轴切面。登记号：NIGP-173293。主要特征：内部壳圈均为扁圆形，中轴短，拟旋脊和列孔发育完善。产地：贵州紫云羊场剖面。层位：二叠系沃德阶（茅口组）。

4　厚壁亚美尼亚蜓 *Armenina crassispira*（Chen，1956）

近轴切面。登记号：NIGP-173294。主要特征：旋壁很厚，拟旋脊较多。产地：贵州紫云羊场剖面。层位：二叠系沃德阶（茅口组）。

5　近椭圆拟费伯克蜓 *Paraverbeekina ellipsoidalis*（Chen，1956）

旋切面。登记号：NIGP-173295。主要特征：壳近椭圆形，旋壁在内圈薄、在外圈厚，拟旋脊仅见于外圈。产地：贵州紫云羊场剖面。层位二叠系沃德阶（茅口组）。

6　有脐拟费伯克蜓 *Paraverbeekina umbilicata* Sheng，1963

近轴切面。登记号：NIGP-173296。主要特征：壳椭圆形，脐部显著内凹，内圈呈盘形，旋壁较厚。产地：贵州紫云羊场剖面。层位：二叠系沃德阶（茅口组）。

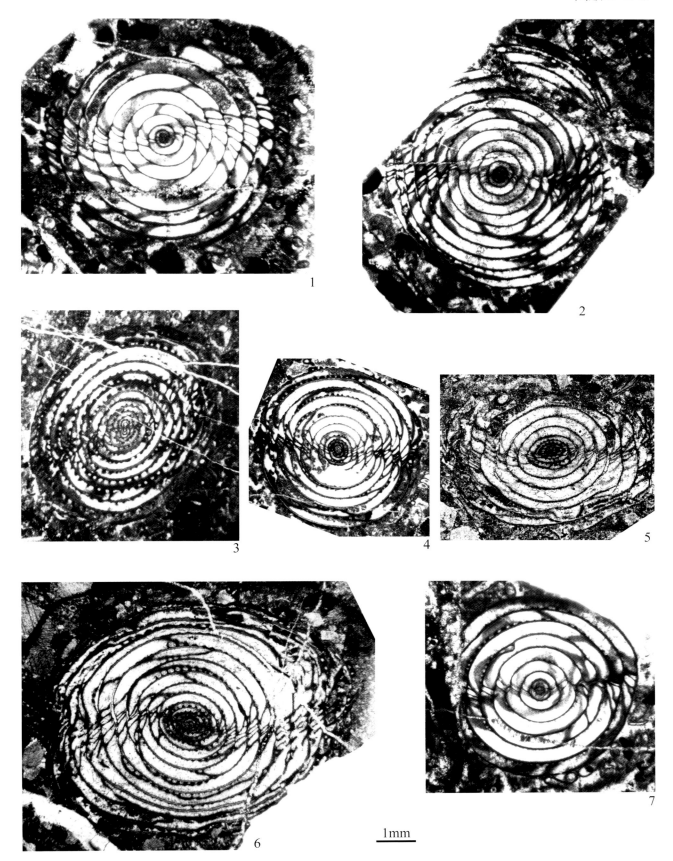

1mm

图版 5-2-9 说明

1　广西新希瓦格蜓 Neoschwagerina kwangsiana（Lee，1934）

轴切面。登记号：NIGP-173297。主要特征：壳纺锤形，旋壁极薄，隔壁不褶皱，第一旋向副隔壁细而直，第二旋向副隔壁不甚发育，但自第3圈开始出现。产地：贵州紫云羊场剖面。层位：二叠系沃德阶（茅口组）。

2、9　网格状新希瓦格蜓 Neoschwagerina craticulifera（Schwager，1883）

轴切面。登记号：2，NIGP-173298；9，NIGP-173299。主要特征：壳粗纺锤形，旋壁厚，第一旋向副隔壁位于拟旋脊之上，第二旋向副隔壁仅见于外圈，拟旋脊低而较宽。产地：贵州紫云羊场剖面。层位：二叠系沃德阶（茅口组）。

3　海登氏新希瓦格蜓 Neoschwagerina haydeni Dutkevich and Khabakov，1934

近轴切面。登记号：NIGP-173300。主要特征：壳粗纺锤形，中部强凸，第二旋向副隔壁仅在最后1~2圈内偶尔见及，壳圈多，轴率较小。产地：贵州紫云羊场剖面。层位：二叠系沃德阶（茅口组）。

4、8　安娜苏门答腊蜓 Sumatrina annae Volz，1904

4，轴切面；8，斜切面。登记号：4，NIGP-173302；8，NIGP-173303。主要特征：壳纺锤形，旋壁一层，颇厚，隔壁平，副隔壁二组，第一及第二副隔壁均呈钟摆状。产地：贵州紫云羊场剖面。层位：二叠系沃德阶（茅口组）。

5　陈氏新希瓦格蜓 Neoschwagerina cheni Sheng，1958

近轴切面。登记号：NIGP-173301。主要特征：壳短而粗，近球形，壳圈包卷紧，第一旋向副隔壁发育好，第二旋向副隔壁不发育。产地：贵州紫云羊场剖面。层位：二叠系沃德阶（茅口组）。

6　蜓状苏门答腊蜓 Sumatrina fusiformis Sheng，1958

轴切面。登记号：NIGP-173304。主要特征：壳纺锤形，旋壁薄，第一及第二旋向副隔壁发育良好。产地：贵州紫云羊场剖面。层位：二叠系沃德阶（茅口组）。

7　长苏门答腊蜓 Sumatrina longissima Deprat，1914

轴切面。登记号：NIGP-173305。主要特征：壳长纺锤形，隔壁褶皱强烈，褶曲高，排列规则，轴积在内部4圈沿轴分布，较弱。产地：贵州紫云羊场剖面。层位：二叠系沃德阶（茅口组）。

10　小泽假桶蜓 Pseudodoliolina ozawai Yabe and Hanzawa，1932

轴切面。登记号：NIGP-173306。主要特征：壳冬瓜形，脐部微凹，旋壁薄，由致密层组成，拟旋脊发育完好，窄而高，列孔小，切面近圆球形。产地：贵州紫云羊场剖面。层位：二叠系沃德阶（茅口组）。

11　青海假桶蜓 Pseudodoliolina chinghaiensis Sheng，1958

轴切面。登记号：NIGP-173307。主要特征：壳圆柱形，壳圈包卷紧，旋壁在内圈很薄，在外圈较厚，拟旋脊非常发育。产地：贵州紫云羊场剖面。层位：二叠系沃德阶（茅口组）。

12　居布莱矢部蜓 Yabeina gubleri Kanmera，1954

轴切面。登记号：NIGP-173308。主要特征：壳很大，纺锤形，第一旋向副隔壁细而长，上部靠旋壁处由蜂巢层聚集而成，下端固结加厚，第二旋向副隔壁短。产地：贵州紫云羊场剖面。层位：二叠系沃德阶（茅口组）。

13　早坂矢部蜓 Yabeina hayasakai Ozawa，1922

轴切面。登记号：NIGP-173309。主要特征：壳粗纺锤形，中部强凸，副隔壁形状不规则，下部加厚不透明，拟旋脊底而宽，呈三角形。产地：贵州紫云羊场剖面。层位：二叠系沃德阶（茅口组）。

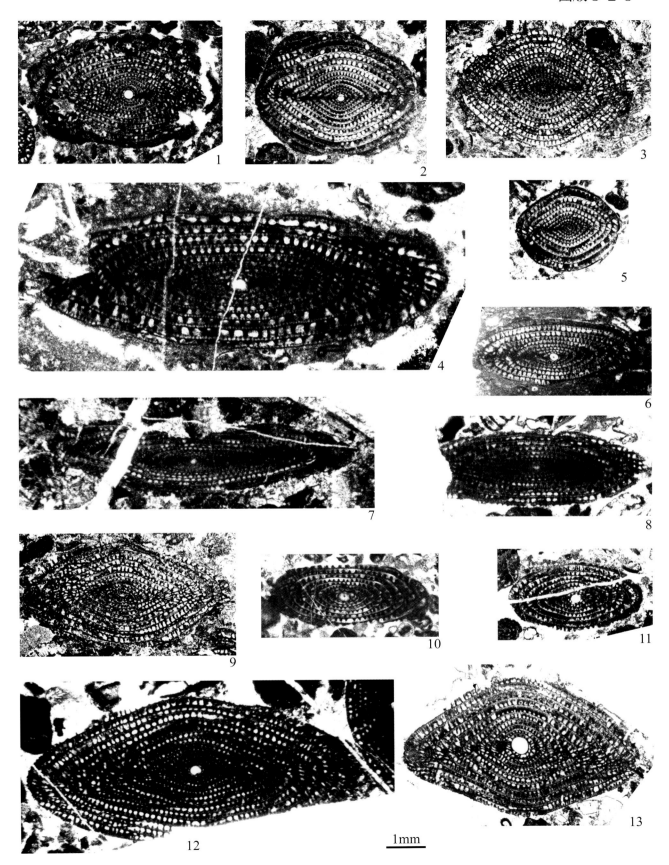

图版 5-2-10 说明

（标本 1—8，17 采用比例尺 A，标本 9—16 采用比例尺 B）

1—2　简单拉且尔蟆 *Reichelina simplex* Sheng，1955　引自盛金章（1955）

轴切面。登记号：1，NIGP-7939；2，NIGP-7940。主要特征：壳凸镜状，个体小，壳圈少，壳缘锋锐，中轴甚短。产地：四川綦江赶水场北白石潭至龙沧子间。层位：二叠系长兴阶（长兴组）。

3—7　长兴拉且尔蟆 *Reichelina changhsingensis* Sheng and Chang，1958　引自盛金章和张遴信（1958）

3—5，轴切面；6—7，中切面。登记号：3，NIGP-9050；4，NIGP-9042；5，NIGP-9047；6，NIGP-9051；7，NIGP-9052。主要特征：壳很小，凸镜状，中轴很短，壳边缘锋利，壳圈多。产地：浙江长兴煤山及稻堆山南坡。层位：二叠系长兴阶（长兴灰岩上部）。

8　小古纺锤蟆 *Palaeofusulina minima* Sheng and Chang，1958　引自盛金章和张遴信（1958）

轴切面。登记号：NIGP-9054。主要特征：壳微小，厚纺锤形，轴率小，初房小。产地：浙江长兴煤山及稻堆山南坡。层位：二叠系长兴阶（长兴灰岩上部）。

9—10　中华古纺锤蟆 *Palaeofusulina sinensis* Sheng，1955

9，轴切面；登记号：NIGP-173310。10，轴切面；登记号：NIGP-173311。主要特征：壳纺锤形，两极盾尖，轴率常在1.7：1左右，隔壁褶皱强。产地：广西来宾蓬莱滩剖面。层位：二叠系长兴阶（长兴组）。

11　蟆状古纺锤蟆 *Palaeofusulina fusiformis* Sheng，1955　引自盛金章（1955）

轴切面。登记号：NIGP-7949。主要特征：壳小，细长，内圈包卷紧，呈纺锤形，外圈松，呈短纺锤形，隔壁褶皱强。产地：贵州桐梓钓丝崖至蒙子沟间，江西乐平前鲍村西水塘内。层位：二叠系长兴阶（长兴组）。

12　泡沫拟南岭蟆 *Parananlingella acervula*（Sheng and Rui in Zhao et al.，1981）　引自赵金科等（1981）

轴切面。登记号：NIGP-52868。主要特征：壳厚纺锤形，两极尖圆，内圈紧外圈松，末圈泡沫状。产地：浙江长兴煤山剖面。层位：二叠系长兴阶上部（长兴组上部）。

13　椭圆形加罗威蟆 *Gallowayinella ellipsoidalis* Wang in Wang et al.，1982　引自（王云慧等，1982）

轴切面。主要特征：壳近椭圆形，中部微拱，两极圆，隔壁褶皱强烈而规则，轴积淡。产地：江西上高七宝山剖面。层位：二叠系吴家坪阶（吴家坪组）。

14　王氏古纺锤蟆 *Palaeofusulina wangi* Sheng，1955　引自盛金章（1955）

轴切面。登记号：NIGP-7959。主要特征：壳近椭圆形，壳圈包卷较松。产地：贵州桐梓楚米铺剖面。层位：二叠系长兴阶（长兴组）。

15　筒形加罗威蟆 *Gallowayinella cylindrica* Deng in Lin et al.，1977　引自林甲兴等（1977）

轴切面。登记号：HBIG-IV25883。主要特征：壳近筒形，中部微拱或平，轴积淡。产地：广东连州莲塘剖面。层位：二叠系吴家坪阶（吴家坪组）。

16　梅田加罗威蟆 *Gallowayinella meitienensis* Chen，1934　引自陈旭（1934）

轴切面。登记号：NIGP-3606。主要特征：壳长纺锤形，两极钝圆，隔壁褶皱强烈而规则，轴积淡，仅出现于内圈。产地：湖南宜章梅田剖面。层位：二叠系吴家坪阶（吴家坪组）。

17　简单古纺锤蟆 *Palaeofusulina simplex* Sheng and Chang，1958　引自盛金章和张遴信（1958）

轴切面。登记号：NIGP-9060。主要特征：壳微小，旋壁薄，隔壁仅下半部褶皱，旋脊小，通道清晰，初房小。产地：浙江长兴稻堆山南坡。层位：二叠系长兴阶（长兴灰岩上部）。

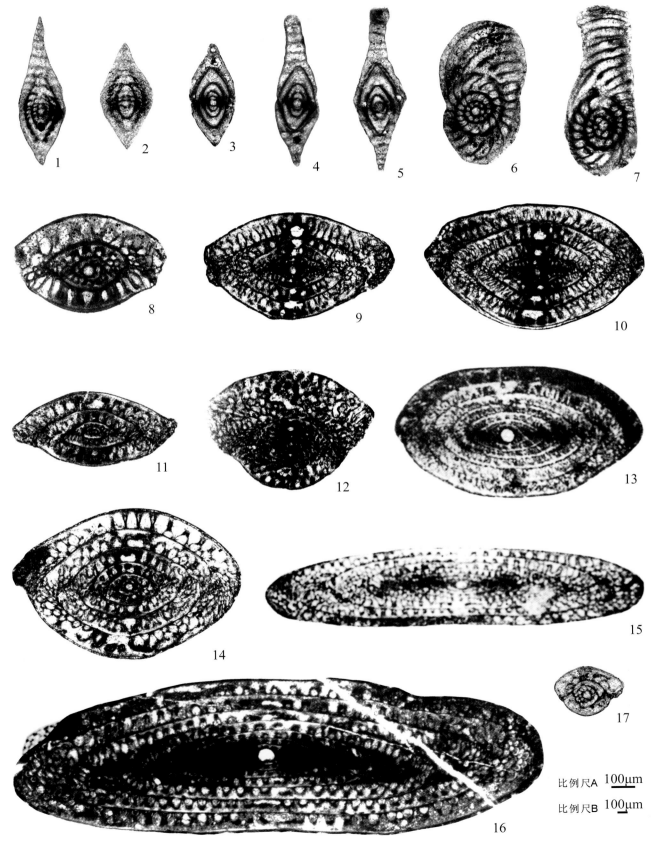

比例尺A 100μm

比例尺B 100μm

图版 5-2-11 说明

（标本 16，18—20 采用比例尺 A，标本 1—8 采用比例尺 B，标本 9—12 采用比例尺 C）

1—4　姜叶玛杨铨蟆 *Yangchienia jyangyimaensis* Zhang et al.，2009　引自Zhang等（2009）

1—3，轴切面；4，中切面。登记号：1，NIGP-148474；2，NIGP-148459；3，NIGP-148447；4，NIGP-148460。主要特征：两极突出。产地：西藏普兰姜叶玛地区。层位：二叠系卡匹敦阶中下部（西兰塔组）。

5—6　海登氏杨铨蟆 *Yangchienia haydeni* Thompson，1946　引自Zhang等（2009）

轴切面。登记号：5，NIGP-148436；6，NIGP-148473。主要特征：旋脊突出，位于通道两侧。产地：西藏普兰姜叶玛地区。层位：二叠系卡匹敦阶中下部（西兰塔组）。

7—8　托渤勒氏杨铨蟆 *Yangchienia tobleri* Thompson，1935　引自Zhang等（2009）

轴切面。登记号：7，NIGP-148456；8，NIGP-148472。主要特征：旋脊平，从通道延伸至两极。产地：西藏普兰姜叶玛地区。层位：二叠系卡匹敦阶中下部（西兰塔组）。

9—12　厚壁亚美尼亚蟆 *Armenina crassispira*（Chen，1956）　引自Zhang等（2009）

9—11，轴切面；12，中切面。登记号：9，NIGP-148424；10，NIGP-148454；11，NIGP-148482；12，NIGP-148432。主要特征：内圈透镜形，旋脊发育。产地：西藏普兰姜叶玛地区。层位：二叠系卡匹敦阶中下部（西兰塔组）。

13—14，17　微小卡勒蟆 *Kahlerina minima* Sheng，1963　引自Zhang等（2009）

轴切面。登记号：13，NIGP-148425；14，NIGP-148438；17，NIGP-148495。主要特征：个体较小，呈近球状。产地：西藏普兰姜叶玛地区。层位：二叠系卡匹敦阶中下部（西兰塔组）。

15　西西里杨铨蟆 *Yangchienia siciliana* Skinner and Wilde，1966b　引自Zhang等（2009）

轴切面。登记号：NIGP-148430。主要特征：旋壁薄，轴率小。产地：西藏普兰姜叶玛地区。层位：二叠系卡匹敦阶中下部（西兰塔组）。

16、18—20　微小蓝栖溪蟆 *Lantschichites minima*（Chen，1956）　引自Zhang等（2009）

轴切面。登记号：16，NIGP-148431；18，NIGP-148435(3)；19，NIGP-148433；20, NIGP-148468。主要特征：个体小，轴率小。产地：西藏普兰姜叶玛地区。层位：二叠系卡匹敦阶中下部（西兰塔组）。

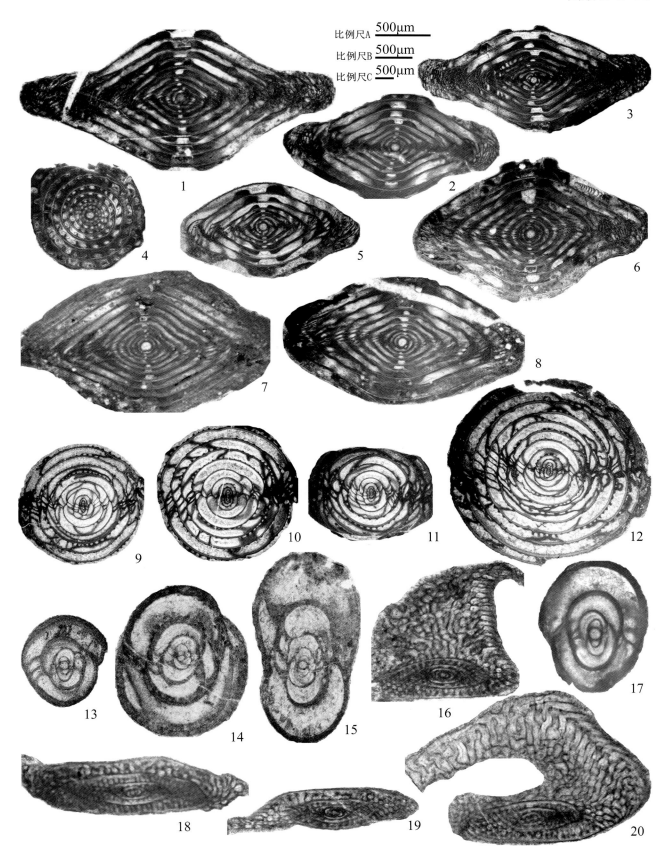

比例尺A 500μm
比例尺B 500μm
比例尺C 500μm

图版 5-2-12 说明

（标本 5—7 采用比例尺 A，标本 8—17 采用比例尺 B，标本 1—4 采用比例尺 C）

1—2　阿贝希朱森蟆 *Chusenella abichi*（Miklukho-Maklay，1955）　引自Zhang等（2009）

轴切面。登记号：1，NIGP-148466；2，NIGP-148471。主要特征：内圈包卷紧，外圈膨胀迅速。产地：西藏普兰姜叶玛地区。层位：二叠系卡匹敦阶中下部（西兰塔组）。

3—4　弯曲朱森蟆 *Chusenella curvativa* Huang in Huang et al.，2007　引自Zhang等（2009）

轴切面。登记号：3，NIGP-148445；4，NIGP-148425。主要特征：中轴弯曲。产地：西藏普兰姜叶玛地区。层位：二叠系卡匹敦阶中下部（西兰塔组）。

5—7　膨胀南京蟆 *Nankinella inflata*（Colani，1924）　引自Zhang等（2009）

5，轴切面；6—7，近轴切面。登记号：5，NIGP-148478；6，NIGP-148469；7，NIGP-148483。主要特征：中轴弯曲。产地：西藏普兰姜叶玛地区。层位：卡匹敦阶中下部（西兰塔组）。

8—9　简单新希瓦格蟆 *Neoschwagerina simplex* Ozawa，1927　引自Zhang等（2009）

轴切面。登记号：8，NIGP-148464；9，NIGP-148479。主要特征：个体小，壳圈少。产地：西藏普兰姜叶玛地区。层位：二叠系卡匹敦阶中下部（西兰塔组）。

10—11　网格状新希瓦格蟆 *Neoschwagerina craticulifera*（Schwager，1883）　引自Zhang等（2009）

轴切面。登记号：10，NIGP-148493；11，NIGP-148453。主要特征：个体中等纺锤形，第一旋向副隔壁发育规则。产地：西藏普兰姜叶玛地区。层位：二叠系卡匹敦阶中下部（西兰塔组）。

12—13　膨胀新希瓦格蟆 *Neoschwagerina ventricosa* Skinner，1969　引自Zhang等（2009）

轴切面。登记号：12，NIGP-148488；13，NIGP-148485。主要特征：轴率小，第一旋向副隔壁薄。产地：西藏普兰姜叶玛地区。层位：二叠系卡匹敦阶中下部（西兰塔组）。

14—15　柔新希瓦格蟆 *Neoschwagerina tenuis* Toriyama，1975　引自Zhang等（2009）

轴切面。登记号：14，NIGP-148439；15，NIGP-148423。主要特征：壳体细长，第一旋向副隔壁粗。产地：西藏普兰姜叶玛地区。层位：二叠系卡匹敦阶中下部（西兰塔组）。

16—17　陈氏新希瓦格蟆 *Neoschwagerina cheni* Sheng，1958　引自Zhang等（2009）

轴切面。登记号：16，NIGP-148463；17，NIGP-148494。主要特征：个体大，轴率小。产地：西藏普兰姜叶玛地区。层位：二叠系卡匹敦阶中下部（西兰塔组）。

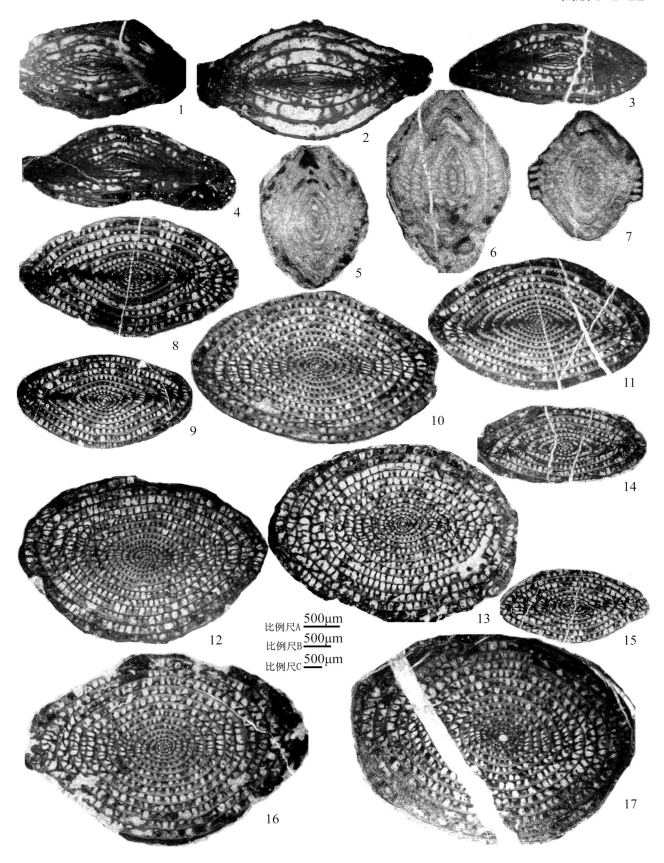

比例尺A $\underline{\quad 500\mu m}$

比例尺B $\underline{\quad 500\mu m}$

比例尺C $\underline{\quad 500\mu m}$

图版 5-2-13 说明

1—8　矩形膨胀纺锤蟆 *Dilatofusulina orthogonios*（Sheng and Sun，1975）　引自Wang和Ueno（2009）

1—4、6—7，轴切面；5，弦切面；8，中切面。登记号：1，NIGP-148400；2，NIGP-148404；3，NIGP-148401；4，NIGP-148402；5，NIGP-148406；6，NIGP-148403；7，NIGP-148405；8，NIGP-148407。主要特征：最后半圈迅速全面展开。产地：西藏普兰姜叶玛地区。层位：二叠系长兴阶（姜叶玛组）。

9　史塔夫蟆未定种 *Staffella* sp.

轴切面。采集号：S2。主要特征：个体小，边缘圆。产地：西藏普兰姜叶玛地区。层位：二叠系长兴阶（姜叶玛组）。

10　南京蟆未定种 *Nankinella* sp.

轴切面。采集号：S1。主要特征：个体小，壳缘尖。产地：西藏普兰姜叶玛地区。层位：二叠系长兴阶（姜叶玛组）。

11—13　美丽拉且尔蟆 *Reichelina pulchra* Miklukho-Maklay，1954

轴切面。采集号：11，S28；12，JYM 7-3；13，JYM 7-3。主要特征：个体大，壳圈多。产地：西藏普兰姜叶玛地区。层位：二叠系长兴阶（姜叶玛组）。

14　拟拉且尔蟆未定种1 *Parareichelina* sp. 1

弦切面。采集号：S28。主要特征：个体大，轴率大。产地：西藏普兰姜叶玛地区。层位：二叠系长兴阶（姜叶玛组）。

15　长兴拉且尔蟆 *Reichelina changhsingensis* Sheng and Chang，1958

轴切面。采集号：JYM 8-1。主要特征：个体小。产地：西藏普兰姜叶玛地区。层位：二叠系长兴阶（姜叶玛组）。

16—18　拟拉且尔蟆未定种2 *Parareichelina* sp. 2

弦切面。采集号：16，S33；17，Y-11-31；18，S25。主要特征：个体小，轴率小。产地：西藏普兰姜叶玛地区。层位：二叠系长兴阶（姜叶玛组）。

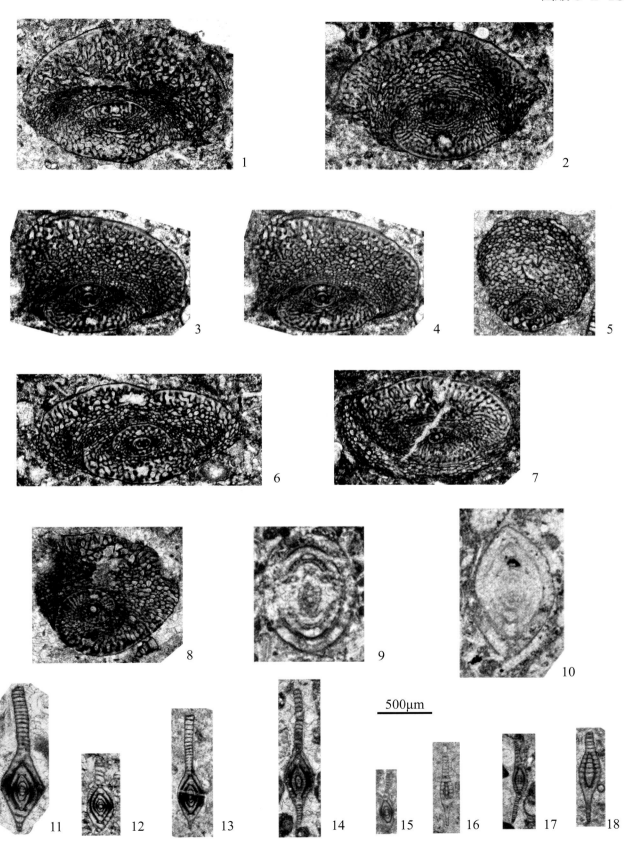

500μm

图版 5-2-14 说明

1—6　帕米尔假纺锤蟆 *Pseudofusulina pamirensis* Leven，1993　引自Zhang Y C等（2013）

1—3、5—6，轴切面；4，近轴切面。登记号：1，NIGP-158536；2，NIGP-158540；3，NIGP-158537；4，NIGP-158541；5，NIGP-158538；6，NIGP-158539。主要特征：壳体细长，隔壁褶皱不规则。产地：西藏尼玛荣玛。层位：二叠系亚丁斯克阶（曲地组）。

7—9　显目新杜特克维奇蟆 *Neodutkevitchia insignis*（Leven，1993）　引自Zhang Y C等（2013）

轴切面。登记号：7，NIGP-158551；8，NIGP-158552；9，NIGP-158553。主要特征：内部壳圈包卷紧，有轴积。产地：西藏尼玛荣玛。层位：二叠系亚丁斯克阶（曲地组）。

10—14　阿哲假纺锤蟆 *Pseudofusulina atetsensis* Nogami，1961　引自Zhang Y C等（2013）

轴切面。登记号：10，NIGP-158547；11，NIGP-158543；12，NIGP-158545；13，NIGP-158544；14，NIGP-158542。主要特征：壳体细长，轴积沿轴分布。产地：西藏尼玛荣玛。层位：二叠系亚丁斯克阶（曲地组）。

15—16　平常松希瓦格蟆 *Chalaroschwagerina vulgaris*（Schellwien，1909）　引自Zhang Y C等（2013）

轴切面。登记号：15，NIGP-158564；16，NIGP-158561。主要特征：隔壁褶皱宽圆，壳体呈纺锤形。产地：西藏尼玛荣玛。层位：二叠系亚丁斯克阶（曲地组）。

17—18　球形松希瓦格蟆 *Chalaroschwagerina globosa*（Schellwien，1908）　引自Zhang Y C等（2013）

近轴切面。登记号：17，NIGP-158565；18，NIGP-158566。主要特征：壳体放大快，轴切面近圆形。产地：西藏尼玛荣玛。层位：二叠系亚丁斯克阶（曲地组）。

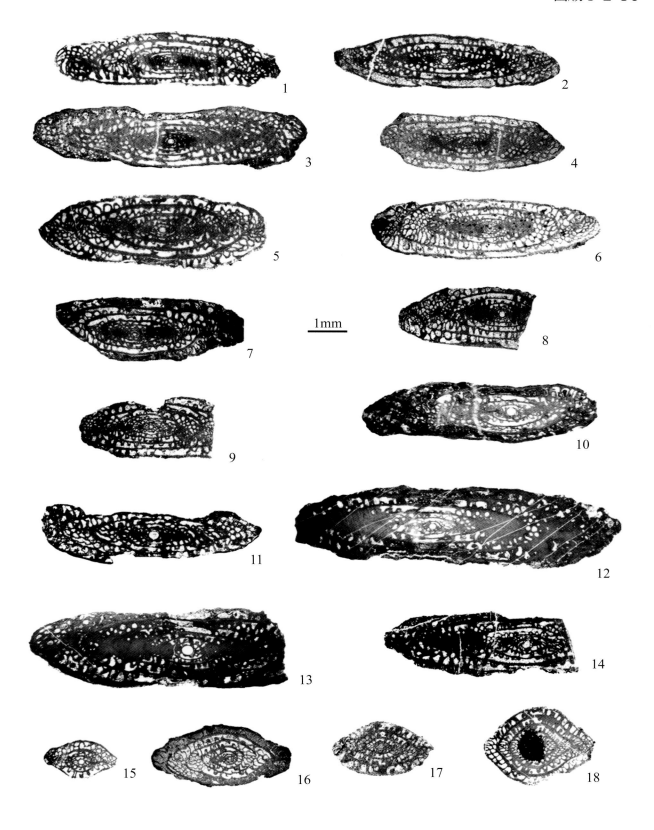

图版 5-2-15 说明

（标本 1—19 采用比例尺 A，标本 20—25 采用比例尺 B）

1—3　似湖南南京𰾶 *Nankinella quasihunanensis* Sheng，1963　引自Zhang Y C等（2014）

1，轴切面；2—3，近轴切面。登记号：1，NIGP-159575；2，NIGP-159574；3，NIGP-159573。主要特征：脐部内凹。产地：西藏双湖措折羌玛。层位：二叠系空谷阶上部（鲁谷组）。

4—14　湖南球𰾶 *Sphaerulina hunanica* Lin in Lin et al.，1977　引自Zhang Y C等（2014）

4—8、10，近轴切面；9，轴切面；11—14，弦切面。登记号：4，NIGP-159551；5，NIGP-159552；6，NIGP-159566；7，NIGP-159550；8，NIGP-159544；9，NIGP-159553；10，NIGP-159546；11，NIGP-159564；12，NIGP-159547；13，NIGP-159569；14，NIGP-159545。主要特征：个体小，壳缘圆。产地：西藏双湖措折羌玛。层位：二叠系空谷阶上部（鲁谷组）。

15—19　计劳德氏新小纺锤𰾶 *Neofusulinella giraudi* Deprat，1915　引自Zhang Y C等（2014）

15—16、19，近轴切面；17，轴切面；18，中切面。登记号：15，NIGP-159549；16，NIGP-159543；17，NIGP-159565。18，NIGP-159548；19，NIGP-159570。主要特征：个体小，轴率较大。产地：西藏双湖措折羌玛。层位：二叠系空谷阶上部（鲁谷组）。

20—23　卡塔单通道𰾶 *Monodiexodina kattaensis*（Schwager，1887）　引自Zhang Y C等（2014）

20、22—23，轴切面；21，近轴切面。登记号：20，NIGP-159562；21，NIGP-159561；22，NIGP-159555。23，NIGP-159560。主要特征：轴率小，中部平。产地：西藏双湖措折羌玛。层位：二叠系空谷阶上部（鲁谷组）。

24—25　望漠假纺锤𰾶 *Pseudofusulina wangmoensis* Sheng，1963　引自Zhang Y C等（2014）

轴切面。登记号：24，NIGP-159567；25，NIGP-159568。主要特征：轴率小，中部平。产地：西藏双湖措折羌玛。层位：二叠系空谷阶上部（鲁谷组）。

比例尺A $\underline{\quad500\mu m\quad}$

比例尺B $\underline{\quad500\mu m\quad}$

1—5　多拉沙姆朱森蜓 *Chusenella dorashamensis* Rozovskaya，1965

轴切面。登记号：1，JLU-P2H155-1；2，JLU-P2H164-1；3，JLU-P2H164-2；4，JLU-P2H164-2；5，JLU-P2H164-2。主要特征：壳体规则膨胀，轴积发育于壳体中部。产地：西藏申扎木纠错剖面。层位：二叠系卡匹敦阶（下拉组中上部）。

6—7　似里菲尔塔朱森蜓 *Chusenella quasireferta* Chen in Zhang，Chen and Yu，1985

6，弦切面；7，轴切面。登记号：6，JLU-P2H146-2；7，JLU-P2H146-3。主要特征：壳体中部平，两极尖出。产地：西藏申扎木纠错剖面。层位：二叠系卡匹敦阶（下拉组中上部）。

8—10　中华朱森蜓 *Chusenella sinensis* Sheng，1963

轴切面。登记号：8，JLU-P2H155-1；9，JLU-P2H156-1；10，JLU-P2H156-1。主要特征：轴积沿中轴分布，壳体规则。产地：西藏申扎木纠错剖面。层位：二叠系卡匹敦阶（下拉组中上部）。

11—12　田氏朱森蜓 *Chusenella tieni*（Chen，1956）

轴切面。登记号：11，JLU-P2H156-1；12，JLU-P2H156-1。主要特征：两极尖出，轴积沿中轴分布。产地：西藏申扎木纠错剖面。层位：二叠系卡匹敦阶（下拉组中上部）。

13—15　盘形南京蜓 *Nankinella discoides* Lee，1934

近轴切面。登记号：13，JLU-P2H147-2；14，JLU-P2H149-1；15，JLU-P2H167-1。主要特征：壳缘圆，轴率小。产地：西藏申扎木纠错剖面。层位：二叠系卡匹敦阶（下拉组中上部）。

16—18　南江南京蜓 *Nankinella nanjiangensis* Chang and Wang，1974

轴切面。登记号：16，JLU-P2H146-2；17，JLU-P2H146-3；18，JLU-P2H155-1。主要特征：个体大，壳缘尖圆。产地：西藏申扎木纠错剖面。层位：二叠系卡匹敦阶（下拉组中上部）。

19—20　似湖南南京蜓 *Nankinella quasihunanensis* Sheng，1963

19，轴切面；20，近轴切面。登记号：19，JLU-P2H146-2；20，JLU-P2H155-1。主要特征：脐部内凹。产地：西藏申扎木纠错剖面。层位：二叠系卡匹敦阶（下拉组中上部）。

21—23　申扎南京蜓 *Nankinella xainzaensis* Chu，1982

21—22，轴切面；23，近轴切面。登记号：21，JLU-P2H149-1；22，JLU-P2H153-1；23，JLU-P2H155-1。主要特征：个体大，脐部凸出。产地：西藏申扎木纠错剖面。层位：二叠系卡匹敦阶（下拉组中上部）。

24—25　假紧卷希瓦格蜓 *Schwagerina pseudocompacta* Sheng，1956

轴切面。登记号：24，JLU-P2H156-2；25，JLU-P2H156-2。主要特征：两极凸出。产地：西藏申扎木纠错剖面。层位：二叠系卡匹敦阶（下拉组中上部）。

26—28　申扎希瓦格蜓 *Schwagerina xainzaensis* Chu，1982

轴切面。登记号：26，JLU-P2H156-1；27，JLU-P2H156-2；28，JLU-P2H156-2。主要特征：个体小，轴率小。产地：西藏申扎木纠错剖面。层位：二叠系卡匹敦阶（下拉组中上部）。

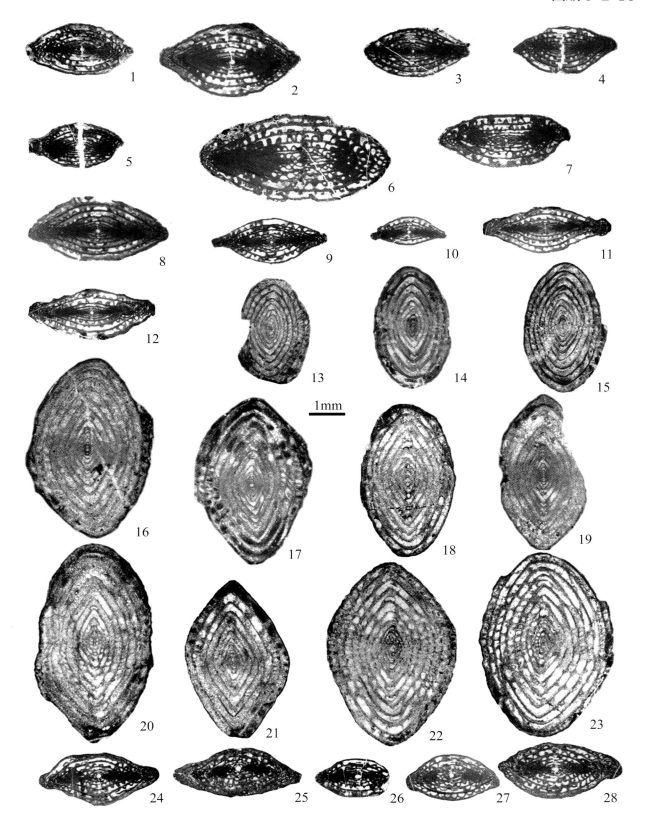

1mm

5.3 菊 石

菊石是指菊石亚纲（Ammonoidea）（赵金科等，1965；Ruzhentsev，1962），其为隶属于软体动物门头足纲的一类已经灭绝的生物，可能是由杆石类演化而来。

菊石壳由独特的胎壳、长的分开的隔壁及最后的住室组成。外部的形态、壳饰及内部构造变化多样。一般壳是平旋的，具有很多旋环。少数情况下，壳具有独立的旋环，或弯，或部分直，或塔形，或具无规则的立旋。口形态多样，宽或很窄，直通或有隔断，具有腹弯或腹弓，有时有侧耳。很多菊石口部有口盖。隔壁数量较多。缝合线有无角石式、棱角石式、菊石式四种类型。缝合线组成元素多，从非常简单到非同寻常的复杂。在原始类型中，较进化类型的隔壁颈朝前。体管非常细，无内部沉积，成熟以后几乎位于边缘、腹方或背方。胎壳卷，微小，明显地分为胎室、闭锥的第一个房室及长的住室这3个部分。菊石的软体部分，除了发现部分腮及可疑的墨囊外，其他完全未知。不同长度的住室说明菊石软体部分可从拉长的蠕虫状变到较短的类型。形状构造各异的口部及最后一圈旋环横断面让人想到菊石单个器官的分布及形状变化范围是很广的。化石中仅保存了壳和口盖。菊石形态如图5-3-1和图5-3-2所示。

菊石分布于泥盆纪到白垩纪，最近的记录显示可穿过白垩—第三纪界线。菊石与鹦鹉螺最大的区别在于胚胎的发育。菊石卵孵化出的很小的幼年体与成年个体相差很大，而鹦鹉螺幼年体与成年个体除了尺寸上差异外其他都很相似。菊石在卵囊中形成的胎壳非常小，具有2个不完全的气室（包括胎室），而鹦鹉螺胎壳尺寸较大，具有几个气室。菊石与鹦鹉螺之间的区别还包括：前者螺旋更加密集，旋环及隔壁数目较多，丰富多样的壳饰，无与伦比的复杂缝合线，很细及简单的体管。

二叠纪菊石壳主要为平旋型。外旋环包围内旋环的一部分或不包围称为外卷，内部各旋环露出的低凹部分称为脐部，最内一旋环常不是很紧密，成一个小孔叫脐孔。外旋环完全包围内部各旋环，

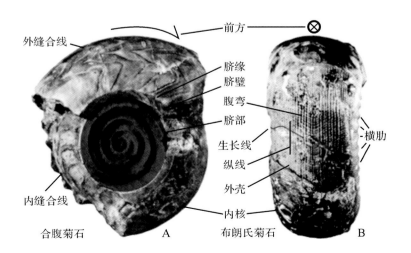

图 5-3-1　菊石化石的外部视图［化石标本引自 Yin（1935）］。A. 侧视，未保存外旋环的壳壁，但在内部旋环的外壳上可识别出内缝合线；B. 腹视，保存了内核和部分外壳，可见清晰壳饰

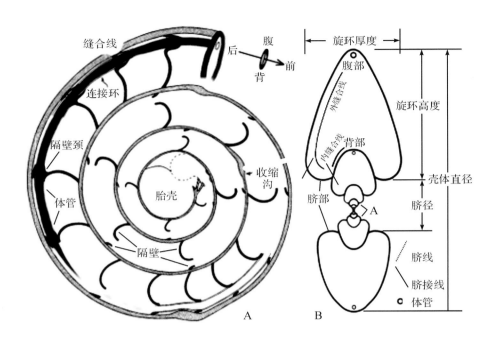

图 5-3-2　菊石化石的切面视图［改自 Arkell 等（1957）］。A. 纵切面（侧视），
示最初的几个旋圈及内部构造；B. 横切面（口视），可获得的部分形态参数

或仅露出极小部分者称为内卷。按壳的形状及厚度，平旋壳主要可以分为盘状、球状和饼状等。旋环侧面的内围，包围内一旋环部分常为穹圆形，但许多科属成为棱角状，向脐部的一面直立或微斜称脐壁，其棱状部分叫脐缘或脐棱。在侧面外围与腹部相交部分，有时也呈棱角状，称为侧缘或腹侧缘。缝合线时隔壁的边缘与壳壁相接触的线，又叫隔壁线。缝合线在菊石的分类系统上占有极其重要的地位，研究过程中要特别注意，如图5-3-3所示。缝合线可以分为内外2个部分，自腹部经两侧面的两旋环结合线的部分称外缝合线，自结合线经过背部到另一面的结合线称为内缝合线。缝合线朝前弯曲的叫鞍部，向后弯曲的叫叶部。基本的叶部主要有腹叶、侧叶、脐叶及主线系。在腹鞍与第一侧叶之间有些科属具有次生的叶部，其大小几乎与原生的腹叶及侧叶相等，称为偶生叶。缝合线类型主要有4种：无角石式、棱角石式、齿菊石式及菊石式。古生代菊石口部一般没有腹鞘，少数有侧垂，腹弯一般存在。菊石壳饰有生长线、横肋、纵旋纹及瘤刺等。瘤分数种，有放射状的横瘤，有与旋轴方向相同的纵瘤。另外还包括收缩沟，有的旋环上有3～10个不等，收缩沟一般在壳的内部比在壳外显著，通常认为收缩沟是头足动物生长休止时期形成的。

　　二叠纪主要菊石类型包括棱菊石目、前碟菊石目和齿菊石目3类。

　　（1）棱菊石目Goniatitida（Furnish et al., 2009；Ruzhentsev，1962）

　　壳形变化非常大，其中大多数内卷、具窄甚至闭合的脐部；一些类型外卷，具宽的脐部。脐一般无孔。该目除了假海乐菊石超科体管位置有变化，大部分近中心或在位于隔壁弯曲位置外，体管均位于腹部。某些属（*Kirsoceras*、*Agathiceras*和*Maximites*）幼年期体管位于或近于腹部位置，个体发育后变为腹部位置。其中，圆叶菊石亚目基础缝合线由6~8个叶组成，腹叶简单，在一些进化类型中可二分

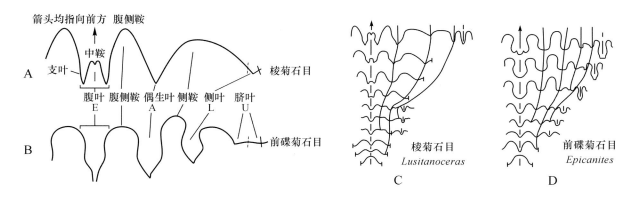

图 5-3-3　菊石的缝合线［改自 Korn 等（2003）和 Korn（2010）］。A. 棱菊石外缝合线；B. 前碟菊石外缝合线；C. 棱菊石缝合线发育示意；D. 前碟菊石缝合线发育示意

或三分。棱菊石亚目具再分的腹叶，1个中鞍及小的中叶。圆叶菊石亚目中腹叶再分的模式仅局限于较为进化的类型：法门期的Praeglyphioceratoidea超科和石炭纪的Voehringeritidae、Karagandoceratidae和Maximitidae科。附加的偶生叶及脐叶有时发育。较进化的类型在缝合线上显示出复杂的分支，包括指状的叶与鞍。分布于泥盆纪到二叠纪。隔壁发育形式为VLU，即在腹叶与脐叶之间还出现了外部的侧叶。腹叶简单或在少数情况下，三分或二分。背叶简单或很少三分、二分。缝合线的复杂化不是通过增加新的要素来实现，而是通过改变主要叶的形态来完成，包括增长、增宽、三齿、多齿等。其他的类型通过叶的分化来实现隔壁的复杂化，即第一外侧叶、脐叶、内侧叶的二分或三分。从第一侧叶及内侧叶分出的新叶往脐方混合。这样形成的叶的数目非常大。

（2）前碟菊石目Prolecanitida（赵金科等，1965；Furnish et al., 2009）

分布于石炭纪到三叠纪。具棱角石式或菊面石式缝合线，有助线系。体管简单，后颈式位于腹侧缘。腹叶最早是窄的、简单的，后来成为三分叉，通常是窄的，有时宽。背叶窄，简单或二分。壳厚盘状到透镜状，刚开始有异常的外卷。石炭、二叠、三叠的前碟菊石成年后，脐部大多窄或关闭。壳通常光滑或具轻微的生长线，在侧面和腹部形成腹弓。石炭纪时腹侧肋和瘤出现较少，二叠纪时较为普遍。完整的住室保存较少，一般为一圈半旋环长度，通常缺乏口部成熟的变化。缝合线以具有一系列近于相等的叶为特征，位于侧方，大多数来源于脐叶鞍部的复杂化，从8个到大于30个不等。在较原始的类型中，腹侧鞍通常低于靠近的第二侧鞍，在二叠纪和三叠纪，第二侧鞍明显高于其他鞍。第一侧叶几乎没有变化地成为最宽的元素，除了原始的类型，所有类型均再分。腹叶分支通常变为再分的第一侧鞍复合体的一部分。某些不确定的类型与棱菊石目保有亲缘关系。某些古生代菊石专家认为第一侧叶代表了初始的脐部元素，最近的研究表明有可能出现例外，比如Protocanites及可能稀少的原始类型的代表（均归属于前碟菊石目）具有的第一侧叶为偶生的。因此与棱菊石目的关系较之前所知道的更加紧密。尽管前碟菊石目与棱菊石目在缝合线个体发育上存在相似性，但前者复杂的缝合线及其特别的壳形与后者有明显区别。棱菊石目可能为二叠纪齿菊石目副色尔菊石亚目及其中生代后裔的祖先。然而中生代菊石缝合线早期个体发育中的加速使得第一侧叶的个体发育起源解释不确定性增加。

要解决这一问题也许只能在古生代祖先中找到答案。

（3）齿菊石目Ceratitida（赵金科等，1965；Lunnov and Druschic，1958）

壳形多种多样。在生长早期，体管常位于中间，至成年期常移到腹部。缝合线大多为齿菊石式，但亦有棱角石式或菊石式。以齿菊石式缝合线为特征：鞍部中央区域平滑，主要在叶部的基部具齿。相对来说较少类型具有棱菊石式缝合线，即鞍和叶均全缘、无齿。稍晚时候本目常具菊石式缝合线，鞍与叶都明显分化。鞍的分化通常从两边开始，整个鞍部剩下单叶。例外的是Didymitidae、Pinacoceratidae及一些Cladiscitidae的代表，它们的鞍部从顶部中央被深深地分为两个部分。大部分第一个壳室为宽鞍型，少数的Cladiscitidae、Ptychitidae及Pinacoceratidae代表为狭鞍型。从第一旋环第二条缝合线开始，在同一条缝合线的两边，除了具有腹叶还有背叶，在脐部还有一个脐叶。这个脐叶在第三条缝合线上移动到侧方，因此有些学者将之命名为侧叶，而其他人称为脐叶。齿菊石个体发育时缝合线新的叶出现于侧叶与背叶之间，腹叶开始二分，而背叶通常在基部具两齿。偶生的分子大多数是因腹叶中鞍的再分而出现，而如Pinacoceratidae可能还有其他类型的齿菊石偶生叶分子的出现是因为外鞍的再分。外部形态与壳饰种类多样。齿菊石出现于二叠纪，广泛地分布于整个三叠纪。关于其个体发育的研究还比较薄弱，因此该目内部的划分还需要更加深入的工作。

5.3.1 菊石结构术语

棱菊石目（Goniatitida）：或称棱角菊石目。壳形多样，平旋、内卷为主。壳饰多样。体管位于腹部，少数在初期位于中部，后随个体发育移往腹部，隔壁颈多数前伸。缝合线一般具棱角状的叶，包括腹叶、偶生叶、侧叶、脐叶以及背叶，仅少数复杂类型的脐叶会多次分裂，腹侧鞍一般高于其他各鞍。

前碟菊石目（Prolecanitida）：壳形以盘状为主，平旋、外卷为主，壳表光滑或具微弱壳饰。体管位于腹部，隔壁颈后伸。缝合线一般具腹叶、偶生叶、侧叶、脐叶以及背叶，多数类型的脐叶会多次分裂并形成相似的多个次级脐叶。

外壳（shell）：主要硬体部分，包括围限胎壳、气室、住室的壳壁、隔壁等硬体构造，保留有壳饰等特征，但不包括与之分离的颚片、齿舌、口盖等。菊石的整体形态即外壳形态。

内模（mold）：房室内部的充填，反映了壳内表面构造的实体，其上缝合线特征明显。由于菊石壳壁较薄，内核形态可视为近似的菊石整体形态。

旋环（whorl）：即整个旋壳，每360°的旋环为一个旋圈。外旋环指外圈的旋环，内旋环指内圈的旋环。

胎壳/胎室（protoconch）：胚胎期所居住的房室，位于壳体最始端，一般为椭球状，以壳壁延伸的原生隔壁（第一隔壁，proseptum）和初生隔壁（第二隔壁，primary septum）与气室相隔。菊石的胎壳一般直径约为0.5~0.8 mm。

气室（camera/chamber）：外壳除去胎壳和住室以外的部分，整体称闭锥（phragmocone）。由外套膜分泌的隔壁分割成若干气室，是菊石软体生长发育过程中曾居住过的房室。菊石可通过调整其中的气体比例控制壳体作垂向运动。

住室（living chamber）：软体居住的房室，为外壳最后的一个大房室，往往比普通的气室长，可能特化。

体管（siphuncle）：贯穿气室，连通胎壳和住室的管道，由隔壁颈以及连接环组成，内为体管索，一般无体管沉积。

隔壁（septum）：分隔菊石内部各房室并供软体依托的硬体构造。

前方/前部（front/anterior）：即口方（adoral），壳口（aperture）的方向，也是旋壳生长的方向。前视即正对壳口的观察方向。

后方/后部（backward）：即顶向（adapical），胎壳的方向，与前方相反。

侧方/侧部（side/lateral）：即对称的两个侧面。侧视即正对侧面的观察方向。此外，在背方的可称内侧方/内侧部。

腹方/腹部（ventral）：即正常生活时的下方，一般是体管和腹弯所在的一侧；在二叠纪菊石中，可等同于旋环（壳口的）外侧（external）。腹视即正对腹部的观察方向。

背方/背部（dorsal）：即菊石正常生活时的上方，与腹方相对；在二叠纪菊石中，可等同于旋环（壳口的）内侧（internal）。

横切面（cross section）：一般指穿过胎壳中心，垂直于菊石对称面的切面，为若干角间距为180°的旋环横截面，横向上可观察和度量菊石形态。

纵切面（dorsoventral section）：一般指沿菊石对称面的切面，纵向上可观察到内部构造随着生长发育的连续变化。

旋环直径（whorl diameter，D）：纵切面上某一旋圈上经过胎壳中心的两个腹部边缘之间的直线距离。

旋环半径（whorl radius，R）：纵切面上胎壳中心与一个腹部边缘的直线距离。除非化石保存不完全，一般不采用。

旋环高度（whorl height，H）：针对某一特定直径的横切面的外侧旋环壳口的高度。如果化石保存不完全，则指旋环壳口横截面的高度。

旋环厚度/宽度（whorl width，W）：针对某一特定直径的横切面的外侧旋环壳口的宽度。如果化石保存不完全，则指旋环壳口横截面的宽度。

脐/脐部（umbilicus）：旋壳中部向内凹陷的部分。

脐径（umbilical width，u）：针对某一特定直径的横切面，角间距为180°的两个旋环壳口之间的纵向距离。

脐壁（umbilical wall）：脐部附近的壳壁，即脐线与脐接线之间的部分。

脐缘（umbilical edge）：壳体侧部与脐壁的交汇处，往往是壳体向内凹陷，曲率发生明显变化的位置，侧部与脐部交线称脐线。对于侧部与脐部连续过渡的类型，脐缘并不明显。

脐接线（umbilical seam）：内外旋环的交线。如果脐壁为凸状等形态，则脐接线可能不在旋环壳口的端点位置。

缝合线（suture line）：隔壁与壳壁的交线。绘制缝合线时，以前方为上方，以虚线表示脐线，以实线表示脐接线。

鞍（saddle）：缝合线上前凸的叫鞍，分裂产生的较小次级鞍称为支鞍。

叶（lobe）：缝合线上后凹的叫叶，分裂产生的较小次级叶称为支叶。

内缝合线（internal suture）：脐接线内侧经背部的缝合线。

外缝合线（external suture）：脐接线外侧经腹部的缝合线。

原生缝合线（prosuture）：原生隔壁形成的缝合线（第一缝合线）。

初生缝合线（primary suture）：初生隔壁形成的缝合线（第二缝合线）。一般已分裂出腹叶、侧叶及背叶，为之后缝合线发育的基础。

腹叶（ventral/external lobe，E）：位于腹部，在初生缝合线中已存在，在二叠纪菊石中，可等同于外叶。

偶生叶（adventive lobe，A）：一般位于侧部，由初生缝合线腹叶及侧叶中间的鞍分裂形成的较大次级叶。部分早期的前碟菊石可能没有偶生叶。

侧叶（lateral lobe，L）：位于侧部或脐部，在初生缝合线中已存在。

脐叶（umbilical lobe，U）：一般位于脐部或内侧部，在初生缝合线中已存在或由初生缝合线背叶及侧叶中间的鞍分裂形成的较大叶。腹叶、背叶、侧叶以及最早的脐叶是菊石最基本的叶。部分菊石类型在早期脐叶与侧叶之间会进一步分裂形成若干支叶，位于内、外侧部及脐部。

背叶（dorsal/internal lobe，I）：位于背部，在初生缝合线中已存在。在二叠纪菊石中，可等同于内叶。

中鞍（median saddle，M）：由腹叶分裂形成的较大次级鞍，位于腹部中央，也称腹鞍。

腹侧鞍（ventrolateral saddle，E/A）：一般位于腹侧部，腹叶与偶生叶中间的较大次级鞍。

侧鞍/背侧鞍（dorsolateral saddle，A/L）：一般位于侧部，侧叶与偶生叶中间的较大次级鞍。

生长线（growth line/striae）：细的横向装饰，在壳体生长过程中平行于壳口边缘的线。

收缩沟（constriction）：生长发育过程中休止时期的定期收缩，下凹的横向装饰，可保存在外壳或内核上，但该性状并不一定稳定出现。深的收缩沟可能造成壳体呈圆多角状形态。

纵线/旋线（spiral line/lirae）：细的纵向装饰。

脊（keel）：粗的、上凸的纵向线状装饰，一般在特定位置存在，如腹部、腹侧部及脐缘附近。

肋（rib）：粗的、上凸的横向线状装饰，一般为生长线的加强，与之形态走势相近。

沟（groove）：粗的、下凹的线状装饰，往往配合脊、肋等出现。

瘤（node）：点状装饰，多出现在横、纵向装饰的交汇处。

腹弯（ventral sinus）：生长线上向后的凹口，位于腹部中央，可能与外套膜的水管有关。

腹侧突（ventrolateral projection）：生长线上向前的凸起，位于腹侧部。

盘状（discoidal）：宽度远小于直径的形态。

墩状（pachyconic）：宽度略小于直径的形态。

球状（globular）：直径与宽度相当的形态。

纺锤状（spindle）：宽度大于直径的形态。

5.3.2 菊石图版

图版比例尺均为1cm。

缩写解释如下：

NIGP=中国科学院南京地质古生物研究所；P=中国地质科学院地质研究所。

图版 5-3-1 说明

1—2 平常团线菊石 *Agathiceras vulgatum* Ruzhentsev，1978 2引自周祖仁（1987a）

1，侧视、前视、腹视；2，侧视、前视、腹视。登记号：1，NIGP-94459；2，NIGP-94460。主要特征：壳表具特征的总旋纹，缝合线具袋状腹叶分支及三个侧叶。产地：广西南丹六寨。层位：二叠系阿瑟尔阶。

3 阿丁斯克菊石未定种 *Artinskia* sp. 引自周祖仁（1987a）

腹视。登记号：NIGP-94452。主要特征：较内卷，脐部小，腹部具沟，两侧饰有腹侧瘤。产地：广西南丹六寨。层位：二叠系阿瑟尔阶。

4 普伦默氏前皮林菊石 *Properrinites plummeri* Elias，1938 引自周祖仁（1987a）

侧视、前视、腹视。登记号：NIGP-94472。主要特征：壳表具细微的放射纹，缝合线具"皮林式"叶部。产地：广西南丹六寨。层位：二叠系阿瑟尔阶。

5 中间伯泽菊石 *Boesites intercalaris* Ruzhentsev，1978 引自周祖仁（1987a）

侧视、腹视。登记号：NIGP-94453。主要特征：较内卷，脐部较小，缝合线第一侧叶较狭窄。产地：广西南丹六寨。层位：二叠系阿瑟尔阶。

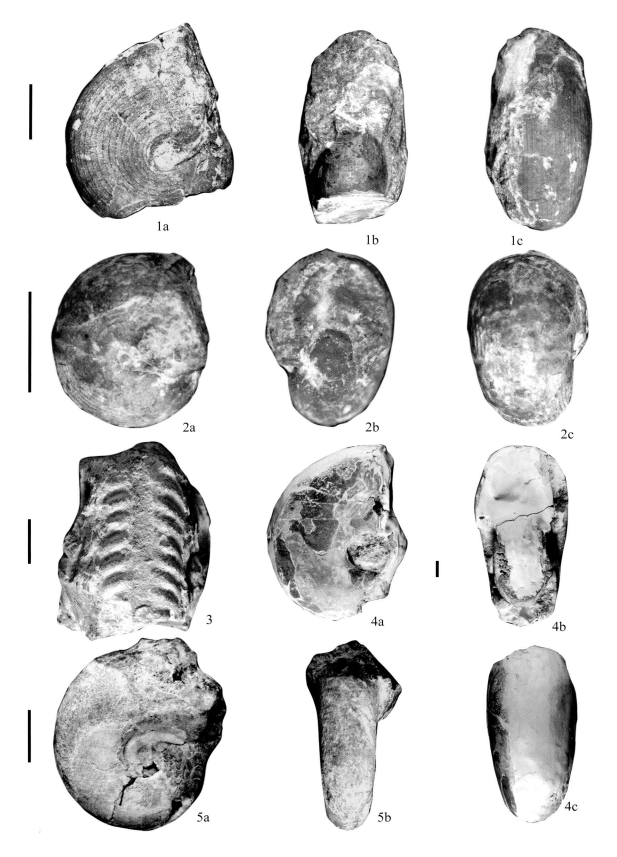

1a

1b

1c

2a

2b

2c

3

4a

4b

5a

5b

4c

图版 5-3-2 说明

1　贵州前饼菊石 *Popanoceras kueichowens*（Chao，1965）　引自周祖仁（1988）

侧视、前视、腹视。登记号：NIGP-22029。主要特征：腹支叶较第一侧叶相等或宽，支叶外侧略有膨大，鞍部浑圆。产地：贵州六枝郎岱茅口河。层位：二叠系亚丁斯克阶。

2　广西新克里米菊石 *Neocrimites guangxiensis*（Chao and Liang in Chao，1965）　引自周祖仁（1988）

侧视、前视、腹视。登记号：NIGP-22028。主要特征：壳面饰有纵旋纹且强于横向壳饰，缝合线具4个侧叶。产地：广西天峨向阳村。层位：二叠系亚丁斯克阶。

3—5　亚洲原板菊石 *Propinacoceras asiaticum* Toumanskaya，1949　5引自Zhou和Yang（2005）

3，侧视、前视、腹视；4，侧视、前视、腹视；5，侧视、前视、腹视。登记号：3，NIGP-104552；4，NIGP-104553；5，NIGP-104554。主要特征：壳缝合线腹侧鞍具一个深且大点的小叶和两个浅的小叶。产地：新疆且末。层位：二叠系空谷阶（叶桑岗组）。

6—7　双齿吉林菊石 *Jilingites bidentus* Liang，1982　引自梁希洛（1982）

6，侧视、前视、腹视；8，侧视、前视、腹视。登记号：6，NIGP-64180；7，NIGP-64181。主要特征：壳呈厚饼状，旋环横断面呈亚三角形，腹支叶及侧叶均二分叉。产地：吉林双阳周家窑剖面。层位：二叠系空谷阶（范家屯组）。

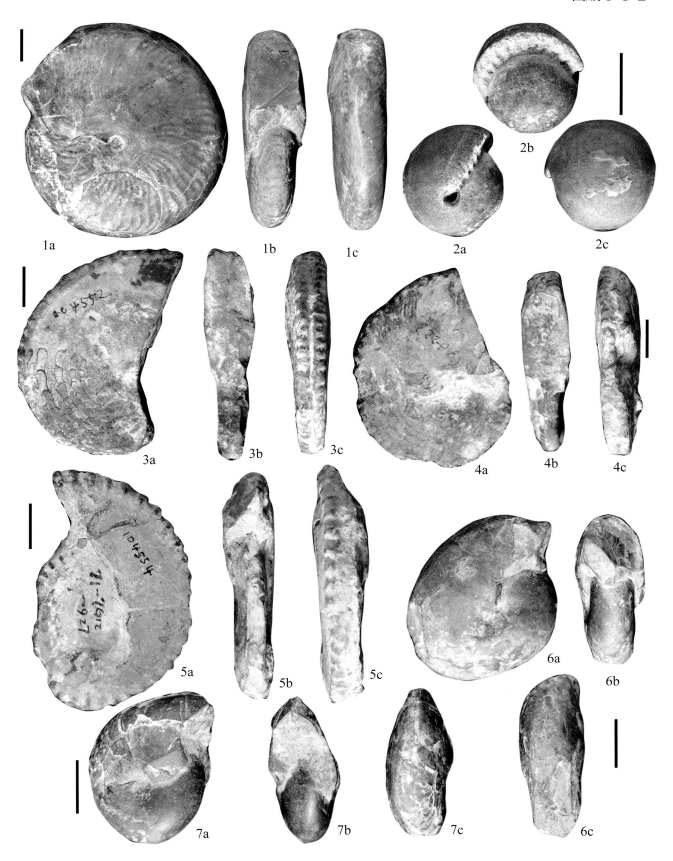

1a　1b　1c　2a　2b　2c
3a　3b　3c　4a　4b　4c
5a　5b　5c　6a　6b
7a　7b　7c　6c

图版 5-3-3 说明

1—2、4　霍弗色尔特菊石 *Paraceltites hoeferi* Gemmellaro，1887　4引自赵金科和郑灼官（1977）
侧视。登记号：1，NIGP-44615；2，NIGP-44616；4，NIGP-44617。主要特征：外卷，薄盘状，具窄圆腹部，肋纹间距相当宽。产地：浙江建德东坞里剖面。层位：二叠系罗德阶（丁家山组）。

3　美丽副色尔特菊石 *Paraceltites elegans* Girty，1908　引自赵金科和郑灼官（1977）
侧视。登记号：NIGP-44618。主要特征：侧面扁平，饰有均匀的微弯曲的细肋，肋起自脐接线，终止在腹侧缘。产地：浙江建德东坞里剖面。层位：二叠系罗德阶（丁家山组）。

5　寿昌道比赫菊石 *Daubichites shouchangensis*（Chao，1962）　引自赵金科和郑灼官（1977）
侧视、前视、腹视。登记号：NIGP-44587。主要特征：腹部及侧部饰有均匀纵旋纹，横肋在腹部向后弯。产地：浙江建德李家。层位：二叠系罗德阶（丁家山组）。

6　甘肃瓦根菊石 *Waagenoceras gansuense* Liang，1981　引自梁希洛（1981）
侧视、前视、腹视。登记号：NIGP-62035。主要特征：缝合线较为简单，具7个侧叶，鞍部较圆，第一侧叶齿较发育。产地：甘肃安北大奇山。层位：二叠系沃德阶（菊石滩组）。

7　龙岩瓦根菊石 *Waagenoceras longyanense* Chao and Liang in Chao，1965
主要特征：缝合线较为简单，齿不如其他种发育，具6个侧叶。产地：福建龙岩。层位：二叠系沃德阶。

图版 5-3-4 说明

1　云南帝汶菊石 *Timorites yunnanensis* Liang，1983　引自梁希洛（1983）

侧视、腹视。登记号：NIGP-72340。主要特征：横肋较粗，且少有分叉；缝合线较原始，具7个侧叶。产地：云南宁蒗永宁油花。层位：二叠系卡匹敦阶（茅口组）。

2　中华帝汶菊石 *Timorites sinensis* Sheng，1984　引自盛怀斌（1984）

前视、侧视。登记号：P-3027。主要特征：脐部较小，壳面饰有肋纹，较细；缝合线具9个侧叶；缝合线较原始，具7个侧叶。产地：西藏拉孜修康。层位：二叠系卡匹敦阶（修康组）。

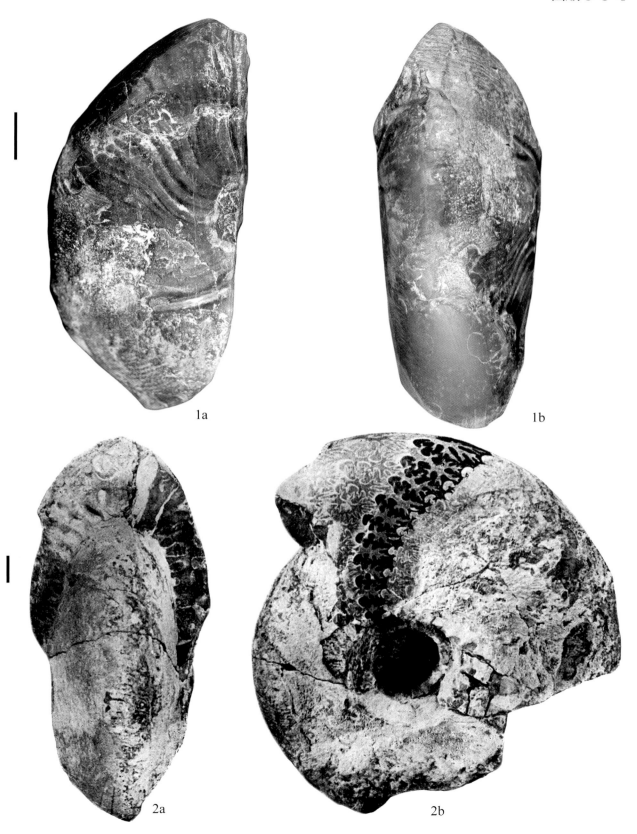

1a

1b

2a

2b

图版 5-3-5 说明

1—2　罗德阿尔图菊石 *Roadoceras roadense*（Böse，1919）　2引自梁希洛（1982）

1，侧视、腹视；2，侧视、腹视。登记号：1，NIGP-64175；2，NIGP-64176。主要特征：壳表面具细纵旋纹及收缩沟，脐较小。产地：内蒙古科右前旗德伯斯。层位：二叠系卡匹敦阶（吴家屯组）。

3—7　瘤结斗岭菊石 *Doulingoceras nodosum* Zhou，1985　7引自周祖仁（1987b）

侧视。登记号：3，NIGP-70862；4，NIGP-70863；5，NIGP-70864；6，NIGP-70865；7，NIGP-70866。主要特征：侧面凹，生长早期饰有像瘤的肋，之后在腹缘和脐肩饰有两列瘤。产地：湖南常宁盐湖。层位：二叠系卡匹敦阶（茅口组）。

1a

1b

3

2a

2b

4

5

6

7

图版 5-3-6 说明

1 简单安德生菊石 *Anderssonoceras simplex* Zhao，Liang and Zheng，1978　引自赵金科等（1978）
侧视、前视、腹视。登记号：NIGP-14870。主要特征：外鞍较宽，脐部较大，脐缘凸起不是很明显。产地：江西丰城仙姑岭剖面。层位：二叠系吴家坪阶（乐平组）。

2 壮体安德生菊石 *Anderssonoceras robustum* Zhao，Liang and Zheng，1978　引自赵金科等（1978）
侧视、前视、腹视。登记号：NIGP-14872。主要特征：腹部较平，脐缘较明显，缝合线腹叶宽短。产地：江西丰城仙姑岭剖面。层位：二叠系吴家坪阶（乐平组）。

3 圆叶仙姑岭菊石 *Xiangulingites orbilobatus* Zhao，Liang and Zheng，1978　引自赵金科等（1978）
侧视、前视、腹视。登记号：NIGP-14874。主要特征：腹部穹圆形，腹部饰有细密的纵旋纹；缝合线腹叶中等长，侧叶宽，下段宽圆，外鞍及侧鞍均呈圆形。产地：江西丰城仙姑岭剖面。层位：二叠系吴家坪阶（乐平组）。

4 棱腹仙姑岭菊石 *Xiangulingites acutus* Zhao，Liang and Zheng，1978　引自赵金科等（1978）
侧视、前视、腹视。登记号：NIGP-14875。主要特征：具有明显的腹棱，长的侧叶及较窄的脐叶。产地：江西丰城仙姑岭剖面。层位：二叠系吴家坪阶（乐平组）。

1a
1b
1c

2a
2b
2c

3a
3b
3c

4a
4b
4c

图版 5-3-7 说明

1　江西阿拉斯菊石 *Araxoceras kiangsiense* Chao and Liang in Chao，1965　引自赵金科等（1978）

侧视、前视、腹视，登记号：NIGP-14899。主要特征：腹部较平，腹中棱较钝，缝合线腹支叶无齿，侧叶略宽且齿较少。产地：江西丰城仙姑岭剖面。层位：二叠系吴家坪阶（乐平组）。

2—3　内卷华南菊石 *Huananoceras involutum*（Chao and Liang in Chao，1974）　3引自赵金科等（1978）

侧视。登记号：2，NIGP-14844；3，NIGP-14843。主要特征：腹部较平，腹中棱较钝，缝合线腹支叶无齿，侧叶略宽且齿较少。产地：安徽宣城大汪村。层位：二叠系吴家坪阶（龙潭组）。

4—5　宽鞍孔岭菊石 *Konglingites latisellatus* Chao and Liang in Chao，1965　5引自赵金科等（1978）

4，侧视、前视、腹视；5，侧视、前视、腹视。登记号：4，NIGP-14911；5，NIGP-14913。主要特征：腹部较平，壳饰较弱，缝合线的腹叶较宽短，侧叶及脐叶较宽短。产地：江西高安孔岭剖面。层位：二叠系吴家坪阶（乐平组）。

6—7　轮状江西菊石 *Kiangsiceras rotule* Chao and Liang in Chao，1965　7引自赵金科等（1978）

6，侧视、前视、腹视；7，侧视、前视、腹视。登记号：6，NIGP-14900；7，NIGP-14901。主要特征：具三棱腹，缝合线的侧叶宽且被腹侧棱分为两部分。产地：江西高安孔岭剖面。层位：二叠系吴家坪阶（乐平组）。

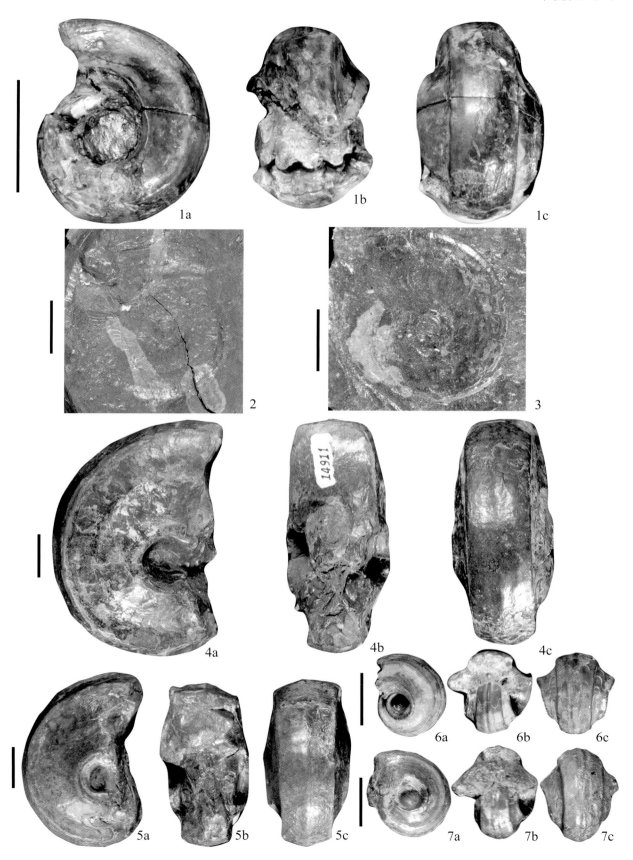

图版 5-3-8 说明

1　三棱三阳菊石 *Sanyangites tricarinatus* Zhao，Liang and Zheng，1978　引自赵金科等（1978）

侧视、前视、腹视。登记号：NIGP-34298。主要特征：腹部微弯，具三个较尖的腹棱，腹中棱的两侧各具一浅沟。产地：江西宜春双江。层位：二叠系吴家坪阶（乐平组）。

2—3　低脐三阳菊石 *Sanyangites umbilicatus* Zhao，Liang and Zheng，1978

2，侧视、前视、腹视；3，侧视、前视、腹视。登记号：2，NIGP-34300；3，NIGP-34353。主要特征：侧面较宽平，纵棱较发育，脐部不凸。产地：江西宜春卢村。层位：二叠系吴家坪阶（乐平组）。

4—5　窄鞍锦江菊石 *Jingjiangoceras stenosellatum*（Chao and Liang in Chao，1965）　5引自赵金科等（1978）

4，侧视、前视、腹视；5，侧视、前视、腹视。登记号：4，NIGP-34306；5，NIGP-14914。主要特征：壳体薄，具尖的腹棱，脐缘不凸；缝合线腹支叶具齿，侧叶不被腹侧棱所分。产地：江西宜春卢村。层位：二叠系吴家坪阶（乐平组）。

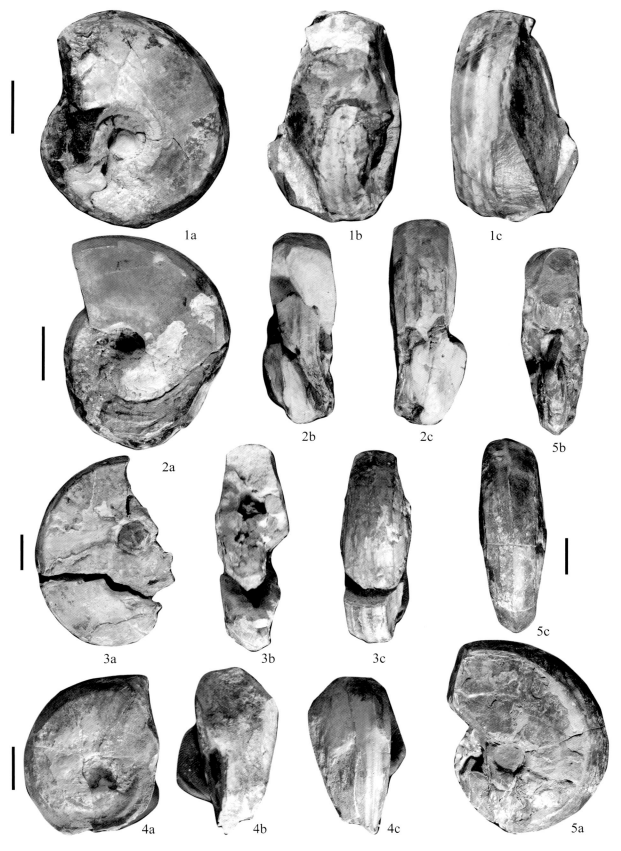

1a

1b

1c

2a

2b

2c

5b

3a

3b

3c

5c

4a

4b

4c

5a

图版 5-3-9 说明

1 花状大巴山菊石 *Tapashanites floriformis* Chao and Liang in Chao，1965 引自赵金科等（1978）
侧视、前视、腹视。登记号：NIGP-14851。主要特征：侧面壳饰由瘤状肋渐变为细肋甚至变为细线纹。产地：四川广元朝天明月峡剖面。层位：二叠系长兴阶（大隆组）。

2、5 细肋大巴山菊石 *Tapashanites tenuicostatus* Zhao，Liang and Zheng，1978 5引自赵金科等（1978）
2，侧视；5，侧视、前视、腹视。登记号：2，NIGP-14854；5，NIGP-34312（石膏模型）。主要特征：侧面细肋纹出现较早，而且更细密，脐部较小。产地：四川广元西北乡乾沟。层位：二叠系长兴阶（大隆组）。

3—4 肋大巴山菊石 *Tapashanites costatus* Zhao，Liang and Zheng，1978 4引自赵金科等（1978）
3，侧视、前视、腹视；4，侧视、前视、腹视。登记号：3，NIGP-34318；4，NIGP-34317。主要特征：侧面壳饰中，相对于瘤饰，肋饰发育较为粗壮。产地：浙江长兴煤山剖面。层位：二叠系长兴阶（长兴组）。

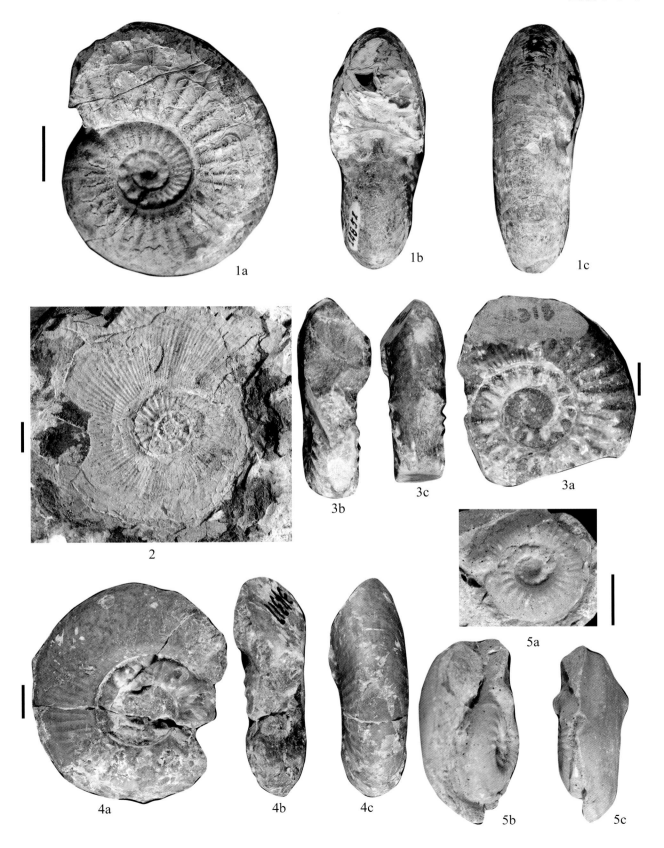

1a

1b

1c

2

3b

3c

3a

5a

4a

4b

4c

5b

5c

图版 5-3-10 说明

1、3　肋假冠状菊石 *Pseudostephanites costatus* Chao and Liang in Chao，1965　3引自赵金科等（1978）

1，侧视、前视、腹视；3，侧视、前视、腹视。登记号：1，NIGP-14842；3，NIGP-14841。主要特征：最外旋环横截面为半椭圆形，壳高大于壳宽，侧部发育有较典型的横肋。产地：四川广元朝天明月峡剖面。层位：二叠系长兴阶（大隆组）。

2、4—5　瘤假冠状菊石 *Pseudostephanites nodosus* Zhao，Liang and Zheng，1978　5引自赵金科等（1978）

2，侧视、前视、腹视；4，侧视、前视、腹视；5，侧视、前视、腹视。登记号：2，NIGP-14838；4，NIGP-14839；5，NIGP-34325。主要特征：最外旋环横截面为扁圆形，壳宽大于壳高，内旋环侧部发育明显的瘤。产地：四川广元朝天明月峡剖面。层位：二叠系长兴阶（大隆组）。

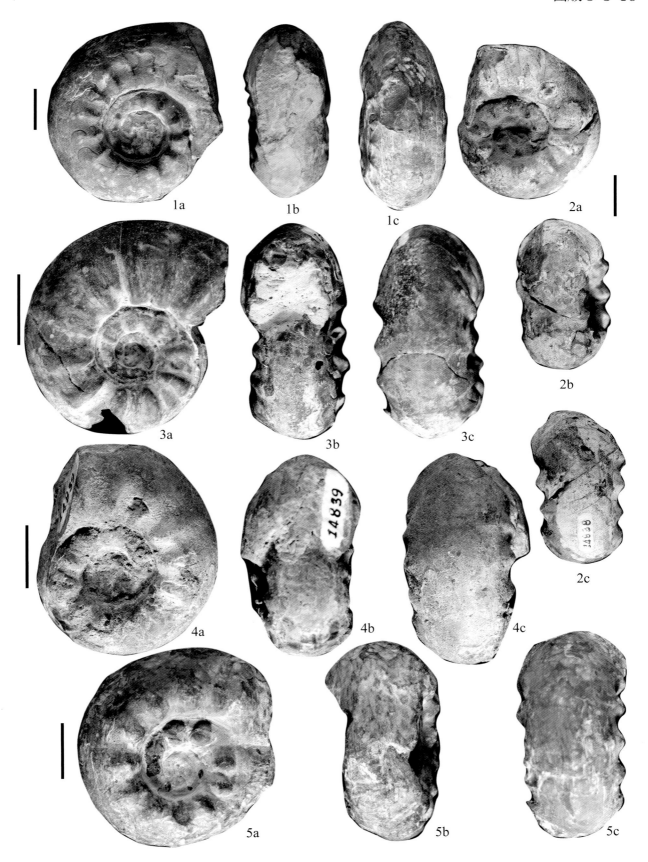

1a   1b   1c   2a

3a   3b   3c   2b

4a   4b   4c   2c

5a   5b   5c

图版 5-3-11 说明

1—2　短尖假提罗菊石 *Pseudotirolites acutus* Chao，1965　2引自赵金科等（1978）
侧视。登记号：1，NIGP-14922；2，NIGP-14923。主要特征：半外卷，呈盘状；脐部较小，脐宽稍小于壳径的1/4，肋纹较密，细长，腹侧瘤较弱。产地：广西来宾迁江剖面。层位：二叠系长兴阶（大隆组）。

3　放射肋假提罗菊石 *Pseudotirolites radiaplicatus* Zhao，Liang and Zheng，1978　引自赵金科等（1978）
侧视、前视、腹视。登记号：NIGP-14937。主要特征：侧面横肋间距随着壳体增长增大较匀缓。产地：贵州清镇林歹剖面。层位：二叠系长兴阶（长兴组）。

4　安顺假提罗菊石 *Pseudotirolites anshunensis* Zhao，Liang and Zheng，1978　引自赵金科等（1978）
侧视。登记号：NIGP-14948。主要特征：壳体较小，外旋环横肋及腹侧瘤排列较密且较均匀。产地：贵州安顺新场黄龙桥。层位：二叠系长兴阶（长兴组）。

5　尖肋假提罗菊石 *Pseudotirolites acuticostatus* Zhao，Liang and Zheng，1978　引自赵金科等（1978）
侧视、前视、腹视。登记号：NIGP-14935。主要特征：成年期壳体横肋及腹侧瘤均十分粗壮，与同属其他种易于区别。产地：贵州清镇林歹李家冲。层位：二叠系长兴阶（长兴组）。

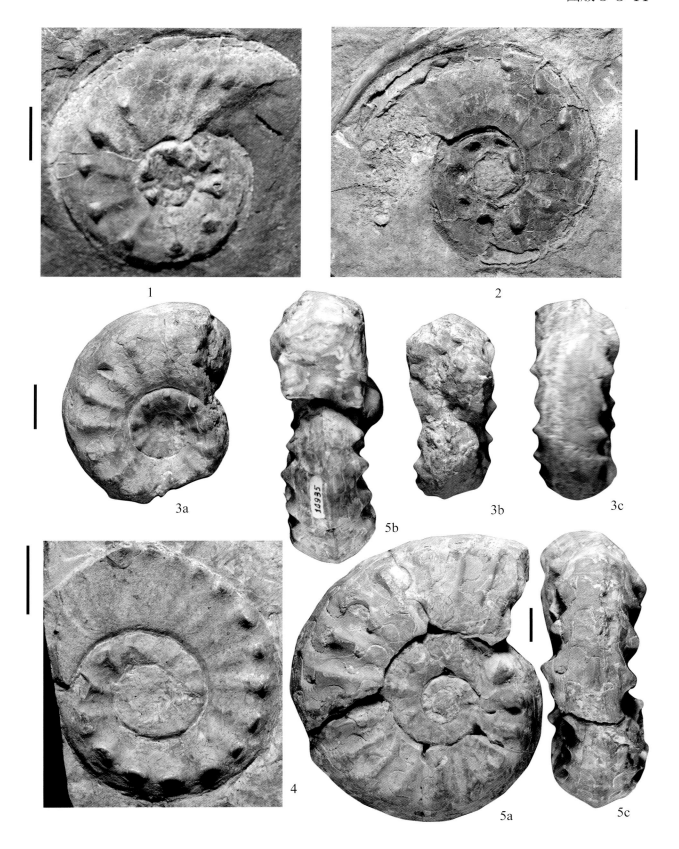

图版 5-3-12 说明

1　亚洲轮盘菊石 *Rotodiscoceras asiaticum* Chao and Liang in Chao，1965　引自赵金科等（1978）

侧视、前视、腹视。登记号：NIGP-14972。主要特征：外卷，呈盘状；具腹侧瘤，成年期腹部具人字形肋纹。产地：贵州永宁镇东南。层位二叠系长兴阶（长兴组）。

2　念珠轮盘菊石 *Rotodiscoceras torulosum* Zhao，Liang and Zheng，1978　引自赵金科等（1978）

侧视、前视、腹视。登记号：NIGP-14973。主要特征：腹侧瘤较粗，排列成串珠状。产地：贵州永宁镇东南。层位：二叠系长兴阶（长兴组）。

3—4　四川长兴菊石 *Changhsingoceras sichuanense* Zhao，Liang and Zheng，1978　4引自赵金科等（1978）

3，侧视、前视、腹视；4，侧视、前视、腹视。登记号：3，NIGP-34356（锡铸模型）；4，NIGP-34357。主要特征：亚球形到扁球状，壳面饰细的横肋纹并具4个收缩沟；缝合线具7个侧叶。产地：四川广元朝天明月峡剖面。层位：二叠系长兴阶（大隆组）。

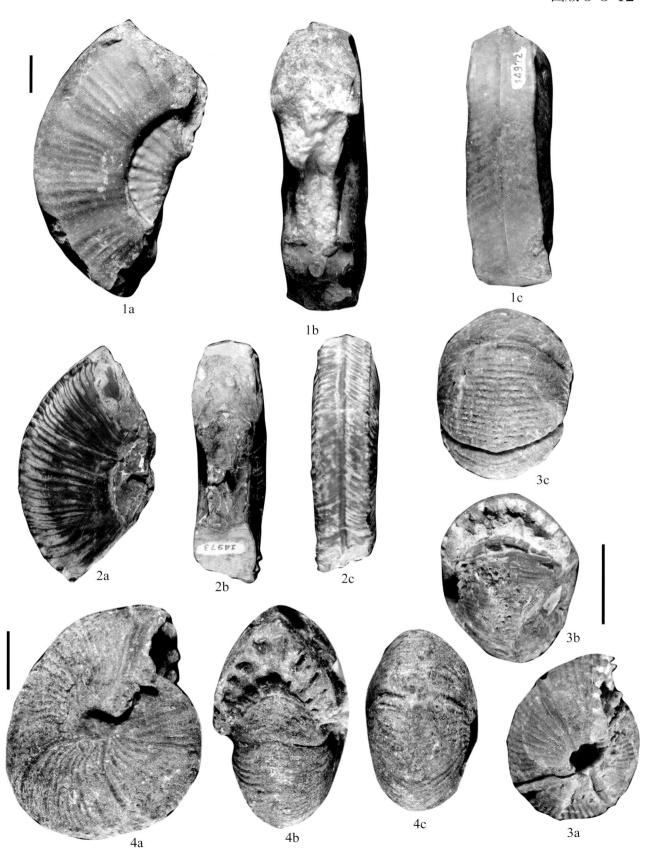

1a

1b

1c

2a

2b

2c

3c

3b

3a

4a

4b

4c

图版 5-3-13 说明

（二叠系菊石缝合线主要类型）

1 朝天大巴山菊石 *Tapashanites chaotianensis* Zhao，Liang and Zheng，1978　引自赵金科等（1978）
×2，D=48mm。登记号：NIGP-14860。主要特征：齿菊石式，2个侧叶。产地：四川广元朝天明月峡剖面。层位：二叠系长兴阶（大隆组）。

2 煤山长兴菊石 *Changhsingoceras meishanense* Zhao，Liang and Zheng，1978　引自赵金科等（1978）
×2/3。登记号：NIGP-34266。主要特征：环叶菊石退化类型，7个侧叶。产地：浙江长兴煤山剖面。层位：二叠系长兴阶（长兴组）。

3 贵州前饼菊石 *Popanoceras kueichowense*（Chao，1965）　引自周祖仁（1988）
×4。登记号：NIGP-22029。主要特征：侧面6个侧叶，齿侵蚀到叶部一半，叶顶端浑圆。产地：贵州六枝县郎岱茅口河。层位：二叠系亚丁斯克阶。

4 云南帝汶菊石 *Timorites yunnanensis* Liang，1983　引自梁希洛（1983）
×1.1，H=40mm，W=31mm。登记号：NIGP-72340。主要特征：侧面7个侧叶，相对于其他种较为原始。产地：云南宁蒗永宁油花。层位：二叠系卡匹敦阶（茅口组）。

5 亚洲原板菊石 *Propinacoceras asiaticum* Toumanskaya，1949　引自Zhou和Yang（2005）
×1，D=37.8mm。登记号：NIGP-104553。主要特征：S1（d）较大，与第一侧叶相比稍小。产地：新疆且末托库孜达坂山。层位：二叠系空谷阶（叶桑岗组）。

6 寿昌道比赫菊石 *Daubichites shouchangensis*（Chao，1962）　引自赵金科和郑灼官（1977）
×2.3，D=37mm。登记号：NIGP-44588。主要特征：柳叶刀形的腹叶分支，侧面一个侧叶。产地：浙江建德寿昌李家东坞里剖面。层位：二叠系罗德阶（丁家山组）。

7 南丹卡加尔菊石 *Kargalites nandanensis* Zhou，1987a　引自周祖仁（1987a）
×2.4，D=17.9mm，H=15.0mm。登记号：NIGP-94474。主要特征：腹支叶较窄，第一、三侧叶具二齿，第二侧叶具三齿。产地：广西南丹六寨。层位：二叠系阿瑟尔阶。

8 亚球形假提罗菊石 *Pseudohalorites subglobosus*（Zhou，1985）　引自Zhou（1985）
×1，D=16mm。登记号：NIGP-70790。主要特征：腹叶不分叉，基部具齿，侧叶基部具齿，鞍顶均浑圆。产地：湖南湘潭。层位：二叠系空谷阶。

9 中间伯泽菊石 *Boesites intercalaris* Ruzhentsev，1978　引自周祖仁（1987a）
×3，W=7.7mm，H=9.6mm。登记号：NIGP-94453。主要特征：腹叶宽圆，三分，第一侧叶基部圆，具小齿，以后侧叶小不对称，不具齿。产地：广西南丹六寨。层位：二叠系阿瑟尔阶。

10 平常团线菊石 *Agathiceras vulgatum* Ruzhentsev，1978　引自周祖仁（1987a）
×3，W=7.2mm，H=7.2mm。登记号：NIGP-94460。主要特征：叶部基部略尖。腹叶宽，腹叶分支略宽于第一侧叶，其余侧叶大小依次减小。产地：广西南丹六寨。层位：二叠系阿瑟尔阶。

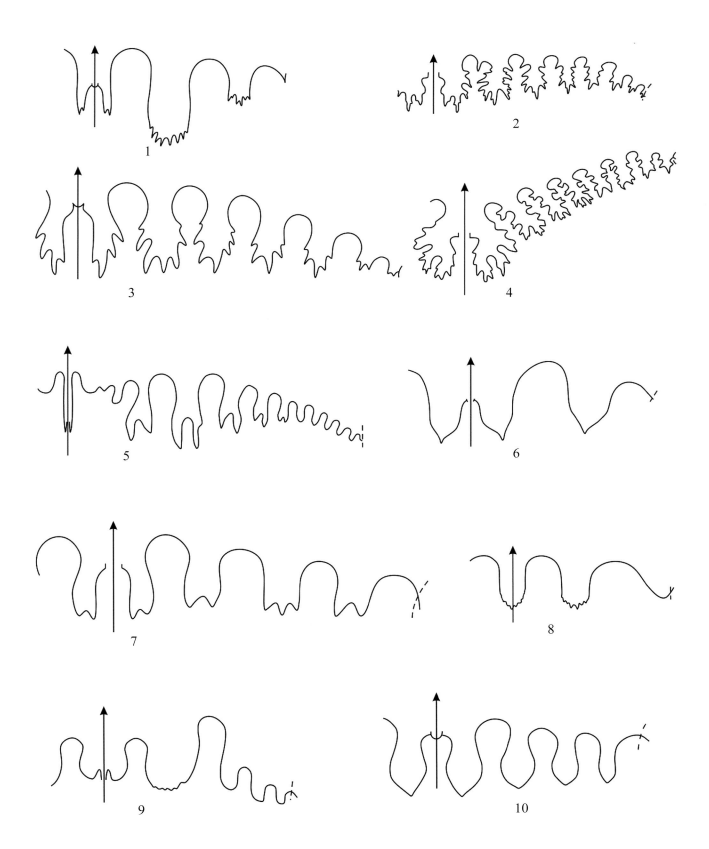

5.4 腕足类

腕足动物是一类海洋中营底栖固着方式的无脊椎动物，一般生活在海域深约200m内的陆表海、斜坡或盆地平坦海底，其幼虫可在海水中漂浮1~2个星期，之后即产生钙质壳。腕足动物是滤食性生物，其摄食器官是纤毛腕，与苔藓动物门（Bryozoa）和帚虫动物门（Phoronida）相近。

腕足动物在古生代极为繁盛，是个体最丰富、分布最广的优势类群之一。早寒武世生物大爆发时，腕足动物的3个亚门和大部分纲的代表都已出现，但以无铰类为主。从奥陶纪开始，有铰类取得优势，多样性显著增加，其中扭月贝目和正形贝目成为优势类型。到泥盆纪达到多样性的高峰，尤以石燕贝目和小嘴贝目最为繁盛。石炭纪和二叠纪以长身贝目大发展为特征，并出现了一些较为特化的类型，如李希霍芬贝等。长身贝类形态特征如图5-4-1—图5-4-3所示，石燕贝类结构图解如图5-4-4所示。二叠纪末生物大灭绝事件后腕足动物日

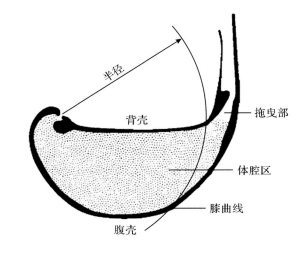

图 5-4-1　成年长身贝类的纵向中切面，展示以膝曲处为界，体腔区与拖曳部的位置［修改自 Williams 等（2000）］

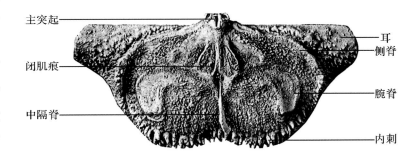

图 5-4-2　以 *Paucispinifera* 为例，长身贝类背壳内部结构图解［修改自 Muir-Wood 和 Cooper（1960）］

益衰落。中生代和新生代都以小嘴贝目和穿孔贝占优势。现生腕足类只剩下约110属近400种，部分属种被迫向深海扩展。

腕足动物营底栖固着的生活方式，一般难以跨越地理屏障且对海水温度梯度较为敏感，因此，腕足动物群及其古生物地理亲缘关系会随着所在地块古纬度的变迁而持续变化（Shi and Archbold，1998；Mannion et al.，2014），进而用于划分古生物地理区系，判断板块古地理位置。二叠纪时期，根据腕足类的古生物地理意义，全球被划分为北方大区、古赤道大区和冈瓦纳大区3个古生物地理大区（Shi et al.，1995；Shen and Shi，2000，2004；Shen et al.，2013b）。

二叠纪时期我国古生物地理区系又可进一步划分为4个区。

（1）北方过渡带。该区内腕足动物群以典型的北方大区分子（如*Megousia*、*Kochiproductus*、

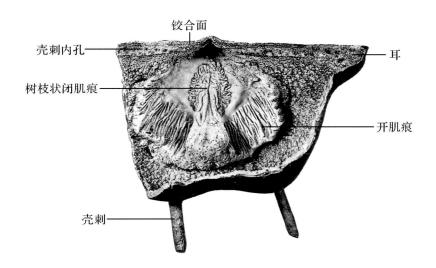

图 5-4-3 以 *Yakovlevia* 属为例，长身贝类腹壳内部结构图解［修改自 Muir-Wood 和 Cooper（1960）］

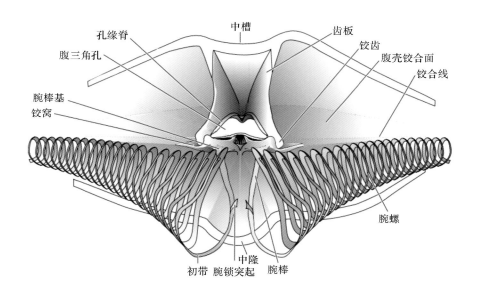

图 5-4-4 石燕贝类内部结构图解（前视），上为腹壳，下为背壳［修改自 Williams 等（2006）］

*Spiriferella*和*Yakovlevia*）和古赤道暖水分子（如*Leptodus*、*Richthofenia*、*Enteletes*和*Meekella*等）混合为特征，主要见于中国东北部以及内蒙古等地。最典型的就是瓜德鲁普世的内蒙古哲斯动物群（丁蕴杰等，1985；王成文和张松梅，2003）。

（2）华夏区。前人一直认为该区仅见于扬子板块，近年研究认为华夏区可扩展至华北板块、塔里木盆地、华夏板块、秦岭造山带、印支地块以及乐平世的部分基默里地块（Shen et al., 2017）。乐平世的华夏区腕足动物群最典型，包括大量的地方性暖水分子，如*Cathaysia*、*Enteletes*、*Haydenella*、

Leptodus、*Richthofenia*、*Fusichonetes*和*Transennatia*等（沈树忠和何锡麟，1994；Shen and Shi，2000，2007；He et al., 2014；Zhang Y et al., 2013，2014，2015）。

（3）基默里区。该区属于乌拉尔世晚期至瓜德鲁普世时期南部过渡带中的一个独立区系，主要包括我国西藏地区的拉萨地块、南羌塘地块和云南西部的保山、腾冲地块以及东南亚的掸—泰地块等（Shi et al., 1995；Shi and Archbold，1995，1996；Shen et al., 2009）。该区内腕足动物群是以冈瓦纳大区冷水分子和古赤道大区的暖水分子混生为主要特征。

（4）冈瓦纳大区。该区在我国主要见于藏南特提斯喜马拉雅带以及雅鲁藏布江缝合带南部。冈瓦纳型的腕足动物群在藏南色龙西山、曲布、土隆等剖面被大量报道，以典型的冷水型（如*Biplatyconcha*、*Retimarginifera*、*Magniplicatina*和*Costiferina*等）为特征。

5.4.1 腕足结构术语

1. 壳体外部形态

腹壳（ventral valve）：具肉茎，一般为较大的壳瓣。

背壳（dorsal valve）：具有支持纤毛环的钙质或几丁质构造，较小的壳瓣。

后方（posterior side）：具有肉茎的一方。

前方（anterior side）：与后方相对的一方。

壳长（length）：自肉茎孔至前缘中点测得的最大长度。

壳宽（width）：垂直壳长方向测得的最大长度。

壳厚（thickness）：垂直两壳接合面并与壳长直交方向测得的最大长度。

侧视（lateral view）：从侧缘方向观察壳体，一般来说共有6种类型的侧貌，具体如下。

（1）双凸型（biconvex）：两壳均隆凸，凸度近等时称近等双凸型，一高一低时称不等双凸型。

（2）平凸型（plano-convex）：背壳平坦，腹壳高隆。

（3）凹凸型（concavo-convex）：背壳凹曲，腹壳凸隆。

（4）凸凹性（convexo-concave）：背壳凸隆，腹壳凹曲。

（5）双曲型（resupinate）：壳体后方凹凸型，前方凸凹型。

（6）凸平型（convexo-plane）：背壳锥状，腹壳平坦，附着于外物上。

壳顶（umbo）：壳体凸隆的最高点，也就是壳体弯曲度最强烈的地方；壳顶附近的壳面称壳顶区（umbonal region）。

壳喙（beak）：胚壳形成的部分，即壳体最早分泌的硬体部分，呈鸟喙状。

主端（cardinal extremities）：后缘的两端。

主缘（cardinal margin）：壳体的后边缘，常与铰合线吻合，有时则为铰合线所截切。

铰合线（hinge line）：腕足动物腹、背两壳启闭时相互连接的线。

耳（ears），或称耳翼：两壳主端附近比较平坦或低凹的壳面。

中槽（sulcus）：沿壳体中轴部分的凹沟，多见于腹壳。

中隆（fold）：沿壳体中轴部分的隆凸，多见于背壳。

舌突（tongue）：腹壳中槽的前端作膝形弯折，向背方延伸的部分。

体腔区（visceral area）：长身贝亚目的壳面膝曲线的后方，除去耳翼以外的壳面。

侧区（lateral area）：中槽与中隆两侧的壳面。

拖曳部（trail）：长身贝目膝曲线前方的壳面。

膝曲（geniculation）：壳体沿其生长方向突然或持续的变化，一般形成膝状弯曲。

2. 壳面装饰

壳饰（ornamentation）：肉眼观察下壳面上可见的各种形式的装饰。需用放大镜或显微镜才能看到的各种构造称为微细壳饰（micro-ornamentation）。

同心纹、线或生长纹、线（concentric line或growth line）：壳面上各种同心线的纹线，较粗强的称同心线，细弱的称同心纹，可能是腕足动物在不同生长阶段因贝体扩增的速度变化而显示的遗迹。

同心皱、壳皱（concentric wrinkle）：壳面上的同心状褶皱。

同心层、壳层（concentric lamellae）：壳面上粗细不等的同心状饰线相间出现，隙距较宽，成层状，若层缘翘起，则称叠瓦状。

壳纹（costellae）：壳面上各种细弱的放射状纹线。

壳线（costae）：壳面上各种较粗强的放射状纹线。

壳刺（spines）：壳面上各种针刺状的装饰。

壳褶（plications）：壳面上各种放射状的隆褶，壳体内部亦受影响，凹凸不平。

壳瘤（pustula）：壳面上狭长的突瘤，前方时常附有贴近壳面的发状刺。

侧区壳线或壳褶（lateral costae或plications）：壳面侧区上的放射状饰线或饰褶。

3. 壳体后部

铰合面（interarea）：贝体生长时铰合缘移动的轨迹，也就是三角孔的侧缘与喙脊及后缘所环绕的壳面，两侧以明显的棱脊与其余壳面分隔。

固结痕（attachment scar）：腕足动物生活时，由于附着外物，在壳面上形成的痕迹，通常位于壳喙上，为圆凹的断口或平面。

腹三角孔（delthyrium）：腹壳铰合面中央的三角形孔洞。

背三角孔（notothyrium）：背壳铰合面中央的三角形孔洞。

4. 腹壳、背壳内部

铰窝（sockets）：背壳内三角孔两前侧的凹窝，为承纳铰齿之处。

铰板（hinge plates）：背壳三角腔内各种类型的平板状壳质。位于两个腕棒基前方中央的部分称内铰板，位于铰窝与腕棒基之间的部分称外铰板。

腕骨（brachidium）：支持纤毛环的构造，有腕棒、腕环和腕螺等类型。

腕螺（spiralia）：无洞贝目及石燕贝目支持纤毛环的腕骨。连接主基的第一个螺带称初带，旋进的部分称腕螺。

腕锁（jugum）：石燕贝类将初带或降带连接于中隔板上的腕骨。

腕锁突起（jugal process）：穿孔贝目和石燕贝目中腕环降带中部相向耸伸的两个小三角形的突起。

中隔板（median septum）：腹壳或背壳内沿闭肌痕面轴部的一个高耸的板状构造，低阔时称中隔脊（median ridge）。

侧隔板（lateral septum）：背壳内部位于中隔板两侧的其他隔板。

主突起（cardianl process）：背壳三角孔中央的一个耸凸壳质，为开肌附着处。

腕痕（brachial scars or ridge）：在长身贝类背壳内后部的耳形隆脊。

腕基（brachiophore）：背壳三角腔两侧的棍状构造，与小嘴贝目的腕棒基相似，但更为原始。

腕基支板（brachiophore supports）：腕基背方的支板，与背壳壳底相连。

肌痕面（muscle scars）：体筋所占壳面的综合名称，有方形、扇形等。

闭肌痕（adductor scars）：闭壳肌在壳内遗留的痕迹，位于壳面中部的稍后方，多方形。

开肌痕（diductor scars）：开壳肌在壳内遗留的痕迹，位于主突起之上，较小，化石中多不保存。

围脊（marginal ridge）：扭月贝目及长身贝目沿体腔区前缘发育的隆脊。

侧脊（lateral ridge）：扭月贝目及长身贝目沿体腔区后侧缘发育的隆脊。

铰齿（hinge teeth）：腹壳三角孔前侧的一对突起，与背壳的铰窝相铰合，作为腕足动物两壳启闭的支点。

齿板（dental plates）：铰齿之下、支持铰齿的板状支撑构造，有时悬空，有时与壳底连接。

孔缘脊（delthyrial ridge）：沿三角孔的侧缘，位于铰齿下面的壳质隆脊。

内刺（endospines）：壳体内部表面各种细的、中空的刺状物。

主脊（cardinal ridge）：背壳内部沿后缘发育的隆脊。

主穴（alveolus）：为部分扭月贝类和长身贝类背壳主突起基部顶腔内的凹窝。

匙形台（spondylium）：腹壳窗腔内匙形的壳质构造，由齿板汇合生长而成，为体肌固着区。

5.4.2 腕足类图版

缩写解释如下：

NIGP=中国科学院南京地质古生物研究所；GMC=中国地质博物馆；USNM=U. S. National Museum（美国国家博物馆）；ZJIGM=浙江省地质矿产研究所；CUMT=中国矿业大学（徐州）；TJCSG=中国地质调查局天津地质调查中心；JLU=吉林大学；NMV=Museum of Victoria（维多利亚博物馆）。

图版 5-4-1 说明

（如无特别标注，标本均为原大）

1　古阿加德原阿尼丹贝 *Protanidanthus enaagardi*（Li in Li，Yang and Feng，1987）　引自李莉等（1987）

腹前、侧、腹后视。登记号：GMC-562174。主要特征：轮廓近半圆形，主端伸展，两侧具自主端延伸的同心皱，不达到贝体中部。产地：广西隆林常么卜糯剖面。层位：二叠系阿瑟尔阶（马平组上部）。

2—3　齿纹皱层贝 *Rugoconcha crenulata*（Grabau，1936）　引自李莉等（1987）

2，腹视×2；3，前视、后视，均×2。登记号：2，GMC-IV47511。3，GMC-IV47512。主要特征：腹壳微凸，全壳覆较规则壳皱。产地：广西隆林常么卜糯剖面。层位：二叠系阿瑟尔阶（马平组上部）。

4　马平轮刺贝 *Echinoconchus mapingensis* Grabau，1936　引自李莉等（1987）

侧视、腹视，均×1.5。登记号：GMC-IV47513。主要特征：腹壳表面发育有非常规则的同心层，同心层上发育有两组以上前倾的壳刺。产地：广西隆林常么卜糯剖面。层位：二叠系阿瑟尔阶（马平组上部）。

5　乐氏网格长身贝 *Dictyoclostus yohi*（Chao，1928）　引自李莉等（1987）

后视、前视。登记号：GMC-562181。主要特征：贝体后部具精细网格状纹饰，前部强烈膝曲，且具明显中槽。产地：广西隆林常么卜糯剖面。层位：二叠系萨克马尔阶（龙吟组）。

6　华美线纹长身贝 *Linoproductus decorus* Li in Li，Yang and Feng，1987　引自李莉等（1987）

腹后视、腹侧视、腹前视。登记号：GMC-582186。主要特征：轮廓近方圆形，主端成直角状，主端有5~6条宽阔壳皱，壳线较圆。产地：广西隆林常么卜糯剖面。层位：二叠系萨克马尔阶（龙吟组）。

7　典型完全长身贝 *Teleoproductus typicus* Li in Li，Yang and Feng，1987　引自李莉等（1987）

侧视、腹前视、腹后视。登记号：GMC-562176。主要特征：侧视似水瓢形，前视似蘑菇形，腹壳后部呈半圆形或椭圆形，前部收拢，成一勺把状的拖曳部，壳皱遍布全壳。产地：广西隆林常么卜糯剖面。层位：二叠系萨克马尔阶（龙吟组）。

8—9　隆林马平房贝 *Mapingtichia longlinensis* Li in Li，Yang and Feng，1987　引自李莉等（1987）

8，前视、腹视；9，后视、侧视。登记号：8，GMC-562107；9，GMC-562108。主要特征：腹中隆宽圆，每侧有两条宽圆壳褶，背中槽低缓下凹，具舌状突伸，腹内齿板向前呈八字形敞开，中隔板向前显著加厚。产地：广西隆林常么卜糯剖面。层位：二叠系萨克马尔阶（龙吟组）。

10　隆林灌木贝 *Thamnosia longlinensis* Yang in Li，Yang and Feng，1987　引自李莉等（1987）

后视、腹前视。登记号：GMC-IV47515。主要特征：壳形纵长，中槽不显著。产地：广西隆林常么卜糯剖面。层位：二叠系萨克马尔阶（龙吟组）。

11　卡皮坦灌木贝 *Thamnosia capitanensis*（Girty，1908）　引自李莉等（1987）

腹前视。登记号：GMC-IV47517。主要特征：前部呈四叶型，具明显的鼻形拖曳部。产地：广西隆林常么卜糯剖面。层位：二叠系萨克马尔阶（龙吟组）。

12　乌法腕孔石燕 *Brachythyris ufensis*（Tschernyschew，1902）　引自李莉等（1987）

侧视、腹铰合面、腹视。登记号：GMC-562214。主要特征：腹壳铰合面较高，喙小微弯，中槽始于喙部极窄，向前稍加宽深。产地：广西隆林常么卜糯剖面。层位：二叠系萨克马尔阶（龙吟组）。

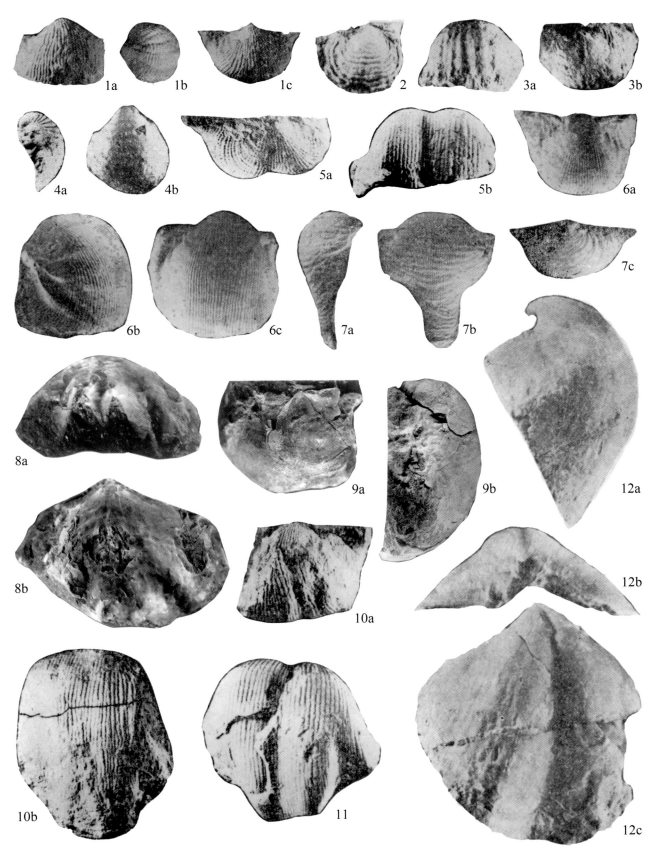

图版 5-4-2 说明

（如无特别标注，标本均为原大）

1—3　美丽混合长身贝 *Mistproductus eucallusus* Yang，1991　引自杨德骊（1991）

1，后视、腹视、侧视；2，背内×1.5；3，背视×1.5。登记号：1，GMC-IV47626；2，GMC-IV47624；3，GMC-IV47625。主要特征：具固结痕，且其周缘具根状壳刺，背内主突起二叶型，主穴大而深，中隔板细长。产地：广西宜山（今宜州）马脑山-乌龟岭剖面。层位：二叠系亚丁斯克阶（栖霞组下部）。

4　小刺灌木贝 *Thamnosia parvispinosa*（Stehli，1954）　引自李莉等（1987）

腹视、后视。登记号：GMC-IV47516。主要特征：壳前部刺细弱而长，耳部具小刺，侧坡细长的刺成丛状，另有短刺分布于体腔区及拖曳部后部。产地：广西隆林常么卜糯剖面。层位：二叠系空谷阶（栖霞组）。

5　提曼马丁贝 *Martinia timanica* Tschernyschew，1902　引自李莉等（1987）

腹前视、腹后视。登记号：GMC-562211。主要特征：腹壳后部略突伸，中槽自贝体中部开始，浅而宽，前缘呈舌状。产地：广西隆林常么卜糯剖面。层位：二叠系亚丁斯克阶（隆林组）。

6—7　浙江直房贝 *Orthotichia chekiangensis* Chao，1927a　引自金玉玕等（1974）

6，腹视；7，背视、前视、侧视。登记号：6，NIGP-22477；7，NIGP-22478。主要特征：腹壳缓凸，前部缓凹，形成明显中槽，背壳高隆，具细密壳纹，每厘米约有40~50条。产地：6，四川南江桥亭剖面；7，西藏芒康交嘎剖面。层位：二叠系空谷阶（栖霞组）。

8—10　精美具皱贝 *Rugaria exquisita* Yang，1991　引自杨德骊（1991）

8，腹视×2；9，腹视×2；10，背内×3。登记号：8，GMC-IV47609；9，GMC-IV47608；10，GMC-IV47607。主要特征：贝体小，壳线较粗，耳翼光滑，无腹中槽，背内具主突起和深而圆的主穴，中隔板短。产地：广西宜山（今宜州）马脑山-乌龟岭剖面。层位：二叠系亚丁斯克阶（栖霞组下部）。

11—12　南京瘤褶贝 *Tyloplecta nankingensis*（Frech，1911）　引自Muir-Wood和Cooper（1960）

11，腹前视、腹后视、背视；12，背内×2。登记号：11，USNM-123989；12，USNM-124015。主要特征：壳面呈粗糙的网格状纹饰，壳刺位于壳线和壳皱交叉处，背内具中隔脊、腕痕、主突起、侧隔脊、闭肌痕及许多内刺。产地：四川峨眉山。层位：二叠系空谷阶（栖霞组）。

13　江西直房贝 *Orthotichia jiangxiensis* Hu and Jin in Hu，1983　引自胡世忠（1983）

腹视、背视、侧视。主要特征：轮廓横卵形，两壳凸度低，腹中槽、背中隆均无明显界线，壳纹细密。产地：江西于都段屋剖面。层位：二叠系罗德阶（小江边灰岩）。

14—15　赵氏乌鲁希腾贝 *Urushtenoidea chaoi*（Jin，1963）　引自金玉玕（1963）

14，背视、后视、前视、侧视，均×1.5；15，腹壳前缘放大×5。登记号：14，NIGP-13792；15，NIGP-13799。主要特征：腹壳强烈膝曲，壳线粗疏，具同心壳层、管状刺等。产地：14，江西安福黄牛岭剖面；15，江西永新小江边剖面。层位：二叠系罗德阶（小江边灰岩）。

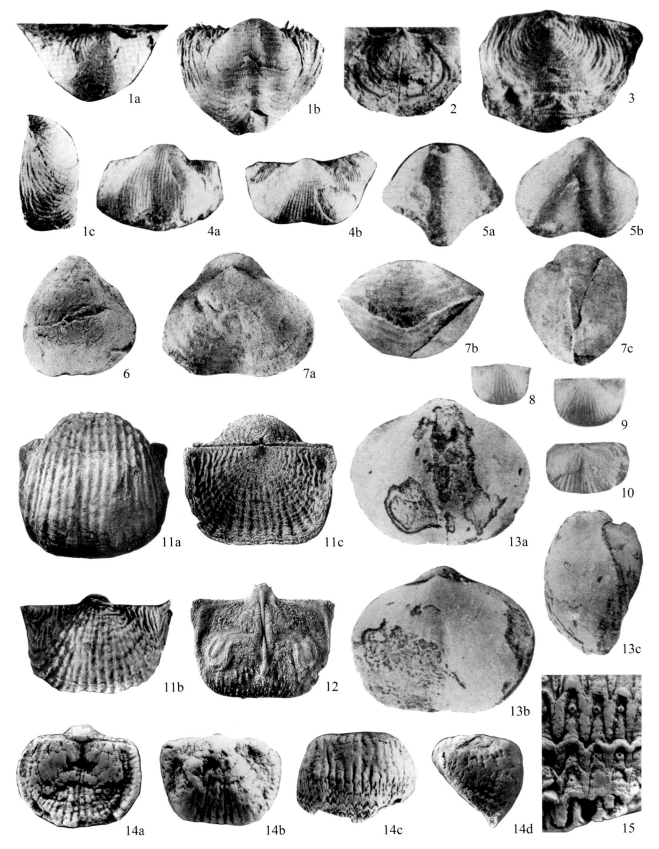

1a

1b

2

3

1c

4a

4b

5a

5b

6

7a

7b

7c

8

9

10

11a

11c

13a

13c

11b

12

13b

14a

14b

14c

14d

15

图版 5-4-3 说明

（如无特别标注，标本均为原大）

1　中华群山贝 *Monticulifera sinensis*（Frech，1911）　引自胡世忠（1983）

腹视、背视。主要特征：轮廓横方形，壳面满覆五点状排列的刺瘤。产地：江西于都段屋剖面。层位：二叠系罗德阶（小江边灰岩）。

2　齿状乌鲁希腾贝 *Urushtenoidea crenulata*（Ting in Yang et al.，1962）　引自金玉玕等（1974）

背视、后视、侧视。登记号：NIGP-22471。主要特征：腹壳前部膝曲，后部具壳皱及长刺瘤，呈五点状排列，前部仅具细而匀的壳线。产地：四川岳池溪口剖面。层位：二叠系沃德阶（茅口组）。

3　黄氏新轮皱贝 *Neoplicatifera huangi*（Ustritsky，1960）　引自金玉玕等（1974）

侧视、前视、后视、背视。登记号：NIGP-22472。主要特征：腹壳均匀强凸，喙卷曲，略越过铰合线，腹壳后部具壳皱和壳刺，前部仅见小而密的壳刺，背壳微凹，具壳皱和凹坑。产地：贵州遵义石子铺剖面。层位：二叠系沃德阶（茅口组）。

4　石子铺波纹贝 *Permundaria shizipuensis* Fang in Jin，Liao and Hou，1974　引自金玉玕等（1974）

腹视。登记号：NIGP-22479。主要特征：贝体大，轮廓半圆形，两壳都具细密的放射线和不规则壳皱。产地：贵州遵义石子铺剖面。层位：二叠系沃德阶（茅口组）。

5　次褶巨窗贝 *Titanothyris subplicata* Jin and Hu in Wang et al.，1982　引自王国平等（1982）

背视。登记号：NIGP-70753。主要特征：贝体巨大，轮廓横长，壳线较细，几乎始自喙部。产地：四川绵竹高桥剖面。层位：二叠系沃德阶（茅口组）。

6—7　峨眉山二叠隐石燕 *Permocryptospirifer omeishanensis*（Huang，1933）　6引自金玉玕等（1974），7引自Shi and Shen（2001）

6，背视；7，腹视、后视、背视。登记号：6，NIGP-22485；7，NMV-P1456804。主要特征：贝体巨大，背喙隐伏于腹喙之下，无槽隆，壳面光滑。产地：6，重庆江北双水井剖面；7，云南保山永德剖面。层位：二叠系沃德阶（6，茅口组；7，沙子坡组）。

图版 5-4-4 说明

（如无特别标注，标本均为原大）

1 半褶巨窗贝 *Titanothyris semiplicatus*（Huang，1933）　引自Huang（1933）

腹视、后视、背视。登记号：NIGP-4710。主要特征：贝体巨大，轮廓横椭圆形，壳线粗强，始自壳顶前方。产地：四川峨眉山。层位：二叠系沃德阶（茅口组）。

2 桐庐维地长身贝 *Vediproductus tongluensis* Liang，1990　引自梁文平（1990）

后视、侧视、腹视、背视、腹壳刺饰放大×3、背壳刺饰放大×3。登记号：ZJIGM-ZB50044。主要特征：两壳带状壳层发育，遍覆全壳，壳刺规则的同心排列，呈竹节状。产地：浙江桐庐冷坞剖面。层位：二叠系卡匹敦阶（冷坞组狮子岭段上部）。

图版 5-4-5 说明

（如无特别标注，标本均为原大）

1—2　浙江准扭面贝 *Strophalosiina zhejiangensis* Liang，1990　引自梁文平（1990）

1，腹视、背视、腹后视、侧视、前视，均×2；2，背透视×3.3。登记号：1，ZJIGM-ZB50105；2，ZJIGM-ZB50520。
主要特征：腹壳满覆瘤突，背壳遍布凹窝，腹壳铰合面高，直倾型，腹壳内沿铰合缘发育有成排的小型铰齿。产地：浙江桐庐冷坞剖面。层位：二叠系卡匹敦阶（冷坞组村后岭段下部）。

3—4　小盔群山贝 *Monticulifera cassidula* Liang，1990　引自梁文平（1990）

3，腹视、侧视；4，腹视。登记号：3，ZJIGM-ZB50039；4，ZJIGM-ZB50065。主要特征：腹壳圆凸，瘤突仅分布于体腔区壳面，拖曳部上壳面光滑。产地：浙江桐庐冷坞剖面。层位：二叠系卡匹敦阶（冷坞组狮子岭段上部）。

5　鹰嘴直房贝 *Orthotichia gypidularhynchia* Liang，1990　引自梁文平（1990）

后视、前视、腹视、背视、侧视。登记号：ZJIGM-ZB50097。主要特征：贝体巨大，轮廓梨形，两壳均具中槽。产地：浙江桐庐冷坞剖面。层位：二叠系卡匹敦阶（冷坞组狮子岭段上部）。

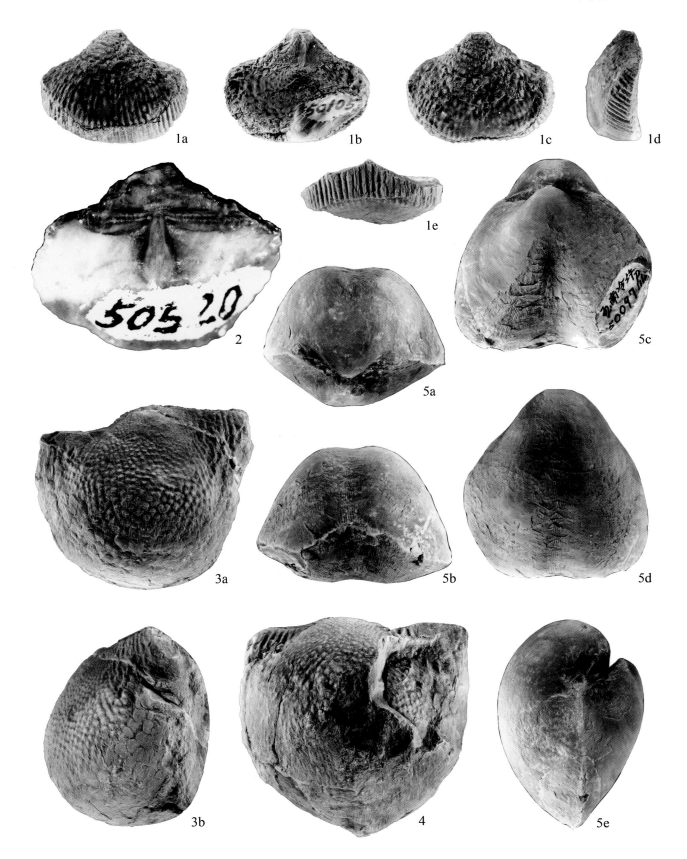

图版 5-4-6 说明

（如无特别标注，标本均为原大）

1　尖翼阿尔法新石燕 *Alphaneospirifer mucronata*（Liang，1990）　　引自梁文平（1990）

1a—e，后视、侧视、前视、腹视、背视。登记号：ZJIGM-ZB50063。主要特征：贝体大，轮廓为横展的菱形，后部壳线呈簇状，每束3条，前部壳线分叉式增加。产地：浙江桐庐冷坞剖面。层位：二叠系卡匹敦阶（冷坞组村后岭段下部）。

2—3　巨大二叠纹窗贝 *Permophricodothyris grandis*（Chao，1929）　　引自金玉玕等（1974）

2，腹内模；3，背视、腹视。登记号：2，NIGP-22496；3，NIGP-22497。主要特征：贝体大，轮廓长卵形，具细密同心层，层缘具双筒刺痕。产地：重庆北碚文星剖面。层位：二叠系吴家坪阶（龙潭组）。

4—5　凯撒纹刺贝 *Striatospica kayseri*（Chao，1927b）　　引自Shen等（2017）

4，背外模；5，腹视。登记号：4，NIGP-1106；5，NIGP-1104。主要特征：两壳具壳纹和壳皱，壳刺粗强，排布在铰合线上，在耳翼上呈簇状。产地：江西乐平煤矿。层位：二叠系吴家坪阶（龙潭组蕉叶贝层）。

6—8　锐角德比贝 *Derbyia acutangula*（Huang，1933）　　引自Shen和Shi（2007）

6，腹视、背视、侧视、前视；7，腹内模；8，侧视、背内模、腹内模。登记号：6，NIGP-141639；7，NIGP-141642；8，NIGP-141643。主要特征：主端短尖，成年体具翼状耳。产地：6，重庆中梁山北风井剖面；7，四川兴文川堰剖面；8，贵州遵义团溪剖面。层位：二叠系长兴阶（6，长兴组；7，汪家寨组）；吴家坪阶（8，龙潭组）。

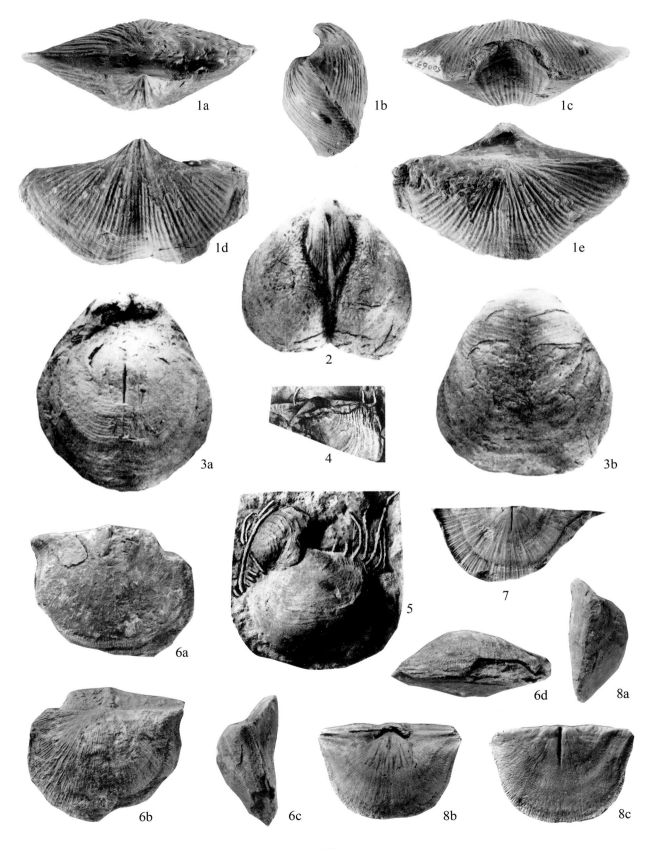

1a 1b 1c 1d 1e 2 3a 4 3b 6a 5 7 6d 8a 6b 6c 8b 8c

图版 5-4-7 说明

（如无特别标注，标本均为原大）

1 代家沟龙骨贝 *Tropidelasma daijiagouensis*（He and Zhu，1985） 引自何锡麟和朱梅丽（1985）

腹视、背视，均×1.5。登记号：CUMT-8120。主要特征：贝体呈高窄的半圆锥形，腹喙高耸，有时向一边扭曲，三角孔呈狭长三角形。产地：重庆北碚代家沟剖面。层位：二叠系长兴阶（长兴组）。

2 中梁山龙骨贝 *Tropidelasma zhongliangshanensis*（He and Zhu，1985） 引自Shen 和Shi（2007）

腹视、侧视、背视，均×2。登记号：NIGP-141678 。主要特征：贝体呈细长的尖锥状，三角孔裂隙状。产地：贵州贵定闻江寺剖面。层位：二叠系吴家坪阶（吴家坪组）。

3—6 红色准直形贝 *Orthothetina ruber*（Frech，1911） 引自Shen和Shi（2007）

3，背视×2；4，腹视×1.5；5，一枚腹壳（右）和一枚背壳（左）；6，两枚腹内模。登记号：3，NIGP-141567；4，NIGP-141569；5，NIGP-141571；6，NIGP-141572。主要特征：壳线细，呈插入式增加，腹内齿板近平行，背内腕基支板分离。产地：3，重庆中梁山北风井剖面；4，贵州遵义团溪剖面；5、6，贵州贵定闻江寺剖面。层位：二叠系长兴阶（3，长兴组）；吴家坪阶（4，龙潭组；5、6，吴家坪组）。

7—10 锯齿盾房贝 *Peltichia zigzag*（Huang，1933） 7、8引自金玉玕和孙东立（1981），9引自Shen等（2017），10引自Huang（1933）

7，背视；8，腹视；9，背内；10，腹视、侧视、背视、前视。登记号：7，NIGP-48547；8，NIGP-48548；9，CUMT-9183；10，NIGP-4677。主要特征：腹中隆及背中槽明显，两侧各具一两条侧褶，背内腕基支板发育，肌痕台高凸，前部具中隔脊。产地：7、8，西藏双湖热觉茶卡剖面；9，贵州贵定；10，贵州大定。层位：二叠系乐平统（7、8，热觉茶卡组）；长兴阶（9，大隆组）；吴家坪阶（10，龙潭组）。

11 平坦古勃贝 *Gubleria planata* Jin et al.，1974 引自金玉玕等（1974）

腹内模。登记号：NIGP-22491。主要特征：腹壳平坦，边缘向背方弯曲，中隔板为断续的瘤脊。产地：重庆北碚文星剖面。层位：二叠系吴家坪阶（龙潭组）。

12 美丽蕉叶贝 *Leptodus nobilis*（Waagen，1883） 引自Huang（1932c）

腹内模。登记号：NIGP-4641。主要特征：腹壳近平，侧隔板较厚，板顶平坦。产地：贵州毕节。层位：二叠系吴家坪阶（龙潭组）。

13 鳞板欧姆贝 *Oldhamina squamosa* Huang，1932c 引自金玉玕等（1974）

腹内模。登记号：NIGP-22470。主要特征：腹内侧隔板强烈向前倾斜，作鳞片状排列。产地：重庆北碚文星剖面。层位：二叠系吴家坪阶（龙潭组）。

14 巨大欧姆贝 *Oldhamina grandis* Huang，1932c 引自Huang（1932c）

腹内模。登记号：NIGP-4635。主要特征：轮廓半球形，侧隔板在后部垂直中隔板，在前部则向前倾斜。产地：贵州贵阳掌祚剖面；层位：二叠系长兴阶。

图版 5-4-8 说明

（如无特别标注，标本均为原大）

1—2　沟痕折边贝 *Paryphella sulcatifera*（Liao，1980）　引自赵金科等（1981）

1，腹视×3；2，腹视×2。登记号：1，NIGP-53029；2，NIGP-53030。主要特征：贝体微小，轮廓近矩形，主端近直角，耳翼大，中槽极窄深。产地：浙江长兴葆青剖面。层位：二叠系长兴阶（殷坑组底部）。

3—4　三角折边贝 *Paryphella triquetra* Liao in Zhao et al.，1981　引自赵金科等（1981）

3，腹视×5；4，腹视×5。登记号：3，NIGP-53032；4，NIGP-53034。主要特征：贝体极小，轮廓半圆形，铰合线壳刺粗壮，朝侧后方伸出，无中槽。产地：浙江长兴葆青剖面。层位：二叠系长兴阶（殷坑组底部）。

5　纳雍梭戟贝 *Fusichonetes nayongensis*（Liao，1980）　引自赵金科等（1981）

腹视×3。登记号：NIGP-53027。主要特征：贝体微小，十分横宽，壳线粗强疏少，向前扩粗膨大。产地：浙江长兴新槐剖面。层位：二叠系长兴阶（殷坑组底部）。

6—9　贵州刺围脊贝 *Spinomarginifera kueichowensis* Huang，1932c　6、7引自Huang（1932c），8、9引自金玉玕等（1974）

6，后视、腹视、侧视；7，背视、腹视；8，侧视；9，腹视、背视。登记号：6，NIGP-4577；7，NIGP-4578；8，NIGP-22493；9，NIGP-22492。主要特征：腹壳强烈凸隆，腹喙强烈卷曲，明显越过铰合线，壳顶区具圆形刺瘤，呈五点状排布。产地：6、7，贵州大定伸腰岩剖面；8、9，重庆北碚文星剖面。层位：二叠系长兴阶（长兴组）。

10—11　鄱阳椅腔贝 *Edriosteges poyangensis*（Kayser，1883）　引自Kayser（1883）

10，背视、腹视、侧视；11，腹视、背视、侧视。主要特征：壳刺呈五点梅花状分布，具细密壳皱。产地：华南。层位：二叠系乐平统。

12　歪扭瑞克贝 *Geyerella distorta* Schellwien，1900　引自Shen和Shi（2007）

前视、腹视、后视、背视。登记号：NIGP-141633。主要特征：贝体呈高半圆锥形，喙部微微扭曲，壳褶浑圆。产地：湖南郴州三合剖面。层位：二叠系长兴阶（长兴组）。

13　线纹近瑞克贝 *Perigeyerella costellata* Wang，1955　引自王钰（1955）

腹视、背视、后视、前视、侧视，均×1.5。登记号：NIGP-7443。主要特征：腹壳铰合面高，轻微扭曲，三角孔狭长，壳纹细密，同心纹微弱。产地：贵州北部。层位：二叠系长兴阶（长兴组顶部）。

14—15　假犹他前裸嘴贝 *Prelissorhynchia pseudoutah*（Huang，1933）　引自Shen和Shi（2007）

14，腹视、背视、侧视、前视，均×3；15，腹视、背视、侧视、前视，均×3。登记号：14，NIGP-141792；15，NIGP-14180。主要特征：腹壳缓凸，宽阔中槽以长方形前舌弯向背方，具数条壳褶，背壳凸度大，中隆仅在前缘发育。产地：重庆中梁山北风井剖面。层位：二叠系长兴阶（长兴组）。

图版 5-4-9 说明

（如无特别标注，标本均为原大）

1—4　阔槽新戟贝 *Neochonetes latesinuata*（Schellwien，1892）　引自范炳恒和何锡麟（1999）

1，腹视×2；2，腹视×2；3，腹视×2；4，腹视×2。登记号：1，CUMT-F950111；2，CUMT-F950112；3，CUMT-F950109；4，CUMT-F950110。主要特征：贝体小，中槽宽深，铰合缘具刺，壳线粗圆而规则，在前部二歧分叉。产地：江西太原东山剖面。层位：二叠系阿瑟尔阶（太原组）。

5—10　太原古长身贝 *Antiquatonia taiyuanfuensis*（Grabau in Chao，1927b）　引自Chao（1927b）

5，腹视；6，腹前视；7，侧视；8，腹后视；9，背内；10，腹内。登记号：5，NIGP-1020；6，NIGP-1081；7，NIGP-1016；8，NIGP-1022。主要特征：壳顶区具有非常精美的由壳线和同心皱组成的网格状壳饰，腹体腔前部具有2个粗壮的壳刺，耳翼具有团簇状壳刺。产地：5—7，9，山西太原西山剖面；8，河南六河沟煤田黑山沟剖面；10，山西忻州保德剖面。层位：二叠系阿瑟尔阶（太原组）。

11　朱里桑朱里桑贝 *Juresania juresanensis*（Tschernyschew，1902）　引自Chao（1927b）

腹后视、腹前视、侧视。主要特征：贝体中等，侧坡陡倾，壳面具同心壳层，壳层上发育偃伏状长刺，其间有若干细刺。产地：山西沂州保德剖面。层位：二叠系阿瑟尔阶（太原组）。

12—13　半面马丁贝 *Martinia semiplana* Waagen，1884　引自范炳恒和何锡麟（1999）

12，腹视×1.5；13，背视、腹视、侧视。登记号：12，CUMT-F950520；CUMT-F950521。主要特征：轮廓近五边形，腹喙显著，弯曲，背壳缓凸。产地：江西太原东山剖面。层位：二叠系阿瑟尔阶（太原组）。

14—16　巴甫洛夫分喙石燕 *Choristites pavlovi*（Stuckenberg，1905）　引自李莉和段承华（1985）

14，背视；15，腹视；16，后视、侧视、前视。登记号：14，NIGP-1963；15，NIGP-1957；16，TJCSG-HB199。主要特征：贝体大，轮廓近圆菱形，主端尖翼状，槽隆边缘壳线分出3~4对壳线，侧区壳线粗圆，前部再分叉。产地：山西太原西山剖面。层位：二叠系阿瑟尔阶（太原组）。

17　两褶狭体贝 *Stenoscisma biplicata*（Stuckenberg，1898）　引自范炳恒和何锡麟（1999）

腹视、侧视、背视、前视，均×2.4。登记号：CUMT-F950384。主要特征：贝体小，槽隆发育，槽内2褶，隆上3褶，侧区各1~2褶。产地：江西太原东山剖面。层位：二叠系阿瑟尔阶（太原组）。

图版 5-4-10 说明

（如无特别标注，标本均为原大）

1　毛里士半褶贝 *Hemiptychina morrisi* Grabau，1931　引自丁蕴杰等（1985）

腹视、背视、侧视、前视、后视。登记号：TJCSG-zh7037。主要特征：背壳前部作直角状膝曲，壳褶微弱但数量达十余条，发育于前部。产地：内蒙古乌兰察布哲斯剖面。层位：二叠系卡匹敦阶（义和乌苏组）。

2　哲斯菱石燕 *Rhombospirifer zhesiensis* Duan and Li in Ding et al.，1985　引自丁蕴杰等（1985）

腹视、背视、前视、侧视。登记号：TJCSG-zh7002。主要特征：贝体大，横展，菱形，侧区具疏少粗强的壳褶，背内铰板完整。产地：内蒙古乌兰察布哲斯剖面。层位：二叠系沃德阶（哲斯组）。

3—5　突伸珂支长身贝 *Kochiproductus porrectus*（Kutorga，1844）　引自丁蕴杰等（1985）

3，侧视、腹视；4，腹视；5，背内。登记号：3，TJCSG-zh6859；4，TJCSG-zh685；5，TJCSG-zh6860。主要特征：贝体巨大，腹壳高凸但不膝曲，背壳前部强烈膝曲，背内具发育的中隔脊。产地：内蒙古乌兰察布哲斯剖面。层位：二叠系沃德阶（哲斯组）。

1a

1b

1c

1d

1e

2a

2b

2c

2d

3a

3b

4

5

图版 5-4-11 说明

（如无特别标注，标本均为原大）

1—2 蹄形弯嘴贝 *Streptorhynchus hippocripicus* Duan and Li in Ding et al.，1985 引自丁蕴杰等（1985）

1，腹视、背视、侧视；2，腹视、背视、侧视。登记号：1，TJCSG-zh6831；2，TJCSG-zh6829。主要特征：腹壳马蹄形，喙尖瘦，铰合面发育由直倾型转换为下倾型。产地：1，内蒙古乌兰察布哲斯剖面；2，内蒙古乌兰察布义和乌苏剖面。层位：二叠系卡匹敦阶（义和乌苏组）。

3 内蒙古小石燕 *Spiriferella neimonggolensis* Duan and Li in Ding et al.，1985 引自丁蕴杰等（1985）

背视、腹视、后视、侧视。登记号：TJCSG-zh6988。主要特征：腹壳侧区具7对低圆间隙浅弱的壳线，内侧4对微弱分叉，外侧3对不分叉，背壳呈横方形。产地：内蒙古乌兰察布哲斯剖面。层位：二叠系沃德阶（哲斯组）。

4—5 萨尔小石燕 *Spiriferella salteri* Tschernyschew，1902 引自丁蕴杰等（1985）

4，侧视、腹视；5，腹视、侧视。登记号：4，TJCSG-zh6973；5，TJCSG-zh6978。主要特征：腹壳后部强烈作弧形弯曲，侧区具6对粗强壳褶。产地：内蒙古乌兰察布哲斯剖面。层位：二叠系沃德阶（哲斯组）。

6—7 无槽雅可夫列夫贝 *Yakovlevia unsinuata* Li and Gu，1976 引自丁蕴杰等（1985）

6，侧视、前视、腹后视；7，腹内模。登记号：6，TJCSG-zh6923；7，TJCSG-zh6925。主要特征：轮廓半圆形，槽隆缺失，壳线极细，腹内筋痕面巨大，呈三角扇形。产地：内蒙古乌兰察布哲斯剖面。层位：二叠系沃德阶（呼格特组）。

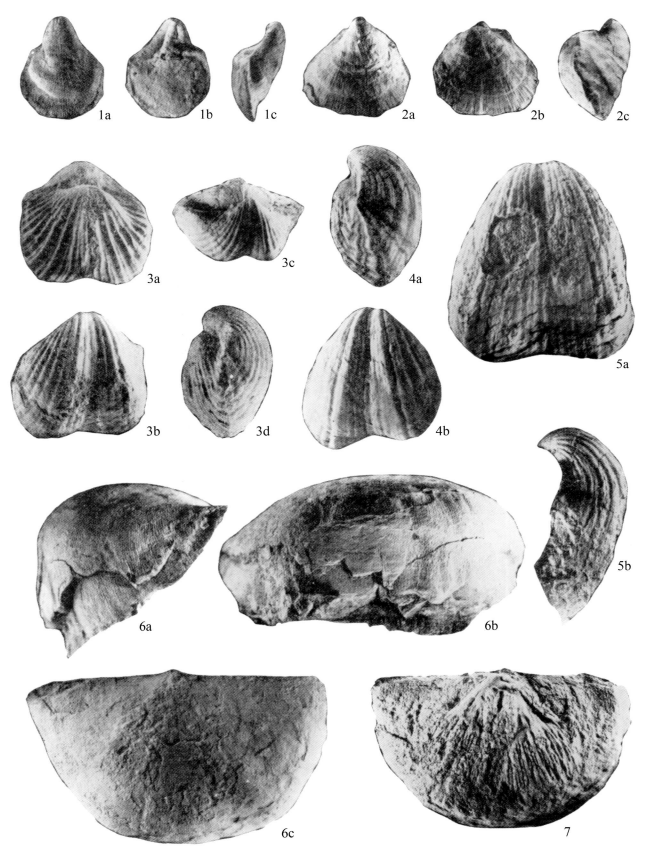

1a 1b 1c 2a 2b 2c
3a 3c 4a 5a
3b 3d 4b 5b
6a 6b
6c 7

279

图版 5-4-12 说明

（如无特别标注，标本均为原大）

1—2　角状李希霍芬贝 *Richthofenia cornuformis* Duan and Li in Ding et al.，1985　引自丁蕴杰等（1985）
1，后视、侧视、腹视、后部风化斜切面；2，后视。登记号,1，TJCSG-zh6844；2，TJCSG-zh6846。主要特征：腹壳牛角状，前端似喇叭口状张开，腹壳密布不规则生长纹和壳皱，纵向纹饰缺失。产地：内蒙古乌兰察布哲斯剖面。层位：二叠系卡匹敦阶（义和乌苏组）。

3　半褶米克贝 *Meekella hemiplicata* Wang and Yang，1993　引自王成文和杨式溥（1998）
侧视、背视、腹视、后视。登记号：JLU-J7500902。主要特征：轮廓横椭圆形，两壳近等双凸，壳褶始于中部，粗圆。产地：新疆柯坪丘达依萨依剖面。层位：二叠系亚丁斯克阶（巴立克立克组下部）。

4—6　天山皱套贝 *Rugivestis tianshanensis* Wang and Yang，1998　引自王成文和杨式溥（1998）
4，腹视、后视；5，腹视；6，腹视。登记号：4，JLU-J8302402；5，JLU-J8302401；6，JLU-J8302403。主要特征：体腔区具精美网格状纹饰，体腔区与拖曳部界线处具皱套，腹壳中槽最前部隆起。产地：新疆柯坪丘达依萨依剖面。层位：二叠系亚丁斯克阶（巴立克立克组上部）。

7—10　大湾沟柯坪贝 *Kepingia davangouensis* Wang and Yang，1998　引自王成文和杨式溥（1998）
7，腹后视；8，后视、腹视、侧视、背视；9，腹后视；10，背内。登记号：7，JLU-H104809；8，JLU-I3105001；9，JLU-J7504904；10，JLU-I3105003。主要特征：体腔区壳线细密于膝曲处尖灭，合并形成拖曳部的粗壳线，背内主脊短，不具耳脊和侧脊。产地：7，新疆印干大湾沟剖面；8、10，新疆柯坪苏巴什剖面；9，新疆柯坪丘达依萨依剖面。层位：二叠系亚丁斯克阶（7，库普库兹满组；8—10，巴立克立克组）。

图版 5-4-13 说明

（如无特别标注，标本均为原大）

1—2　粗褶后马丁贝 *Postamartinia grandiplica* Wang and Yang，1993　引自王成文和杨式溥（1998）

1，腹视、背视、侧视、前视；2，侧视、腹视、背视。登记号：1，JLU-J8312303；2，JLU-J8312304。主要特征：贝体前部发育粗大壳褶，铰合面不发育，具锯齿状前侧缘，前舌强烈翘起。产地：新疆柯坪丘达依萨依剖面；层位：二叠系亚丁斯克阶（巴立克立克组）。

3—7　丘达依萨依分喙石燕 *Choristites qiudaisaiensis* Wang and Yang，1993　引自王成文和杨式溥（1998）

3，腹后部内模；4，腹视；5，背视；6，背视、腹视；7，侧视、腹视、背视。登记号：3，JLU-C12708404；4，JLU-J7508401；5，JLU-J7508402；6，JLU-L208605；7，JLU-J7508403。主要特征：贝体巨大，轮廓长卵形，背壳中隆前部急剧加宽和隆起，壳线在喙顶区前部分叉后不再分叉。产地：3，新疆柯坪苏巴什剖面；4—5、7，新疆柯坪丘达依萨依剖面；6，新疆库尔干萨瓦布七剖面。层位：石炭系格舍尔阶（6，康克林组）；二叠系亚丁斯克阶（3—5、7，巴立克立克组）。

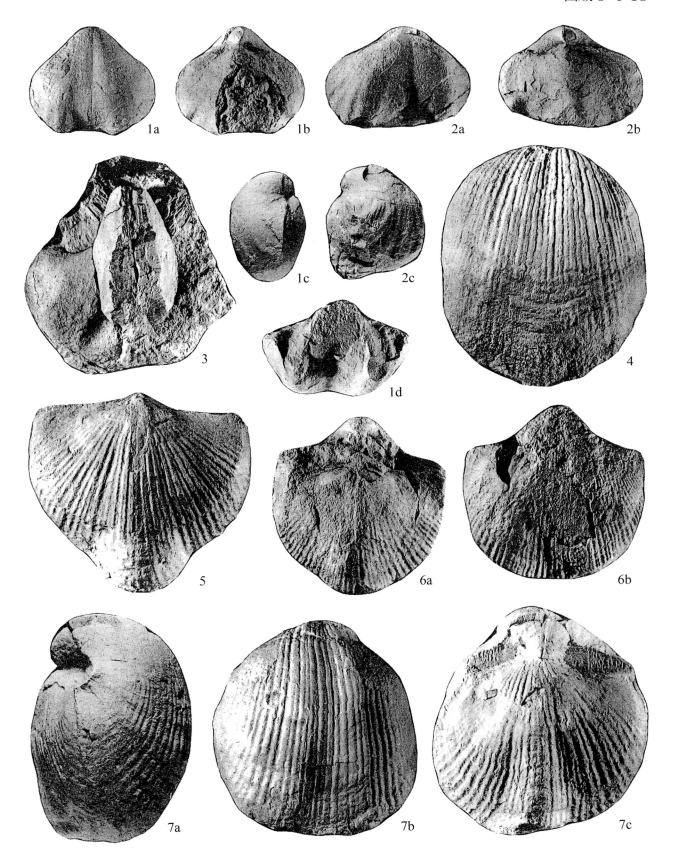

图版 5-4-14 说明

（如无特别标注，标本均为原大）

1—4　李氏纹褶贝 *Liraplecta richthofeni*（Chao，1927b）　引自金玉玕和孙东立（1981）

1，前视、后视、侧视；2，前视、后视、背视；3，背外模；4，背壳壳面放大×10。登记号：1，NIGP-48586；2，NIGP-48587；3，NIGP-48588；4，NIGP-48591。主要特征：两壳表具精细网格状纹饰，网格区前方壳线迅速加宽，耳翼具壳皱及粗大壳刺。产地：西藏芒康交嘎剖面。层位：二叠系阿瑟尔阶（里查组）。

5—8　半球旁多贝 *Bandoproductus hemiglobicus* Jin and Sun，1981　引自金玉玕和孙东立（1981）

5，背外模；6，腹内模；7，腹外模；8，背内模。登记号：5，NIGP-48596；6，NIGP-48598；7，NIGP-48599；8，NIGP-48661。主要特征：腹壳缓凸，不膝曲，无中槽，壳线细密，细壳刺五点状散布。产地：西藏林周旁多乌鲁龙剖面。层位：二叠系萨克马尔阶（旁多群）。

9—10　西藏网围脊贝 *Retimarginifera xizangensis* Shen et al.，2000b　引自Shen等（2003）

9，腹后视×1.5；10，腹视，×1.5。登记号：9，NMV-P305961；10，NMV-P305958。主要特征：贝体较小，腹壳强烈膝曲，喙低，微弯，体腔区具网格状纹饰。产地：西藏定日曲布剖面。层位：二叠系乐平统（曲布日嘎组）。

11—12　印度粗肋贝 *Costiferina indica*（Waagen，1884）　引自Shen等（2003）

11，腹视、侧视、腹前视；12，腹视。登记号：11，NMV-P305950；12，NMV-P305949。主要特征：贝体大，中槽宽，在前部尤其显著，体腔区具网格状纹饰，壳线粗糙，在拖曳部极为粗强，微微向中槽聚拢，壳刺零星分布在壳面。产地：西藏定日曲布剖面。层位：二叠系乐平统（曲布日嘎组）。

图版 5-4-15 说明

（如无特别标注，标本均为原大）

1—2 曲布小石燕 *Spiriferella qubuensis* Zhang in Zhang and Jin，1976 引自Shen等（2003）

1，腹视、侧视；2，腹视、侧视。登记号：1，NMV-P305988；2，NMV-P306000。主要特征：轮廓伸长，壳喙窄而尖，强烈弯曲，中槽两侧具粗强边界壳褶。产地：西藏定日曲布剖面。层位：二叠系乐平统（曲布日嘎组）。

3—4 巨大双宽贝 *Biplatyconcha grandis*（Waterhouse，1975） 引自Shen等（2003）

3，腹内；4，背外模。登记号：3，NMV-P305911；4，NMV-P305917。主要特征：背壳微凹，壳表密布五点梅花状分布的凹点，前部可见紧密同心纹，腹内具树枝状闭肌痕，开肌痕极为发育。产地：西藏定日曲布剖面。层位：二叠系乐平统（曲布日嘎组）。

5—7 曲布新石燕 *Neospirifer*（*Neospirifer*）*kubeiensis* Ting，1962 引自Shen等（2003）

腹视。登记号：5，NMV-P306009；6，NMV-P306008；7，NMV-P306007。主要特征：轮廓横四方形，铰合线为最大壳宽，主端较尖，壳线形成明显束褶，侧区各有3条。产地：西藏定日曲布剖面。层位：二叠系乐平统（曲布日嘎组）。

8—11 半褶梭石燕 *Fusispirifer semiplicata* Jin in Zhang and Jin，1976 引自Shen等（2003）

8，腹视；9，腹壳铰齿（背视）；10，腹视；11，腹视。登记号：8，NMV-P306024；9，NMV-P306023；10，NMV-P306025；11，NMV-P306026。主要特征：轮廓极为横宽，主端尖，壳线在壳顶区略呈束状。产地：西藏定日曲布剖面。层位：二叠系乐平统（曲布日嘎组）。

5.5 珊　瑚

四射珊瑚（Rugose Corals），也称皱壁珊瑚，是一种已经灭绝了的腔肠动物，属于珊瑚虫纲的一个亚纲。四射珊瑚生活在温暖的热带或亚热带正常浅海环境，营底栖固着生活。珊瑚的外骨骼由珊瑚虫分泌形成，多为钙质，容易保存为化石。珊瑚骨骼从结构上看，分为外部构造和内部构造。外部构造包括横向的生长线纹和纵向的皱。内部构造比较复杂，纵列构造为隔壁和轴部；横列构造有横板、斜横版、鳞板和泡沫板等。根据横列构造和纵列构造，四射珊瑚分为单带型、双带型、三带型和泡沫型。单带型仅有隔壁和横板；双带型除隔壁外还有横板和鳞板或泡沫板；三带型除隔壁、横板，鳞板或泡沫板外，还有中轴或复中柱；泡沫型仅发育泡沫板。四射珊瑚根据形态可分为单体珊瑚和群体珊瑚。单体珊瑚有锥状、盘状、弯柱状、拖鞋状等，为广适性生物，可在较深水和凉水环境中生活。群体珊瑚又可分为丛状和块状，前者的个体之间体壁没有直接接触，又分为笙状和树枝状；后者的个体之间共享体壁或缺失体壁，有多角柱状、互嵌状、互通状等。群体四射珊瑚为窄适性生物，生活在水深不超过100m的温暖环境中。四射珊瑚出现于奥陶纪，绝灭于二叠纪（Hill，1981）。

四射珊瑚的详细鉴定需要进行室内切片和磨片，以及显微镜下的观察和度量。横切面指垂直珊瑚生长方向的切面，常需要多个，甚至连续的横切面；纵切面指平行珊瑚的生长方向并穿过中心的切面。四射珊瑚的大小、外部和内部构造都是分类鉴定的依据，个体直径、鳞板类型及发育程度、隔壁级别和数量及排列方式、有无轴部构造及轴部构造类型、横板数量及类型等都是重要的分类学标准。

二叠纪的四射珊瑚以三带复体型珊瑚为主，早二叠世以柯坪珊瑚科的块状复体珊瑚为主，中二叠世卫根珊瑚科的块状复体珊瑚占优势，晚二叠世则以卫根珊瑚的丛状复体珊瑚为特征。二叠纪可识别出10个珊瑚带（沈树忠等，2019），基本上以属一级分类单元建带，自下而上为：*Kepingophyllum*、*Wentzellastraea*、*Wentzellophyllum volzi*、*Hayasakaia*、*Polythecalis*、*Chusenophyllum*、*Wentzelellites liuzhiensis*、*Ipciphyllum−Iranophyllum*、*Liangshanophyllum*和*Huayunophyllum*。

5.5.1 四射珊瑚结构术语

珊瑚的结构见图5-5-1和5-5-2。

萼部（calice）：珊瑚体的顶（末）端部分，中央常有杯状凹陷，为珊瑚虫生长栖息之所。

隔壁沟（septal groove）：隔壁的产生引起体壁内陷，因此在外壁上呈现垂直于横向的生长纹的纵沟。

间隔壁脊（interseptal ridge）：隔壁沟之间隆起的纵脊。

根状凸起（radiciformprocess）：珊瑚个体始端或复体珊瑚基部发育的构造，有利于更好地加固和支持珊瑚体。

主隔壁（cardinal septum，C），最初在珊瑚个体近始端中央的对称面上产生的一个连续隔壁。

侧隔壁（alar septum，A），主隔壁外端两侧出现的一对原生隔壁，逐渐向两侧分离而成。

对隔壁（counter septum，K），与主隔壁相对一端的隔壁。

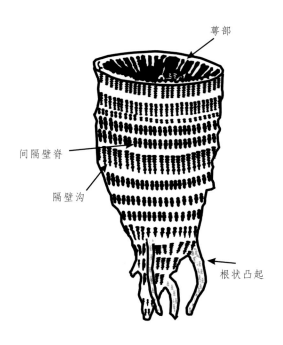

萼部

间隔壁脊

隔壁沟

根状凸起

图 5-5-1　珊瑚体外壁及其表面构造

m1　mK　KL
m2　　　　　M1
m3　　　　　　M2
m4　　　　　　　M3
　　　　　　　　M4
　　　　　　　A　侧内沟
　　　　　　　M1
　　　　　　M2
新生二级隔壁　　M3
插入位置　C　M4
　　　主内沟

图 5-5-2　皱纹（四射）珊瑚的隔壁及其插入方式

对侧隔壁（counter-lateral septum，KL），对隔壁两侧的一对隔壁。

一级隔壁（major septum，M），发生在次级隔膜内腔中的隔壁，常与6个原生隔壁（主隔壁、侧隔壁、对隔壁和对侧隔壁）等长。

二级隔壁（minor septum，m），在一级隔壁（包括原生隔壁）之间，多在隔膜外腔中发生的隔壁，长度通常较一级隔壁短。

主内沟（cardinal fossula）：在一级隔壁发生的后期，主隔壁常萎缩，加之晚生的一级隔壁常发育不全，使主隔壁内端及其附近形成的明显凹陷。

侧内沟（alar fossula）：侧隔壁在内缘或顶缘退缩，使侧隔壁内端及其附近形成的凹陷。

下文各结构名称的编号对应图5-5-3中数字。

1. 外壁（outer wall）：珊瑚个体边缘的灰质壳，通常为两层式结构，外侧厚度非常薄的被称为表壁（epitheca），内侧较厚的致密层被称为壁（theca）。壁为隔壁发生的地方，有时隔壁始端会灰质强烈加厚而侧向连接，形成的较厚的灰质带，称为边缘结厚带（peripheral stereozone）。

2. 一级隔壁（major septum）：珊瑚个体内部辐射排列的纵向板状结构称隔壁（septa），其中较长的为一级隔壁。

3. 二级隔壁（minor septum）：两条一级隔壁间较短的隔壁为二级隔壁。二级隔壁有时不太发育，仅为短脊状或隐于外壁内。

4. 中轴（columella）：珊瑚个体中心横切面上透镜状、板状或近圆形的轴部构造，通常由对隔壁末端（少数情况为主隔壁）伸入中心加厚形成，可在个体发育不同时期维持与之相连或孤立状态。

5. 斜板（axial tabellae）：当珊瑚个体中心形成复中柱时，复中柱内部纵面上向中板上升的锥形横板，在横切面表现为同心状或不规则环绕中板。

6. 辐板（septal lamella）：复中柱中板两侧辐射排列的纵向板状结构，可与隔壁连续或不连续，在复中柱内有时断续，附着于斜板远轴侧呈刺状。

7. 鳞板（dissepiment）：珊瑚个体边缘小型、弯曲或球状，向中心倾斜的纵向板状构造。有时鳞板会依附于隔壁的两侧，这种鳞板被称作侧鳞板（lateral dissepiment）。图5-5-3中的发育于隔壁间的被称作隔壁间鳞板（interseptal dissepiment），在横切面上可出现3种形态。

（1）规则鳞板（regular dissepiment）或同心状鳞板（concentric dissepiment）：轴向面凹、同心状排列。

（2）角状鳞板（angular dissepiment）：同心状鳞板下凹呈角状。

（3）人字形或鱼骨状鳞板（herringbone dissepiment）：二级隔壁不连续时，鳞板呈交错状；或二级隔壁连续，鳞板仍呈交错状。

8. 对隔壁（counter septum）：处于珊瑚个体横切面对称轴方向，个体发育最早形成的两个隔壁之一，通常延伸至中心形成中板的一级隔壁。

9. 泡沫板（transeptal dissepiment）：鳞板带外缘切割不连续的隔壁，向轴心凸的鳞板。

10. 内墙（inner wall）：鳞板带与横板带交界处最内侧的一列鳞板加厚形成的围壁结构。

11. 复中柱（axial column）：由中板、辐板和斜板构成的复杂的、边界较显著的轴部构造。

12. 主隔壁（cardinal septum）：处于珊瑚个体横切面对称轴方向，个体发育最早形成的两个隔壁之一，通常位于珊瑚虫所在一侧，有时在个体发育晚期缩短的一级隔壁。

13. 鳞板带（dissepimentarium）：外壁至内墙发育鳞板的区域。

14. 横板带（tabularium）：内墙内发育横板的区域。

15. 外横板带（outer zone）：中柱边界至内墙内发育横板的区域。

16. 内横板带（inner zone）：中柱内发育横板的区域。

17. 斜横板（clinotabulae）：鳞板带内缘附近，向轴部陡倾的横板。斜横板可直接连接复中柱，或内端落于下伏横板之上。

18. 不完整横板（incomplete tabula）：由一系列小型泡沫状交错的小板构成的横板。

19. 完整横板（complete tabula）：由单个横跨横板带的板状构造构成的横板。

20. 轴周椎体（periaxial cone）：中柱外缘附近发育的泡沫形、外端和外侧的横板连续的构造。

21. 轴周横板（periaxial tabelae）：中柱外缘至内墙的区域内发育的完整或不完整的横板。

22. 轴管（aulos）：通常为一级隔壁末端向同一方向弯折相接形成。有时中管为轴部横板两端下折相接形成，偶尔会与两侧的小板连续，在横切面上可表现为部分隔壁伸入中管。

23. 脊板（carina）：隔壁两侧的瘤状或短刺状小凸起。脊板的发育可影响到隔壁而使隔壁呈波曲状。

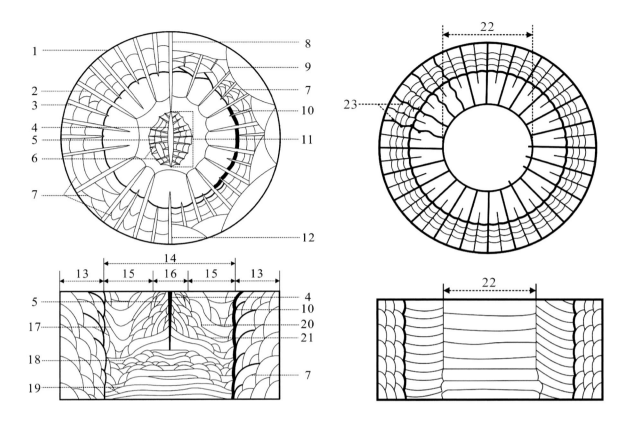

图 5-5-3　皱纹（四射）珊瑚横切面和纵切面结构示意，图中将各种可能出现的形态类型综合在一起，这些结构不一定同时在单个珊瑚个体中

5.2.2 珊瑚图版

缩写解释如下：

NIGP=中国科学院南京地质古生物研究所。

图版 5-5-1 说明

1 卡宾斯基氏刺板顶柱珊瑚 _Lophocarinophyllum karpinskyi_ Fomichev，1953

a、c，横切面；b，纵切面。登记号：NIGP-18313—18315。主要特征：外壁薄；一级隔壁数约23~25；中轴小，扁平；无鳞板。产地：新疆柯坪色勒克托格拉克剖面。层位：二叠系阿瑟尔阶（康克林组）。

2 胡须刺板顶柱珊瑚 _Lophocarinophyllum barbatum_ Wu and Zhou，1982

a，横切面；b，纵切面；c，弦切面（示脊板）。登记号：a；NIGP-18325；b；NIGP-18326；c；NIGP-18328（正模）。主要特征：外壁厚；一级隔壁数约24；中轴扁圆；无鳞板。产地：新疆柯坪色勒克托格拉克剖面。层位：二叠系阿瑟尔阶（康克林组）。

3 柯坪脊板康宁珊瑚 _Koninckocarinia kepingensis_ Wu and Zhou，1982

a，横切面；b，纵切面。登记号：a；NIGP-18364；b；NIGP-18365（正模）。主要特征：一级隔壁数约27；无主内沟；中轴较大，长卵形，一端与主隔壁相连；发育泡沫板，斜横板发育，水平横板不完全。产地：新疆柯坪色勒克托格拉克剖面。层位：二叠系阿瑟尔阶（康克林组）。

4—5 开孔心珊瑚 _Cardiaphyllum apertum_ Wu and Zhou，1982

4，横切面；5a，横切面；5b，纵切面。登记号：4；NIGP-18360（正模）；5a；NIGP-18361；5b；NIGP-18362（副模）。主要特征：一级隔壁数约33，长；无主内沟；横板不完全，明显分异为轴部和外缘两带。产地：新疆柯坪色勒克托格拉克剖面。层位：二叠系阿瑟尔阶（康克林组）。

6 华丽心珊瑚 _Cardiaphyllum elegans_ Wu and Zhou，1982

a，横切面；b，纵切面。登记号：a；NIGP-18342；b；NIGP-18343（正模）。主要特征：一级隔壁数计36~38，长；轴部横板较密集，在珊瑚体中心常形成一个类似复中柱的轴部构造；无主内沟；发育少量泡沫板，横板不完全，明显分异为轴部和外缘两带。产地：新疆柯坪色勒克托格拉克。层位：二叠系阿瑟尔阶（康克林组）。

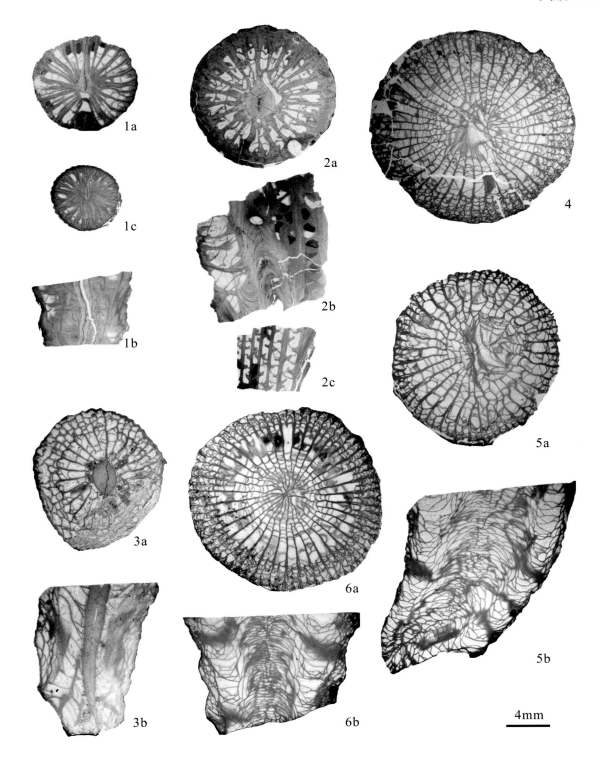

4mm

图版 5-5-2 说明

1 圆形阿苏喀林珊瑚 *Asserculinia orbiculata* Wu and Wang，1974

a，横切面；b，纵切面。登记号：NIGP-21920；NIGP-21921。主要特征：具边缘厚结带；一级隔壁数约21，部分发育侧脊板；中轴圆形，一端与对隔壁相连；横板不完全，相互交错。产地：重庆文星乡。层位：二叠系长兴阶（长兴组）。

2 结实顶柱珊瑚 *Lophophyllidium proliferum*（McChesney，1859）

a，横切面；b，纵切面。登记号：NIGP-47353。主要特征：一级隔壁数约24，对隔壁伸达中心，膨大形成粗大的中轴，其内有中隔和辐射线；主隔壁在成年期缩短，形成主内沟；横板上拱。产地：陕西汉中梁山。层位：二叠系吴家坪阶（吴家坪组）。

3 亚直速壁珊瑚 *Tachylasma subrectum* Zhao，1981

a，横切面；b，纵切面。登记号：a，NIGP-47346；b，NIGP-47347（正模）。主要特征：一级隔壁数约18，主隔壁短，对隔壁短，侧隔壁、对侧隔壁长，末端膨大；主内沟明显；二级隔壁脊状；横板向内或向外倾斜，或交错。产地：陕西汉中梁山；层位：二叠系瓜德鲁普统（茅口组）。

4 细弱速壁珊瑚 *Tachylasma delicata* Zhao，1984

a，横切面；b，纵切面。登记号：NIGP-61905。主要特征：一级隔壁数约26；主隔壁短，主内沟较明显，对隔壁长；横板不完整，呈波浪交错状。产地：西藏芒康小邦达区交嘎乡。层位：二叠系卡匹敦阶（交嘎组）。

5 左贡奇壁珊瑚 *Allotropiophyllum zogangense* Zhao，1984

a，横切面；b，纵切面。登记号：a，NIGP-61913a；b，NIGP-61913b。主要特征：一级隔壁数约24，对部隔壁末端弯折相连成较宽的"人"字形内墙，对隔壁短；横板完整，中部下凹。产地：西藏左贡扎玉区扎雪南区。层位：二叠系卡匹敦阶（交嘎组）。

6 江油拟犬齿珊瑚 *Paracaninia jiangyouensis* Zhao，1981

a，横切面；b，纵切面。登记号：a，NIGP-47351；b，NIGP-47352。主要特征：一级隔壁数约35，主隔壁短；横板完整，平凸，两侧下斜。产地：四川江油二郎庙水跟头剖面。层位：二叠系卡匹敦阶（茅口组上部）。

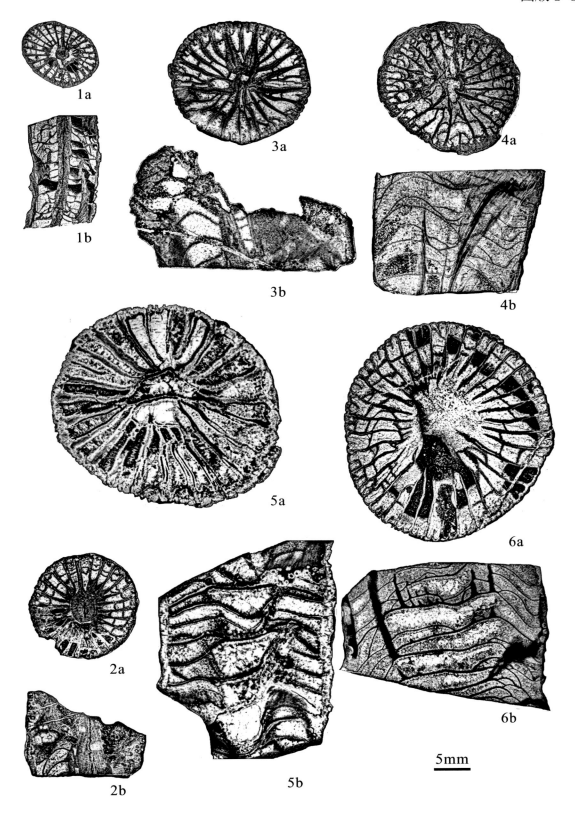

5mm

图版 5-5-3 说明

1 云南畸形珊瑚 *Monsteraphyllum yunnanense* Wu and Kong，1983

a，横切面；b，纵切面。登记号：a，NIGP-72414（正模）；b，NIGP-72416（副模）。主要特征：隔壁两级，在主部和侧部具有像三级隔壁的隔壁；一级隔壁数34~36；复中柱由中板、辐板和斜板组成；鳞板带宽，局部具有泡沫板。产地：云南广南小独山剖面。层位：二叠系阿瑟尔阶至萨卡马尔阶（*Pseudoschwagarina*带）。

2 精细假提曼珊瑚 *Pseudotimania delicata* Wu and Zhao，1983

a，横切面；b，纵切面。登记号：a，NIGP-21885；b，NIGP-21886（正模）。主要特征：一级隔壁数22，主隔壁较其余一级隔壁稍短，对隔壁长、向中心延伸、但未成中轴；鳞板带窄，横板不完整、中部上穹、两侧外倾。产地：贵州水城德坞。层位：二叠系乌拉尔统。

3 多脊老挝珊瑚 *Laophyllum multicarinatum* Zhao，1981

a、b，横切面；c，纵切面。登记号：a，NIGP-47482；b，NIGP-47483；c，NIGP-47486（正模）。主要特征：一级隔壁数约41，三级隔壁脊状，于泡沫带及外壁内缘上断续出现；复中柱小，形状不规则；泡沫带宽。产地：四川北川擂鼓茨竹园剖面。层位：二叠系卡匹敦阶（茅口组上部）。

4 稀隔壁老挝珊瑚 *Laophyllum rariseptatum* Zhao，1981

a，横切面；b，纵切面。登记号：a，NIGP-47480；b，NIGP-47481。主要特征：一级隔壁数约38，三级隔壁断续或呈脊状；个别隔壁基部有微弱的喷口构造；边缘泡沫带宽度不不均匀。产地：四川北川擂鼓茨竹园剖面；层位：二叠系空谷阶（栖霞组中部）。

5 内墙伊朗珊瑚 *Iranophyllum endotoichum* Zhao and Wu，1986

a，横切面；b，纵切面。登记号：NIGP-74295；主要特征：外壁极薄；所有隔壁在鳞板带内加厚形成两圈内墙；一级隔壁数约32，三级隔壁长度约为一级隔壁的1/2；复中柱中板不明显，辐板和斜板混杂排列。产地：西藏申扎永珠下拉山。层位：二叠系瓜德鲁普统（下拉组）。

6 膜伊朗珊瑚 *Iranophyllum tunicatum* Igo，1959

a，横切面；b，纵切面。登记号：NIGP-56407；主要特征：三级隔壁发育完全，偶有四级；一级隔壁数约30；复中柱小，中板显著、斜板形态多变、辐板较密。产地：西藏林周乌鲁龙剖面；层位：二叠系卡匹敦阶（洛巴堆组马驹拉段）。

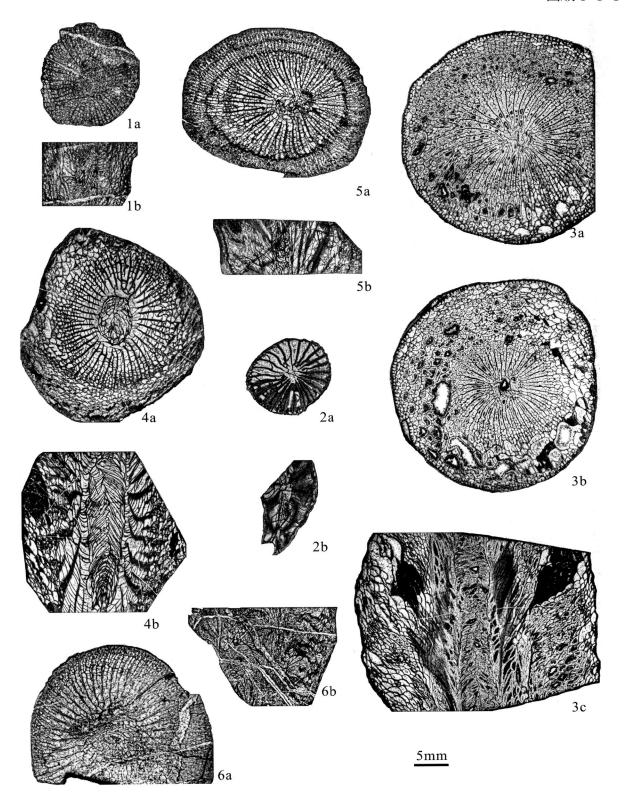

5mm

图版 5-5-4 说明

（比例尺均代表 2mm）

1　小型柯坪珊瑚 *Kepingophyllum minor* Wu and Zhou，1982

a，横切面；b，纵切面。登记号：NIGP-18386—18387（正模）。主要特征：块状复体；外壁较完整，由棘片聚集形成；一级隔壁数15~17，三级隔壁不甚发育；复中柱灰质加厚显著。产地：新疆柯坪苏巴什村。层位：二叠系阿瑟尔阶（康克林组）。

2　不规则柯坪珊瑚 *Kepingophyllum irregulare* Wu and Zhang，1979

a，横切面；b，纵切面。登记号：NIGP-18399—18400。主要特征：外壁有缺失，由疏松的棘片聚集形成；一级隔壁数约18，三级隔壁不发育；泡沫带宽。产地：新疆柯坪苏巴什村。层位：二叠系阿瑟尔阶（康克林组）。

3　精美弯曲珊瑚 *Anfractophyllum facetum* Wu and Zhou，1982

a，横切面；b，纵切面；登记号：a，NIGP-18367；b，NIGP-18369（正模）。主要特征：外壁由直立的棘片紧密排列形成，外壁缺失时，两个相邻个体之间以泡沫板或隔壁相连；一级隔壁数约14~16；复中柱常具围壁；泡沫带一般较窄。产地：新疆柯坪苏巴什村。层位：二叠系阿瑟尔阶（康克林组）。

4　扭弯曲珊瑚 *Anfractophyllum intortum* Wu and Zhou，1982

a，横切面；b，纵切面。登记号：NIGP-18384—18385（副模）。主要特征：相邻个体之间以泡沫板或隔壁相连，局部发育外壁；一级隔壁数约15~18，三级隔壁有时发育不全；在缺失外壁的个体中，泡沫板大且不规则，外壁相对完整的个体中泡沫板小。产地：新疆柯坪苏巴什村。层位：二叠系阿瑟尔阶（康克林组）。

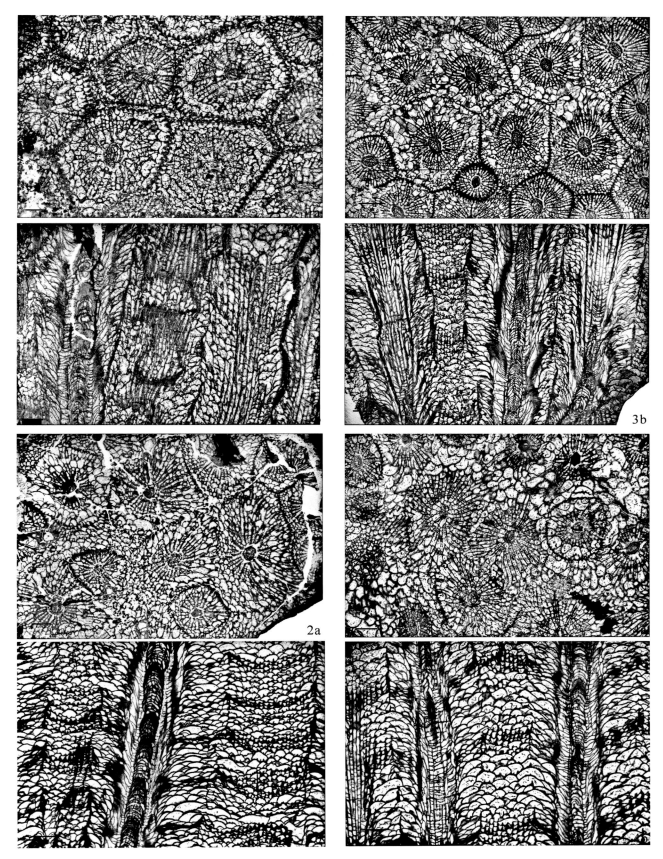

图版 5-5-5 说明

（比例尺均代表 2mm）

1　简单云珊瑚 *Nephelophyllum simplex* Wu and Zhao，1974

a，横切面；b，纵切面。登记号：a，NIGP-21889；b，NIGP-21890（正模）。主要特征：外壁由鳞板状小板汇聚而成，部分消失；一级隔壁数12~14，二级隔壁部分缺失；复中柱小而简单，有时仅为一中板；泡沫带与隔壁带界线清楚，个体则借泡沫板联合。产地：贵州水城德坞剖面。层位：二叠系阿瑟尔阶至亚丁思克阶（马平组）。

2　多角状花珊瑚 *Antheria polygonalis* Wu and Zhao，1974

a，横切面；b，纵切面。登记号：a，NIGP-21891；b，NIGP-21892（正模）。主要特征：外壁基本完整，由鳞片状的小板聚集而成；一级隔壁数约14~16，二级隔壁短，局部不发育；中轴纺锤形，一端与对隔壁相连；泡沫板发育。产地：贵州威宁头坡剖面。层位：二叠系阿瑟尔阶至亚丁思克阶（马平组）。

3　横山横山珊瑚 *Yokoyamaella yokoyama*（Ozawa），1925

a，横切面；b，纵切面。登记号：NIGP-72408—72409。主要特征：一级隔壁数18~21，偶有像三级隔壁的隔壁插入，隔壁基部强烈加厚形成很厚的边缘厚结带；复中柱小，由中板、辐板和斜板组成；发育泡沫板。产地：贵州册亨板街剖面。层位：二叠系阿瑟尔阶至空谷阶（*Robustoschwagarina*带）。

4　脑纹状弯曲珊瑚 *Streptophyllidium scitulum* Wu and Kong，1983

a，横切面；b，纵切面。登记号：a，NIGP-72396（副模）；b，NIGP-72399（正模）。主要特征：外壁为层片状，部分缺失，个体脑纹状或线状排列，一级隔壁数约11~13，泡沫带发育，其内有些灰质厚结带。产地：广西田林郎平剖面。层位：二叠系阿瑟尔阶至空谷阶（*Robustoschwagarina*带）。

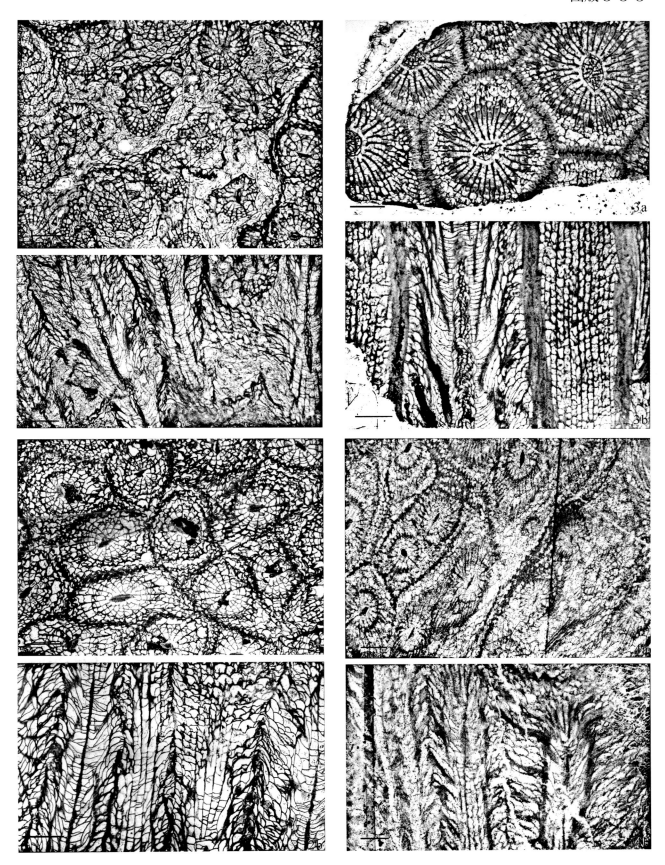

图版 5-5-6 说明

（比例尺均代表 2mm）

1 喷口光珊瑚 *Stilbophyllum naoticum* Wu and Kong，1983

a，横切面；b，纵切面。登记号：a，NIGP-72426；b，NIGP-72428（正模）。主要特征：体壁为层片壁，部分消失，以泡沫板相连；一级隔壁数15~17，三级隔壁局部发育；中柱小，常缺失中板。产地：云南广南小独山剖面。层位：二叠系阿瑟尔阶至空谷阶（*Robustoschwagarina*带）。

2 厚壁四川珊瑚 *Szechuanophyllum crassithecum* Zhao，1984

a，横切面；b，纵切面。登记号：a，NIGP-61986a；b，NIGP-61986b。主要特征：体壁厚，隔壁三级，一级隔壁数14~15；复中柱小，纺锤状，大部灰质加厚；以体壁厚和复中柱加厚区别于本属其他种。产地：西藏昌都妥坝。层位：二叠系空谷阶（莽错组）。

3 大型四川珊瑚 *Szechuanophyllum magnum* Zhao，1984

a，横切面；b，纵切面。登记号：a，NIGP-61964；b，NIGP-61967（正模）。主要特征：一级隔壁数26~28，三级和四级隔壁短；复中柱小，中板不明显、辐板和斜板均不规则；以个体大区别于本属其他种。产地：西藏芒康小邦达区然堆乡格拉村西。层位：二叠系空谷阶（莽错组）。

4 四川四川珊瑚 *Szechuanophyllum szechuanense*（Huang，1932b）

a，横切面；b，纵切面。登记号：a，NIGP-21897；b，NIGP-21898。主要特征：一级隔壁数22~25；复中柱小且致密，中板不显著；局部发育泡沫板，横板带宽。产地：四川乐山沙湾剖面。层位：二叠系空谷阶（栖霞组）。

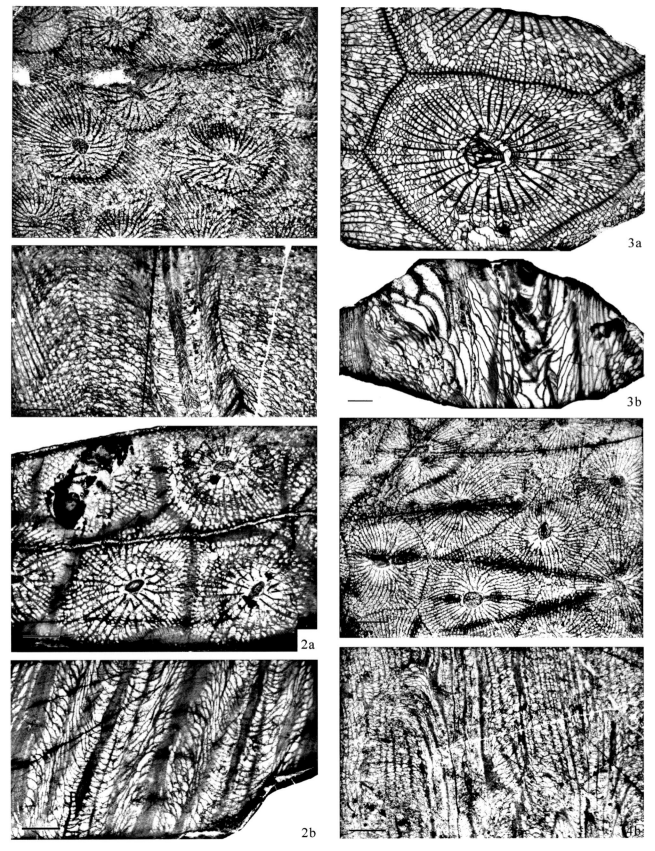

图版 5-5-7 说明

（标本 4a、4b 比例尺为 5mm，其余标本比例尺为 2mm）

1　服尔兹似文采尔珊瑚 *Wentzellophyllum volzi*（Yabe and Hayasaka，1915）

a，横切面；b，纵切面。登记号：a，NIGP-47395；b，NIGP-47396。主要特征：体壁完整；一级隔壁数20~21，三级隔壁局部发育；复中柱小；泡沫带发育。产地：四川北川擂鼓茨竹园剖面。层位：二叠系空谷阶（栖霞组下部）。

2　宽多壁珊瑚 *Polythecalis lata* Zhao，1981

a，横切面；b，纵切面。登记号：a，NIGP-47404；b，NIGP-47405（正模）。主要特征：外壁薄，部分消失，外壁两侧具稀疏而细小的齿状突起；一级隔壁数18~19；泡沫带宽，泡沫板大小不一；以个体大（中心的间距大）区别于同属其他种。产地：陕西汉中梁山。层位：二叠系空谷阶（栖霞组）。

3　多育似文采尔珊瑚 *Wentzellophyllum proliferum* Zhao，1981

a，横切面；b，纵切面。登记号：a，NIGP-47399；b，NIGP-47400（正模）。主要特征：体壁完整，体壁和隔壁都较细；隔壁三级，一级隔壁数22~23；复中柱小；泡沫板大，泡沫带宽。产地：四川江油二郎庙水跟头剖面。层位：二叠系空谷阶（栖霞组下部）

4　亚泡沫拟伊泼雪珊瑚 *Paraipciphyllum subcystosum* Zhao and Wu，1986

a，横切面；b，纵切面。登记号：a，NIGP-74307；b，NIGP-74308（正模）。主要特征：外壁部分消失，相邻两个体之间以隔壁相连或以体壁相连；隔壁二级，一级隔壁数12~16；复中柱小；鳞板带较宽，局部发育泡沫板。产地：西藏申扎永珠下拉山。层位：二叠系瓜德鲁普统（下拉组）。

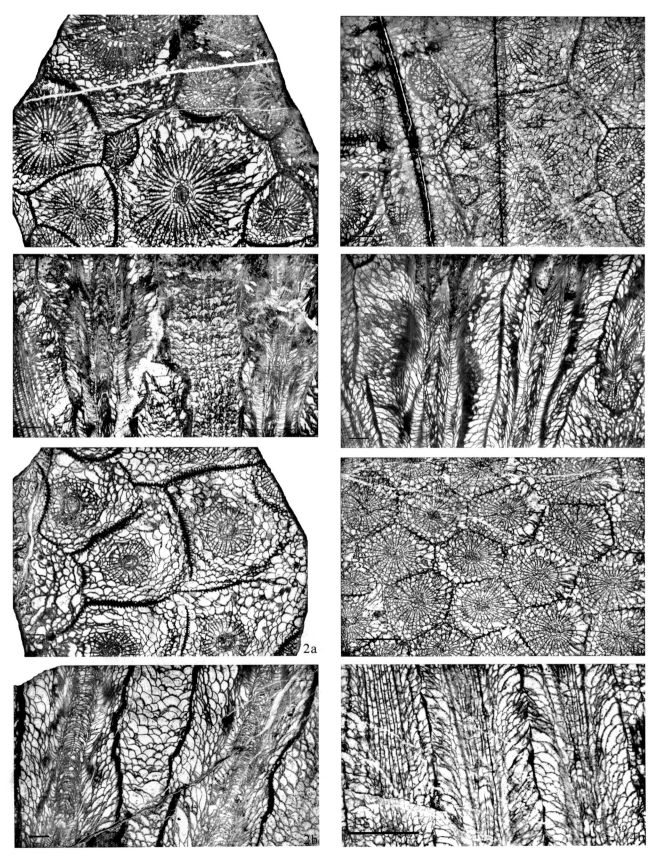

图版 5-5-8 说明

（标本 4a 比例尺为 5mm，其余标本比例尺为 2mm）

1　伊泼雪伊泼雪珊瑚 *Ipciphyllum ipci* Hudson，1958

a，横切面；b，纵切面。登记号：a，NIGP-21905；b，NIGP-21906。主要特征：个体大；一级隔壁数18~21；复中柱疏松，中板不显著，辐板泡沫状；局部发育泡沫板。产地：四川江北秦家双水井剖面。层位：二叠系瓜德鲁普统（茅口组）。

2　锯齿隔壁伊泼雪珊瑚 *Ipciphyllum serratiseptatum* Zhao，1981

a，横切面；b，纵切面。登记号：a，NIGP-47465；b，NIGP-47466（正模）。主要特征：外壁微加厚，锯齿状；一级隔壁数16~17，锯齿状，于床板带中加厚，两侧具微型脊板；复中柱圆形，中板分明，斜板环状较规则，辐板或完整或断裂。产地：四川北川擂鼓茨竹园剖面。层位：二叠系瓜德鲁普统（茅口组）。

3　小柱伊泼雪珊瑚 *Ipciphyllum minicolumnellum* Zhao，1984

a，横切面；b，纵切面。登记号：a，NIGP-61950；b，NIGP-61951（正模）。主要特征：外壁薄；一级隔壁数18~21，微弯曲；复中柱小且简单，约占个体大小的1/7~1/8。产地：西藏芒康小邦达区然堆乡军古棍巴。层位：二叠系瓜德鲁普统（交嘎组）。

4　凹板拟文采尔珊瑚 *Wentzelellites cavitabulatus* Zhao and Wu，1986

a，横切面；b，纵切面。登记号：NIGP-74301（正模）。主要特征：体壁部分消失，以隔壁相连；一级隔壁数16~18；复中柱小，斜横板发育成凹型。产地：西藏申扎永珠下拉山。层位：二叠系瓜德鲁普统（下拉组）。

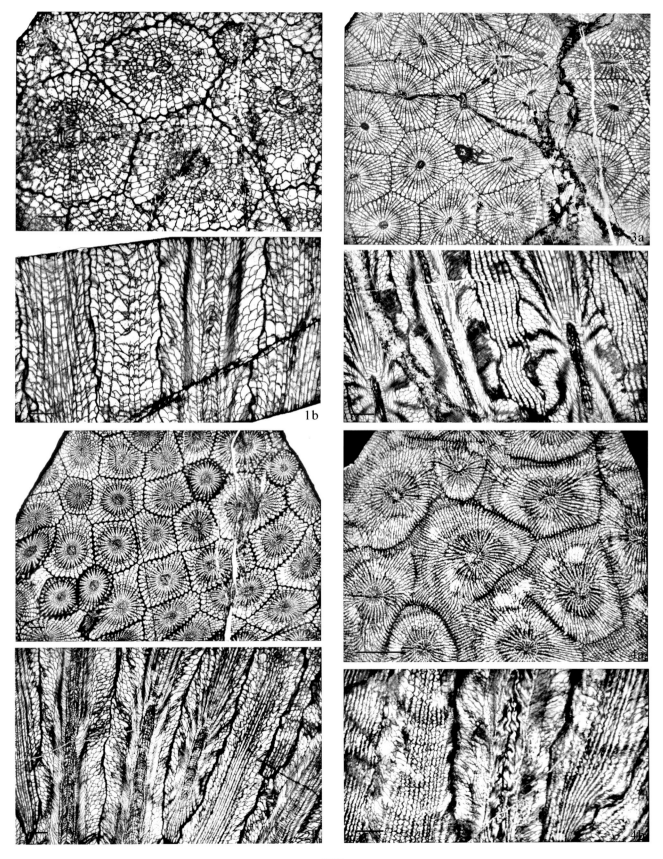

图版 5-5-9 说明

（比例尺均代表 2mm）

1 诗梳风拟文采尔珊瑚 *Parawentzelella sisophonensis* Fontaine，1961

a，横切面；b，纵切面。登记号：a，NIGP-61948；b，NIGP-61949。主要特征：外壁薄，锯齿状，发育角孔；一级隔壁数14~16；复中柱小，不规则网状。产地：西藏芒康小邦达区然堆牛场；层位：二叠系瓜德鲁普统（交嘎组）。

2 规则文采尔珊瑚 *Wentzelella regularis* Fontains emend、Minato and Kato，1965

a，横切面；b，纵切面。登记号：NIGP-56383—56384。主要特征：外壁完整；隔壁三级，一级隔壁数18~21；复中柱小，形状不规则。产地：西藏仲巴平都山口拉赛拉山至巴巴扎东。层位：二叠系瓜德鲁普统。

3 花柱伊泼雪珊瑚 *Ipciphyllum floricolumellum* Wang et al.，2019

a，横切面；b，纵切面。登记号：NIGP-148088（副模）。主要特征：一级隔壁数16~21（通常17~19），隔壁长楔形，基部很粗；复中柱大圆形或椭圆形，似花，外围有一层灰质加厚的"壁"。产地：西藏普兰姜叶玛剖面。层位：二叠系长兴阶（姜叶玛组）。

4 札达伊泼雪珊瑚 *Ipciphyllum zandaense* Wang et al.，2019

a，横切面；b，纵切面。登记号：NIGP-148089（正模）。主要特征：一级隔壁数16~22，隔壁基部稍粗，一级隔壁长，二级隔壁较长；复中柱小；鳞板带宽，斜横版发育，偶见水平横版。产地：西藏普兰姜叶玛剖面。层位：二叠系（姜叶玛组）。

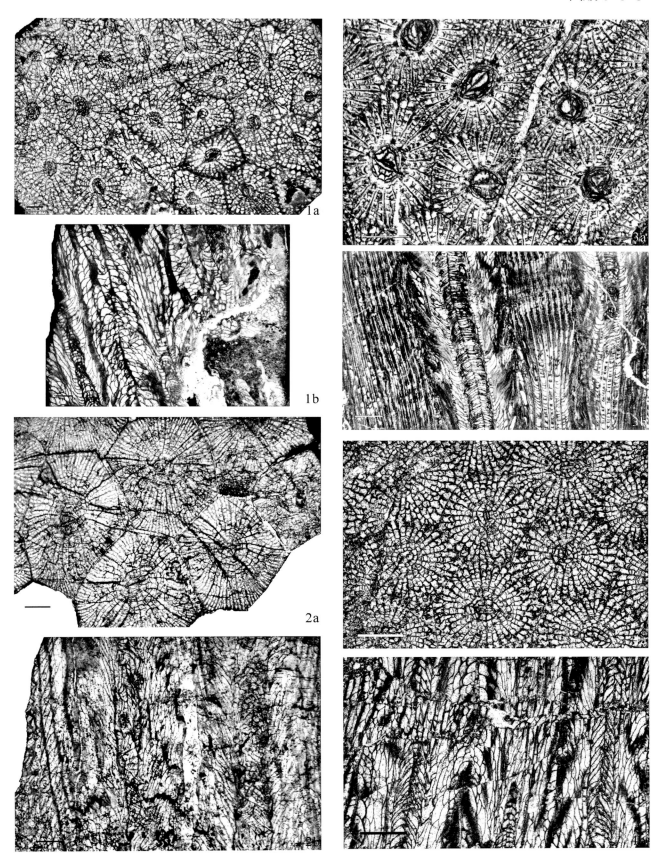

图版 5-5-10 说明

（标本 4a 比例尺为 5mm，其余标本比例尺为 2mm）

1　六寨幻珊瑚 *Nothophyllum liuzhaiense* Wu，1983

a，横切面；b，纵切面。登记号：a，NIGP-100338；b，NIGP-100339（正模）。主要特征：丛状复体；隔壁两级，成年期偶有三级隔壁插入；一级隔壁数26~30；复中柱通常较小；成年个体局部发育泡沫板。产地：广西南丹六寨西南1.2km的采石场；层位：二叠系阿瑟尔阶。

2　湖北亚曾珊瑚 *Yatsengia hupeiensis*（Yabe and Hayasaka，1915）

a，横切面；b，纵切面。登记号：a，NIGP-61914；b，NIGP-61915。主要特征：隔壁两级，一级隔壁数约16；复中柱小且简单；横板带宽，横板完整或不完整，向中柱上升。产地：西藏类乌齐甲桑卡区伦左寺北西；层位：二叠系瓜德鲁普统（交嘎组）。

3　中国前文采尔珊瑚 *Prawentzelella sinensis* Wu and Zhang，1979

a，横切面；b，纵切面。登记号：NIGP-47325（正模）。主要特征：丛状复体，边缘出芽繁殖；隔壁三级，局部发育四级隔壁，一级隔壁数约20~29；复中柱小；鳞板带宽，横板带窄。产地：四川巴塘中咱区日贡乡茨格。层位：二叠系瓜德鲁普统（冰峰组）。

4　坚隔壁前文采尔珊瑚 *Prawentzelella stereoseptata* Wu and Zhou，1982

a，横切面；b，纵切面。登记号：a，NIGP-74299；b，NIGP-74300。主要特征：隔壁三级，一级隔壁数多达44，长达复中柱；复中柱约占体径的1/4，辐板密集；斜板形态多变，中间倒锥状，两侧泡弧状。产地：西藏申扎永珠下拉山。层位：二叠系瓜德鲁普统（下拉组）。

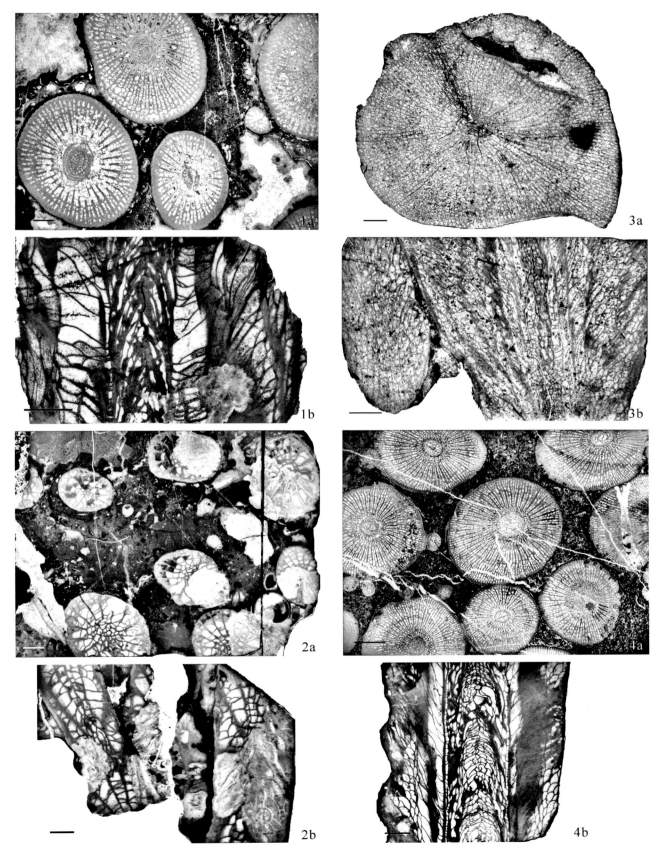

图版 5-5-11 说明

(比例尺均代表 2mm)

1 雅致卫根珊瑚 *Waagenophyllum elegantulum* He，1990

a，横切面；b，纵切面。登记号：NIGP-148072。主要特征：隔壁楔形，基部加粗明显，形成明显的边缘厚结带，一级隔壁数20~28个（通常22~24个）；复中柱约占体径的1/3，多为不规则的圆形或椭圆形。产地：西藏普兰姜叶玛剖面。层位：二叠系长兴阶（姜叶玛组）。

2 粗隔壁姜叶玛珊瑚 *Jiangyemaphyllum crassiseptatum* Wang et al.，2019

a，横切面；b，纵切面。登记号：NIGP-148091（正模）。主要特征：一级隔壁数20~26，隔壁基部加粗明显，形成较宽的边缘厚结带，成年个体部分隔壁基部发育喷口构造；复中柱小。产地：西藏普兰姜叶玛剖面。层位：二叠系长兴阶（姜叶玛组）。

3 内墙梁山珊瑚 *Liangshanophyllum interomurum* Zhao，1981

a，横切面；b，纵切面。登记号：a，NIGP-47435a；b，NIGP-47435b（正模）。主要特征：一级隔壁数20~23；复中柱小，长圆囊状，具围壁；鳞板带窄，横板带宽。产地：四川北川擂鼓茨竹园剖面。层位：二叠系吴家坪阶（吴家坪组）。

4 芒康卫根珊瑚 *Waagenophyllum markamense* Zhao，1984

a，横切面；b，纵切面。登记号：a，NIGP-61924；b，NIGP-61925（正模）。主要特征：一级隔壁数20~21；复中柱约占体径的1/3，圆形或椭圆形；鳞板带宽，横板带窄。产地：西藏芒康小邦达区然堆牛场。层位：二叠系长兴阶（扎拉贡嘎组）。

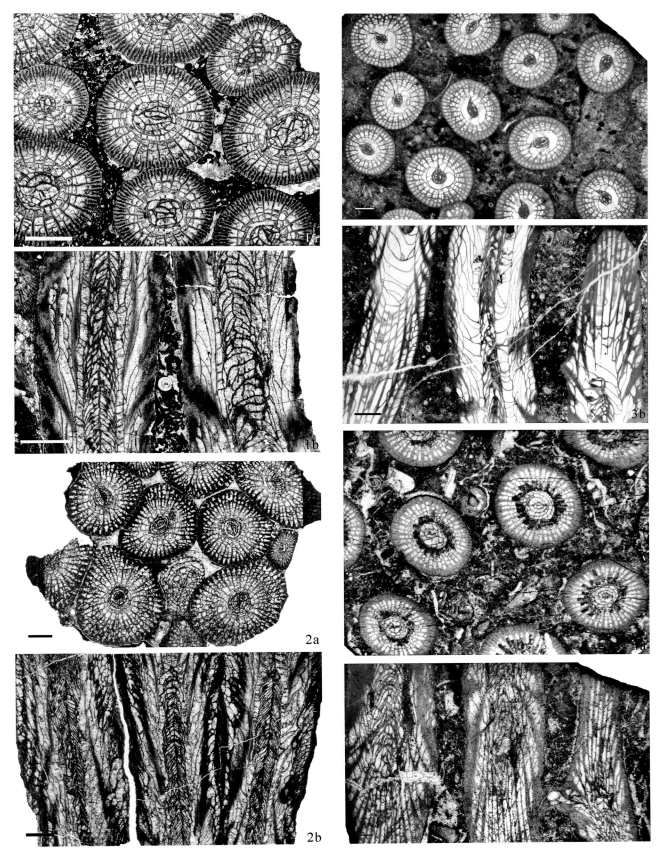

5.6 植 物

植物是陆地生态系统的重要组成部分之一，其形态、结构复杂，除了原始类群之外，都分化出复杂的各类器官，包括营养器官，如根、茎和繁殖器官，如孢子囊和种子。

根是植物的营养器官，它将植物固定在土壤中，并负责从土壤中吸取营养输送到地表之上的植物部分，根部化石多见于煤层的底板层。

茎是连接叶和根的轴状结构。茎的形态是区分乔木、藤本和草本植物的重要依据。常见茎形态有直立茎、匍匐茎、攀缘茎和缠绕茎，少数植物发育埋在土中的地下茎。茎的分枝方式有二歧式分枝和单轴式分枝两种。前者没有明显的主轴和主轴分出的侧枝之分，又分为等二歧式、不等二歧式分枝；后者具有明显的主轴和侧枝，又分为单轴式和合轴式分枝（图5-6-1）。

图 5-6-1 高等植物的主要分枝形式 [据中国科学院南京地质古生物研究所和植物研究所《中国古生代植物》编写小组（1974）修改]
A. 等二歧式分枝；B. 不等二歧式分枝；C. 二歧合轴式分枝；D. 单轴式分枝；E. 合轴式分枝

叶是进行光合作用、蒸腾作用的主要器官，部分植物的叶具有繁殖作用。叶分单叶和复叶。具有一个叶片的叶称为单叶，一个叶片分裂成几个裂片或几个小叶的称为复叶。根据分裂之后的小叶排列方式，复叶可以分为掌状复叶和羽状复叶。标准的羽状复叶，羽片着生在羽轴的两侧。由于化石保存的不完整性，按照羽片、羽轴发生的次序，在描述羽状复叶时，往往从末端数羽状复叶的次数，描述为末次羽片、末二次羽片等（图5-6-2）。

化石中植物叶的鉴定主要依据叶的形态和叶脉的特征。叶在枝上排列的方式称为叶序，有互生、对生和轮

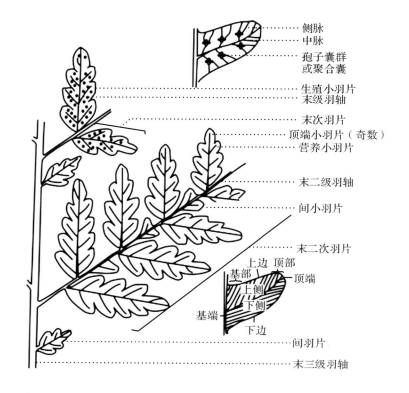

侧脉
中脉
孢子囊群或聚合囊
生殖小羽片
末级羽轴
末次羽片
顶端小羽片（奇数）
营养小羽片
末二级羽轴
间小羽片
末二次羽片
上边 顶部
基部
上侧 顶端
下侧
基端
下边
间羽片
末三级羽轴

图 5-6-2 三次羽状复叶分枝示意 [据古和植（1974）修改]

图 5-6-3 叶的排列方式［据古和植（1974）修改］
A. 螺旋排列；B. 互生；C. 对生；D. 轮生

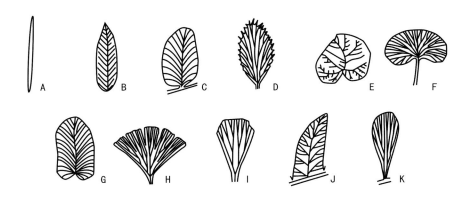

图 5-6-4 叶或羽片（小羽片形状示意图）［据古和植（1974）修改］
A. 线形；B. 披针形；C. 卵形；D. 椭圆形；E. 心形；F. 肾形；G. 舌形；H. 扇形；
I. 楔形；J. 镰刀形；K. 匙形

图 5-6-5 叶缘示意［据古和植（1974）修改］
A. 全缘；B. 锯齿；C. 重锯齿；D. 波状；E. 羽状浅裂；F. 羽状深裂；G. 羽状全裂；H. 掌状分裂（深裂）

生等方式（图5-6-3）。叶的形状包括叶的整体轮廓和叶的顶端、叶边缘（图5-6-4，5-6-5）。部分叶片从茎上脱落之后，会在茎上留下特殊的叶座结构，如石松类叶脱落后会在茎表面形成鱼鳞状叶座（图5-6-6）。

蕨类植物的生殖器官称孢子囊，囊内有孢子。同形的孢子称同孢子，异形的孢子称异孢子。异孢子有大小和性别之分，分为大孢子和小孢子，大孢子发育成雌配子体，小孢子发育成雄配子体。种子植物，如种子蕨、裸子植物，大孢子囊受精之后经过发育形成种子。

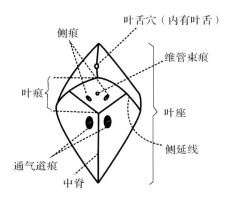

图 5-6-6　鳞木叶座示意［据古和植，1974）修改］

二叠纪是陆生维管植物发展的鼎盛时期之一，此时全球植被依然保持了晚石炭世开始的四大分区格局，即冈瓦纳植物区（Gondwanan floral province）、欧美植物区（Euramerican floral province）、华夏植物区（Cathaysian floral province）和安加拉植物区（Angaran floral province），这四大植物区在中国均有所分布。

中国冈瓦纳植物区主要在西藏定日、定结一带，产出以*Glossopteris communis-Austroanmdaria qubuensis*组合为代表的曲布植物群，是较为确切的冈瓦纳植物群（李星学等，1995）。部分学者认为西藏南部以冈瓦纳植物群为主体，但有少数的华夏区常见分子，不见华夏区的典型分子，该地属于冈瓦纳植物区的北部边缘（刘艳和孙克勤，2008）。

二叠纪时期中国陆地上很少有纯粹的欧美植物区分子，在新疆南部的塔里木盆地北缘早二叠世地层内发现欧美植物区的常见分子，如*Annularia*、*Autunia conferta*、*Rhaciphyllum* sp.、*Alethopteris grandii*、*Pecopteris candollenna*、*Calamites suckowii*和*Sphenophyllum thonii*等，而没有任何华夏区、安加拉区和冈瓦纳区的典型分子和常见分子。因此，塔里木西北地区在早二叠世应属于欧美植物区（李星学等，1995）。

华夏植物区在中国的分布主要是在华北和西北一带，此间存在的石松纲植物几乎全为华夏区特有的东方型鳞木类植物，与欧美区和安加拉区有明显区别（李星学等，1995）。进入中二叠世后，中国陆地上的华夏植物群出现了进一步分化，华南区和华北、西北的植物群存在一定差别，因而进一步将华夏植物区划分为华北华夏植物群亚区和华南华夏植物群亚区（李星学等，1985）。

安加拉植物区位于新疆天山以北、甘肃北山、内蒙古西南部至东北的大小兴安岭一带（黄本宏，1995）。这些地区均有发现安加拉植物区常见分子，如*Viatcheslavia*、*Paracalamites*、*Phyllotheca*、*Kareterophyllites*、*Sciadisca*、*Sylvia*和*Noeggerathiopsis*等，未发现与之地理位置相邻的华夏植物区分子。在东北南部毗邻华北地台北缘的少数地方发现了安加拉-华夏混生植物群。

5.6.1 植物结构术语

叶座（leaf cushion）：鳞木目植物基部膨大的叶脱落后留在茎、枝表面的部分。

叶痕（leaf scar）：叶脱落后，叶柄在茎、枝上留下的痕迹。

维管束痕（vascular trace）：叶脱落后，维管束在茎、枝上留下的痕迹。

侧痕（foliar parichnos scars）：叶迹两边的一对印痕，代表茎轴内疏松排列的薄壁组织束伸出的通道口。

叶舌穴（ligular pit）：叶痕上方由叶舌脱落留下的小穴。

根痕（rootlet scar）：石松类的小根脱落后留下的痕迹。

根座（stigmaria）：乔木状石松类树干的基部延伸出的根状体，其上着生小根。

髓模（pith cast）：植物茎干或叶轴的髓腔在保存时被沉积物充填后形成的一类化石。

孢子叶（sporophylls）：能够产生孢子囊的叶。

孢子囊（sporangium）：植物或真菌产生的一类容纳孢子的繁殖器官。

孢子叶穗（sporophyllspilte）：多个孢子叶紧密或疏松地集生于枝的顶端形成球状或穗状体。

伴网眼（accessory mesh）：中脉或侧脉两旁沿着它们延伸方向排列的网脉。

种皮（sporoderm）：被覆于种子周围的皮，多由胚珠的珠被经不同程度的变化而形成，部分植物中的种皮由外种皮（testa）和内种皮（endotesta）构成。

种脐（hilum）：种子从种柄或胎座上脱落后留下的痕迹。

5.6.2 植物图版

缩写解释如下：

NIGP=中国科学院南京地质古生物研究所；FEICG=福建省煤田地质勘探公司；TJCSG=中国地质调查局天津地质调查中心。

图版 5-6-1 说明

1　锐角鳞木 *Lepidodendron acutangulum*（Halle）Stockmans and Mathieu，1957　引自赵修祜等（1980）

登记号：NIGP-PB 6964。主要特征：叶座较大，横棱形至凸镜形，紧密螺旋排列，叶痕几与叶座同形，但稍小，至少占叶座面积的2/3以上，位于叶座的正中，顶底角很宽，侧角很尖锐。产地：贵州晴隆中营剖面。层位：二叠系乐平统（宣威组）。

2　华夏瓣轮叶 *Lobatannularia cathaysiana* Yao in Yao et al.，1980　引自赵修祜等（1980）

登记号：NIGP-PB 6992。主要特征：叶轮生，分成左右对称的两瓣，叶线形至倒披针形，顶端渐尖或钝形，具一明显的短尖突，叶缺明显，下叶缺大于上叶缺，叶长短悬殊。叶脉一条，粗而明显。产地：云南宣威来宾剖面。层位：二叠系乐平统（宣威组）。

3　平乐轮叶 *Annularia pingloensis*（Sze）Gu and Zhi，1974　引自赵修祜等（1980）

登记号：NIGP-PB 6989。主要特征：图为末级枝和末二级枝，各级枝的节间以及末级枝的长度自下而上变化不明显。产地：贵州盘县纸厂剖面。层位：二叠系乐平统（宣威组）。

4　烟叶大羽羊齿 *Gigantopteris nicotianaefolia* Schenk，1883　引自中国科学院南京地质古生物研究所和植物研究所《中国古生代植物》编写小组（1974）

登记号：NIGP-PB 3738。主要特征：中脉宽而平，一级侧脉以宽角伸出，具伴网眼，接近边缘时向前弯曲并逐渐消失，二级侧脉比一级侧脉细得多，在最长的一级侧脉上约有20对。产地：江苏南京龙潭剖面。层位：二叠系卡匹敦阶至吴家坪阶（龙潭组）。

5　阔叶大羽羊齿 *Gigantopteris dictyophylloides* Gu and Zhi，1974　引自中国科学院南京地质古生物研究所和植物研究所《中国古生代植物》编写小组（1974）

登记号：NIGP-PB 4978。主要特征：单叶的一部分，三级侧脉连结成大网眼，大网眼内又有小网眼，盲脉明显。产地：贵州盘县剖面。层位：二叠系乐平统（宣威组）。

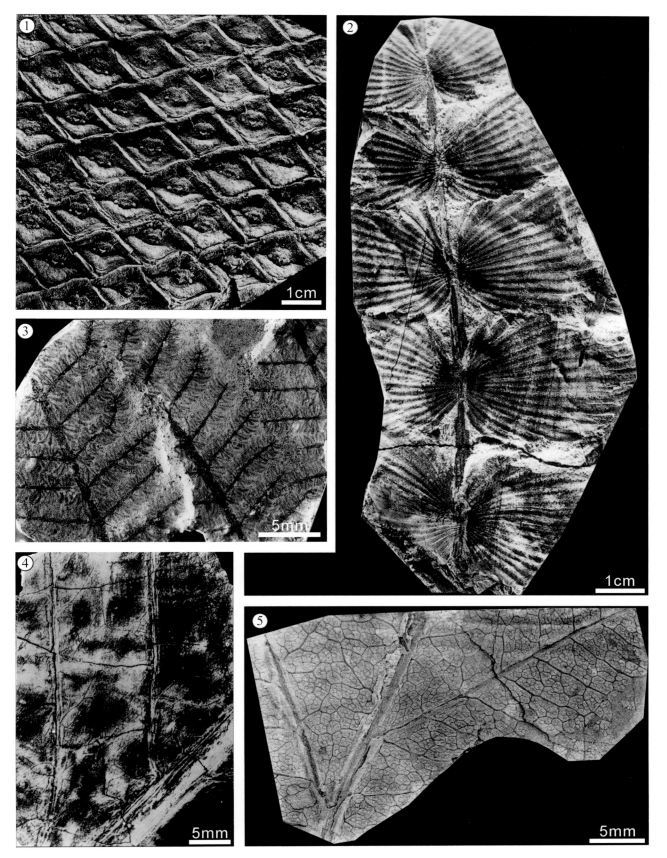

图版 5-6-2 说明

1—2　鳞皮鳞木 *Lepidodendron lepidophloides* Yao in Yao et al.，1980　引自赵修祜等（1980）

登记号：1，NIGP -PB 6975；2，NIGP -PB 6976。主要特征：叶座紧挤螺旋排列，叶痕位于叶座下部，上边与叶座的上边几乎平行，在近角处与叶座的下边相交，下边与叶座的下边重合，面积占叶座的1/3以上，维管束痕位于叶痕正中，宽"V"形，叶舌穴位于叶痕顶角之上，呈纵长型裂隙状。产地：1，贵州盘县土城；2，云南富源庆云剖面。层位：二叠系乐平统（宣威组）。

3　封印鳞木 *Lepidodendron polygonale* Gu and Zhi，1974　引自中国科学院南京地质古生物研究所和植物研究所《中国古生代植物》编写小组（1974）

登记号：FEICG-86009。主要特征：叶座较短，四至六边形，常不对称，叶痕不清楚，可能呈凸镜状，位于叶座中央略高处，维管束痕和侧痕似在同一水平线上，叶舌穴位于叶痕顶端之上，叶座表面平。产地：福建龙岩苏邦剖面。层位：二叠系瓜德鲁普统（童子岩组）。

4　猫眼鳞木 *Lepidodendron oculus-felis*（Abbado）Zeiller，1901　引自朱彤（1980）

登记号：FEICG-86005。主要特征：叶座纵菱形或近斜方形，排列紧密，叶痕较大，宽大于长，双凸镜形至横菱形，顶底角宽大，两侧角尖锐，常有侧延线，位于叶座的中、上部，整个略呈猫眼状。产地：福建龙岩龙潭剖面。层位：二叠系瓜德鲁普统（童子岩组）。

5　延栉羊齿 *Pecopteris sahnii* Hsu，1952　引自朱彤（1980）

登记号：FEICG-86068。主要特征：末次羽片线形，小羽片互生或亚对生，整齐紧挤、质厚，舌形或近矩形，中脉下延，侧脉与中脉大致等粗，不分叉或偶尔分叉一次。产地：福建龙岩苏邦剖面。层位：二叠系瓜德鲁普统（童子岩组）。

6　莲座单网羊齿 *Gigantonoclea rosulata* Gu and Zhi，1974　引自中国科学院南京地质古生物研究所和植物研究所《中国古生代植物》编写小组（1974）

登记号：FEICG-86108。主要特征：中脉宽，一级侧脉以60°~30°角从中脉伸出，下行二级侧脉稍长于上行的二级侧脉，细脉联结成长多角形的网眼，一级侧脉两旁具伴网眼，可见邻脉。产地：福建龙岩苏邦剖面。层位：二叠系瓜德鲁普统（童子岩组）。

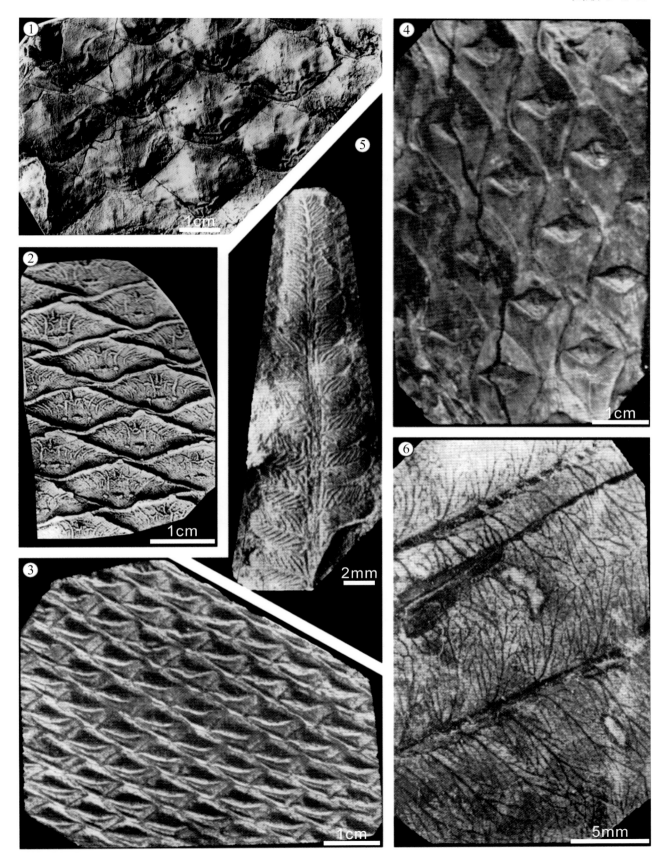

图版 5-6-3 说明

1 宣威鳞木 *Lepidodendron xuanweiense* Yao in Yao et al.，1980　引自赵修祜等（1980）
登记号：NIGP -PB 6965。主要特征：叶座长纺锤形，表面平滑，顶角下侧隐有几条横纹，中脊线微弱，侧边线呈波状，维管束痕宽"V"形，侧痕明显，三小点位于两侧角的连线上。产地：云南宣威来宾剖面。层位：二叠系乐平统（宣威组）。

2 细尖芦木 *Calamites cistii* Brongniart，1828　引自朱彤（1980）
登记号：FEICG-86032。主要特征：纵肋平，其上布满细纵纹，在节上交错排列，两端渐尖，肋顶端具一椭圆或长卵形的节下痕，节上痕隐约可见，圆点状，纵沟双线状。产地：福建永定龙潭剖面。层位：二叠系瓜德鲁普统（童子岩组）。

3 细肋副芦木 *Paracalamites stenocostatus* Gu and Zhi，1974　引自赵修祜等（1980）
登记号：NIGP-PB 6978。主要特征：节线平直，宽常不足1mm，上端具细小的长卵形的节下痕，表面有时隐约可见一跳细线状凸起，纵沟浅而细，肋和沟都在节上直通。产地：贵州盘县老屋基剖面。层位：二叠系乐平统（宣威组）。

4 中朝楔叶 *Sphenophyllum sino-coreanum* Yabe，1922　引自赵修祜等（1980）
登记号：NIGP-PB 6998。主要特征：叶每轮6枚，三对型，上两对大小近等，下对的最小，紧靠成心形，叶全缘，长卵形，两端不对称，顶端钝圆，叶脉较密。产地：贵州盘县纸厂剖面。层位：二叠系乐平统（宣威组）。

5 多叶瓣轮叶 *Lobatannularia multifolia* Kon'no and Asama，1950　引自赵修祜等（1980）
登记号：NIGP-PB 7006。主要特征：叶轮由很大的上、下叶缺分为两瓣，每瓣约有叶20余枚，几乎全部相互连合，向上弯，长短悬殊，靠近下叶缺的叶最短，近顶端处最宽，具单脉。产地：贵州盘县老屋基剖面。层位：二叠系乐平统（宣威组）。

6 美楔叶 *Sphenophyllum speciosum* (Royle) McClelland，1850　引自朱彤（1980）
登记号：FEICG-86027。主要特征：叶每轮6枚，三对型，上两对大小接近，略呈倒卵形，叶全缘，顶端钝圆，叶脉稀疏而直，从叶片基部生出1~2条，分叉多次。产地：福建龙岩芦田底剖面。层位：二叠系瓜德鲁普统（童子岩组）。

7 仁化栉羊齿 *Pecopteris renhuaensis* Yang and Chen，1979　引自朱彤（1980）
登记号：FEICG-86059。主要特征：末次羽片线形，小羽片着生于羽轴腹面，与羽轴几成直角伸出，相邻小羽片互相接触，小羽片舌形，周围具一薄的边缘，顶端大而圆，中脉甚粗而直，侧脉也粗而密，不分叉。产地：福建南靖长塔剖面。层位：二叠系瓜德鲁普统（童子岩组）。

8 多形准脉羊齿 *Neuropteridium polymorphum* Halle，1927　引自朱彤（1980）
登记号：FEICG-86083。主要特征：小羽片长3cm，宽1cm，宽线形或长椭形，略弯曲，全缘，基部略圆，中脉很粗，下延，向上延伸到顶端才分散，侧脉分叉1~4次，向内弯曲。产地：福建龙岩苏邦剖面。层位：二叠系瓜德鲁普统（童子岩组）。

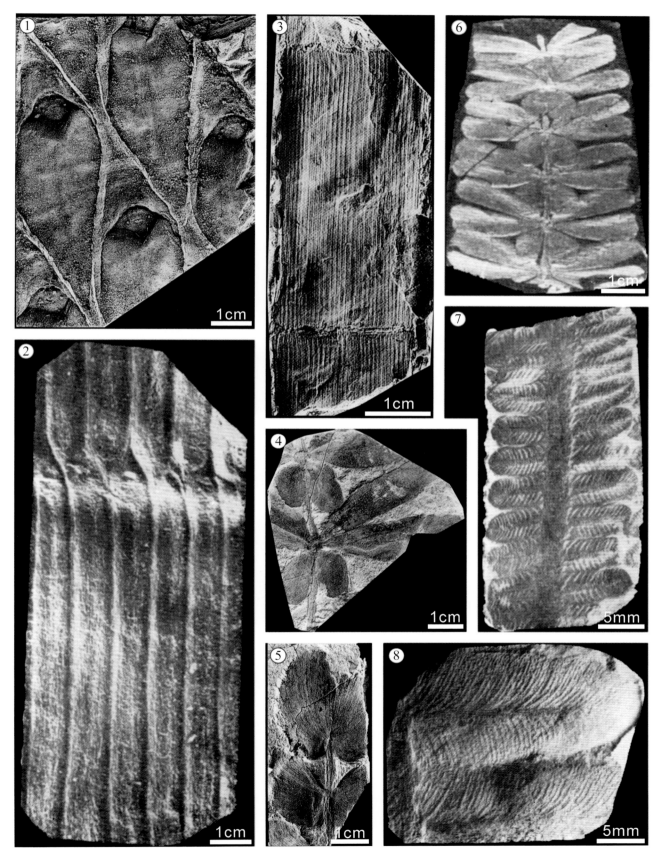

图版 5-6-4 说明

1　皱根座 *Stigmaria rugulosa* Gothan，1923　引自朱彤（1980）

登记号：FEICG-86016。主要特征：根痕圆形，脐状；根座表面具许多纵向皱纹。产地：福建南靖长塔剖面。层位：二叠系瓜德鲁普统（童子岩组）。

2　短镰轮叶 *Annularia shirakii* Kawasaki，1927　引自中国科学院南京地质古生物研究所和植物研究所《中国古生代植物》编写小组（1974）

登记号：NIGP-PB 4908。主要特征：各级枝的节间和末级枝的长度都明显地逐一向上缩短，叶轮有时具上缺，叶较短，披针形，略向前弯，最宽处在中部，顶端颇尖，中脉不明显。产地：贵州盘县老屋基剖面。层位：二叠系乐平统（宣威组）。

3—4　贵州准脉羊齿 *Neuropteridium guizhouense* Zhang in Zhao et al.，1980　引自赵修祜等（1980）

登记号：NIGP-PB 7047。主要特征：小羽片着生于腹面，紧挤，除顶端者外，不相融合，不整齐，依着生部位不同而呈舌形或者卵形，基部强烈收缩成心形，中脉粗，基本不下延，伸至小羽片顶端附近开始分散，侧脉直，极细密。产地：贵州盘县老屋基剖面。层位：二叠系乐平统（宣威组）。

5　栉状翅叶 *Neurophyllites pecopteroides* Zhang in Zhao et al.，1980　引自赵修祜等（1980）

登记号：NIGP-PB 7046。主要特征：至少两次羽状分裂，末次羽片紧挤，轴粗约2mm，具细纵纹和圆痕，小羽片卵形，顶端圆，基部收缩并具硬结，中脉粗强，顶端分散。产地：云南富源庆云剖面。层位：二叠系乐平统（宣威组）。

6　福建大羽籽 *Gigantonomia fukiensis* Li and Yao，1983　引自朱彤（1980）

登记号：FEICG-86131。主要特征：种子叶带状，披针形，对生，叶表面上散布腺点，种子有两行，每个种子长在背叶上每一条侧脉的顶端，种子长卵形，表面布有腺点。产地：福建龙岩苏邦剖面。层位：二叠系瓜德鲁普统（童子岩组）。

7　永定单网羊齿 *Gigantonoclea yongdingensis* Zhu，1990　引自朱彤（1980）

登记号：FEICG-86117。主要特征：小羽片矩形披针形，边缘全缘，顶部锐圆或渐尖，基部略呈圆形或下边稍下延，小羽片近直角着生在羽轴上，中脉直达顶端，仅具一级侧脉，中脉和一级侧脉两旁均有伴网眼。产地：福建永定富岭剖面。层位：二叠系瓜德鲁普统（童子岩组）。

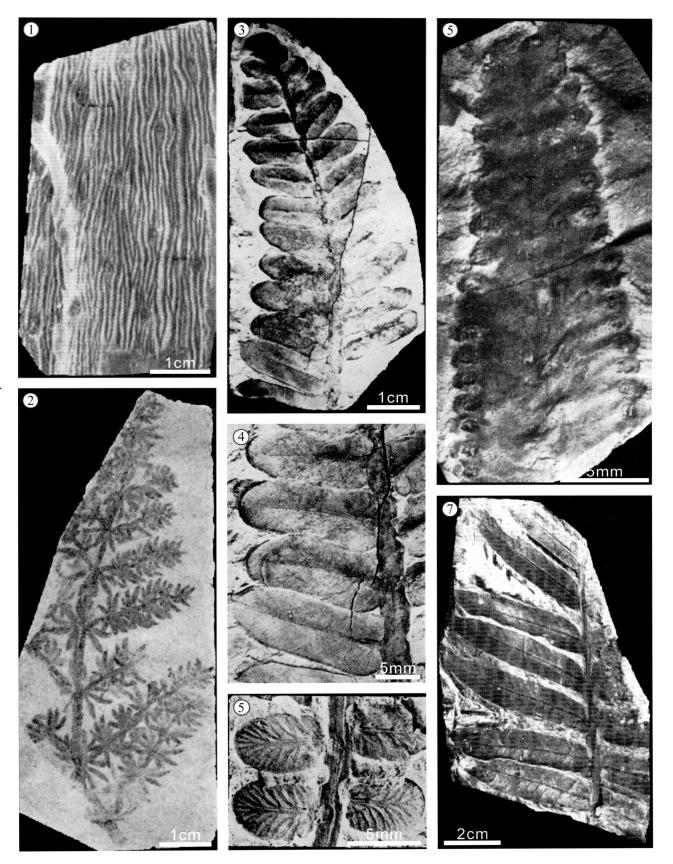

图版 5-6-5 说明

1　舌形栉羊齿 *Pecopteris lingulata* Zhang in Zhao et al.，1980　引自赵修祜等（1980）

登记号：NIGP-PB 7016。主要特征：至少两次羽状分裂，小羽片薄，不整齐，矩状舌形，基部连接，略微收缩，中脉以70°角伸出，侧脉极细，明显，互生。产地：云南富源庆云剖面。层位：二叠系乐平统（宣威组）。

2　富源栉羊齿 *Pecopteris fuyuanensis* Zhang in Zhao et al.，1980　引自赵修祜等（1980）

登记号：NIGP-PB 7021。主要特征：至少两次羽状复叶，末次羽片互生，线形，着生于末二级羽轴的腹部，向前缓缓收缩，两侧不对称，小羽片长舌形，顶端钝，通常斜伸，中脉明显且直，几达顶端，侧脉甚密。产地：云南富源庆云剖面。层位：二叠系乐平统（宣威组）。

3　坚直囊蕨 *Orthotheca rigida* Yang and Chen，1979　引自朱彤（1980）

登记号：FEICG-86086。主要特征：羽状复叶，羽片直，小羽片分离或稍接触，长方形或椭圆形，中脉粗壮，不下延，侧脉直而密，相互平行，不分叉，聚合囊线形，在中脉两侧排列成行。产地：福建龙岩苏邦剖面。层位：二叠系瓜德鲁普统（童子岩组）。

4　刺栉羊齿 *Pecopteris echinata* Gu and Zhi，1974　引自中国科学院南京地质古生物研究所和植物研究所《中国古生代植物》编写小组（1974）

登记号：NIGP-PB 7012。主要特征：小羽片卵形、长卵形至舌形，长约为宽的1.5倍，顶端亚圆，基部稍宽，中脉粗，微下延，不到顶端即分叉，侧脉分叉后粗细几乎不变。产地：云南富源庆云剖面。层位：二叠系乐平统（宣威组）。

5　贵州联囊蕨 *Rajahia guizhouensis* Zhang in Zhao et al.，1980　引自赵修祜等（1980）

登记号：NIGP-PB 4953。主要特征：奇数羽状复叶，末次羽片线状披针形，顶小羽片长，末级羽轴粗壮，小羽片亚对生，不整齐，长舌形，基部略收缩，顶端钝圆，中脉粗直，侧脉稀，一般不分叉。生殖小羽片背面中脉两侧各具16~20对线形聚囊堆，卵形至长卵形，沿侧脉排列成行，彼此紧贴。产地：贵州盘县纸厂剖面。层位：二叠系乐平统（宣威组）。

6　小联囊蕨 *Rajahia major* Zhang in Zhao et al.，1980　引自赵修祜等（1980）

登记号：NIGP-PB 7029。主要特征：生殖羽片呈卵形，基部收缩，侧边缘略呈波状，中脉粗强，侧脉以宽角斜伸，聚囊堆长，下陷，着生于小羽片背面，位于整条侧脉长度的两旁，孢子囊细小，众多紧密。产地：云南宣威东山区剖面。层位：二叠系乐平统（宣威组）。

图版 5-6-6 说明

1　猫眼鳞木 *Lepidodendron oculus-felis*（Abbado）Zeiller，1901　引自张宜（2009）

登记号：NIGP-PB 21188。主要特征：叶座横菱形，长宽比1:1.5左右，叶座排列紧密；叶痕较大，横菱形，长宽比1:1.5左右，顶、底角宽大，两侧角尖锐，有侧延线，位于叶座的中上部，呈明显的猫眼状。产地：山西保德扒楼沟剖面。层位：二叠系乌拉尔统（下石盒子组）。

2　梭鳞木 *Lepidodendron szeianum* Lee，1963b　引自张宜（2009）

登记号：NIGP-PB 21187。主要特征：叶座纺锤形，长度约为宽度的两倍，顶、底两端狭长，略斜，上下叶座连接或略错开，左右相隔很近，但不紧靠。产地：山西保德扒楼沟剖面。层位：二叠系乌拉尔统（下石盒子组）。

3　马齿楔叶 *Sphenophyllum kawasakii* Stockmans and Mathieu，1957　引自张宜（2009）

登记号：NIGP-PB 21204。主要特征：叶每轮6片，大小相等，不呈三对型排列，相邻叶轮彼此接触或稍重叠，最宽处接近顶端，顶端具16~18个钝圆细齿；叶脉基出1~2条，分叉3~4次，直达顶端细齿内。产地：山西保德扒楼沟剖面。层位：二叠系乌拉尔统（下石盒子组）。

4　畸楔叶 *Sphenophyllum thonii* Mahr，1868　引自张宜（2009）

主要特征：叶每轮6枚，较大，椭圆形，倒卵形，两侧不对称，顶端钝圆或伸长，具细长锯齿；叶脉外弯，多次二歧式分叉而成放射状，分别到侧边和顶端。产地：山西保德扒楼沟剖面。层位：二叠系乌拉尔统（下石盒子组）。

5　细尖芦木 *Calamites cistii* Brongniart，1828　引自颜梦晓（2016）

主要特征：髓模的间间长可达16cm，通常长大于宽，纵肋平窄，在节上交错排列，两端渐尖，肋顶端具一椭圆形或长卵形的节下痕，纵沟双线状。产地：山西保德桥头镇。层位：二叠系乌拉尔统（山西组）。

6　华夏齿叶 *Tingia carbonica*（Schenk）Halle，1925　引自张宜（2009）

登记号：NIGP-PB 21178。主要特征：叶具不等叶性，大叶自上而下形状变化大，基部宽而微斜，顶端截形分裂为3~5个不规则的长齿；叶脉细，常在基部分叉，有两条或多条深入齿中；尖头指示为小叶。产地：山西保德扒楼沟剖面。层位：二叠系乌拉尔统（下石盒子组）。

图版 5-6-7 说明

1　星轮叶 *Annularia stellata*（Schlotheim）Wood，1860　引自张宜（2009）
登记号：NIGP-PB 21203。主要特征：叶轮较大，每轮达20枚，叶大小仅相等，放射状排列，倒披针形，顶端略尖，基部稍连合，中脉较粗，图中箭头指叶中脉。产地：山西保德扒楼沟剖面。层位：二叠系乌拉尔统（山西组）。

2　中国瓣轮叶 *Lobatannularia sinensis*（Halle）Halle，1928　引自张宜（2009）
登记号：NIGP-PB 21206。主要特征：叶长不超过2cm，倒披针形，具单脉，略向上弯，顶端具小尖头，基部稍连合或分离，上叶缺不明显；靠近下叶缺的叶最短。产地：山西保德桥头。层位：二叠系乌拉尔统（山西组）。

3　菱齿叶 *Tingia hamaguchii* Kon'no，1929　引自颜梦晓（2016）
主要特征：大叶常呈菱形、长椭圆形至倒卵形，与羽轴成20°~40°交角，基部渐狭，下延，顶端亚尖至钝圆，紧密排列或稍分离，两侧不对称，下边较长，顶端具细尖齿或4~5个钝齿。产地：山西保德扒楼沟剖面。层位：二叠系乌拉尔统（下石盒子组）。

4　小羽栉羊齿 *Pecopteris arbrescens*（Schlotheim）Sternberg，1825　引自张宜（2009）
登记号：NIGP-PB 21268。主要特征：小羽片大小整齐，规则地垂直于羽轴，排列紧密，椭圆形或矩形。产地：山西保德扒楼沟剖面。层位：二叠系乌拉尔统（上石盒子组）。

5　东方栉羊齿 *Pecopteris orientalis*（Schenk）Potonié，1893　引自颜梦晓（2016）
主要特征：二次羽状复叶，小羽片舌形至卵形，顶端钝圆，基部微下延；中脉下延，前段略向上弯。产地：山西保德桥头。层位：二叠系乌拉尔统（山西组）。

6　多叉枝脉蕨 *Cladophlebis nystroemii* Halle，1927　引自张宜（2009）
登记号：NIGP-PB 21197。主要特征：小羽片镰刀型，全缘，顶端尖；中脉明显，偏近小羽片下侧。产地：山西保德扒楼沟剖面。层位：二叠系乌拉尔统（下石盒子组）。

7　三角织羊齿 *Emplectopteris triangularis* Halle，1927　引自张宜（2009）
登记号：NIGP-PB 21185。主要特征：二次羽状复叶，羽轴具点痕；末次羽片线状披针形，小羽片三角形；末次羽片基部下行第一小羽片较大，呈明显不等边三角形或瓣状，位于羽轴基部下延部分。产地：山西保德扒楼沟剖面。层位：二叠系乌拉尔统（山西组）。

8　狭束羊齿 *Fascipteris stena* Gu and Zhi，1974　引自张宜（2009）
登记号：NIGP-PB 21263。主要特征：小羽片全缘，顶端钝，微弯曲；侧脉宽角深处，并以狭角作二歧式合轴式分叉。产地：山西保德扒楼沟剖面。层位：二叠系乌拉尔统（上石盒子组）。

图版 5-6-8 说明

1　长星叶 *Asterophyllites longifolius*（Sternberg）Brongniart，1828　引自张宜（2009）
登记号：NIGP-PB 21190。叶每轮30~40枚，细线形，叶脉不明显。产地：山西保德扒楼沟剖面。层位：二叠系乌拉尔统（下石盒子组）。

2　尖头轮叶 *Annularia mucronata* Schenk，1883　引自张宜（2009）
主要特征：叶轮约18枚，长短不一，倒披针形，指向两侧的最长，近顶端最宽，顶端具小尖头，中脉粗。产地：山西保德扒楼沟剖面。层位：二叠系乌拉尔统（下石盒子组）。

3　镰羽叶型斜羽叶 *Plagiozamites drepanozamioides* Hu，1983　引自张宜（2009）
登记号：NIGP-PB 21214。主要特征：枝条羽叶状；两行叶排列，镰刀型；叶前缘有锯齿，每片叶有叶脉15条左右。产地：山西保德扒楼沟剖面。层位：二叠系乌拉尔统（下石盒子组）。

4—5　中国卵叶 *Yuania chinensis* Du and Zhu，1982　引自张宜（2009）
登记号：NIGP-PB 21179。主要特征：叶互生，长舌形或长卵形，顶端钝圆或截形，基部渐狭呈半抱茎着生于轴上，5为4叶片的放大。产地：山西保德扒楼沟剖面。层位：二叠系乌拉尔统（下石盒子组）。

5　三田齿叶穗 *Tingiostachya santianensis* He，Liang and Shen，1996　引自张宜（2009）
登记号：NIGP-PB 21207。主要特征：孢子叶穗粗壮，具柄；孢子叶密集轮生，分裂成两个顶端芒状裂片；孢子囊卵形，生于孢子叶基部的腹面上。产地：山西保德扒楼沟剖面。层位：二叠系乌拉尔统（下石盒子组）。

7　华夏羊齿 *Cathaysiopteris whitei*（Halle）Koidzumi，1934　引自张宜（2009）
登记号：NIGP-PB 21213。主要特征：小羽片线性，侧边全缘或波状，基部心形，左右不对称，顶端渐尖；中脉较宽，细脉羽状，细密而明显向外延生呈缝脉。产地：山西保德扒楼沟剖面。层位：二叠系乌拉尔统（下石盒子组）。

8　翁氏原始乌毛蕨属 *Protoblechnum wongii* Halle，1927　引自张宜（2009）
登记号：NIGP-PB 21189。主要特征：小羽片线形至披针形，边缘全缘，向上渐狭，中脉粗，直达小羽片顶端。产地：山西保德扒楼沟剖面。层位：二叠系乌拉尔统（下石盒子组）。

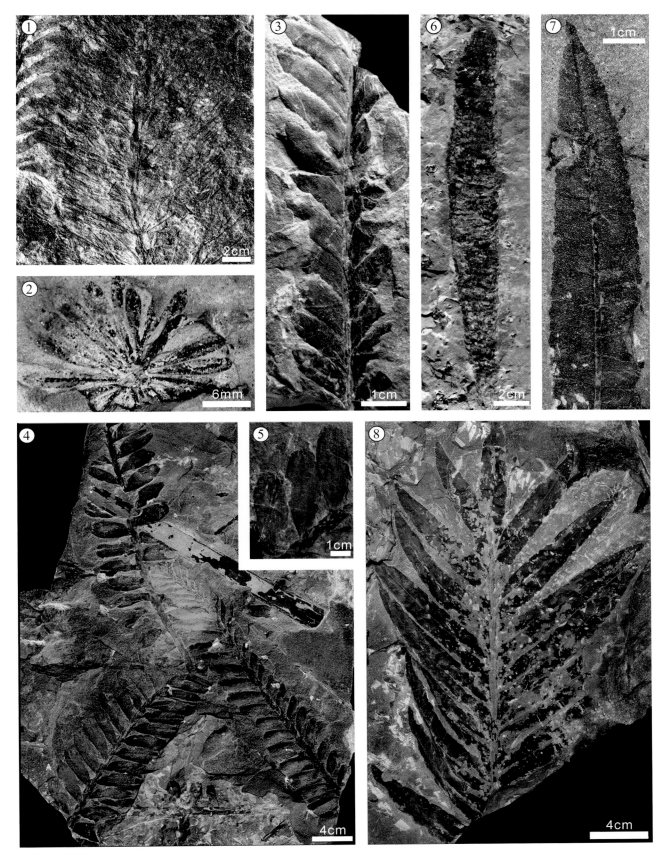

图版 5-6-9 说明

1　太原栉羊齿 *Pecopteris taiyuanensis* Halle，1927　引自张宜（2009）

登记号：NIGP-PB 21264。主要特征：小羽片舌形或微呈镰刀形、椭圆形，顶端钝圆，基部微下延；中脉下延，前段略向上弯。产地：山西保德扒楼沟剖面。层位：二叠系乌拉尔统（下石盒子组）。

2　丽瓣栉羊齿 *Pecopteris sinoboutonnetii* Stockmans and Mathieu，1957　引自张宜（2009）

登记号：NIGP-PB 21266。主要特征：至少二次羽状复叶，小羽片分离或部分重叠，矩形或三角形，末次羽片基部下行第一小羽片常较大，分裂成几乎相等的两瓣。产地：山西保德扒楼沟剖面。层位：二叠系乌拉尔统（下石盒子组）。

3　多脉带羊齿 *Taeniopteris multinervis* Weiss，1869　引自张宜（2009）

登记号：NIGP-PB 21202。主要特征：叶片线形，中脉宽约2mm，侧脉细而清晰，伸出时即分叉一次，脉间有小黑点痕。产地：山西保德扒楼沟剖面。层位：二叠系乌拉尔统（下石盒子组）。

4　山西狐尾藻 *Myriophyllum shanxiense* Xiao in Xiao and Zhang，1985　引自张宜（2009）

登记号：NIGP-PB 21227。主要特征：小羽片着生在末级轴两侧，一般为线形或狭矩圆形，向两端收缩，中部两侧边近平行，顶端圆。产地：山西保德扒楼沟剖面。层位：二叠系乌拉尔统（下石盒子组）。

5　皱变态叶 *Aphlebia crispa*（Gutbier）Sternberg，1838　引自张宜（2009）

登记号：NIGP-PB 21250。主要特征：末次裂片卵形至线形，互生，不规则，以狭角伸出。产地：山西保德扒楼沟剖面。层位：二叠系乌拉尔统（下石盒子组）。

6　唐山科达籽 *Cordaicarpus tangshanensis* Gu and Zhi，1974　引自张宜（2009）

主要特征：种子扁平，呈卵圆状三角形，两侧角宽圆，顶端较尖，基部平；外种皮薄，不呈翅状。产地：山西保德扒楼沟剖面。层位：二叠系乌拉尔统（下石盒子组）。

7—8　带科达 *Cordaites principalis*（Germar）Geinitz，1855　引自张宜（2009）

登记号：NIGP-PB 21179。主要特征：叶呈长条形，叶脉平行，脉间纹微凸呈瓦楞状，叶间纹细而明显，箭头指示被放大显示于8的叶片部位。产地：山西保德扒楼沟剖面。层位：二叠系乌拉尔统（下石盒子组）。

图版 5-6-10 说明

1 舌形瓣轮叶 *Lobatannularia lingulata*（Halle）Halle，1928 引自张宜（2009）

登记号：NIGP-PB 21226。主要特征：叶轮明显分为两瓣，每瓣8~10枚；叶倒披针形，具单脉，顶部最宽，顶端具尖头，基部分离；下叶缺明显。产地：山西保德扒楼沟剖面。层位：二叠系乌拉尔统（上石盒子组）。

2 联合栉羊齿 *Pecopteris unita* Brongniart，1836 引自何学智（2013）

主要特征：本种为多次羽状复叶，图为末次羽片，末次羽片线形至披针形，全缘、波状浅裂至深裂，小羽片卵圆形，顶端钝圆，基部连合，中脉下延，较直或微弯，侧脉以宽角分出，不分叉。产地：山西寿阳孟家沟。层位：二叠系乌拉尔统（上石盒子组）。

3 东北枝脉蕨 *Cladophlebis manchurica*（Kaw.）Gu and Zhi，1974 引自何学智（2013）

主要特征：蕨叶大，二次羽片，末二级羽轴表面光滑，具翼，在顶端二歧分叉，末级羽片披针形至线形，小羽片质薄，三角形至镰刀形，紧密排列，对生或亚对生，中脉从小羽片中部偏下的位置伸出。产地：山西寿阳孟家沟。层位：二叠系乌拉尔统（上石盒子组）。

4 二叠楔叶羊齿 *Sphenopteridium pseudogermanicum*（Halle）Gu and Zhi，1974 引自张宜（2009）

登记号：NIGP-PB 21239。主要特征：至少三次羽状复叶，小羽片互生，斜伸，菱形、倒卵形或圆形，基部收缩后下延，顶端钝圆或亚尖；叶脉扇状，分叉成很多很密而直的放射状支脉。产地：山西保德扒楼沟剖面。层位：二叠系乌拉尔统（上石盒子组）。

5 多形准脉羊齿 *Neuropteridium polymorphum* Halle，1927 引自何学智（2013）

主要特征：末次羽片线形，末级羽轴表面平滑，小羽片几乎垂直着生于末级羽轴上，对生或亚对生；小羽片形态多变，大多为长椭圆形，略微弯曲，顶端钝圆，基部呈耳状或心形，中脉粗壮，基部下延或否，常伸至小羽片顶端才逐渐分散，侧脉分叉数次。产地：山西寿阳孟家沟。层位：二叠系乌拉尔统（上石盒子组）。

6 太原翅籽 *Samaropsis taiyuanensis* Halle，1927 引自张宜（2009）

主要特征：种子卵圆形，基部种脐呈半圆形浅凹状，外种皮翅状，厚度均一；核近圆形，表面有许多细种脊。产地：山西保德扒楼沟剖面。层位：二叠系乌拉尔统（上石盒子组）。

7 圆形神州叶 *Shenzhouphyllum rotundatum* Xie in Yang，2006 引自张宜（2009）

登记号：NIGP-PB 21225。主要特征：叶扇形，大，全缘或稍作波浪形，顶端圆，基部有柄；叶脉放射状，较密，在叶的基部和中部各分叉一次后直达叶的前缘。产地：山西保德扒楼沟剖面。层位：二叠系乌拉尔统（上石盒子组）。

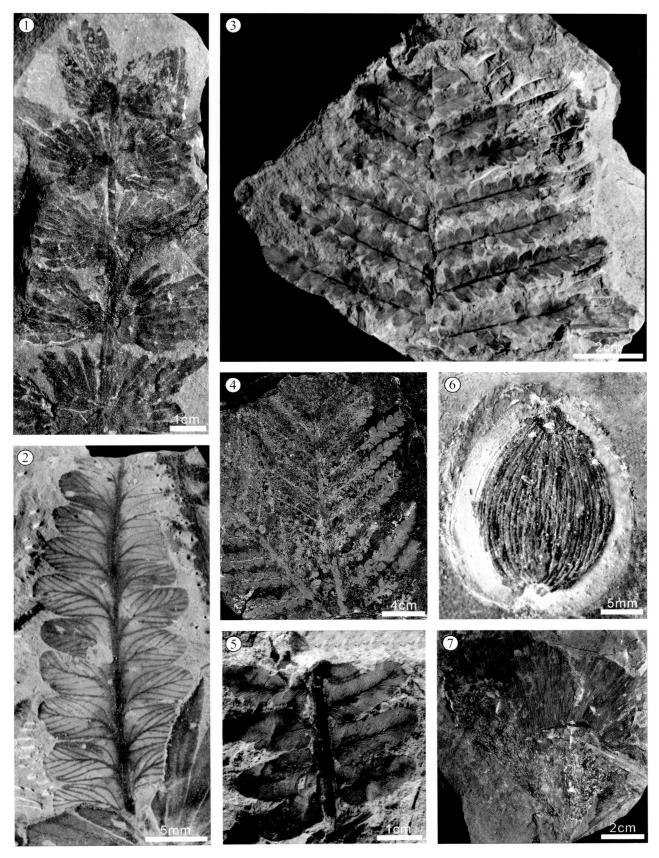

图版 5-6-11 说明

1 短镰轮叶 *Annularia shirakii* Kawasaki，1927 引自张宜（2009）
登记号：NIGP-PB 21209。主要特征：节间向上逐一缩短；叶轮6枚叶，叶较短，披针形，最宽处在中部，顶端颇尖。产地：山西保德扒楼沟剖面。层位：二叠系乌拉尔统（上石盒子组）。

2 纤弱楔羊齿 *Sphenopteris tenuis* Schenk，1883 引自张宜（2009）
主要特征：末次羽片披针形，亚对生或互生；小羽片质薄，楔形，顶端尖，基部收缩后微微下延。产地：山西保德扒楼沟剖面。层位：二叠系乌拉尔统（上石盒子组）。

3—4 山西带羊齿 *Taeniopteris shansiensis* Halle，1927 引自张宜（2009）
登记号：NIGP-PB 21192。主要特征：叶大，长至少22cm；中脉较粗，侧脉细而明显，伸出时与中脉呈宽角，侧脉一般成对伸出；脉间有小黑点痕，4是3的放大。产地：山西保德扒楼沟剖面。层位：二叠系乌拉尔统（上石盒子组）。

5 疏脉带羊齿 *Taeniopteris norinii* Halle，1927 引自张宜（2009）
登记号：NIGP-PB 21212。主要特征：顶端钝圆，中脉较细，侧脉细疏而明显，不分叉或偶分叉一次。产地：山西保德扒楼沟剖面。层位：二叠系乌拉尔统（上石盒子组）。

6 细脉座延羊齿 *Alethopteris ascendens* Halle，1927 引自张宜（2009）
登记号：NIGP-PB 21244。主要特征：小羽片披针形，略呈镰刀形，顶端钝至渐尖，与轴呈宽角相交；中脉明显，微下延，不到顶端即分散；侧脉纤细，稀疏；小羽片基部有数条邻脉。产地：山西保德扒楼沟剖面。层位：二叠系乌拉尔统（上石盒子组）。

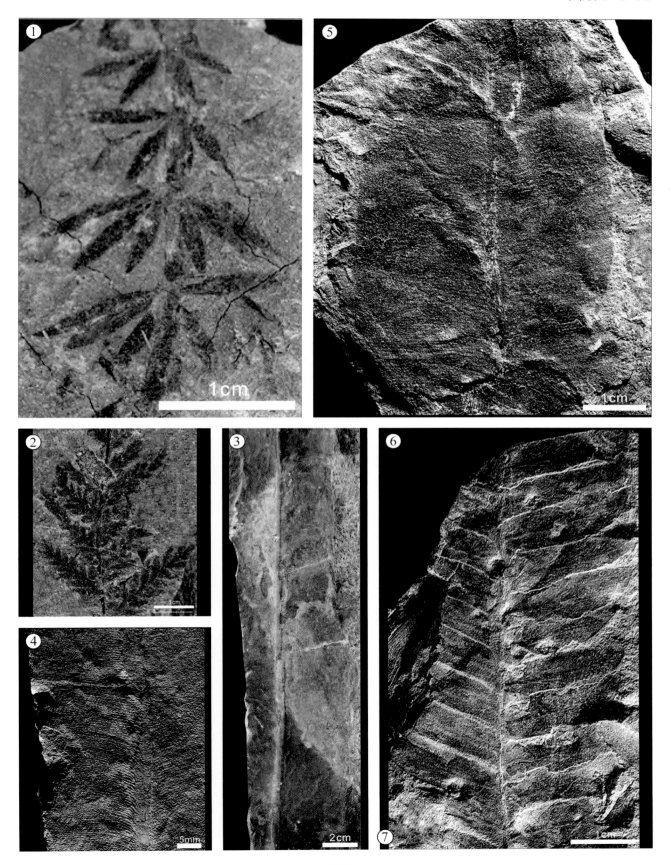

图版 5-6-12 说明

1—2　网结斜脉叶 *Lesleya anastomoisis* Wang and Wang in Wang，1987　引自王自强（1987）

登记号：TJCSG-8402-287。主要特征：叶狭长带形，向两端渐尖，基部渐收缩成粗柄，全缘或波状起伏；中轴粗强，轴面光滑，直伸达顶，侧脉粗，基部侧脉以较大角度伸出外，其余侧脉均以较小角度斜伸而出，图为叶中上部，1为2下部的放大。产地：山西柳林磨石沟剖面。层位：二叠系吴家坪阶（孙家沟组中段）。

3　弧束羊齿 *Fascipteris hallei* Gu and Zhi，1974　引自王自强（1987）

登记号：TJCSG-8707-3。主要特征：成熟的小羽片互生，长舌形至椭圆形，全缘或微呈波缘，排列紧挤，顶端钝圆，基部收缩或下延；侧脉以锐角伸出，脉束同一方向外弯。产地：山西柳林剖面。层位：二叠系乐平统（孙家沟组）。

4　剑瓣轮叶 *Lobatannularia ensifolia*（Halle）Halle，1928　引自王自强（1987）

登记号：TJCSG-9805-1。主要特征：叶轮分为两瓣，叶披针形，顶端渐尖，基部分离或稍连合，具单脉；下叶缺明显，靠近下叶缺的叶最短。产地：山西柳林剖面。层位：二叠系乐平统（孙家沟组）。

5　纹鳞杉 *Ullmannia bronnii* Geoppert，1850　引自王自强（1987）

登记号：TJCSG-8302-4。主要特征：针叶绕轴螺旋排列，顶端钝尖，不呈锐尖形，表面具细纵纹，中脉不明显，角质层厚。产地：山西柳林大风山南剖面。层位：二叠系吴家坪阶（孙家沟组中段）。

6　浆侧羽叶 *Pterophyllum erratum* Gu and Zhi，1974　引自王自强（1987）

登记号：TJCSG-9805-22。主要特征：一次羽状复叶，较大，裂片几乎垂直地着生在羽轴两侧，排列较紧，但彼此间距略有变化，裂片带形，基部略收缩后又微扩大。产地：山西柳林剖面。层位：二叠系乐平统（孙家沟组）。

7　大叶卵叶 *Yuania magnifolia* Wang and Wang in Wang，1987　引自王自强（1987）

登记号：TJCSG-8402-302。主要特征：枝粗壮，叶羽状排列，叶片长舌形、剑形、披针形，最大宽度在叶中部或稍下位置，钝圆形顶端，叶脉平行，细而密。产地：山西柳林磨石沟剖面。层位：二叠系吴家坪阶（孙家沟组中段）。

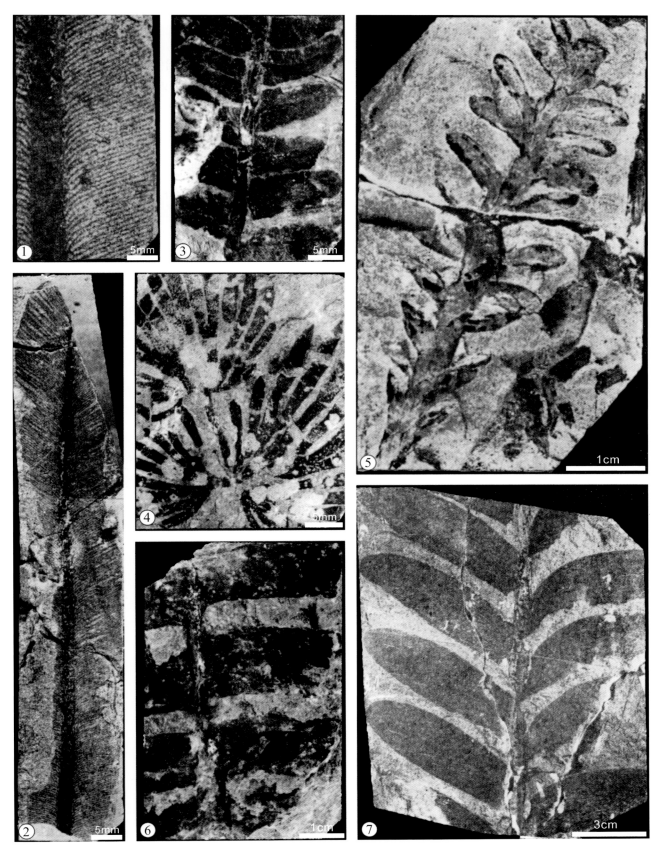

参考文献

安太庠，郑昭昌，1990. 鄂尔多斯盆地周缘的牙形石. 北京：科学出版社，1–219.

曹长群，郑全锋，2007. 浙江煤山 D 剖面二叠系长兴组高精度岩石地层. 地层学杂志，31: 14–22.

陈军，2011. 贵州南部下二叠统（乌拉尔统）牙形类生物地层与全球对比. 南京：中国科学院南京地质古生物研究所.

陈旭，1934. 梅田灰岩蜓科之一新种. 中国地质学会志，13.

陈旭，1956. 中国南部之蜓科 II，中国二叠纪茅口灰岩的蜓科动物群（中国古生物志：新乙种第 6 号）. 北京：科学出版社，1–99.

陈旭，王建华，1983. 广西宜山地区晚石炭世马平组的蜓类（中国古生物志：新乙种第 19 号）. 北京：科学出版社，1–133.

陈庚保，张遴信，杨城芳，王向东，1991. 云南石炭系顶界的研究及其蜓类化石. 昆明：云南科技出版社，1–136.

陈洪德，李洁，张成弓，程立雪，程礼军，2011. 鄂尔多斯盆地山西组沉积环境讨论及其地质启示. 岩石学报，27: 2213–2229.

程立人，李才，张以春，吴水忠，2005. 西藏羌塘中部地区 *Polydiexodina* 蜓类动物群. 微体古生物学报，22: 152–162.

程立人，王天武，李才，武世忠，2002. 藏北申扎地区上二叠统木纠错组的建立及皱纹珊瑚组合. 地质通报，21: 140–143.

程立人，张予杰，张以春，2004. 西藏申扎地区古生代地层研究新进展. 地质通报，23: 1018–1022.

程政武，吴绍祖，方晓思，1997. 新疆准噶尔南缘和吐鲁番盆地二叠—三叠系. 新疆地质，15: 155–173.

丁惠，马倩，1991. 辽东 – 吉南地区晚石炭世牙形石生物地层. 山西矿业学院学报，9: 132–142，145.

丁惠，万世禄，1986. 徐淮地区石炭、二叠纪牙形石动物群及其生物地层序列. 科学通报，8: 638.

丁培榛，1962. 西藏晚二叠世几种腕足类化石. 古生物学报，10: 451–464.

丁蕴杰，夏国英，段承华，李文国，1985. 内蒙古哲斯地区早二叠世地层及动物群. 中国地质科学院天津地质矿产研究所所刊，10: 1–244.

杜贤铭，朱家楠，1982. 苏铁植物卵叶属 *Yuania* 的新订正及中国卵叶（新种）*Y. chinensis* sp. nov. 的发现. 北京自然博物馆研究报告，17: 1–6.

范炳恒，何锡麟，1999. 华北地台晚古生代腕足动物群及其地层研究. 徐州：中国矿业大学出版社，1–179.

范嘉松，齐敬文，周铁明，张孝林，张维，1990. 广西隆林二叠纪生物礁. 北京：地质出版社，1–128.

方润森，范健才，1994. 云南西部中晚石炭世—早二叠世冈瓦纳相地层及古生物. 昆明：云南科技出版社，1–121.

方宗杰，2004. 华南二叠纪双壳类动物群灭绝型式的探讨 // 戎嘉余，方宗杰. 生物大灭绝与复苏. 合肥：中国科学技术大学出版社，571–646.

方宗杰，朱怀诚，吴秀元，朱自力，陈中强，罗辉，曹美珍，虞子冶，1996. 塔里木地块二叠系研究的新进展 // 童晓光. 塔里木盆地石油地质研究新进展. 北京：科学出版社，41–53.

高金汉，王训练，冯国良，张海军，刘旭东，2005. 太原西山七里沟晚古生代腕足动物群落及其古环境意义. 中国地质，24: 528–535.

高莲凤，丁惠，万晓樵，2005. 豫淮盆地太原组顶部斯威特刺（*Sweetognathus*）种的分类修正及其地层意义. 微体古生物学报，22: 370–382.

高联达，2008. 山西晚二叠世微古植物—孢子花粉组合基本特征. 地球学报，29: 18–30.

郭铁鹰，梁定益，张宜智，赵崇贺，1991. 西藏阿里地质. 武汉：中国地质大学出版社，1–464.

郭英海，刘焕杰，权彪，王泽成，钱凯，1998. 鄂尔多斯地区晚古生代沉积体系及古地理演化. 沉积学报，16：44–51.

何锡麟，梁敦士，沈树忠，1996. 中国江西二叠纪植物群研究. 徐州：中国矿业大学出版社，1–201.

何锡麟，朱梅丽，1985. 我国西南晚二叠世直形贝超科的几个新属种. 古生物学报，24：198–204.

何心一，1990. 阿里二叠纪珊瑚 // 杨遵仪，聂泽同，等. 西藏阿里古生物. 武汉：中国地质大学出版社，76–79.

何学智，2013. 山西寿阳上石盒子组两个连续的植物埋藏群落. 南京：中国科学院南京地质古生物研究所.

胡世忠，1983. 赣南小江边灰岩的腕足类及其时代的讨论. 古生物学报，22：110–164.

胡雨帆，1983. 山西下石盒子组植物化石新记. 植物学报，25：197–198，210.

黄浩，金小赤，史宇坤，杨湘宁，2007. 西藏申扎地区中二叠世蜓类动物群. 古生物学报，46：62–74.

黄浩，杨湘宁，金小赤，2005. 云南保山地区二叠纪 *Shanita* 有孔虫动物群. 古生物学报，44：545–555.

黄本宏. 1995. 安加拉植物群在我国石炭纪、二叠纪的分布及其与华夏植物群的关系 // 李星学. 中国地质时期植物群. 广州：广东科技出版社，174–189.

纪占胜，姚建新，武桂春，刘贵忠，蒋忠惕，傅渊慧，2007. 西藏申扎地区晚石炭世牙形石 *Neognathodus* 动物群的特征及其意义. 地质通报，26：42–53.

贾慧贞，许寿永，邝国敦，张步飞，左自壁，吴锦珠，1977. 珊瑚纲 // 湖北省地质科学研究所，河南省地质局，湖北省地质局，湖南省地质局，广东省地质局，广西壮族自治区地质局. 中南地区古生物图册（二）：晚古生代部分. 北京：地质出版社，109–270.

贾映月，丁惠，张卫民，1994. 淮南煤田太原组牙形石生物地层. 山西矿业学院学报，12：133–142.

金玉玕，1960. 南京龙潭孤峰组牙形类化石. 古生物学报，8：230–248.

金玉玕，1963. 我国下二迭统的乌鲁希腾贝（*Urushtenia* Licharew，1935）. 古生物学报，11：1–31.

金玉玕，1979. 珠穆朗玛峰北坡二叠纪基龙组的动物化石 // 中国科学院青藏高原综合科学考察队、中国登山队珠穆朗玛峰科学考察分队. 珠穆朗玛峰科学考察报告（1975）. 北京：科学出版社，93–102.

金玉玕，梁希洛，文世宣，1977. 珠穆朗玛峰北坡二叠纪动物化石的新资料. 地质科学，（3）：236–249.

金玉玕，廖卓庭，方炳兴，1974. 腕足动物门（二叠纪）// 中国科学院南京地质古生物研究所. 西南地区地层古生物手册. 北京：科学出版社，308–313.

金玉玕，王向东，尚庆华，王玥，盛金章，1999. 中国二叠纪年代地层划分和对比. 地质学报，73：97–108.

金玉玕，尚庆华，曹长群，2000. 二叠纪地层研究述评. 地层学杂志，24：99–108.

金玉玕，沈树忠，Herderson，C.M.，王向东，王伟，王玥，曹长群，尚庆华，郑全峰，2007. 瓜德鲁普统（Guadalupian）—乐平统（Lopingian）全球界线层型剖面和点（GSSP）. 地层学杂志，31：1–13.

金玉玕，孙东立，1981. 西藏古生代腕足动物群 // 中国科学院青藏高原综合科学考察队. 西藏古生物（第三分册）. 北京：科学出版社，127–176.

琚琦，张以春，乔枫，徐海鹏，2019. 西藏拉萨地块中部扎布耶茶卡一带中二叠世蜓类动物群及其古生物地理意义. 古生物学报，58：324–341.

孔宪祯，许惠龙，李润兰，常江林，刘陆军，赵修祜，张遴信，廖卓庭，朱怀诚，1996. 山西晚古生代含煤地层和古生物群. 山西：山西科学技术出版社，1–280.

蓝朝华，孙诚，范健才，方润森，1982. 滇西镇康、潞西地区的石炭二叠系 // 地质矿产部青藏高原地质文集编委会. 青藏高原地质文集（11）："三江"地层、古生物 . 北京：地质出版社，79–91.

李莉，段承华，1985. 腕足动物门 // 天津地质矿产研究所 . 华北地区古生物图册（一）：古生代分册 . 北京：地质出版社，209–206.

李莉，谷峰，1976. 石炭纪—二叠纪的腕足动物 // 内蒙古自治区地质局，东北地质科学研究所 . 华北地区古生物图册：内蒙古分册（一）. 北京：地质出版社，228–306.

李莉，谷峰，李文国，1982. 内蒙古西乌珠穆沁旗地区下二叠统腕足动物新资料 . 中国地质科学院沈阳地质矿产研究所所刊，（4）：113–129.

李莉，谷峰，苏养正，1980. 石炭纪—二叠纪的腕足动物 // 沈阳地质矿产研究所 . 东北地区古生物图册（一）：古生代分册 . 北京：地质出版社，327–428.

李莉，杨德骊，冯儒林，1987. 广西隆林地区晚石炭—早二叠世的腕足类及其界线 . 中国地质科学院宜昌地质矿产研究所所刊，11: 199–258.

李汝宁，1986. 大巴山前缘上、下二叠统分界的新认识——兼论"东吴运动". 四川地质学报，2: 16–23.

李星学，1963a. 中国晚古生代陆相地层 . 北京：科学出版社，1–168.

李星学，1963b. 华北月门沟群植物化石（中国古生物志：新甲种第 6 号）. 北京：科学出版社，1–185.

李星学，沈光隆，田宝霖，1995. 我国石炭纪、二叠纪植物群的几个论题 // 李星学 . 中国地质时期植物群 . 广州：广东科技出版社，190–221.

李星学，吴一民，付在斌，1985. 西藏改则县夏岗江二叠纪混合植物群的初步研究及其古生物地理区系意义 . 古生物学报，24: 150–170.

李永安，金小赤，孙东江，程政武，庞其清，李佩贤，2003. 新疆吉木萨尔大龙口非海相二叠系—三叠系界线层段古地磁特征 . 地质论评，49（5）：525–536.

李子舜，詹立培，戴进业，金若谷，朱秀芳，张景华，黄恒铨，徐道一，严正，李华梅，1989. 川北陕南二叠—三叠纪生物地层及事件地层研究 [中华人民共和国地质矿产部地质专报（二）：地层古生物（第 9 号）] . 北京：地质出版社，1–279.

梁文平 . 1990. 浙江二叠系冷坞组及其腕足动物群 [中华人民共和国地质矿产部地质专报（二）：地层古生物（第 10 号）] . 北京：地质出版社，1–522.

梁希洛，1981. 甘肃西北部及内蒙古西部早二叠世头足类 . 古生物学报，20: 485–503.

梁希洛，1982. 吉林及内蒙古一些早二叠世菊石 . 古生物学报，21: 645–660.

梁希洛，1983. 二叠纪菊石的新材料——再论 Araxoceratidae 的发源、迁移及 *Paratirolites* 的层位 . 古生物学报，22: 606–617.

廖卓庭，1979. 贵州西部晚石炭世腕足动物 . 古生物学报，18: 527–544.

廖卓庭，1980. 贵州西部上二叠统腕足化石 // 中国科学院南京地质古生物研究所 . 黔西滇东晚二叠世含煤地层和古生物群 . 北京：科学出版社，241–277.

林宝玉，1981. 西藏申扎地区古生代地层的新认识 . 地质论评，27: 353–354.

林甲兴，李家骧，陈公信，周祖仁，张步飞，1977. 原生动物门：䗴目 // 湖北省地质科学研究所，河南省地质局，湖北省地质局，湖南省地质局，广东省地质局，广西壮族自治区地质局 . 中南地区古生物图册（二）：晚古生代部分 . 北京：地质出版社，4–96.

林又玲，毛桂英，1990. 焦作地区太原组牙形刺化石及其组合特征 . 焦作矿业学院学报，1: 30–37.

刘锋，2009. 山西保德晚石炭世—二叠纪孢粉生物地层学研究. 南京：中国科学院南京地质古生物研究所.

刘艳，孙克勤，2008. 西藏二叠纪植物古地理分区研究. 地质论评，54: 289–295.

马克，侯加根，刘钰铭，史燕青，闫林，陈福利，2017. 吉木萨尔凹陷二叠系芦草沟组咸化湖混合沉积模式. 石油学报，38: 636–648.

梅仕龙，金玉玕，Wardlaw，B.R.，1994a. 四川宣汉渡口二叠纪"孤峰组"牙形石序列及其全球对比意义. 古生物学报，33: 1–26.

梅仕龙，金玉玕，Wardlaw，B.R.，1994b. 川东北二叠纪吴家坪期牙形石（刺）序列及其世界对比. 微体古生物学报，11: 121–139.

梅仕龙，史晓颖，陈学方，孙克勤，颜佳新，1999. 黔南桂中二叠系 Cisuralian 统和 Guadalupian 统层序地层及其与牙形石演化的关系. 地球科学：中国地质大学学报，24: 21–31.

煤炭科学研究院地质勘探分院，山西省煤田地质勘探公司，1987. 太原西山含煤地层沉积环境. 北京：煤炭工业出版社，1–818.

聂泽同，宋志敏，1983a. 西藏阿里地区日土县下二叠统茅口阶龙格组的䗴类新资料. 地球科学：武汉地质学院学报，19: 57–67.

聂泽同，宋志敏，1983b. 西藏阿里地区日土县下二叠统曲地组的䗴类. 地球科学：中国地质大学学报，19: 29–42.

聂泽同，宋志敏，1983c. 西藏阿里地区日土县下二叠统吞龙共巴组的䗴类. 地球科学：中国地质大学学报，19: 43–55.

全国地层委员会，2002. 中国区域年代地层（地质年代）表说明书. 北京：地质出版社，38–45.

芮琳，1979. 贵州西部晚二叠世的䗴类. 古生物学报，18: 271–300.

芮琳，侯吉辉，1987. 晋东南地区晚石炭世䗴类 // 山西煤田地质勘探公司 114 队，中国科学院南京地质古生物研究所. 南京晋东南地区晚古生代含煤地层和古生物群. 南京：南京大学出版社，139–280.

沙庆安，吴望始，傅家谟，1990. 黔桂地区二叠系综合研究. 北京：科学出版社，1–215.

沈树忠，曹长群，王向东，梅仕龙，金玉玕，2002. 中国西藏南部喜马拉雅相的乐平统. 地质学报，76: 454–461.

沈树忠，何锡麟，1994. 贵州贵定长兴阶的腕足动物群. 古生物学报，33: 440–454.

沈树忠，张华，张以春，袁东勋，陈波，何卫红，牟林，林巍，王文倩，陈军，吴琼，曹长群，王玥，王向东，2019. 中国二叠纪综合地层和时间框架. 中国科学：地球科学，49: 160–193.

盛怀斌，1984. 西藏拉孜县早二叠世晚期修康组菊石. 喜马拉雅地质，2: 219–247.

盛金章，1955. 长兴石灰岩中的䗴科化石. 古生物学报，3: 287–297.

盛金章，1956. 陕西梁山二叠纪的䗴科化石. 古生物学报，4: 175–227.

盛金章，1958. 青海省茅口灰岩中的䗴科. 古生物学报，6: 268–291.

盛金章，1962. 中国的二叠系. 北京：科学出版社，1–95.

盛金章，1963. 广西、贵州及四川二叠纪的䗴类（中国古生物志：新乙种第 10 号）. 北京：科学出版社，1–247.

盛金章，陈楚震，王义刚，芮琳，廖卓庭，何锦文，江纳言，王成源，1987. 苏浙皖地区二叠系和三叠系界线研究的新进展 // 中国科学院南京地质古生物研究所. 中国各系界线地层及古生物二叠系与三叠系界线（一）. 南京：南京大学出版社，1–21.

盛金章，孙大德，1975. 青海䗴类. 北京：地质出版社，1–98.

盛金章，王仁农，1982. 江苏北部大屯煤田的含䗴地层及䗴类动物群. 科学通报，27（3）：192.

盛金章，王玉净，钟碧珍，1984. 云南东部的几种 *Robustoschwagerina*. 古生物学报，23: 523–531.

盛金章，张遴信，1958. 浙江长兴长兴灰岩中的蟆科化石. 古生物学报，6: 205–214.

时言，1982. 中国南部早二叠世皱纹珊瑚. 古生物学报，21: 249–264.

史美良，赵治信，1985. 北祁连山石炭纪牙形石序列. 新疆石油地质，1: 43–65.

史宇坤，杨湘宁，刘家润，2012. 贵州南部宗地地区早石炭世—早二叠世的蟆类. 北京：科学出版社，1–342.

宋学良，1974. 石炭纪、二叠纪珊瑚 // 云南省地质局. 云南化石图册. 昆明：云南人民出版社，80–113.

孙革，1991. 山西保德早二叠世 *Cordaites baodeensis* sp. nov. 叶表皮构造及 *Cordaites* 分类探讨. 古生物学报，30: 167–191.

孙东立，胡兆珣，陈挺恩，1981. 拉萨地区晚二叠世地层的发现. 地层学杂志，5: 65-68.

万世禄，丁惠，1984. 太原西山石炭纪牙形刺初步研究. 地质论评，30: 409–415.

万世禄，丁惠，1987. 华北地台石炭、二叠纪牙形石研究新发现及其地质意义. 煤炭学报，1: 15–18.

万世禄，丁惠，赵松银，1983. 华北中、晚石炭世牙形石生物地层. 煤炭学报，2: 62–71.

王娟. 2015. 云南宣威 P/T 界线煤的地球化学特征及古环境意义. 北京：中国矿业大学.

王伟，董致中，王成源，2004. 滇西保山地区丁家寨组、卧牛寺组牙形类的时代. 微体古生物学报，21: 273–282.

王钰，1955. 腕足类的新属. 古生物学报，3: 3–34.

王玥，金玉玕，2006. 华南晚二叠世两次灭绝事件之间蟆类的辐射演化 // 戎嘉余，方宗杰，周忠和，詹仁斌，王向东，袁训来. 生物的起源、辐射与多样性演变. 北京：科学出版社，503–516，901–902.

王玥，沈树忠，王伟，曹长群，张以春，2018. 二叠系 // 全国地层委员会. 中国地层表 2014 说明书. 北京：地质出版社，221–250.

王玥，王伟洁，张以春，祁玉平，王向东，廖卓庭，2011. 新疆柯坪乌尊布拉克地区晚石炭世—早二叠世蟆类生物地层. 古生物学报，50: 409–419.

王成文，杨式溥，1993. 新疆柯坪巴立克立克组腕足动物群. 长春地质学院学报，23: 1–9.

王成文，杨式溥，1998. 新疆中部晚石炭世—早二叠世腕足动物及其生物地层学研究. 北京：地质出版社，1–156.

王成文，张松梅. 2003. 哲斯腕足动物群. 北京：地质出版社，1–210.

王成源，1987. 牙形刺. 北京：科学出版社，1–471.

王成源，1995. 二叠—三叠系界线层的牙形刺与生物地层界线. 古生物学报，34: 129–151.

王成源，1998. 华南二叠—三叠系界线层牙形刺的灭绝与复苏 // 北京大学地质系. 北京大学国际地质科学学术研讨会论文集. 北京：地震出版社，379–389.

王成源，2002. 广西来宾、合山二叠纪牙形刺. 中国科学院南京地质古生物研究所丛刊，15: 180–190.

王成源，2004. 华南二叠—三叠系与泥盆系弗拉阶—法门阶界线层牙形刺的灭绝与复苏的对比研究 // 戎嘉余，方宗杰. 生物大灭绝与复苏. 合肥：中国科学技术大学出版社，731–748.

王成源，王平，李文国，2006. 内蒙古二叠系哲斯组的牙形刺及其时代. 古生物学报，45: 195–206.

王成源，郑春子，彭玉鲸，王光奇，2000. 吉林李家窑范家屯组中的二叠纪北温带牙形类动物群. 微体古生物学报，17: 430–442.

王国莲，孙秀芳，1973. 秦岭石炭—二叠纪有孔虫及其地质意义. 地质学报，47: 137–178.

王国平，刘清昭，金玉玕，胡世忠，梁文平，廖卓庭，1982. 腕足 // 地质部南京地质矿产研究所 . 华东地区古生物图册（二）：晚古生代分册 . 北京：地质出版社，186–256.

王洪第，1978. 四射珊瑚亚纲 // 贵州地层古生物工作队 . 西南地区古生物图册：贵州分册（二）. 北京：地质出版社，106–189.

王洪第，1986. 珊瑚 // 肖伟民，王洪第，张遴心，董文兰 . 贵州南部早二叠世地层及生物群 . 贵阳：贵州人民出版社，199–272.

王全海，徐仲勋，吴瑞忠，1988. 西藏札达县姜叶玛的二叠系 . 成都地质学院学报，15: 45–50.

王尚彦，2001. 论卡以头组 . 地层学杂志，25: 129–134，149.

王小娟，林巍，2019. 中国 *Waagenophyllum*（*Waagenophyllum*）种的分支分析 . 古生物学报，58: 502–514.

王义刚，陈楚震，芮琳，王志浩，何锦文，1989. 论二叠系—三叠系界线定义 . 地层学杂志，13: 205–212.

王玉净，盛金章，张遴信，1981. 西藏蜓类 // 中国科学院青藏高原综合科学考察队 . 西藏古生物（第三分册）. 北京：科学出版社，1–80.

王玉净，周建平，1986. 申扎早二叠世蜓类 . 中国科学院南京地质古生物研究所丛刊，10: 141–156.

王云慧，王莉莉，王建华，朱正刚，林国为，张遴信，钱清，1982. 蜓目 // 中国地质科学院南京地质矿产研究所 . 华东地区古生物图册（二）：晚古生代分册 . 北京：地质出版社，1–495.

王志根，赵嘉明，1998. 广西来宾中二叠世的珊瑚群 . 古生物学报，37: 40–66.

王志浩，1978. 陕西汉中梁山地区二叠纪—早三叠世牙形刺 . 古生物学报，17: 213–232.

王志浩，1991. 中国石炭—二叠系界线地层的牙形刺——兼论石炭—二叠系界线 . 古生物学报，30: 6–41.

王志浩，2000. 黔南下—中二叠统界线层的牙形刺——瓜达鲁平统底界在华南的确认 . 微体古生物学报，17: 422–429.

王志浩，李润兰，1984. 山西太原组牙形类的发现 . 古生物学报，23: 196–203.

王志浩，祁玉平，2002. 黔南石炭—二叠系界线牙形类序列的再研究 . 微体古生物学报，19: 228–236.

王志浩，祁玉平，2003. 我国北方石炭—二叠系牙形刺序列再认识 . 微体古生物学报，20: 225–243.

王志浩，祁玉平，王向东，王玉净，2004. 贵州罗甸纳水上石炭统（宾夕法尼亚亚系）地层的再研究 . 微体古生物学报，21: 111–129.

王志浩，芮琳，张遴信，1987. 贵州罗甸纳水晚石炭世至早二叠世早期牙形类及蜓序列 . 地层学杂志，11: 155–159.

王志浩，王成源，1983. 甘肃靖远地区石炭系靖远组的牙形刺 . 古生物学报，22: 437–446.

王志浩，张文生，1985. 河南禹县太原组上部牙形刺的发现 . 地层学杂志，3: 71–73.

王自强，1987. 华北石千峰群下部晚二叠世植物化石 . 中国地质科学院天津地质矿产研究所所刊，15: 6–125.

吴望始，1957. 汉中梁山上二叠统的珊瑚化石 . 古生物学报，5: 325–350.

吴望始，1963. 论文采尔珊瑚（*Wentzelella*）. 古生物学报，11: 492–504.

吴望始，1987. 记述几种阿谢尔期（Asselian）的珊瑚 . 古生物学报，26: 149–157.

吴望始，王志浩，1974. 二叠纪珊瑚 // 中国科学院南京地质古生物研究所 . 西南地区地层古生物手册 . 北京：科学出版社，296–299.

吴望始，章炎生，1979. 四川巴塘、义敦的晚古生代四射珊瑚 . 古生物学报，18: 25–38.

吴望始，赵嘉明，1974. 石炭纪珊瑚 // 中国科学院南京地质古生物研究所 . 西南地区地层古生物手册 . 北京：科学出版社，

265–273.

吴望始，赵嘉明，1983. 浙、桂、川的晚二叠世珊瑚. 中国科学院南京地质古生物研究所丛刊，6: 271–284.

吴望始，周康杰，1982. 新疆柯坪地区晚石炭世晚期的珊瑚化石. 中国科学院南京地质古生物研究所丛刊，4: 213–239.

夏国英，1983. 内蒙古毛里喷洪地区早二叠世的䗴类化石. 中国地质科学院天津地质矿产研究所文集，5: 133–147.

肖伟民，王洪第，张遴心，董文兰，1986. 贵州南部早二叠世地层及生物群. 贵阳：贵州人民出版社，1–364.

萧素珍，张恩鹏，1985. 古植物 // 天津地质矿产研究所. 华北地区古生物图册（一）：古生代分册. 北京：地质出版社，533–586.

新疆地质矿产局地质矿产研究所，中国地质矿产研究所，1987. 新疆柯坪地区石炭系、二叠系及其生物群. 北京：海洋出版社，1–277.

新疆石油管理局勘探开发研究院，中国科学院南京地质古生物研究所，2003. 新疆北部石炭纪—二叠纪孢子花粉研究. 合肥：中国科学技术大学出版社，1–700.

新疆维吾尔自治区区域地层表编写组，1981. 西北地区区域地层表：新疆维吾尔自治区分册. 北京：地质出版社，1–496.

许寿永，1984. 湘、鄂二叠纪珊瑚动物群的特征. 古生物学报，23: 605–616.

颜梦晓，2016. 山西保德桥头山西组植物群及其古生态学. 南京：中国科学院南京地质古生物研究所.

杨德骊，1991. 广西宜山早二叠世栖霞早期腕足动物群及其意义. 中国地质科学院宜昌地质矿产研究所所刊，17: 81–92.

杨关秀，2006. 中国豫西二叠纪华夏植物群：禹州植物群. 北京：地质出版社，1–437.

杨关秀，陈芬，1979. 古植物 // 侯鸿飞，詹立培，陈炳蔚，等. 广东晚二叠世含煤地层和生物群. 北京：地质出版社，104–139.

杨湘宁，1989. 广西宜山马平组的䗴类化石分带. 现代地质，3: 297–307.

杨振东，1985. 贵州郎岱打铁关"茅口石灰岩"中䗴类化石的再研究. 微体古生物学报，2: 307–335.

杨宗仁，1983. 云南保山地区石炭系的划分 // 地质矿产部青藏高原地质文集编委会. 青藏高原地质文集（11）. 北京：地质出版社，61–70.

杨遵仪，丁培榛，殷洪福，张守信，范嘉松，1962. 祁连山区石炭纪、二叠纪和三叠纪腕足类动物群 // 中国科学院地质古生物研究所，中国科学院地质研究所，北京地质学院. 祁连山地质志. 北京：科学出版社，1–134.

姚兆奇，徐均涛，郑灼官，赵修祜，莫壮观，1980. 黔西滇东晚二叠世生物地层和二叠系与三叠系的界线问题 // 中国科学院南京地质古生物研究所. 黔西滇东晚二叠世含煤地层和古生物群. 北京：科学出版社，1–69.

尹集祥，郭师曾，1976. 珠穆朗玛峰北坡冈瓦纳相地层的发现. 地质科学，11: 291–322.

袁东勋，沈树忠，2011. 重庆中梁山凉风垭二叠—三叠系界线附近牙形类生物地层研究. 古生物学报，50: 420–438.

詹立培，吴让荣，1982. 西藏申扎地区早二叠世腕足动物群 // 地质矿产部青藏高原地质文集编委会. 青藏高原地质文集（7）. 北京：地质出版社，86–109.

詹立培，姚建新，纪占胜，武桂春，2007. 西藏申扎地区晚石炭世—早二叠世冈瓦纳相腕足类动物群再研究. 地质通报，26: 54–72.

张宜，2009. 山西保德晚古生代植物群. 南京：中国科学院南京地质古生物研究所.

张宜，郑少林，Naugolnykh, S.V.，2012. 中国上二叠统鳞羊齿属新发现及地层学和生物学意义. 科学通报，57: 2297–2303.

张达玉，周涛发，袁峰，范裕，刘帅，杜红星，2010. 塔里木柯坪地区库普库兹曼组玄武岩锆石 LA-ICPMS 年代学、Hf

同位素特征及其意义 . 岩石学报，36: 963–974.

张继庆，李汝宁，官举铭，冯纯江，夏宗实，1990. 四川盆地及邻区晚二叠世生物礁 . 成都：四川科学技术出版社，1–138.

张克信，1987. 浙江长兴地区二叠纪与三叠纪之交牙形石动物群及地层意义 . 地球科学：武汉地质学院院报，12: 193–200.

张克信，赖旭龙，丁梅华，吴顺宝，刘金华，1995. 浙江长兴煤山二叠—三叠系界线层牙形石序列及其全球对比 . 地球科学：中国地质大学学报，20: 669–676.

张克信，赖旭龙，童金南，2009. 全球界线层型华南浙江长兴煤山剖面牙形石序列研究进展 . 古生物学报，48: 474–486.

张克信，殷鸿福，童金南，江海水，罗根明，2013. 三叠系下三叠统印度阶全球标准层型剖面和点位 // 中国科学院南京地质古生物研究所 . 中国"金钉子"：全球标准层型剖面和点位 . 杭州：浙江大学出版社，282–319.

张遴信，1963. 新疆柯坪及其邻近地区晚石炭世的蜓类（Ⅱ）. 古生物学报，11: 200–239.

张遴信，1982. 青藏高原东部的蜓 // 四川省地质局区域地质调查队 . 川西藏东地区地层与古生物 . 成都：四川人民出版社，119–244.

张遴信，鲍进礼，1986. 青海布尔汗布达山南坡晚石炭世蜓 . // 青海省地质科学研究所，中国科学院南京地质古生物研究所 . 青海布尔汗布达山南坡石炭纪、三叠纪地层和古生物 . 合肥：安徽科学技术出版社，73–120.

张遴信，董文兰，1986. 蜓类 // 肖伟民，王洪第，张遴信，董文兰 . 贵州南部早二叠世地层及其生物群 . 贵阳：贵州人民出版社，70–198.

张遴信等，1988. 江苏地区下扬子准地台石炭纪生物地层研究 // 江苏石油勘探局地质科学研究院，中国科学院南京地质古生物研究所 . 江苏地区下扬子准地台震旦纪—三叠纪生物地层 . 南京：南京大学出版社，219–313.

张遴信，王玉净，1974. 二叠纪蜓 . // 中国科学院南京地质古生物研究所 . 西南地区地层古生物手册 . 北京：科学出版社，289-296.

张守信，金玉玕，1976. 珠穆朗玛峰地区上古生界腕足动物化石 // 中国科学院西藏科学考察队 . 珠穆朗玛峰地区科学考察报告（1966—1968）：古生物（第二分册）. 北京：科学出版社，159–242.

张文生，丁惠，万世禄，1988. 河南禹县大风口太原组牙形石序列及石炭系—二叠系界线 . 山西矿业学院学报，6: 103–113.

张以春，2010. 西藏普兰县姜叶玛地区瓜德鲁普世晚期蜓类动物群及其古生物地理意义 . 古生物学报，49: 231–250.

张以春，王玥，2019. 西藏普兰县姜叶玛地区中二叠统西兰塔组中的有孔虫及其地质意义 . 古生物学报，58: 311–323.

张正贵，陈继荣，喻洪津，1985. 西藏申扎早二叠世地层及生物群特征 // 地质矿产部青藏高原地质文集编委会 . 青藏高原地质文集（16）. 北京：地质出版社，117–138.

张正华，王治华，李昌全，1988. 黔南二叠纪地层 . 贵阳：贵州人民出版社，1–113.

张志存，1983. 太原西山上石炭统太原组的蜓类分带 . 地层学杂志，7: 272–279.

张祖圻，1985. 华南的二叠系 . 中南大学学报（自然科学版），43: 19–28.

赵嘉明，1981. 四川北川、江油及陕西汉中二叠纪珊瑚化石 . 中国科学院南京地质古生物研究所丛刊，15: 233–274.

赵嘉明，1984. 藏东、川西及滇北二叠纪四射珊瑚 // 四川省地质局区域地质调查队，中国科学院南京地质古生物研究所 . 川西藏东地区地层与古生物 . 成都：四川科学技术出版社，163–202.

赵嘉明，吴望始，1986. 申扎晚古生代珊瑚 . 中国科学院南京地质古生物研究所丛刊，10: 169–194.

赵嘉明，李昌全，1988. 珊瑚 // 贵州石油勘探开发指挥部地质科研所，中国科学院南京地质古生物研究所 . 黔南二叠纪古生物 . 贵州：贵州人民出版社，124–161.

赵金科，1962. 二叠纪早二叠世头足类 // 中国科学院南京地质古生物研究所 . 扬子区标准化石手册 . 北京：科学出版社，123.

赵金科，梁希洛，1974. 二叠纪菊石 // 中国科学院南京地质古生物研究所 . 西南地区地层古生物手册 . 北京：科学出版社，303–307.

赵金科，梁希洛，郑灼官，1978. 华南晚二叠世头足类（中国古生物志：新乙种第 12 号）. 北京：科学出版社，1–194.

赵金科，梁希洛，邹西平，赖才根，张日东，1965. 中国的头足类化石（中国各门类化石）. 北京：科学出版社，1–389.

赵金科，盛金章，姚兆奇，梁希洛，陈楚震，芮琳，廖卓庭，1981. 中国南部的长兴阶和二叠系与三叠系之间的界线 . 中国科学院南京地质古生物研究所丛刊，2: 1–112.

赵金科，郑灼官，1977. 浙西、赣东北早二叠世晚期菊石 . 古生物学报，16: 217–259.

赵修祜，莫壮观，张善桢，姚兆奇，1980. 黔西滇东晚二叠世植物群 // 中国科学院南京地质古生物研究所 . 黔西滇东晚二叠世含煤地层和古生物群 . 北京：科学出版社，70–122.

赵治信，张桂芝，肖继南，2000. 新疆古生代地层和牙形石 . 北京：石油工业出版社，1–340.

中国科学院南京地质古生物研究所和植物研究所《中国古生代植物》编写小组，1974. 中国植物化石（第一册）：中国古生代植物 . 北京：科学出版社，1–226.

周统顺，李佩贤，杨基端，侯静鹏，刘淑文，程政武，吴绍祖，李永安，1997. 中国非海相二叠—三叠系界线层型剖面研究 . 新疆地质，15: 211–226.

周晓东，李东津，王光奇，孙喜庆，王成源，2013. 依据牙形类确定的吉林省大河深组的时代 . 古生物学报，52: 294–308.

周义平，1992. 用 TONSTEIN 的锆石形态和微量元素标志厘定层位 . 煤田地质与勘探，20: 18–23.

周义平，汤大忠，任友谅，1992. 滇东晚二叠世煤田中火山灰蚀变粘土岩夹矸（TONSTEIN）的锆石特征 . 沉积学报，10: 28–38.

周祖仁，1982. 湘东南早二叠世栖霞期早期的 *Schwagerina cushmani* 蟖类群 . 古生物学报，21: 225–248.

周祖仁，1985. 二叠纪菊石的两种生态类型 . 中国科学（B 辑），15: 648–657.

周祖仁，1987a. 阿谢尔期菊石在中国的首次发现——兼论二叠系下界 . 古生物学报，26: 130–154.

周祖仁，1987b. 湘东南早二叠世菊石动物群 // 中国科学院南京地质古生物研究所 . 中国科学院南京地质古生物研究所研究生论文集 . 南京：江苏科学技术出版社，285–348.

周祖仁，1988. 华南早二叠世阿丁斯克期菊石及生物地层 . 古生物学报，27: 368–383.

朱彤，1980. 福建二叠纪含煤地层及古生物 . 北京：地质出版社，1–127.

朱怀诚，1998. 塔里木盆地二叠系孢粉组合及生物地层学 . 古生物学报，36: 40–61.

朱日祥，徐义刚，朱光，张宏福，夏群科，郑天愉，2012. 华北克拉通破坏 . 中国科学：地球科学，42: 1135–1159.

朱秀芳，1982. 西藏申扎地区早二叠世的蟖 // 地质矿产部青藏高原地质文集编委会 . 青藏高原地质文集（7）. 北京：地质出版社，136–148.

Agematsu, S., Sano, H., Sashida, K., 2014. Natural assemblages of *Hindeodus* conodonts froma Permian–Triassic boundary sequence, Japan. Palaeontology, 57: 1277–1289.

Arkell, W.J., Furnish, W.M., Kummel, B., Miller, A.K., Moore, R.C., Schindewolf, O.H., Sylvester-Bradley, P.C., Wright, C.W., 1957. Treatise on Invertebrate Paleontology, Part L: Mollusca 4, Cephalopoda, Ammonoidea. Lawrence. Geological Society of America and University of Kansas Press, 1–490.

Bando, Y., Bhatt, D.K., Gupta, V.J., Hayashi, S., Kozur, H., Hakazawa, K., Wang, Z.H., 1980. Some remarks on the conodont zonation and stratigraphy of the Permian. Recent Researches in Geology, 5: 1–53.

Baresel, B., d'Abzac, F.X., Bucher, H., Schaltegger, U., 2017. High-precision time-space correlation through coupled apatite and zircon tephrochronology: An example fromthe Permian–Triassic boundary in South China. Geology, 45: 83–86.

Barskov, L.S., Kororleva, N.V., 1970. The first find of upper Permian conodonts in the USSR. Transactions (Doklady) of the USSR, Transactions (Doklady) of the USSR，194: 212–213.

Beede, J.W., Kniker, H.T., 1924. Species of the genus Schwagerina and their stratigraphic significance. University of Texas, Bureau of Economic Geology and Technology Bulletin, 2433: 1–96.

Behnken, F.H., 1975. Leonardian and Guadalupain (Permian) conodont biostratigraphy in Western and Southwestern United States. Journal of Paleontology, 49: 284–315.

Birgenheier, L.P., Frank, T.D., Fielding, C.R., Rygel, M.C., 2010. Coupled carbon isotopic and sedimentological records from the Permian System of eastern Australia reveal the response of atmospheric carbon dioxide to glacial growth and decay during the late Palaeozoic ice age. Palaeogeography, Palaeoclimatology, Palaeoecology, 286: 178–193.

Böse, E., 1919. The Permo-Carboniferous ammonoids of the Glass Mountains, west Texas, and their stratigraphic significance. Texas Bureau of Economic Geology Bulletin, 1762: 132–133.

Bowring, S.A., Erwin, D.H., Jin, Y.G., Martin, M.W., Davidek, K., Wang, W., 1998. U/Pb zircon geochronology and tempo of the end-Permian mass extinction. Science, 280: 1039–1045.

Brongniart, A., 1828. Prodrome d'une histoire des végétaux fossiles. Paris: F.G. Levrault, 1–245.

Brongniart, A., 1836. Histoire des végétaux fossiles, ou recherches botaniques et géologiques. Paris: Masson, 1–488.

Burgess, S.D., Bowring, S.A., Shen, S.Z., 2014. High-precision timeline for Earth's most severe extinction. Proceedings of the National Academy of Sciences, 111: 3316–3321.

Cai, Y.F., Zhang, H., Feng, Z., Cao, C.Q., Zheng, Q.F., 2019. A *Germaropteris*-dominated flora from the upper Permian of the Dalongkou section, Xinjiang, Northwest China, and its paleoclimatic and paleoenvironmental implications. Review of Palaeobotany and Palynology, 266: 61–71.

Campi, M.J., Shi, G.R., 2007. The *Linshuichonetes-Crurithyris* Community and new productid species from the Cisuralian (early Permian) of Sichuan, China. Alcheringa, 31: 185–198.

Cao, C.Q., Wang, W., Liu L.J., Shen S.Z., Summons R., 2008. Two episodes of ^{13}C-depletion in organic carbon in the latest Permian: Evidence from the terrestrial sequences in northern Xinjiang, China. Earth and Planetary Science Letters, 270: 251–257.

Chao, K.K., 1965. The Permian ammonoid-bearing formations of South China. Scientia Sinica, 14:1813–1829.

Chao, Y.T., 1927a. Brachiopod fauna of the Chihsia limestone. Bulletin of the Geological Society of China, 6: 83–113.

Chao, Y.T., 1927b. Productidae of China, Part 1: Producti. Palaeontologia Sinica, Series B, 5: 1–206.

Chao, Y.T., 1928. Produtidae of China, Part 2: Chonetinae, Productinae and Richthofeninae. Palaeontologia Sinica, Series B, 5: 1–81.

Chao, Y.T., 1929. Carboniferous and Permian spiriferids of China. Palaeontologia Sinica, Series B, 11: 1–101.

Chen, S., 1934. Fusulinidae of South China. Palaeontologia Sinica, Series B, 4: 1–185.

Chen, Z.Q., Jin, Y.G., Shi, G.R., 1998. Permian transgression-regression sequences and sea-level changes of South China. Proceedings of the Royal Society of Victoria, 110: 345–367.

Chen, Z. Q., Kaiho, K., George, A.D., 2005. Early Triassic recovery of the brachiopod faunas from the end-Permian mass extinction: A global review. Palaeogeography, Palaeoclimatology, Palaeoecology, 224: 270–290.

Chen, Z.Q., Shi, G.R., 2003. Late Paleozoic depositional history of the Tarim basin, northwest China: An integration of biostratigraphic and lithostratigraphic constraints. AAPG Bulletin, 87: 1323–1354.

Chernykh, V.V., 1986. The conodont-based zonal subdivision of the Asselian stage deposits//Ezegodnik. Ural'skoe Otdelenie. Sverdlovsk: Akademi Nauk SSSR, 5–8.

Chernykh, V.V., 2005. Zonal methods in biostratigraphy and zonal scheme for the lower Permian according to conodonts. Ekaterinburg: Uralian Branch of Russian Academy of Sciences, 1–218.

Chernykh, V.V., Chuvashov, B.I., Shen, S.Z., Henderson, C.M., 2016. Proposal for the global stratotype section and point (GSSP) for the base-Sakmarian stage (lower Permian). Permophiles, 63: 4–18.

Chernykh, V.V., Chuvashov, B.I., Shen, S.Z., Henderson, C.M., Yuan, D.X., Stephenson, M.H., 2020a. The Global Stratotype Section and Point (GSSP) for the base-Sakmarian Stage (Cisuralian, Lower Permian). Episodes, 43(4): 961–979.

Chernykh, V.V., Kotlyar, G.V., Chuvashov, B.I., Kutygin, R.V., Filimonova, T.V., Sungatullina, G.M., Mizens, G.A., Sungatullin, R.K., Isakova, T.N., Boiko, M.S., Ivanov, A.O., Nurgalieva, N.G., Balabanov, Y.P., Mychko, E.V., Gareev, B.I. Batalin, G.A., 2020b. Multidisciplinary study of the Mechetlino Quarry section (Southern Urals, Russia) — The GSSP candidate for the base of the Kungurian Stage (Lower Permian). Palaeoworld, 29: 325–352.

Chernykh, V.V., Reshetkova, N.P., 1987. Biostratigraphy and conodonts of the Carboniferous and Permian boundary beds of the western slope of the southern and central Urals. Uralian Science Center, Academy of Science, USSR, 1–50.

Chernykh, V.V., Ritter, S.M., 1997. *Streptognathodus* (conodonta) succession at the proposed Carboniferous-Permian boundary stratotype section, Aidaralash Creek, northern Kazakhstan. Journal of Paleontology, 71: 459–474.

Chernykh, V.V., Ritter, S.M., Wardlaw, B.R., 1997. *Streptognathodus isolatus* new species (conodonta): Proposed index for the Carboniferous-Permian boundary. Journal of Paleontology, 71: 162–164.

Chu, D.L., Tong, J.N., Benton, M.J., Yu, J.X., Huang, Y.F., 2019. Mixed continental-marine biotas following the Permian–Triassic mass extinction in South and North China. Palaeogeography, Palaeoclimatology, Palaeoecology, 519: 95–107.

Chu, D.L., Tong, J.N, Song, H.J., Benton, M.J., Song, H.Y, Yu, J.X, Qiu, X.C, Huang, Y.F., Tian, L., 2015. Lilliput effect in freshwater ostracods during the Permian–Triassic extinction. Palaeogeography, Palaeoclimatology, Palaeoecology, 435: 38–52.

Chu, D.L., Yu, J.X., Tong, J.N., Benton, M.J., Song. H.J., Huang, Y.F., Song T, Tian L., 2016. Biostratigraphic correlation and mass extinction during the Permian–Triassic transition in terrestrial–marine siliciclastic settings of South China. Global and Planetary Change, 146: 67–88.

Chuvashov, B.I., Chernykh, V.V., Shen, S.Z., Henderson, C.M., 2013. Proposal for the global stratotype section and point (GSSP) for the base: Artinskian stage (lower Permian). Permophiles, 58: 26–34.

Clark, D.L., Behnken, F.H., 1971. Conodonts and biostratigraphy of the Permian//Sweet, W.C., Bergstrom, S.M. Symposiumon conodont biostratigraphy. Geological Society of America, Memoir, 127: 415–439.

Clark, D.L., Behnken, F.H., 1979. Evolution and Taxonomy of the North American upper Permian *Neogondolella serrata* complex. Journal of Paleontology, 53: 263–275.

Clark, D.L., Ethington, R.L., 1962. Survey of Permian conodonts in western North America. Brigham Young University Research Studies, Geology Series, 9: 102–114.

Clark, D.L., Mosher, L.C., 1966. Stratigraphic, geographic, and evolutionary development of the conodont genus Gondolella. Journal of Paleontology, 40: 376–394.

Colani, M.M., 1924. Nouvelle contribution a L'Etude des Fusulinides de L'Extreme-Orient. Memoires du Service Geologique de L'Indochine, 11: 1–191.

Condon, D.J., Schoene, B., McLean, N.M., Bowring, S.A., Parrish, R.R., 2015. Metrology and traceability of U-Pb isotope dilution geochronology (EARTHTIME Tracer Calibration Part I). Geochimica et Cosmochimica Acta, 164: 464–480.

Davydov, V.I., Biakov, A.S., Schmitz, M.D., Silantiev, V.V., 2018. Radioisotopic calibration of the Guadalupian (middle Permian) series: Review and updates. Earth-Science Reviews, 176: 222–240.

Davydov, V.I., Glenister, B.F., Spinosa, C., Snyder, W.S., Ritter, S.M., Chernykh, V.V., Wardlaw, B.R., 1998. Proposal of Aidaralash as global stratotype section and point (GSSP) for base of the Permian System. Episodes, 21: 11–18.

Davydov, V.I., Schmitz, M.D., 2019. High-precision radioisotopic ages for the lower Midian (upper Wordian) stage of the Tethyan time scale, Shigeyasu Quarry, Yamaguchi Prefecture, Japan. Palaeogeography, Palaeoclimatology, Palaeoecology, 527: 133–145.

Deprat, J., 1912. Étude géologique du Yun-Nan oriental, III: Étude des fusulinidés de Chine et d'Indochine et classification des calcaires à Fusulines. Mémoires du Service Géologique de l'Indochine, 1: 1–76.

Deprat, J., 1913. Étude des fusulinidés de Chine et d'Indochine. Les fusulinidés des calcaires Carbonifériens et Permiens du Tonkin, du Laos et du Nord-Annam. Mémoires du Service Géologique de l'Indochine, 2: 1–74.

Deprat, J., 1914. Étude comparative des fusulinidés d'Akasaka (Japon) et des fusulinidés de Chine et d'Indochine. Mémoires du Service Géologique de l'Indochine, 3: 1–45.

Deprat, J., 1915. Étude des fusulinidés de Chine et d'Indochine et classification des calcaires Carbonifériens et Permiens du Tonkin, du Laos et du Nord-Annam. Mémoires du Service Géologique de l'Indochine, 4: 1–30.

Diener, C., 1897. Himalayan fossils. The Permocarboniferous fauna of Chitichun No.1. Memoirs of the Geological Survey of India, Palaeontologia Indica, Series 15, 1: 1–105.

Diener, C., 1899. Himalayan fossils. Anthracolitchic fossils of Kashmir and Spiti. Memoirs of the Geological Survey of India, Palaeontologia Indica, Series 15, 1: 1–95.

Diener, C., 1915. The Anthracolithic Faunae of Kashmir, Kaunar and Spiti. Memoirs of the Geological Survey of India, Palaeontologia Indica, New Series, 5: 1–135.

Dunbar, C.O., Skinner, J.W., 1937. Permian Fusulinidae of Texas. Texas University Bulletin 3701, 3: 517–825.

Dutkevich, G.A., Khabakov, A.V., 1934. Permian deposits of the Eastern Pamirs and paleogeography of the upper Paleozoic in Central Asia. AH CCCP, 8: 1–112.

Ehiro, M., Shen, S.Z., 2008. Permian ammonoid *Kufengoceras* from the uppermost Maokou Formation (earliest Wuchiapingian) at Penglaitan, Laibin Area, Guangxi Autonomous Region, South China. Paleontological Research, 12: 255–259.

Elias, M.K., 1938. Studies of late Paleozoic ammonoids. Journal of Paleontology, 12: 86–105.

Embleton, B.J.J., McElhinny, M.W., Ma, X.H., Zhang, Z.K., Li, Z.X., 1996. Permo-Triassic magnetostratigraphy in China: The type section near Taiyuan, Shanxi Province, North China. Geophysical Journal International, 126: 382–388.

Fedorowski, J., 1997. Diachronismin the development and extinction of Permian Rugosa. Geologos, 2: 59–164.

Feng, Z., Wei, H.B., Guo, Y., He, X.Y., Sui, Q., Zhou, Y., Liu, H.Y., Gou, X.D., Lv, Y., 2020. From rainforest to herbland: New insights into land plant responses to the end-Permian mass extinction. Earth-Science Reviews, 204: 103153.

Fielding, C.R., Frank, T.D., McLoughlin, S., Vajda, V., Mays, C., Tevyaw, A.P., Winguth, A., Winguth, C., Nicoll, R.S., Bocking, M., Crowley, J.L., 2019. Age and pattern of the southern high-latitude continental end-Permian extinction constrained by multiproxy analysis. Nature Communications, 10, https://doi.org/10.1038/s41467-018-07934-z.

Fomichev, V. D., 1953. Karally Rugosa i stratigrafiya sredne-i verkhnekamennougolnykh i permskikh otlozheniy Donetskogo basseyna. Leningrad, Vsesoyuznyy Nauchno-Issledovatel'skiy Geologichrskiy Institut (VSEGEI), 1–622.

Fontaine, H., 1961. Les Madrépories paléozoiques de Viet-Nam, de Laos et du Cambodge. Archires Geology du Viet-Nam, 5: 1–276.

Foster, C.B., Afonin, S.A., 2005. Abnormal pollen grains: An outcome of deteriorating atmospheric conditions around the Permian-Triassic boundary. Journal of the Geological Society, 162: 653–659.

Frech, F., 1911. Das Obercarbon Chinas. Die Dyas//von Richthofen, F. China, vol. 5. Berlin: Dietrich Reimer, 97–202.

Frost, E.L., Budd, D.A., Kerans, C., 2012. Syndepositional deformation in a high-relief carbonate platformand its effect on early fluid flow as revealed by dolomite patterns. Journal of Sedimentary Research, 82(12): 913–932.

Furnish, W.M., 1973. Permian stage names. Memoir Canadian Society of Petroleum Geologists, 2: 522–548.

Furnish, W.M., Glenister, B.F., Kullmann, J., Zhou, Z.R., 2009. Treatise on Invertebrate Paleontology. Part L, Mollusca 4 (Revised), Volume 2: Carboniferous and Permian Ammonoidea (Goniatitida and Prolecanitida). Lawrence: University of Kansas Press.

Garzanti, E., Angiolini, L., Sciunnach, D., 1996. The Permian Kuling group (Spiti, Lahaul and Zanskar; NW Himalaya): Sedimentary evolution during rift/drift transition and initial opening of Neo-Tethys. Rivista Italiana di Paleontologia e Stratigrafia, 102: 175–200.

Gastaldo, R.A., Neveling, J., Geissman, J.W., Li, J., 2019. A multidisciplinary approach to review the vertical and lateral facies relationships of the purported vertebrate-defined terrestrial Permian-Triassic boundary interval at Bethulie, Karoo Basin, South Africa. Earth-Science Reviews, 189: 220–243.

Geinitz, H.B., 1855. Die Versteinerungen der Steinkohlenformation in Sachsen. Leiipzig, 1–61.

Geinitz, H.B., von Marck, W. der., 1876. Zur Geologie von Sumatra. Palaeontographica, 22: 399–404.

Gemmellaro, G.G., 1887. La Fauna dei Calcari con Fusulina della Valle del Fiume Sosio nella Provincia di Palermo, Fasc. 1 - Ammonoidea. Giornale di Scienze Naturali e Economiche, 19: 1–106.

Girard, C., Renaud, S., Serayet, A., 2004. Morphological variation of *Palmatolepis* Devonian conodonts: Species versus genus. Comptes Rendus Palevol, 3: 1–8.

Girty, G.H., 1908. The Guadalupian fauna. United States Geological Survey Professional Paper, 58: 1–651.

Glenister, B.F., Baker, C., Furnish, W.M., Dickins, J.M., 2015. Late Permian ammonoid cephalopod *Cyclolobus* from Western Australia. Journal of Paleontology, 64: 399–402.

Glenister, B.F., Wardlaw, B.R., Lambert, L.L., Spinosa, C., wilde, G.L., 1999. Proposal of Guadalupian and component Roadian, Wordian and Capitanian stages as international standards for the Middle Permian series. Permophiles, 34: 3–11.

Goepper, H.R., 1850. Monographie der Fossilen Coniferen. Leiden: Arnz and Comp, 1–286.

Gothan, W., 1923. Leitfossilien III. Karbon und Permflora Lief. Berlin: Karbon iind Parm, 1–187.

Goudemand, N., Orchard, M.J., Urdy, S., Bucher, H., Tafforeau, P., 2011. Synchrotron-aided reconstruction of the conodont feeding apparatus and implications for the mouth of the first vertebrates. PNAS, 108: 8720–8724.

Grabau, A.W., 1923. Stratigraphy of China, Part I: Paleozoic and Older. Peking: China Geological Survey, 1–528.

Grabau, A.W., 1931. The Permian of Mongolia. American Museum of Natural History, 4: 1–665.

Grabau, A.W., 1936. Early Permian fossils of China, Part II: Fauna of the Maping limestone of Kwangsi and Kweichow. Palaeontologia Sinica, Series B, 8: 1–441.

Grant, R.E., 1970. Brachiopods from Permian–Triassic boundary beds and age of Chhidru Formation, West Pakistan//Kummel, B., Teichert, C. Stratigraphic Boundary Problems: Permian and Triassic of West Pakistan. Lawrence: University Press of Kansas, 117–151.

Gullo, M., Kozur, H.W., 1992. Conodonts from the pelagic deep-water Permian of central western Sicily (Italy). Neues Jahrbuch fur Geologie und Palaeontologie, 184: 203–234.

Gunnell, F.H., 1933. Conodonts and fish remains from the Cherokee, Kansas, and Wabaunsee groups of Missouri and Kansas. Journal of Paleontology, 7: 261–297.

Halle, T.G., 1925. *Tingia*, a new genus of fossil plants from the Permian of China (preliminary note). Bulletin of the Geological Society of China, 7–12.

Halle, T.G., 1927. Palaeozoic plants from Central Shansi. Palaeontologea Sinica, Series A, 2: 1–316.

Halle, T.G., 1928. On leaf-mosiac and anisophylly in Palaeozoic Equisetales. Svensk Botoanisk Tidskrift, 22: 230–255.

Hanzawa, S., 1942. *Parafusulina yabei* nov. sp. from Tomuro, Simotuke Province, Japan. Japanese Journal of Geology and Geography, 4: 127–131.

He, W.H., Shi, G.R., Zhang, K.X., Yang, T.L., Shen, S.Z., Zhang, Y., 2019. Brachiopods around the Permian–Triassic boundary of South China//He, W.H., Yu, J.X., Jiang, H.S. New Records of the Great Dying in South China. Singapore: Springer, 1–261.

He, W.H., Shi, G.R., Zhang, Y., Yang, T.L., Zhang, K.X., Wu, S.B., Niu, Z.J., Zhang, Z.Y., 2014. Changhsingian (latest Permian) deep-water brachiopod fauna from South China. Journal of Systematic Palaeontology, 12: 907–960.

Henderson, C.M., 2018. Permian conodont biostratigraphy//Lucas, S.G., Shen, S.Z. The Permian timescale. Geological Society, London, Special Publications, 450: 119–142.

Henderson, C.M., Davydov V. I., Wardlaw B. R., 2012a. The Permian period//Gradstein, F.M., Ogg, J.G., Schmitz, M.D., Ogg, G.M. The Geological Time Scale 2012, Vol. 2. Amsterdam: Elsevier, 653–680.

Henderson, C.M., Mei, S.L., 2003. Stratigraphic versus environmental significance of Permian serrated conodonts around the Cisuralian–Guadalupian boundary: New evidence from Oman. Palaeogeography, Palaeoclimatology, Palaeoecology, 191: 301–328.

Henderson, C.M., Mei, S.L., Wardlaw, B.R., 2002. New conodont definitions at the Guadalupian-Lopingian boundary//Hills, L.V., Henderson, C.M., Bamber, E.M. Carboniferous and Permian of the world. Canadian Society of Petroleum Geologist Memoir, 19: 725–735.

Henderson, C.M., Wardlaw, B.R., Davydov, V.I., Schmitz, M.D., Schiappa, T.A., Tierney, K.E., Shen, S.Z., 2012b. Proposal for base—Kungurian GSSP. Permophiles, 56: 8–21.

Hill, D., 1981. Rugosa and Tabulata//Robison, R.A. Treatise on Invertebrate Paleontology, Part F: Coelenterata, Supplement 1. Lawrence: Geological Society of America and University of Kansas Press, 1–762.

Hou, Z.S., Fan, J.X., Henderson, C.M., Yuan, D.X., Shen, B.H., Wu, J., Wang, Y., Zheng, Q.F., Zhang, Y.C., Wu, Q., Shen, S.Z., 2020. Dynamic palaeogeographic reconstructions of the Wuchiapingian Stage (Lopingian, Late Permian) for the South China Block. Palaeogeography, Palaeoclimatology, Palaeoecology, 546: 109667.

Hsu, J., 1952. Fossil plants from the K'uanshanch'ang coal series of North-Eastern Yunnan, China. The Palaeobotanist, 1: 245–262.

Huang, H., Jin, X.C., Shi, Y.K., Yang, X.N., 2009. Middle Permian western Tethyan fusulinids from southern Baoshan block, western Yunnan, China. Journal of Paleontology, 83: 880–896.

Huang, H., Shi, Y.K., Jin, X.C., 2015. Permian fusulinid biostratigraphy of the Baoshan Block in western Yunnan, China with constraints on paleogeography and paleoclimate. Journal of Asian Earth Sciences, 104: 127–144.

Huang, T.K., 1932a. The Permian formations of southern China. Memoirs of the Geological Survey of China, Series A, 10: 1–140.

Huang, T. K., 1932b. Permian corals of southern China. Palaeontologia Sinica, Series B, 8: 1–163.

Huang, T.K., 1932c. Late Permian brachiopoda of southwestern China. Palaeontologia Sinica, Series B, 9: 1–139.

Huang, T.K., 1933. Late Permian brachiopoda of southwestern China, Part II. Palaeontologia Sinica, Series B, 9: 1–172.

Huang, Y.G., Chen, Z.Q., Zhao, L.S., Stanlay, G.D., Yan, J.X. Pei, Y., Yang, W.R. Huang, J.H., 2019. Restoration of reef ecosystems following the Guadalupian–Lopingian boundary mass extinction: Evidence from the Laibin area, South China. Palaeogeography, Palaeoclimatology, Palaeoecology, 519: 8–22.

Hudson, R.G.S., 1958. Permian corals from northern Iraq. Palaeontology, 1: 174–192.

Igo, H., 1959. Note on some Permian corals from Fukuji, Hida Massif, central Japan. Transactions and proceedings of the Paleontological Society of Japan, 34: 79–85.

Janvier, P., 2013. Inside-out turned upside-down. Nature, 502: 457–458.

Jenny, C., Izart, A., Baud, A., Jenny, J., 2004. Le Permien de l'île d'Hydra (Grèce), micropaléontologie, sédimentologie et paléoenvironnements. Revue de Paléobiologie, Genève, 23: 275–312.

Jiang, H.S., Lai, X.L., Luo, G.M., Aldridge, R.J., Zhang K.X., Wignall, P.B., 2007. Restudy of conodont zontion and evolution across the P/T boundary at Meishan section, Changxing, Zhejiang, China. Global and Planetary Change, 55: 39–55.

Jiang, H.S., Lai, X.L., Yan, C.B., Aldridge, R.J., Wignall, P., Sun, Y.D., 2011. Revised conodont zonation and conodont evolution across the Permian–Trassic boundary at the Shangsi section, Guangyuan, Sichuan, South China. Global and Planetary Change, 77: 103–115.

Jin, X.C., Zhan, L.P., 2008. Spatial and temporal distribution of the *Cryptospirifer* fauna (middle Permian brachiopods) in the Tethyan realmand its paleogeographic implications. Acta Geologica Sinica, 82: 1–16.

Jin, Y.G., Henderson, C.M., Wardlaw, B.R., Glenister, B.F., Mei, S.L., Shen, S.Z., Wang, X.D., 2001. Proposal for the global stratotype section and point (GSSP) for the Guadalupian-Lopingian Boundary. Permophiles, 39: 32–42.

Jin, Y.G., Mei, S.L., Wang, W., Wang, X.D., Shen, S.Z., Shang, Q.H., Chen, Z.Q., 1998. On the Lopingian Series of the Permian System//Jin, Y.G., Wardlaw, B.R., Wang, Y. Permian stratigraphy, environments and resources. Palaeoworld, 2: 1–18.

Jin, Y.G., Mei, S.L., Zhu, Z.L., 1993. The potential stratigraphy levels of Guadalupian–Lopingian boundary. Permophiles, 23: 17–20.

Jin, Y.G., Shang, Q.H., Wang, X.D., 2003. Permian stratigraphy of China//Zhang, W.T., Chen, P.J., Palmer, A.R. Biostratigraphy of China. Beijing: Science Press, 331–378.

Jin, Y.G., Shang, Q.H., Wang, X.D, Wang, Y., Sheng, J.Z., 1999. Chronostratigraphic subdivision and correlation of the Permian in China. Acta Geologica Sinica, 73: 127–138.

Jin, Y.G., Shen, S.Z., Henderson, C.M., Wang, X.D., Wang, W., Wang, Y., Cao, C.Q., Shang, Q.H., 2006a. The Global stratotype section and point (GSSP) for the boundary between the Capitanian and Wuchiapingian stage (Permian). Episodes, 29: 253–262.

Jin, Y.G., Wang, Y., Henderson, C.M., Wardlaw, B.R., Shen, S.Z., Cao, C.Q., 2006b. The global boundary stratotype section and point (GSSP) for the base of Changhsingian Stage (upper Permian). Episodes, 29: 175–182.

Jin, Y.G., Wardlaw, B.R., Glenister, B.F., Kotlyar, G.V., 1997. Permian chronostratigraphic subdivisions. Episodes, 20: 10–15.

Jin, Y.G., Zhu, Z.L., Mei, S.L., 1994. The Maokouan–Lopingian boundary sequences in South China//Jin, Y.G., Utting, J., Wardlaw, B.R. Permian stratigraphy, environments and resources. Palaeoworld, 4: 138–152.

Kahler, F., Kahler, G., 1937. Beiträge zur Kenntnis der Fusuliniden der Ostalpen. Die Pseudoschwagerinen der Grenzlandbänke und des oberen Schwagerinenkalkes. Palaeontographica, Abteilung A, 87: 1–44.

Kahler, F., Kahler, G., 1938. Beobachtungen an Fusuliniden der Karnischen Alpen. Zentral-Blatt für Mineralogie, Geologie und Paläontologie. Abteilung B, 4: 101–115.

Kanmera, K., 1954. Fusulinids from the Yayamadake limestone of the Hikawa valley, Kumamoto prefecture Kyushu, Japan, Part1: Fusulinids of the upper middle carboniferous. Japanese Journal of Geology and Geography, 25: 117–144.

Kawasaki, S., 1927. The flora of the Heian system. Bulletin on the geology survey of Chosen (Korea), Geological Survey, Government-general of Chosfn, Keijo (Seoul), 6: 1–30.

Kayser, E., 1883. Devonische und Carbonische Versteinerungen von Tshau-Tien//von Richthofen, F. China, vol. 4. Berlin: Dietrich Reimer, 103–208.

Kerans, C., Playton, T., Phelps, R., Scott, S.Z., 2014. Ramp to rimmed shelf transition in the Guadalupian (Permian) of the Guadalupe Mountains, West Texas and New Mexico//Verwer, K. Deposits, architecture, and controls of carbonate margin, slope and basinal settings. Special Publication No.105. Tulsa: SEPM Society for Sedimentary Geology, 26–49.

Kireeva, G.D., 1949. *Pseudofusulina* from the Tatubskiy and Sterlitamakskiy horizons of the buried Bashkirya Massif. Akademiya Nauk SSR, Trudy Instituta Geologicheskikh Nauk, 105, geologicheskaya seriya, 35: 171–191.

Koidzumi, G., 1934. *Gigantopteris*. Acta Phytotaxonomica et Geobotanica, 3:112–113.

Kon'no, E., 1929. On genera *Tingia* and *Tingiostachya* from the lower Permian and Permo-Triassic beds in northen Korea. Japanese Jour. Geology and Geography, 6: 113–147.

Kon'no, E., Asama, K., 1950. On the genus *Lobatannularia* Kawasaki 1927 from Permian beds in South Manchuria and Shansi, China. Short Papers, Institue of Gedogy and Paleontology of the Tohoku Imperial University, 1: 18–31.

Korn, D., 2010. A key for the description of Palaeozoic ammonoids. Fossil Record, 13: 5–12.

Korn, D., Ebbighausen, V., Bockwinkel, J., Klug, C., 2003. The A-mode sutural ontogeny in prolecanitid ammonoids. Palaeontology, 46: 1123–1132.

Kotlyar, G.V., Belyansky, G.C., Burago, V.I., Nikitina, A.P., Zakharov, Y.D., Zhuravlev, A.V., 2006. South Primorye, far East Russia: A key region for global Permian correlation. Journal of Asian Earth Science, 26: 280–293.

Kozur, H.W., 1975. Beitrage zur conodontenfauna des Perm. Geologisch Palaeontologische Mitteilungen Innsbruck, 5: 1–44.

Kozur, H.W., 1992. Dzhulfian and early Changxingian (late Permian) Tethyan conodonts from the Glass Mountains, West Texas. Neues Jahrbuch für Geologie und Paläontologie Abhandlungen, 187: 99–114.

Kozur, H.W., 1996. The conodont *Hindeodus, Isarcicella* and *Sweetohindeodus* in the uppermost Permian and lowermost Triassic. Geologia Croatica, 49: 81–115.

Kozur, H.W., 1998. The Permian conodont biochronology, progress and problems. Strzelecki international symposium on Permian of eastern Tethys; biostratigraphy, palaeogeography and resources. Proceedings of the Royal Society of Victoria, 110: 197–220.

Kozur, H.W., Mostler, H., 1976. Neue Conodonten aus dem Jungpalaozoikumund der Trias. Geologisch Palaeontologische Mitteilungen Innsbruck, 6: 1–141.

Kozur, H.W., Movschovitsch, E.V., 1979. *Neostreptognathodus pnevi*//Papulov, G.N., Puchkov, V.N. Conodonts of Urals and their stratigraphic significance. Ural Research Center, Academy of Sciences.

Kozur, H.W., Wardlaw, B.R., Baud, A., Leven, E.Y., Kotlyar, G.V., Wang, C.Y., Wang, Z.H., 2001. The Guadalupian smooth *Mesogondolella* faunas and their possible correlations with the international Permian scale. Permophiles, 15–21.

Kutorga, S.S., 1844. Zweiter Beitrag zur Paleontologie Russlands. Russisch-Kaiserliche Mineralogische Gesellschaft zu St. Petersbourg, Verhandlungen, 62–104.

Lambert, L.L., Lehrmann, D.J., Harris, M.T., 2000. Correlation of the road canyon and cutoff formations, West Texas, and its relevance to establishing an international middle permian (Guadalupian) Series. The Guadalupian Series. Smithsonian Contributions to the Earth Sciences, 32: 153–183.

Lee, S.G., 1934. Taxonomic criteria of Fusulinidae with notes on seven new Permian genera. Memoires of the National Research Institute of Geology, 14: 1–32.

Leonova, T.B., 2011. Permian ammonoids: Biostratigraphic, biogeographical, and ecological analysis. Paleontological Journal, 45:1206–1312.

Leonova, T.B., 2018. Permian ammonoid biostratigraphy//Lucas, S.G., Shen, S.Z. The Permian Timescale. Geological Society, London, Special Publications, 450: 185–203.

Leven, E.Y., 1970. On the origin of higher fusulinids. Paleontologicheskii Zhurnal-Paleontological Journal, 3: 18–25.

Leven, E.Y., 1993. Early Permian fusulinids from the Central Pamir. Rivista Italiana di Paleontologia e Stratigrafia, 99: 151–198.

Leven, E.Y., Grunt, T.A., Lin, J.D., Li, L.F., 2001. Upper Permian stratigraphy of the Zhesi Honguer area (North China). Stratigraphy and Geological Correlation, 9: 441–453.

Leven, E.Y., Scherbovich, S.F., 1978. Fuzulinidy i stratigrafiya Assel'skogo yarusa Darvaza. Moscow: Nauka Publishing House, 1–164.

Li, X.X., Yao, Z.Q., 1983. Fructifications of gigantopterids from South China. Palaeontographica Abteilung B, 85: 11–26.

Li, Z.L., Chen, H.L., Song, B., Li, Y.Q., Yang, S.F., Yu, X., 2011. Temporal evolution of the Permian large igneous province in Tarim Basin in northwestern China. Journal of Asian Earth Sciences, 42: 917–927.

Liao, S.Y., Wang, D.B., Tang, Y., Yin, F.G., Cao, S.N., Wang, L.Q., Wang, B.D., Sun, Z.M., 2015. Late Paleozoic Woniusi basaltic province from Sibumasu terrane: Implications for the breakup of eastern Gondwana's northern margin. Geological Society of America Bulletin, 127: 1313–1330.

Liu, F., Waterhouse, J.B., 1985. Permian strata and brachiopods from Xiujimqinqi region of Neimongol (Inner Mongolia) Autonomous Region, China. Papers Department of Geology, University of Queensland, 11: 1–44.

Liu, F., Zhu, H.C., Ouyang, S., 2008. Late Carboniferous–Early Permian palynology of Baode (Pao - te - chou) in Shanxi Province, North China. Geological Journal, 43: 487–510.

Liu, F., Zhu, H.C., Ouyang, S., 2011. Taxonomy and biostratigraphy of Pennsylvanian to Late Permian megaspores from Shanxi, North China. Review of Palaeobotany and Palynology, 165: 135–153.

Liu, F., Zhu, H.C, Ouyang, S., 2015. Late Pennsylvanian to Wuchiapingian palynostratigraphy of the Baode section in the Ordos Basin, North China. Journal of Asian Earth Sciences, 111: 528–552.

Liu, J., Abdala, F., 2017. Therocephalian (Therapsida) and chroniosuchian (Reptiliomorpha) from the Permo-Triassic transitional Guodikeng Formation of the Dalongkou Section, Jimusar, Xinjiang, China. Vert Palasiat, 55(1): 24-40

Liu, X.C., Wang, W., Shen, S.Z., Gorgij, M.N., Ye, F.C., Zhang, Y.C., Furuyama, S., Kano, A., Chen, X.Z., 2013. Late Guadalupian to Lopingian (Permian) carbon and strontiumisotopic chemostratigraphy in the Abadeh section, central Iran. Gondwana Research, 24: 222–232.

Lucas, S.G., Shen, S.Z., 2018. The Permian chronostratigraphic scale: History, status and prospectus//Lucas, S.G., Shen, S.Z. The Permian Timescale. Geological Society, London, Special Publications, 450: 21–50.

Lunnov, N.P., Druschic, V.V., 1958. Osnovy paleontologii, volume 15, Mollusca-Cephalopoda II. Moscow: Gosudarstvennoe Nauchno-Tehnicheskoe Izdatelistvo, 1–359.

Mahr, 1868. Über Sphenophyllum thoni, eine neue Art aus dem Steinkohlengebirge von Ilmenau Z. Dtsch. Geol. Gesch., 20: 433–434.

Manankov, I.N., Shi, G.R., Shen, S.Z., 2006. An overview of Permian marine stratigraphy and biostratigraphy of Mongolia. Journal of Asian Earth Science, 26: 294–303.

Mannion, P.D., Upchurch, P., Benson, R.B., Goswami, A., 2014. The latitudinal biodiversity gradient through deep time. Trends in Ecology & Evolution, 29: 42–50.

Mattinson, J.M., 2005. Zircon U-Pb chemical abrasion ("CA-TIMS") method: Combined annealing and multi-step partial dissolution analysis for improved precision and accuracy of zircon ages. Chemical Geology, 220: 47–66.

McArthur, J.M., Howarth, R.J., Shields, G.A., 2012. Strontium isotope Stratigraphy//Gradstein, F.M., Ogg, J.G., Schmitz, M.D., Ogg G.M. The Geologic Time Scale. Boston: Elsevier, 127–144.

McChesney, J.H., 1859. Descriptions of new species of fossils from the Palaeozoic rocks of the western states. Transactions of Chicago Academy of Science, 1: 1–76.

McClelland, J., 1850. Report of the geological survey of India, for the season of 1848-49. Calcutta: Miltary Orphan Press,1–92.

McLean, N.M., Condon, D.J., Schoene, B., Bowring, S.A., 2015. Evaluating uncertainties in the calibration of isotopic reference materials and multi-element isotopic tracers (EARTHTIME Tracer Calibration Part II). Geochimica et Cosmochimica Acta, 164: 481–501.

Mei, S.L., 1996. Restudy of conodonts from the Permian–Triassic boundary beds at Selong and Meishan and the natural Permian-Triassic boundary//Wang, H.Z., Wang, X.L. Centennial Memorial Volume of Prof. Sun Yunzhu: Palaeontology and Stratigraphy. China University of Geosciences, 141–148.

Mei, S.L., Henderson, C.M., 2001. Evolution of Permian conodont provincialism and its significance in global correlation and paleoclimate implication. Palaeogeography, Palaeoclimatology, Palaeoecology, 170: 237–260.

Mei, S.L., Henderson, C.M., 2002. Conodont definition of the Kungurian (Cisuralian) and Roadian (Guadalupian) boundary//Hills, L.V., Henderson, C.M., Bamber, E.W. Carboniferous and Permian of the World. Canadian Society of Petroleum Geologists, Memoir, 19: 529–551.

Mei, S.L., Henderson, C.M., Cao, C.Q., 2004. Conodont sample-population approach to defining the base of the Changhsingian Stage, Lopingian Series, Upper Permian//Beaudoin, A.B., Head, M.J. The Palynology and Micropalaeoontology of Boundaries. Geological Society, London, Special Publications, 230: 105–121.

Mei, S.L., Henderson, C.M., Wardlaw, B.R., 2002. Evolution and distribution of the conodont Sweetognathus and Iranognathus and related genera during the Permian, and their implications for climate changes. Palaeogeography, Palaeoclimatology, Palaeoecology, 180: 57–91.

Mei, S.L., Jin, Y.G., Wardlaw, B.R., 1994a. Succession of Wuchiapingian conodonts from northeastern Sichuan and its worldwide correlation. Acta Micropalaeontologica Sinica, 11: 121–139.

Mei, S.L., Jin, Y.G., Wardlaw, B.R., 1994b. Zonation of conodonts from the Maokouan–Wuchiapingian boundary strata, South China. Palaeoworld, 4: 225–233.

Mei, S.L., Jin, Y.G., Wardlaw, B.R., 1998a. Conodont succession of the Guadalupian–Lopingian boundary strata in Laibin of Guangxi, China and west Texas, USA. Palaeoworld, 9: 53–76.

Mei, S.L., Zhang, K.X., Wardlaw, B.R., 1998b. A refined succession of Changhsingian and Griesbachian neogondolellid conodonts from the Meishan section, candidate of the global stratotype section and point of the Permian–Triassic boundary. Palaeogeography, Palaeoclimatology, Palaeoecology, 143: 213–226.

Miklukho-Maklay, A.D., 1949. Verkhnepaleozoyskie fuzulinidy sredney Azii, Fergana, Darvaz i Pamir. Leningradskiy Gosudarstvennyy Universitet, 3: 1–114.

Miklukho-Maklay, A.D., 1954. Foraminifery verkhnepermskikh otlozhenii severnogo Kavkaza. Trudy Vsesoyuznogo Nauchno-Issledovatelskogo Geologicheskogo Instituta (VSEGEI), 163: 1–163.

Miklukho-Maklay, A.D., 1955. Novye Dannye o Permskikh Fuzulinidakh Yuzhnykh Raionov USSR. Doklady Akademin Nauk USSR, 105: 573–576.

Minato, K., Kato, M., 1965. Waagenophyllidae. Journal of the Faculty of Science, Hokkaido University, Series 4: Geology and Mineralogy, 12: 1–241.

von Möller, V., 1878. Die Spiral-gewundenen Foraminiferen des russischen Kohlenkalks. Mémoires de l'Académie impériale des sciences de St. Pétersbourg, Series 7: 25.

Muir-Wood, H.M., Cooper, G.A., 1960. Morphology, classification and life habits of the Productoidea (Brachiopoda). Geological Society of America Memoirs, 81, 1–447.

Murchison, R.I., de Verneuil M.E., 1845. On the Permian System as developed in Russia and other parts of Europe. Geological Society of London, Quarterly Journal, 1: 81–87.

Murdock, D.J.E., Dong, X.P., Repetski, J.E., Marone, F., Stampanoni, M., Donoghue P.C.J., 2013. The origin of conodonts and of vertebrate mineralized skeletons. Nature, 502: 546–549.

Nestell, M.K., Wardlaw, B.R., 1987. Upper Permian conodonts from Hydra, Greece. Journal of Paleontology, 61: 758–772.

Nicklen, B.L., 2011. Establishing a tephrochronologic framework for the Middle Permian (Guadalupian) type area and adjacent portions of the Delaware Basin and Northwestern Shelf, West Texas and Southeastern New Mexico, USA. Cincinmati: University of Cincinnati, 1–119.

Nogami, Y., 1961. Permische Fusuliniden aus dem Atetsu-Plateau Sudwestjapans. teil 1.Fusulininae und Schwagerininae. Memoirs of the College of Science, University of Kyoto, Series B, 27: 159–225.

Norin, E., 1922. The Late Palaeozoic and Early Mesozoic sediments of central Shansi. Geological Survey of China, Bulletin, 4: 3–80.

Orchard, M.J., 1983. *Epigongolella* populations and their phylogeny and zonation in the Upper Triassic. Fossils and Strata, 15: 177–192.

Orchard, M.J., 1984. Early Permian conodonts from the Harper Ranch Beds, Kamloops area, southern British Columbia. Paper Geological Survey of Canada, 84: 207–215.

Ozawa, Y., 1922. Preliminary notes on the classification of the family Fusulinidae. Journal of the Geological Society of Tokyo, 29: 357–374.

Ozawa, Y., 1925. Paleontological and stratigraphical studies on the Permo-Carboniferous limestone of Nagato Part II: paleontology. Journal of College Science of Tokyo Imperial University, 45: 1–90.

Ozawa, Y., 1927. Stratigraphical studies of the *Fusulina* Limestone of Akasaka, Province of Mino. Journal of the Faculty of Science, Imperial University of Tokyo, Section 2, Geology, Mineralogy, Geography, Seismology, 2: 121–162.

Potonié, H., 1893. Die flora des Rotliegenden von Thüringen: Preussische geol. Landesanst, 9: 1–298.

Qiao, F., Xu, H.P., Zhang, Y.C., 2019. Changhsingian (Late Permian) foraminifers from the topmost part of the Xiala Formation in the Tsochen area, central Lhasa Block, Tibet and their geological implications. Palaeoworld, 28: 303–319.

Qiu, Z., Wang, Q.C., Zou, C.N., Yan, D.T., Wei, H.Y., 2014. Transgressive-regressive sequences on the slope of an isolated carbonate platform (Middle–Late Permian, Laibin, South China). Facies, 60: 327–345.

Ramezani, J., Bowring, S.A., 2018. Advances in numerical calibration of the Permian timescale based on radioisotopic geochronology//Lucas, S.G., Shen, S.Z. The Permian timescale. Geological Society, London, Special Publications, 450: 51–60.

Ramezani, J., Schmitz, M.D., Davydov, V.I., Bowring, S.A., Snyder, W.S., Northrup, C.J., 2007. High-precision U-Pb zircon age constraints on the Carboniferous–Permian boundary in the southern Urals stratotype. Earth and Planetary Science Letters, 256: 244–257.

Rauser-Chernousova, D.M., 1936. On the renaming of the genus *Schwagerina* and *Pseudofusulina* proposed by Dunbar and Skinner. Izvestiya akademii nauk SSSR, 573–584.

Rauser-Chernousova, D.M., Scherbovich, S.F., 1949. *Schwagerina* from the European part of the USSR. Reports Geological Institute Academy of sciences USSR, 105: 61–117.

Rhodes, F.H.T., 1963. Conodonts from the topmost Tensleep Sandstone of the eastern Big Horn Mountains, Wyoming. Journal of Paleontology, 37: 401–408.

Rozovskaya, S.E., 1965. Fuzulinidy//Ruzhentsev, V.E., Sarycheva, T.G. Razvitie i Smena Morskikh Organizmov na Rubezhe Paleozoya i Mezozoya. Trudy Paleontologicheskogo instituta, Akademiya nauk SSSR, 137–146.

Ruzhentsev, V.E., 1962. Osnovy paleontologii, volume 5 Mollusca-Cephalopoda 1, 1–425.

Ruzhentsev, V.E., 1978. Asselian ammonoids in the Pamirs. Paleontological Journal, 12: 32–49.

Schellwien, E., 1892. Die fauna des Karnischen Fusulinenkalks//Zittel, K.A. Beitraege zur naturgeschichte der vorzeit. E. Schweizerbart'sche verlagshandlung, Stuttgart, 1–56.

Schellwien, E., 1900. Die fauna der Trogkofelschichten in den Karnischen Alpen und den Karawanken 1 Theil; Die brachiopoden. Kaiserlich-Königliche Geologische Reichsanstalt, Abhandlungen, 16: 1–122.

Schellwien, E., 1908. Monographie der Fusulinen, Teil 1, Die Fusulinen des russisch-arktischen Meeresgebietes. Mit einem Vorwort von Fritz Frech und einer stratigraphischen Einleitung von Hans. v. Staff. Palaeontographica, 55: 145–194.

Schellwien, E., 1909. Monographie der Fusulinen, Teil 2, Die asiatischen Fusulinen (von Gunter Dyhrenfurth), A. Die Fusulinen von Darvas. Palaeontographica, 56: 137–176.

Schenk, A., 1883. Pflanzen aus der Steinkohlen formation//Richthofen, von. China, 211–269.

Schmitz, M.D., Davydov, V.I., 2012. Quantitative radiometric and biostratigraphic calibration of the Pennsylvanian–Early Permian (Cisuralian) time scale and pan-Euramerican chronostratigraphic correlation. Geological Society of America Bulletin, 124: 549–577.

Schmitz, M.D., Kuiper, K.F., 2013. High-precision geochronology. Elements, 9: 25–30.

Schwager, C., 1883. Carbonische Foraminiferen aus China und Japan//Richthofen, von. China. Berlin: Verlag Von Dietrich Reimer, 106–159.

Schwager, C., 1887. Salt-Range fossils. Palaeontologica Indica, 13: 983–994.

Shamov, D.F., 1958. Group of inflated fusiform *Pseudofusulina* from the *Schwagerina* horizon of the Ishimbay-Sterlitamak oil-bearing region. Proceedings of the Geological Institute Academy of Sciences SSSR, 13: 139–152.

Shamov, D.F., Scherbovich, S.F., 1949. Some *Pseudofusulina* from the *Schwagerina* horizon of Bashkiria. Proceedings of the Geological Institute Academy of Sciences SSSR, Geological Series 35, 105: 163–170.

Shen, J.W., Kawamura, T., Yang, W.R., 1998. Upper Permian coral reef and colonial rugose corals in northwest Hunan, South China. Facies, 39: 35–66.

Shen, S.Z., 2018. Global Permian brachiopod biostratigraphy: An overview//Lucas, S.G., Shen, S.Z. The Permian timescale. Geological Society, London, Special Publications, 450: 289–320.

Shen, S.Z., Archbold, N.W., Shi, G.R., 2001a. A Lopingian (Late Permian) brachiopod fauna from the Qubuerga Formation at Shengmi in the Mount Qomolangma region of southern Xizang (Tibet), China. Journal of Paleontology, 75: 274–283.

Shen, S.Z., Archbold, N.W., Shi, G.R., Chen, Z.Q., 2000b. Permian brachiopods from the Selong Xishan section, Xizang (Tibet), China, Part 1: Stratigraphy, Strophomenida, Productida and Rhynchonellida. Geobios, 33: 725–752.

Shen, S.Z., Archbold, N.W., Shi, G.R., Chen, Z.Q., 2001b. Permian brachiopods from the Selong Xishan section, Xiang (Tibet), China. Part 2: Palaeobiogeographical and palaeoecological implications, Spiriferida, Athyridida and Terebratulida. Geobios, 34: 157–182.

Shen, S.Z., Cao, C.Q., Henderson, C.M., Wang, X.D., Shi, G.R., Wang, W., Wang, Y., 2006a. End-Permian mass extinction pattern in the northern peri-Gondwanan region. Palaeoworld, 15: 3–30.

Shen, S.Z., Cao, C.Q., Zhang, Y.C., Li, W.Z., Shi, G.R., Wang, Y., Wu, Y.S., Ueno, K., Henderson, C.M., Wang, X.D., Zhang, H., Wang, X.J., Chen, J., 2010. End-Permian mass extinction and palaeoenvironmental changes in Neotethys: Evidence from an oceanic carbonate section in southwestern Tibet. Global and Planetary Change, 73: 3–14.

Shen, S.Z., Crowley, J.L., Wang, Y., Bowring, S.A., Erwin, D.H., Sadler, P.M., Cao, C.Q., Rothman, D.H., Henderson, C.M., Ramezani, J., Zhang, H., Shen, Y., Wang, X.D., Wang, W., Mu, L., Li, W.Z., Tang, Y.G., Liu, X.L., Liu, L.J., Zeng, Y., Jiang, Y.F., Jin, Y.G., 2011. Calibrating the end-Permian mass extinction. Science, 334: 1367–1372.

Shen, S.Z., Jin, Y.G., Zhang, Y., Weldon, E.A., 2017. Permian brachiopod genera on type species of China//Rong, J.Y., Jin, Y.G., Shen, S.Z., Zhan, R.B. Phanerozoic Brachiopod Genera from China, Vol. 2. Beijing: Science Press, 651–887.

Shen, S.Z., Mei, S.L., 2010. Lopingina (Late Permian) high-resolution conodont biostratigraphy in Iran with comparion to South China zonation. Geological Journal, 45: 135–161.

Shen, S.Z., Ramezani, J., Chen, J., Cao, C.Q., Erwin, D.H., Zhang, H., Xiang, L., Schoepfer, S.D., Henderson, C.M., Zheng, Q.F., Bowring, S.A., Wang, Y., Li, X.H., Wang, X.D., Yuan, D.X., Zhang, Y.C., Mu, L., Wang, J., Wu, Y.S., 2019. A sudden end-Permian mass extinction in South China. GSA Bulletin, 131: 205–223.

Shen, S.Z., Schneider, J.W., Angiolini, L., Henderson, C.M., 2013a. The international Permian timescale: March 2013 update//Lucas, S.G., DiMichele, W.A., Barrick, J.E., Schneider, J.W., Spielmann, J.A. The Carboniferous–Permian transition. New Mexico: New Mexico Museum of Natural History and Science, Bulletin, 60: 411–416.

Shen, S.Z., Shi, G.R., 2000. Wuchiapingian (early Lopingian, Permian) global brachiopod palaeobiogeography: A quantitative approach. Palaeogeography, Palaeoclimatology, Palaeoecology, 162: 299–318.

Shen, S.Z, Shi, G.R., 2004. Capitanian (late Guadalupian, Permian) global brachiopod palaeobiogeography and latitudinal diversity pattern. Palaeogeography, Palaeoclimatology, Palaeoecology, 208: 235–262.

Shen, S.Z., Shi, G.R., 2007. Lopingian (Late Permian) brachiopods from South China, Part 1: Orthotetida, Orthida and Rhynchonellida. Bulletin of the Tohoku University Museum, 6: 1–102.

Shen, S.Z., Shi, G.R., 2009. Latest Guadalupian brachiopods from the Guadalupian/Lopingian boundary GSSP section at Penglaitan in Laibin, Guangxi, South China and implications for the timing of the pre-Lopingian crisis. Palaeoworld, 18: 152–161.

Shen, S.Z., Shi, G.R., Archbold, N.W., 2003. Lopingian (Late Permian) brachiopods from the Qubuerga Formation at the Qubu section in the Mt. Qomolangma region, southern Tibet (Xizang), China. Palaeontographica Abteilung A, 268: 49–101.

Shen, S.Z., Shi, G.R., Fang, Z.J., 2002. Permian brachiopods from the Baoshan and Simao Blocks in Western Yunnan, China. Journal of Asian Earth Sciences, 20: 665–682.

Shen, S.Z., Shi, G.R., Zhu, K.Y., 2000a. Early Permian brachiopods of Gondwana affinity from the Dingjiazhai Formation of the Baoshan Block, western Yunnan, China. Rivista Italiana di Paleontologia e Stratigrafia, 106: 263–282.

Shen, S.Z., Sun, T.R., Zhang, Y.C., Yuan, D.X., 2016. An upper Kungurian/lower Guadalupian (Permian) brachiopod fauna from the South Qiangtang Block in Tibet and its palaeobiogeographical implications. Palaeoworld, 25: 519–538.

Shen, S.Z., Wang, Y., Henderson, C.M., Cao, C.Q., Wang, W., 2007. Biostratigraphy and lithofacies of the Permian System in the Laibin-Heshan area of Guangxi, South China. Palaeoworld, 16: 120–139.

Shen, S.Z., Xie, J.F., Zhang, H., Shi, G.R., 2009. Roadian–Wordian (Guadalupian, Middle Permian) global palaeobiogeography brachiopods. Global and Planetary Change, 65: 166–181.

Shen, S.Z., Yuan, D.X., Henderson, C.M., Wu, Q., Zhang, Y.C., Zhang, H., Mu, L., Ramezani, J., Wang, X.D., Lambert, L.L., Erwin, D.H., Hearst, J.M., Xiang, L., Chen, B., Fan, J.X., Wang, Y., Wang, W.Q., Qi, Y.P., Chen, J., Qie, W.K., Wang, T.T., 2020. Progress, problems and prospects: An overview of the Guadalupian Series of South China and North America. Earth-Science Reviews, 211: 103412.

Shen, S.Z., Zhang, H., Shi, G.R., Li, W.Z., Xie, J.F., Mu, L., Fan, J.X., 2013b. Early Permian (Cisuralian) global brachiopod palaeobiogeography. Gondwana Research, 24: 104–124.

Shen, S.Z., Zhang, H., Shang, Q.H., Li, W.Z., 2006b. Permian stratigraphy and correlation of Northeast China: A review. Journal of Asian Earth Science, 26: 304–326.

Shen, S.Z., Zhang, Y.C., 2008. Earliest Wuchiapingian (Lopingian, Late Permian) brachiopods in southern Hunan, South China: implications for the pre-Lopingian crisis and onset of Lopingian recovery/radiation. Journal of Paleontology, 82: 924–937.

Sheng, J.Z., Chen, C.Z., Wang, Y.G., Rui, L., Liao, Z.T., Bando, Y., Ishii, K.I., Nakazawa, K., Nakamura, K., 1984. Permian–Triassic boundary in middle and eastern Tethys. Journal of the Faculty of Science, Hokkaido University, Series 4: Geology and Mineralogy, 21: 133–181.

Sheng, J.Z., Jin, Y.G., 1994. Correlation of Permian deposits in China//Jin, Y.G., Utting, J., Wardlaw, B.R. Permian Stratigraphy, Environments and Resources, Palaeoworld 4. Nanjing: Nanjing University Press, 14–113.

Shi, G.R., 2006. The marine Permian of East and Northeast Asia: An overview of biostratigraphy, palaeobiogeography and palaeogeographical implications. Journal of Asian Earth Science, 26: 175–206.

Shi, G.R., Archbold, N.W., 1995. Palaeobiogeography of Kazanian–Midian (Late Permian) Western Pacific brachiopod faunas. Journal of Southeast Asian Earth Sciences, 12: 129–141.

Shi, G.R., Archbold, N.W., 1996. A quantitative palaeobiogeographical analysis on the distribution of Sterlitamakian–Aktastinian (Early Permian) western Pacific brachiopod faunas. Historical Biology, 11: 101–123.

Shi, G.R., Archbold, N.W., 1998. Permian marine biogeography of SE Asia//Hall, R., Holloway, J.D. Biogeography and Geological Evolution of SE Asia. Amsterdam: Backhuys Publishers, 57–72.

Shi, G.R., Archbold, N.W., Zhan, L.P., 1995. Distribution and characteristics of mixed (transitional) mid-Permian (Late Artinskian–Ufimian) marine faunas in Asia and their palaeogeographical implications. Palaeogeography, Palaeoclimatology, Palaeoecology, 114: 241–271.

Shi, G.R., Shen, S.Z., 2001. A biogeographically mixed, Middle Permian brachiopod fauna from the Baoshan Block, western Yunnan, China. Palaeontology, 44: 237–258.

Shi, X.Y., Mei, S.L., Sun, Y., 2000. Permian sequence Stratigraphy of slope facies in southern Guizhou and chronostratigraphic correlation. Science in China (Series D), 43: 63–76.

Shi, Y.K., Huang, H., Jin, X.C., 2017. Depauperate fusulinid faunas of the Tengchong block in western Yunnan, China and their paleogeographic and paleoenvironmental indications. Journal of Paleontology, 91: 12–24.

Shi, Y.K., Huang, H., Jin, X.C., Yang, X.N., 2011. Early Permian fusulinids from the Baoshan Block, Western Yunnan, China and their paleobiogeographic significance. Journal of Paleontology, 85: 489–501.

Shimizu, D., 1981. Upper Permian brachiopod fossils from Guryul Ravine and the Spur three kilometers north of Barus. Palaeontologica Indica, New Series, 46: 67–85.

Skinner, J.W., 1969. Permian Foraminifera from Turkey. The University of Kansas Paleontological Contributions, 36: 1–14.

Skinner, J.W., Wilde, G.L., 1965. Permian biostratigraphy and fusulinid faunas of the Shasta Lake area, northern California. The University of Kansas Paleontological Contributions, Protozoa 6: 1–98.

Skinner, J.W., Wilde, G.L., 1966a. Permian fusulinids from Pacific northwest and Alaska. The University of Kansas Paleontological Contributions, 4: 1–114.

Skinner, J.W., Wilde, G.L., 1966b. Permian fusulinids from Sicily. The University of Kansas Paleontological Contributions, 22: 1–16.

Staff, H. von, 1908. Über die Schalenverschmelzungen und Dimorphismus bei Fusulinen. Sitzungsberichte der Gesellschaft Naturforschender Freunde zu Berlin, 9: 217–237.

Staff, H. von, 1909. Beiträge zur Kenntnis der Fusuliniden. Neues Jahrbuch für Mineralogie, Geologie und Paläontologie, Beilage-Band, 27: 461–508.

Stehli, F.G., 1954. Lower Leonardian Brachiopoda of the Sierra Diablo. Bulletin of the American Museum of Natural History, 105: 263–385.

Sternberg, G.K., 1825. Versuch einer geognostischen-botanischen Darstellung der Flora der Vorwelt: Leipsic and Prague, 1:1–48.

Sternberg, G.K., 1838. Versuch einer geognostischen-botanischen Darstellung der Flora der Vorwelt: Leipsic and Prague, 2: 81–220.

Stevens, L.G., Hilton, J., Bond, D.P, Glasspool, I., Jardine, P.E., 2011. Radiation and extinction patterns in Permian floras from North China as indicators for environmental and climate change. Journal of the Geological Society, 168: 607–619.

Stockmans, F., Mathieu, F.F., 1957. La flore Paléozoïque du bassin houiller de Kaiping (Chine) (Deuxième partie). Alexander Doweld, 32.

Stuckenberg, A. von, 1898. Allgemeine geologische karte von Russland. Memoires du Comite Geologique, 16: 216–231.

Stuckenberg, A. von, 1905. Die fauna der obercarbonischen suite des Wolgadurchbruches bei Samara. Memoires du Comite Geologique, 23: 1–135.

Sun, Y.C., 1939. The uppermost Permian ammonoids from Kwangsi and their stratigraphical significance. Fortieth Annual Paper of the National University of Pekeing, 28: 35–49.

Sun, Y.D., Liu, X.T., Yan, J.X., Li, B., Chen, B., Bond, D.P.G., Joachimski, M.M., Wignall, P.B., Wang, X., Lai, X.L., 2017. Permian (Artinskian to Wuchapingian) conodont biostratigraphy in the Tieqiao section, Laibin area, South China. Palaeogeography, Palaeoclimatology, Palaeoecology, 465: 42–63.

Tazawa, J.I., 1991. Middle Permian brachiopod biogeography of Japan and adjacent regions in East Asia//Ishii, K.I., Liu, X.M., Ichikawa, K., Huant, B., Pre-Jurassic geology of Inner Mongolia, China. Osaka: Matsuya Insatsu, 213–230.

Teichert, C., Kummel, B., Sweet, W.C., 1973. Permian–Triassic strata, Kuh-e-Ali, Bashi, northwestern Iran. Bulletin of the Museum of Comparative Zoology, 145: 359–472.

Thompson, M.L., 1935. The fusulinid genus *Yangchienia* Lee. Eclogae Geologicae Helvetiae, 28, 511–518.

Thompson, M.L., 1946. Permian fusulinids from Afghanistan. Journal of Paleontology, 20, 140–157.

Thompson, M.L., Foster, C.L., 1937. Middle Permian fusulinids from Szechuan, China. Journal of Paleontology, 11: 126–144.

Thompson, M.L., Miller, A.K., 1944. The Permian of southernmost Mexico and its fusulinid faunas. Journal of Paleontology, 18: 481–504.

Ting, V.K., Grabau, A.W., 1934. The Permian of China and its bearing on Perman classification. International Geology Congress, 16: 1–14.

Toriyama, R., 1975. Fusuline fossils from Thailand, Part 9: Permian fusulines from the Rat Buri limestone in the Khao Phlong Phrab area, Saraburi, Central Thailand. Memoirs of the Faculty of Science, Kyushu University, Series D: Geology, 23: 1–116.

Toumanskaya, O.G., 1949. O permskikh ammoneiakh Srednei Azii. Byulleten' Moskovskogo obshchestva ispytatelei prirody, otdeleniegeologii, 24: 49–84.

Tschernyschew, T.N., 1902. Die Obercarbonischen brachiopoden des Ural und des Timan. Trudy Geologicheskogo Komiteta, 16: 1–749.

Ueno, K., 2001. *Jinzhangia*, a new Staffellid Fusulinoidea from the Middle Permian Daaozi Formation of the Baoshan Block, west Yunnan, China. Journal of Foraminiferal Research, 31: 233–243.

Ueno, K., 2003. The Permian fusulinoidean faunas of the Sibumasu and Baoshan Blocks: Their implications for the paleogeographic and paleoclimatologic reconstruction of the Cimmerian Continent. Palaeogeography, Palaeoclimatology, Palaeoecology, 193: 1–24.

Ueno, K., 2006. The Permian antitropical fusulinoidean genus *Monodiexodina*: Distribution, taxonomy, paleobiogeography and paleoecology. Journal of Asian Earth Sciences, 26: 380–404.

Ueno, K., Mizuno, Y., Wang, X.D., Mei, S.L., 2002. Artinskian conodonts from the Dingjiazhai Formation of the Baoshan Block, West Yunnan, Southwest China. Journal of Paleontolology, 76: 741–750.

Ueno, K., Tazawa, J., 2003. *Monodiexodina* from the Daheshen Formation, Jilin, Northeast China. Science Report of Niigata University, Series E: Geology, 18: 1–16.

Ustritsky, V.I., 1960. Permskie brakhiopody Pai-Khoia (Inarticulata, Strophomenidae i Chonetidae). Nauchno-Issledovatel' skii Institut Geologii Arktiki (NIIGA), Paleontologiia i Biostratigrafiia, Trudy, 3: 93–122.

Volz, W., 1904. Zur Geologie von Sumatra. Geologische und Paläeontologische Abhandlungen, New Series, 6: 87–196.

Waagen, W., 1882. Salt Range fossils, vol I. *Productus* Limestone fossils, Brachiopoda. Memoirs of the Geological Survey of India, Palaeontologia Indica, Series 13, 4: 329–390.

Waagen, W., 1883. Salt Range fossils, vol. I, *Productus* Limestone fossils, Brachiopoda. Memoirs of the Geological Survey of India, Palaeontologia Indica, Series 13, 4: 391–546.

Waagen, W., 1884. Salt Range fossils, vol. I, *Productus* Limestone fossils, Brachiopoda. Memoirs of the Geological Survey of India, Palaeontologia Indica, Series 13, 4: 547–728.

Wang, C.Y., Ritter, S.M., Clark, D.L., 1987. The *Sweetognathus* complex in the Permian of China: Implications for evolution and homeomorphy. Journal of Paleontology, 61: 1047–1057.

Wang, C.Y., Wang, P., Guo, L.W., 2004. Conodonts from the Permian Jisu Honguer (Zhesi) Formation of Inner Mongolia, China. Geobios, 37: 471–480.

Wang, C.Y., Wang, Z.H., 1981. Permian conodont biostratigraphy of China. Geological Society of America, Special Paper, 187: 227–236.

Wang, D.C., Jiang, H.S., Gu, S.Z., Yan, J.X., 2016. Cisuralian–Guadalupian conodont sequence from the Shaiwa section, Ziyun, Guizhou, South China. Palaeogeography, Palaeoclimatology, Palaeoecology, 457: 1–22.

Wang, H., Shao, L.Y., Hao, L.M., Zhang, P.F., Glasspool, I.J., Wheeley, J.R., Wignall, P.B., Yi, T.S., Zhang, M.Q., Hilton, J., 2011. Sedimentology and sequence stratigraphy of the Lopingian (Late Permian) coal measures in southwestern China. International Journal of Coal Geology, 85: 168–183.

Wang, J., 2010. Late Paleozoic macrofloral assemblages from Weibei Coalfield, with reference to vegetational change through the Late Paleozoic Ice-age in the North China Block. International Journal of Coal Geology, 83: 292–317.

Wang, J., Shao, L.Y., Wang, H., Spiro, B., Large, D., 2018. SHRIMP zircon U-Pb ages from coal beds across the Permian–Triassic boundary, eastern Yunnan, southwestern China. Journal of Palaeogeography, 7: 117–129.

Wang, L.N., Wignall, P.B., Sun, Y.D., Yan, C.B., Zhang, Z.T., Lai, X.L., 2017. New Permian–Triassic conodont data from Selong (Tibet) and the youngest occurrence of *Vjalovognathus*. Journal of Asian Earth Sciences, 146: 152–167.

Wang, X.D., Sugiyama, T., 2001. Middle Permian rugose corals from Laibin, Guangxi, South China. Journal of Paleontology, 75: 758–782.

Wang, X.D, Yao, L., Lin, W., 2018. Permian rugose corals of the world//Lucas, S.G., Shen, S.Z. The Permian timescale. Geological Society, London, Special Publications, 450: 165–184.

Wang, X.J., Wang, X.D., Zhang, Y.C., Cao, C.Q., Lee, D., 2019. Late Permian rugose corals from Gyanyima of Drhada, Tibet (Xizang), Southwest China. Journal of Paleontology, 93: 856–875.

Wang, Y., Ueno, K., 2009. A new fusulinoidean genus *Dilatofusulina* from the Lopingian (upper Permian) of southern Tibet, China. Journal of Foraminiferal Research, 39: 56–65.

Wang, Y., Ueno, K., Zhang, Y.C., Cao, C.Q., 2010. The Changhsingian foraminiferal fauna of a Neotethyan seamount: The Gyanyima limestone along the Yarlung-Zangbo Suture in southern Tibet, China. Geological Journal, 45: 308–318.

Wang, Z.H., 1994. Early Permian conodonts from the Nashui section, Luodian of Guizhou. Palaeoworld, 4: 203–224.

Wang, Z.H., Higgins, A.C., 1989. Conodont zonation of the Namurian–lower Permian strata in South Guizhou, China. Palaeontologia Cathayana, 4: 261–325.

Wardlaw, B.R., Collinson, J.W., 1979. Youngest Permian conodont faunas from the Great Basin and Rocky Mountain regions// Sandberg, C.A., Clark, D.L. Conodont biostratigraphy of the Great Basin region. BrighamYoung University Geology Studies, 26: 151–163.

Wardlaw, B.R., Mei, S.L., 1998. A discussion of the early reported species of *Clarkina* (Permian Conodonta) and the possible origin of the genus. Palaeoworld, 9: 33–52.

Waterhouse, J.B., 1975. New Permian and Triassic brachiopod taxa. Papers of the Department of Geology, University of Queensland, 7: 1–23.

Wei, X., Xu, Y.G., Feng, Y.X., Zhao, J.X., 2014. Plume-lithosphere interaction in the generation of the Tarimlarge igneous province, NW China: Geochronological and geochemical constraints. American Journal of Science, 314: 314–356.

Weiss, C.E., 1869. Fossile der jungsten Steinkohlen formation und des Rothliegenden imSaar-Rhein-Gebiete. Teil, 1: 1–100.

Williams, A., Brunton, C.H.C., Carlson, S.J., et al., 2000. Brachiopoda (revised) volume 2: Linguliformea, Craniiformea, and Rhynchonelliformea (part)//Kaesler, R.L. Treatise on Invertebrate Paleontology, Part H. Kansas: Geological Society of America and University of Kansas Press, 1–423.

Williams, A., Brunton, C.H.C., Carlson, S.J., et al., 2006. Brachiopoda (revised) volume 5: Rhynchonelliformea (part)//Kaesler, R.L. Treatise on Invertebrate Paleontology, Part H. Kansas: Geological Society of America and University of Kansas Press, 1689–2320.

Wood, H.C., 1860. Contributions to the Carboniferous flora of the United States. Proceedings of the Academy of National Sciences of Philadelphia, 12: 236–240.

Wu, G.C., Ji, Z.S., Trotter, J.A., Yao, J.X., Zhou, L.Q., 2014. Conodont biostratigraphy of a new Permo–Triassic boundary section at Wenbudangsang, north Tibet. Palaeogeography, Palaeoclimatology, Palaeoecology, 411: 188–207.

Wu, H.G., Hu, W.X., Cao, J., Wang, X.L., Wang, X.L., Liao, Z.W., 2016. A unique lacustrine mixed dolomitic-clastic sequence for tight oil reservoir within the middle Permian Lucaogou Formation of the Junggar Basin, NW China: Reservoir characteristics and origin. Marine and Petroleum Geology, 76: 115–132.

Wu, H.G., Hu, W.X., Tang, Y., Cao, J., Wang, X.L., Wang, Y.C., Kang, X., 2017. The impact of organic fluids on the carbon isotopic compositions of carbonate-rich reservoirs: Case study of the Lucaogou Formation in the Jimusaer Sag, Junggar Basin, NW China. Marine and Petroleum Geology, 85: 136–150.

Wu, H.T., He, W.H., Zhang, Y., Yang, T.L., Xiao, Y.F., Chen, B., Weldon, E.A., 2016. Palaeobiogeographic distribution patterns and processes of *Neochonetes* and *Fusichonetes* (Brachiopoda) in the late Palaeozoic and earliest Mesozoic. Palaeoworld, 25: 508–518.

Wu, Q., Ramezani, J., Zhang, H., Wang, T., Yuan, D.X., Mu, L., Zhang, Y.C., Li, X.H., Shen, S.Z., 2017. Calibrating the Guadalupian series (Middle Permian) of South China. Palaeogeography, Palaeoclimatology, Palaeoecology, 466: 361–372.

Wu, Q., Ramezani, J., Zhang, H., Yuan, D.X., Erwine, D.H., Henderson, C.M., Lambert, L.L., Zhang, Y.C., Shen, S.Z., 2020. High-precision U-Pb zircon age constraints on the Guadalupian in West Texas, USA. Palaeogeography, Palaeoclimatology, Palaeoecology, 548: 109668.

Wu, W.S., Kong, L., 1983. Rugose corals from the Carboniferous–Permian boundary beds in Yunnan, Guangxi and Guizhou provinces. Palaeontologia Cathayana, 1: 367–409.

Wu, Y.Y., Tong, J.N., Algeo, T.J., Chu, D.L., Cui, Y., Song, H.Y., Shu, W.C., Du, Y.S., 2019. Organic carbon isotopes in terrestrial Permian–Triassic boundary sections of North China: Implications for global carbon cycle perturbations. GSA Bulletin, 132: 1106–1118.

Xiao, W.J., Windley, B.F., Hao, J., Zhai, M.G., 2003. Accretion leading to collision and the Permian Solonker suture, Inner Mongolia, China: Termination of the central Asian orogenic belt. Tectonics, 22: 1069–1089.

Xu, H.P., Cao, C.Q., Yuan, D.X., Zhang, Y.C., Shen, S.Z., 2018. Lopingian (Late Permian) brachiopod faunas from the Qubuerga Formation at Tulong and Kujianla in the Mt. Everest area of southern Tibet, China. Rivista Italiana di Paleontologia e Stratigrafia, 124: 139–162.

Xu, H.P., Zhang, Y.C., Qiao, F., Shen, S.Z., 2019. A new Changhsingian brachiopod fauna from the Xiala Formation at Tsochen in the central Lhasa Block and its paleogeographical implications. Journal of Paleontology, 93: 876–898.

Xu, Y.G., Wei, X., Luo, Z.Y., Liu, H.Q., Cao, J., 2014. The Early Permian Tarim Large Igneous Province: Main characteristics and a plume incubation model. Lithos, 204: 20–35.

Yabe, H., 1922. Notes on some Mesozoic plants from Japan, Korea and China, in the collection of the Institute of Geology and Paleontology of the Tohoku Imperial University. Science Reports Tohoku Imperial University, Second Series: Geology, 7: 1–28.

Yabe, H., Hanzawa, S., 1932. Tentative classification of the foraminifera of the Fusulinidae. Proceedings of the Imperial Academy of Japan, 8: 40–43.

Yabe, H., Hayasaka, Y., 1915. Einige Bemerkungen über die Halysites-Arten. Tohoku Jmper University, Science Reports, Geology, 4: 25–38.

Yan, M.X., Liu, L., Wang, J., 2017. *Taeniopteris* cf. *multinervis* Weiss with cuticle anatomy from the lower Permian of Baode, North China. Palaeoworld, 26: 83–94.

Yan, M.X., Wan, M.L., He, X.Z., Hou, X.D., Wang, J., 2016. First report of Cisuralian (early Permian) charcoal layers within a coal bed from Baode, North China with reference to global wildfire distribution. Palaeogeography, Palaeoclimatology, Palaeoecology, 459: 394–408.

Yang, J.H., Cawood, P.A., Du, Y.S., Condon, D.J., Yan, J.X., Liu, J.Z., Huang, Y., Yuan, D.X., 2018. Early Wuchiapingian cooling linked to Emeishan basaltic weathering? Earth and Planetary Science Letters, 492: 102–111.

Yang, W., Feng, Q., Liu, Y.Q., Tabor, N., Miggins, D., Crowley, J.L., Lin, J.Y., Thomas, S., 2010. Depositional environments and cyclo- and chronostratigraphy of uppermost Carboniferous–Lower Triassic fluvial-lacustrine deposits, southern Bogda Mountains, NW China: A terrestrial paleoclimatic record of mid-latitude NE Pangea. Global and Planetary Change, 73: 15–113.

Yang, X.N., Jin, X.C., Ji, Z.S., Wang, Y.Z., Yao, J.X., Yang, H.L., 2004. New materials of the *Shanita-Hemigordius* assemblage (Permian Foraminifers) from the Baoshan Block, Western Yunnan. Acta Geologica Sinica, 78: 15–21.

Yin, H.F., Wu, S.B., Ding, M.H., Zhang, K.X., Tong, J.N., Yang, F.Q., Lai, X.L., 1996. The Meishan section, candidate of the global stratotype section and point of Permian–Triassic boundary//Yin, H.F., The Palaeozoic–Mesozoic boundary candidates of global stratotype section and point of the Permian–Triassic boundary. Wuhan: China University of Geosciences Press, 31–45.

Yin, H.F., Zhang, K.X., Tong, J.N., Yang, Z.Y., Wu, S.B., 2001. The global stratotype section and point (GSSP) of the Permian-Triassic boundary. Episodes, 24: 102−114.

Yin, T.H., 1935. Upper Paleozoic ammonoids of China. Palaeontologia Sinica, IIB: 1–33.

Yu, W.C., Algeo, T.J., Yan, J.X., Yang, J.H., Du, Y.S., Huang, X., Weng, S.F., 2019. Climatic and hydrologic controls on upper Paleozoic bauxite deposits in South China. Earth-Science Reviews, 189: 159−176.

Yu, J.X., Peng, Y.Q., Zhang, S.X., Yang F.Q., Zhao, Q.M., Huang, Q.S., 2007. Terrestrial events across the Permian–Triassic boundary along the Yunnan–Guizhou border, SW China. Global and Planetary Change, 55: 193–208.

Yuan, DX., Aung, K.P., Henderson, C.M., Zhang, Y.C., Zaw, T., Cai, F.L., Ding, L., Shen, S.Z., 2020. First records of Early Permian conodonts from eastern Myanmar and implications of paleobiogeographic links to the Lhasa Block and northwestern Australia. Palaeogeography, Palaeoclimatology, Palaeoecology, 109363.

Yuan, D.X., Chen, J., Zhang, Y.C., Zheng, Q.F., Shen, S.Z., 2015. Changhsingian conodont succession and the end-Permian mass extinction event at the Daijiagou section in Chongqing, Southwest China. Journal of Asian Earth Sciences, 105: 234–251.

Yuan, D.X., Shen, S.Z., Henderson, C.M., 2017. Revised Wuchiapingian conodont taxonomy and succession of South China. Journal of Paleontology, 91: 1199–1219.

Yuan, D.X., Shen, S.Z., Henderson, C.M., Chen, J., Zhang, H., Feng, H.Z., 2014a. Revised conodont-based integrated high-resolution timescale for the Changhsingian stage and end-Permian extinction interval at the Meishan sections, South China. Lithos, 204: 220–245.

Yuan, D.X., Shen, S.Z., Henderson, C.M., Chen, J., Zhang, H., Zheng, Q.F., Wu, H.C., 2019. Integrative timescale for the Lopingian (Late Permian): A review and update from Shangsi, South China. Earth-Science Reviews, 188: 190–209.

Yuan, D.X., Zhang, Y.C., Shen, S.Z., Henderson, C.M., Zhang, Y.J., Zhu, T.X., An, X.Y., Feng, H.Z., 2016. Early Permian conodonts from the Xainza area, central Lhasa Block, Tibet, and their palaeobiogeographical and palaeoclimatic implications. Journal of Systematic Palaeontology, 14: 365–383.

Yuan, D.X., Zhang, Y.C., Shen, S.Z., 2018. Conodont succession and reassessment of major events around the Permian–Triassic boundary at the Selong Xishan section, southern Tibet, China. Global and Planetary Change, 161: 194–210.

Yuan, D.X., Zhang, Y.C., Zhang, Y.J., Zhu, T.X, Shen, S.Z., 2014b. First records of Wuchiapingian (Late Permian) conodonts in the Xainza area, Lhasa Block, Tibet, and their palaeobiogeographic implications. Alcheringa, 38: 546–556.

Zeiller, R., 1901. Note sur la flore houillère du Chansi. Annales des Mines, 10: 431–452.

Zhang, B.L., Yao, S.P., Mills, B.J.W., Wignall, P.B., Hu, W.X., Liu, B., Ren, Y.L., Li, L.L., Shi, G., 2020. Middle Permian organic carbon isotope stratigraphy and the origin of the Kamura Event. Gondwana Research, 79: 217–232.

Zhang, H., Cao, C.Q., Liu, X.L., Mu, L., Zheng, Q.F., Liu, F., Xiang, L., Liu, L.J., Shen, S.Z., 2016. The terrestrial end-Permian mass extinction in South China. Palaeogeography, Palaeoclimatology, Palaeoecology, 448: 108–124.

Zhang, K.X., Tong, J.N., Shi, G.R., Lai, X.L., Yu, J.X., He, W.H., Peng, Y.Q., Jin, Y.L., 2007. Early Triassic conodont-palynological biostratigraphy of the Meishan D Section in Changxing, Zhejiang Province, South China. Palaeogeography, palaeoclimatology, palaeoecology, 252: 4–23.

Zhang, Y.C., He, W.H., Shi, G.R., Zhang, K.X., 2013. A new Changhsingian (Late Permian) Rugosochonetidae Zhongzhai section. Alcheringa, 37: 223–247.

Zhang, Y.C., He, W.H., Shi, G.R., Zhang, K.X., Wu, H.T., 2015. A new Changhsingian (Late Permian) brachiopod fauna from the Zhongzhai section (South China) Part 3: Productida. Alcheringa, 39: 295–314.

Zhang, Y.C., Shi, G.R., He, W.H., Zhang, K.X., Wu, H.T., 2014. A new Changhsingian (Late Permian) brachiopod fauna from the Zhongzhai section (South China), Part 2: Lingulida, Orthida, Orthotetida Spiriferida. Alcheringa, 38: 480–503.

Zhang, Y.C., Cheng, L.R., Shen, S.Z., 2010. Late Guadalupian (Middle Permian) fusuline fauna from the Xiala Formation in Xainza County, central Tibet: Implication of the rifting time of the Lhasa Block. Journal of Paleontology, 84: 955–973.

Zhang, Y.C., Shen, S.Z., Zhang, Y.J., Zhu, T.X., An, X.Y., Huang, B.X., Ye, C.L., Qiao, F., Xu, H.P., 2019. Middle Permian foraminifers from the Zhabuye and Xiadong areas in the central Lhasa Block and their paleobiogeographic implications. Journal of Asian Earth Sciences, 175: 109–120.

Zhang, Y.C., Shi, G.R., Shen, S.Z., Yuan, D.X., 2014. Permian Fusuline fauna from the lower part of the Lugu Formation in the Central Qiangtang Block and its geological implications. Acta Geologica Sinica-English Edition, 88: 365–379.

Zhang, Y.C., Wang, Y., 2018. Permian fusuline biostratigraphy//Lucas, S.G., Shen, S.Z. The Permian timescale. Geological Society, London, Special Publications, 450: 253–288.

Zhang, Y.C., Wang, Y., Shen, S.Z., 2009. Middle Permian (Guadalupian) Fusulines from the Xilanta Formation in the Gyanyima area of Burang County, southwestern Tibet, China. Micropaleontology, 55: 463–486.

Zhang, Y.C., Wang, Y., Zhang, Y.J., Yuan, D.X., 2012. Kungurian (Late Cisuralian) fusuline fauna from the Cuozheqiangma area, northern Tibet and its palaeobiogeographical implications. Palaeoworld, 21: 139–152.

Zhang, Y.C., Wang, Y., Zhang, Y.J., Yuan, D.X., 2013. Artinskian (Early Permian) fusuline fauna from the Rongma area in northern Tibet: palaeoclimatic and palaeobiogeographic implications. Alcheringa, 37: 529–546.

Zhang, Y.S., Tian, S.G., Li, Z.S., Gong, Y.X., Xing, E.Y., Wang, Z.Z., Zhai, D.X., Jie, C., Kui, S., Meng, W., 2014. Discovery of marine fossils in the upper part of the Permian Linxi Formation in Lopingian, Xingmeng area, China. Chinese Science Bulletin, 59: 62–74.

Zhong, Y.T., He, B., Mundil, R., Xu, Y.G., 2014. CA-TIMS zircon U-Pb dating of felsic ignimbrite from the Binchuan section: Implications for the termination age of Emeishan large igneous province. Lithos, 204: 14–19.

Zhong, Y.T., He, B., Xu, Y.G., 2013. Mineralogy and geochemistry of claystones from the Guadalupian–Lopingian boundary at Penglaitan, South China: Insights into the pre-Lopingian geological events. Journal of Asian Earth Sciences, 62: 438–462.

Zhou, Z.R. 1985. Several problems of the early Permian ammonoids from south China. Palaeontologia Cathayana, (Supplz): 179–210.

Zhou, Z.R., 2017. Permian basinal ammonoid sequence in Nanpanjiang area of South China: Possible overlap between basinal Guadalupian and platform-based Lopingian. Journal of Paleontology, 91(S74): 1–95.

Zhou, Z.R., Yang, Z.R., 2005. Permian ammonoids from Xinjiang, Northwest China. Journal of Paleontology, 79: 378–388.

属种索引